黄 涛 著

中国建筑工业出版社

高校建筑类专业参考书系

The reference book series for the major of architecture in universities

VRML 虚拟建筑

——原理 · 工具 · 方法

图书在版编目（CIP）数据

VRML虚拟建筑——原理·工具·方法／黄涛著.—北京：中国建筑工业出版社，2008
（高校建筑类专业参考书系）
ISBN 978-7-112-09901-6

I.V··· II.黄··· III.VRML语言-应用-建筑设计：计算机辅助设计-高等学校-教材 IV.TP312 TU201.4

中国版本图书馆CIP数据核字（2008）第019275号

虚拟现实技术的出现为建筑及其相关领域提供了一种新型的研究、设计方法——虚拟建筑。本书以高校建筑学、城市规划、环境艺术设计等相关专业学生，以及从事建筑设计及相关领域专业设计人员为主要阅读对象，深入浅出地介绍了VRML（虚拟现实建模语言）的基本原理，以及运用VRML语言开发虚拟建筑的相关工具及技术方法。书中运用了大量的经过精心设计的典型实例以充分说明相关章节的方法、原理，这些实例都力图使用最简短的代码以突出重点，并尽可能体现出虚拟建筑方面的应用特色。本书内容同时也涵盖了目前大部分与VRML虚拟建筑开发有关的最新技术进展及重要信息。

本书由多年来一直从事建筑设计教学及实践的资深教师编写，具有较强的专业理论性、技术性和实用性，可以作为高校建筑、规划、室内及环境艺术设计等相关专业的专业基础课教材，也可以作为具有一定CAD基础的建筑及其相关领域设计人员的自学参考教材。

责任编辑：陈 桦 吕小勇
责任设计：董建平
责任校对：王 爽 关 健

高校建筑类专业参考书系
VRML虚拟建筑
——原理·工具·方法
黄 涛 著
*
中国建筑工业出版社出版、发行（北京西郊百万庄）
各地新华书店、建筑书店经销
北京嘉泰利德公司制版
北京凯通印刷厂印刷
*
开本：787×1092毫米 1/16 印张：23 字数：617千字
2008年5月第一版 2008年5月第一次印刷
印数：1-2500册 定价：35.00元
ISBN 978-7-112-09901-6
(16709)

FOREWORD 前言

虚拟现实（Virtual Reality，简称VR）技术出现于20世纪90年代初期。该技术的兴起，为科学及工程领域大规模的数据及信息提供了新的描述方法。对于建筑设计及其相关领域而言，该技术提供了“虚拟建筑”这种新型的设计、研究及交流的工具手段。

VR技术与虚拟建筑

VR技术自诞生以来，其应用一直受到科学界、工程界的重视，并不断取得进展，VR蕴藏的技术内涵与艺术魅力不断地激发着人们丰富的想象思维和创造的热情。VR技术的特点在于：通过电脑软、硬件资源的集成，将研究对象与现实世界中的各种可感知要素编制到电脑的虚拟三维环境中；用户则可以通过电脑虚拟现实环境所提供的视觉、听觉、触觉乃至嗅觉等这些最自然的感知形式，获得关于研究对象的可视化、可听化、可触觉化，乃至可嗅觉化信息，同时获得一种身临其境的逼真感觉。从本质上讲，VR技术就是一种先进的人－机界面技术，其追求的技术目标就是尽量使用户运用其肢体语言，以及视、听、触、嗅等感官技能与电脑虚拟环境进行自然式的交互。因此，VR技术为我们架起了一座沟通人与电脑数字世界的桥梁。

毫无疑问，VR技术的特征决定了它非常适合于建筑设计及其相关领域课题的研究。事实上，所谓“虚拟建筑”起初正是因为VR技术方法被引入到建筑CAD领域而衍生出来的一个概念，其含义可以解释为：应用VR技术而实现的建筑信息的可视化、虚拟现实化。这里所讲的“建筑信息”，既可以是建筑设计信息（如设计图纸），也可以是建造过程信息（如施工计划），还可以是关于建筑实物的信息。因此，虚拟建筑既可以用来充分表达一个设计方案建成后的真实效果，也可以用来模拟论证一个施工计划的具体过程是否可行，还可以将一些具有重要历史文化价值的建筑实体以虚拟建筑的形式备份起来。

虚拟建筑 VR 系统的选择

虚拟建筑是依赖于虚拟现实系统的。自 20 世纪 90 年代后半期以来，VR 技术不断取得进展，各种商业化的专业 VR 系统被相继推出，如 MultiGen Creator & Vega、World Tool Kit（WTK）等，这些高端系统产品几乎无一例外地将其在建筑及城市规划领域中的应用作为市场发展的目标之一。与此同时，一些面向互联网及个人电脑用户的低端 VR 标准或系统也纷纷出台，如 VRML、3DML 语言标准，Cult3D、Shockwave 3D、Adobe Atmosphere、VR-Platform 系统等，这些低端 VR 系统主要以网络 3D 虚拟社区及游戏场景开发作为其市场发展目标。

在过去相当长的一段时期里，国内建筑界对于 VR 系统的了解及兴趣多半集中于一些专业性极强的高端 VR 系统上，然而，引入这些价格不菲、专业和技术性都非常强的高端系统，明显存在非常大的经济和技术风险。也正是这样的原因，国内虚拟建筑研究在若干年前红火一阵之后便很快陷入曲高和寡的尴尬境地。与国内虚拟建筑的应用研究这种一蹶不振的面貌正好相反的是，基于低端 VR 系统的 3D 游戏及 3D 虚拟社区场景在互联网上表现得异常活跃。值得注意的是，这些 3D 虚拟社区的创作者多半是未接受过建筑学专业培训的业余爱好者，然而从他们创建的某些虚拟现实场景视觉效果及交互功能上看，完全能够证明这些低端 VR 系统在虚拟建筑开发中所具有的潜力。可惜的是，这些低端 VR 系统的种种优良表现未能引起建筑界同仁们的注意和重视。

从功能原理及场景基本性能方面看，现有各种高、低端 VR 系统都可以在一定程度上满足虚拟建筑的应用需要，但问题在于选择何种系统最具有广泛的适应性和可持续性。从目前国内建筑界最普遍的应用需求以及可能的经济、技术能力两方面看，低端 VR 系统是虚拟建筑应用研究中最值得考虑的，而 VRML 语言又是其中的首选，其原因在于：

（1）VRML 是目前唯一基于万维网虚拟现实模型语言的国际标准，因此能得到众多软件开发商的支持。目前包括 3ds Max、Maya、SketchUp 等建筑设计中常用的 3D 软件都支持 VRML 文件格式的输出、输入，而像 blaxxun、Bitmanagement Software、Parallel Graphics 等众多 VRML 浏览器开发商纷纷通过其产品开发不断提高 VRML 虚拟场景的性能。这些支持有力地保障了 VRML 虚拟建筑开发中对前期 CAD 数据的高效利用，而且 VRML 作为一种国际标准同时也保证了虚拟建筑开发成果能得到长期的应用和共享。

（2）VRML 是基于万维网的开放型的国际标准，具有很强的环境适应性和功能的可扩展性。VRML 场景可运行在 Windows、MAC、Unix 等多种机型及操作系统上，适应单机、局域网、广域网、万维网等多种环境；同时 VRML 语言允许开发者将 VRML 场景与现有万维网中流行的各种先进的技术集成起来，从而能极大地扩展 VRML 虚拟建筑场景的性能。

（3）VRML 场景的大小没有限制，场景的扩充和维护皆很方便。一个 VRML 场景的模型既可以是一个独立的 VRML 模型文件组成，也可以是由分布在网络上不同路径下的若干个分散的 VRML 模型文件组成，因此利于协同方式的建模和文件管理。

（4）VRML 虚拟建筑是一个低成本甚至零成本投入的技术方法，开发者只需在现有 CAD 软硬件系统基础上，添加一个 VRML 浏览器和一个 VRML 代码编辑器就可以进行 VRML 虚拟建筑的开发工作。VRML 浏览器和代码编辑器都是非常小型的程序，互联网上提供了大量此类工具的免费下载服务。

本书适宜读者与内容的编排

这本书是面向高校建筑学、城市规划、环境艺术设计等相关专业的学生，以及具有上述专业背景的相关领域从业人员而写的。此外，本书也同样适合于网络虚拟现实场景的业余爱好者。通过这本书，读者不仅可以获得关于 VRML 语言原理方面的知识，更能获得关于 VRML 虚拟建筑开发工具、技术方法等方面的专业性指导。

全书共分6大章。前3章主要偏重于VRML语言基本概念、对象类型及其原理的介绍；后3章偏重于VRML虚拟建筑开发工具及方法的深入讨论。第1章简要介绍了VRML语言及其在虚拟建筑中的应用，重点介绍了VRML文件中的一些最基本概念以及VRML虚拟建筑开发中两个最常用工具的使用方法；第2章集中讨论了VRML空间中所有与造型有关的节点对象类型及其原理；第3章集中讨论了控制VRML场景效果的相关对象类型及其原理，如光源、背景、雾效果、声效果、视点等；第4章集中讨论了应用AutoCAD、SketchUp、3ds Max这些主流的可视化CAD建模软件创建VRML虚拟建筑模型的基本方法；第5章讨论了基于blaxxum和Bitmanagement VRML浏览器的光照阴影贴图、环境镜面反射贴图、凸凹纹理贴图等真实感极强的高级纹理应用技术；第6章讨论了旨在提升VRML场景趣味性和功能性的VRML动画与高级交互效果的实现原理及方法。

书中运用了大量的VRML文件实例以充分说明相关章节的原理，大部分实例都是精心设计过的，这些实例都力图使用最简短的代码以突出重点，并尽可能体现出虚拟建筑方面的应用特色。这些实例所涉及到的全部原始文件、VRML源代码文件以及外部资源文件，都能在附赠光盘中找到。

阅读指南

读者可以根据自己的需求特点来阅读使用这本书：

（1）如果你已经具备一定的CAD基础，并且希望立即体验一下VRML虚拟建筑的创建过程和效果，那么你可以直接从第4章内容开始阅读。第4章将告诉你如何利用现有CAD模型文件快速地创建VRML虚拟建筑模型并对其进行一些优化。

（2）如果你已经有了一些VRML虚拟建筑建模经验，并且希望你的造型获得更好、更真实感的视觉效果，那么你首先需要认真阅读第1章“1.3 VRML文件与空间”节中的内容，这一节会告知你VRML文件中一些最基本的概念;然后再阅读第2章中的“2.1 Shape造型”以及“2.4造型的外观”，这些章节将帮助你认识和理解与VRML造型外观有关的节点对象类型;最后再阅读第5章，这一章将告知你如何通过具体的操作获得高质量的外观纹理效果。

(3) 如果你已经有了一些VRML虚拟建筑建模经验，并且希望你的场景具有一定的交互效果，则需要在深入理解第1章～第3章中有关VRML文件基本概念、相关对象节点类型及原理基础上，再阅读第6章中的内容。

CONTENTS 目录

Introduction to VRML
VRML 初步

第1章　VRML 初步

ONE

本章概要

本章通过关于 VRML 的起源发展、功能特性、开发工具，以及在虚拟建筑领域中的应用现状、前景等内容的介绍，首先使读者建立起一个关于 VRML 虚拟建筑的感性认识；随后系统介绍 VRML 文件中的一些最基本概念，并详细讲解 VRML 虚拟建筑开发中两个最常用工具 VrmlPad 编辑器和 BS Contact VRML/X3D 浏览器的使用方法，为后续章节的学习奠定基础。

1.1　VRML 语言简介

VRML 可读作 [vəːməl]，其英文全称为“Virtual Reality Modeling Language”，即虚拟现实建模语言。VRML 是一种用于在万维网上建立虚拟现实场景的模型语言，也就是说 VRML 并非为一种软件，而是关于三维虚拟空间模型的一种格式和标准。用户可以使用那些支持 VRML 标准的建模软件来创建 VRML 模型文件，还可以为 VRML 模型中的一些对象描述行为。VRML 模型文件最后可以通过该模型的解释程序——即 VRML 浏览器，将模型文件所描述的虚拟世界（Virtual World）呈现为可视化的虚拟场景。

1.1.1　VRML 的起源及发展

在 VRML 出现以前，Web 页面内容一般都是以 HTML（即超文本标记语言，Hyper Text Markup Language）格式标准生成的二维多媒体信息。随着 Internet 以及虚拟现实技术的发展，传统二维平面形式的页面空间交互方式，已经无法满足人们更多的视觉与心理需求，而希望将二维的页面与三维的虚拟现实技术结合起来。在这种三维的虚拟空间中，浏览者可以采用行走、触摸等更“人性化”的方式查询信息，甚至还可以拥有一个代表浏览者自己的虚拟化身，这样，来自全球不同地区的浏览者就可以互相“看到”，打招呼，或者交谈。VRML 语言就是在这样的需求背景下产生的。

VRML 最初的英文全称为 Virtual Reality Markup Language（虚拟现实标记语言），这是由 Web 技术的早期开发者之一、惠普公司欧洲研究实验室的 Dave Raggett 最先提出的一种概念，旨在解决万维网上的三维空间数据体的描述问题。VRML 作为正式的技术名词，始于 1994 年 5 月第一次万维网国际会议。此后为了区别于 HTML，反映其图形方面的能力，VRML 的全称更名为"Virtual Reality Modeling Language"。

1）第一个 Web 虚拟现实浏览器——Labyrinth

VRML 语言的研发始于 1994 年初。当时 Mark Pesce 和 Tony Parisi 合作，已完成了第一个基于 Web 的虚拟现实浏览器——Labyrinth 的界面编程工作。在 1994 年 5 月于日内瓦召开的第一次万维网国际研讨会上，Mark Pesce 和 Tony Parisi 首次向世人展示从 Labyrinth 界面中所呈现出来的 Web 三维虚拟现实画面，立刻引起业界极大的关注。受此鼓舞，Mark Pesce 与连线杂志（Wired）的 Brain Behlendorf 一同发起了一个电子邮件列单，目的是使全球各地的专家都能通过电子邮件为这项新技术发表见解，仅仅一周时间就吸引了千余名志愿者的加入。为了能给这项新技术制定规范标准，Mark、Tony 等人很快组织了一个 VAG（VRML Architecture Group）小组，具体负责 VRML1.0 规范的研究与组织工作。

2）VRML1.0 草案的出台

日内瓦第一次万维网会议曾计划于当年 10 月份在芝加哥召开第二次会议，如何能在短短 5 个月时间里提交一份 VRML1.0 草案，VAG 成员存在两种意见：一种认为应该为这项新技术创建一个全新的格式；另一种主张利用现有文件格式进行一些改造。经过研讨后，VAG 成员决定以现有 SGI 的 Open Inventor 文件格式基础上制定 VRML1.0 规范，并得到了 SGI 的鼎力支持。5 个月后的 1994 年 10 月，VRML1.0 规范草案在芝加哥召开的第二次万维网国际会议上得到公布。

VRML1.0 草案在功能上主要解决了静态 3D 场景的创建、HTML 链接的方法措施以及平台兼容性等问题。VRML1.0 标准中给出了超链接锚点（Anchor 节点），它对应于 HTML 中的 HREF。另一个特征是运用了虚拟现实中普遍采用的 LOD（层次细节）技术。VRML1.0 草案也存在一些重大缺陷，例如：VRML1.0 完全是面向 ASCII 字符集的，也就意味着 VRML1.0 被限制在处理 127 个字符的能力上，这个限制对于处理非罗马语言的字符就会产生问题。另一个问题是 VRML1.0 缺乏交互性方面的支持，如不能处理替身（avatar）等。正因如此，VRML1.0 草案后来经过多次反复修改，直至 1995 年 5 月 26 日，VAG 才正式公布 VRML1.0 版规范说明书。

尽管 VRML1.0 草案存在一些缺陷，但瑕不掩玉。VRML1.0 标准是以闪电般速度出台的，公布后便很快在业界及各种媒体中产生了强烈反响。值得一提的是，包括 Microsoft、Apple、IBM、Intel、Autodesk、Philips、3Dlabs、Sony 等著名的大公司，很快对 VRML 标准提出支持。1996 年，这些著名公司自愿组建了一个 VRML 协会（VRML Consortium），这是一个非盈利性的开放性组织，其作用是定义、推动和发展 VRML 标准。VRML 协会支持的 17 个技术工作组是推动 VRML 标准发展的主要技术力量，在 VRML 发展历程中起着领头羊的作用。

3）VRML97/2.0

VRML1.0 版的明显缺陷促使更多著名公司纷纷投入到 VRML2.0 版提案的研究之中，VAG 也就把工作重心放在 VRML2.0 版编制方向的引导方面。仅在一年多一点的时间里，这些公司就拿出各自的 VRML2.0 提案，主要有：SGI 公司的 Moving Worlds，Sun 公司的

Holl Web，微软的 Active VRML 以及 Apple 公司的 Out of the world。1996 年初，VRML 协会审阅并讨论了由上述几家公司提交的 VRML2.0 版本建议方案，最后经过投票裁定由 SGI 提交的 Moving Worlds 提案以赢得 70% 的绝对多数选票而获得通过。Moving Worlds 后经 VAG 的改造成为 VRML2.0 正式版本。1996 年 8 月，VRML2.0 第一版在新奥尔良召开的 SIGGRAPH'96 会议上公布。

VRML2.0 在 VRML1.0 基础上进行了很大的补充和完善，增加了近 30 个节点。尤其是其中新增的 Script（脚本）节点和 PROTO（原形）语句，使 Java、JavaScript、VBScript 等这些最流行编程语言能在 VRML 场景中尽显神通，VRML 场景的交互性得到极大的增强。PROTO 语句可以让用户自行定义新的节点类型，从而使 VRML 功能可以进一步扩充。总之，VRML2.0 版改变了 VRML1.0 那种死气沉沉的面貌，极大地增强了场景的动态性，交互性和编程功能。

1997 年 4 月，VRML2.0 被提交到国际标准化组织 ISO JYCI/SC24 委员会审议，1997 年 12 月 VRML 作为国际标准正式发布，1998 年 1 月正式获得国际标准化组织 ISO 批准。依照惯例，定名为 VRML97（国际标准号 ISO/IEC14772-1:1997）。由于 VRML97 是在 VRML2.0 基础上再进行了少量的修正而成，所以现在人们经常不分区别地使用这两个名称。

4）X3D

1998 年 2 月，万维网上又一个崭新而大有前途的语言 XML（Extensible Markup Language，可扩展标记语言）诞生，虽然该语言具有与 HTML 语言相似的格式，但在网络数据交换处理上具有 HTML 无可匹敌的能力。XML 的出现为 VRML 的发展提供了更多的可能。为适应这种变化，1998 年 VRML 协会更名为 Web3D 协会（此时已有 97 家会员公司），同年年底即提出新的 VRML 编码方案 X3D（Extensible 3D）标准（又称 VRML2000 规范）。所谓 X3D 标准，就是 XML 标准与 3D 标准的有机结合。X3D 被定义为可交互操作，可扩展，跨平台的网络 3D 内容标准，缩写 X3D 就是为了突出新规范中 VRML 与 XML 的集成。

X3D 是基于 VRML 的，它继承了 VRML97 的节点、域、域值的结构，并兼容 VRML97/2.0 规范和现有 VRML 文件内容、浏览器和制作工具。X3D 是可扩展的，可以用来创建简洁高效的 3D 动画播放器以及支持最新的流技术和渲染扩展。X3D 支持 XML 等多种编码和 API，通过 XML，X3D 能够轻易的整合到网络浏览器或其他的应用程序中。X3D 的 3D 引擎基于 Java Applet，各种文字、图片、声音、动画等多种媒体都可以方便地与 3D 内容结合。除此之外，X3D 还兼容 MPEG-4 格式。由于 X3D 整合了正在发展的 XML、JAVA、流技术等先进技术，包括更强大、更高效的 3D 计算能力、渲染质量和传输速度，因此被誉为下一代的开放式的网络三维的标准。

1.1.2 VRML 的功能特性

VRML 的全称为虚拟现实建模语言（Virtual Reality Modeling Language），说明它首先是基于虚拟现实技术的，因此它具有一般虚拟现实系统最基本的功能和特征，如三维环境、实时渲染与人机交互、多媒体支持等。其次，VRML 是基于 Web 的技术的，因此具有一般 Web 技术的基本特点，如平台兼容性、低带宽适应性、可分布性等。第三，VRML 作为一种国际标准，不可能一下子满足所有应用领域的特殊需要，因此 VRML 语言的设计具有开发性，其功能和内容是可扩充的。

1）三维特征

VRML 语言为 Web 三维虚拟现实环境的建立提供了一个国际化的标准，它借鉴、综合了现有三维系统中关于场景的描述方法和优点，定义了三维应用中大多数常见概念，如造型（Shape）、材质（Material）、纹理贴图（Texture）、光源（Light）、视点（Viewpoint）、背景（Background）、雾（Fog）等一切用于建立三维虚拟世界所需要的东西，这些术语对于多数 CAD 用户而言一般不会陌生。

2）实时渲染与交互

实时渲染是虚拟现实场景中实现人机交互并获得沉浸感的先决条件。所谓"交互"（也称为"人机交互"），一般是指用户通过输入设备向计算机系统发出指令，计算机系统反馈回相应的信息。而"可交互性"是指用户对计算机环境的可操控程度和用户从计算机环境中得到反馈的自然程度。对虚拟现实系统而言，实时的交互是非常重要的，如果延时过长，就会与人的日常经验不一致，就谈不上自然的交互，也很难获得沉浸感。

VRML 空间中的动态场景画面是通过"实时"地渲染得来的，这是虚拟现实与普通三维动画的本质区别之一。普通三维动画（如 AVI 动画）是由一帧帧预先渲染好的连续的静态图像组成的，当你观看一个普通的三维动画时，就如同观看一部经过拍摄和剪辑过的影片一样，你只能被动地按照导演排列好的画面顺序去欣赏。与三维动画不同，VRML 提供的是一个三维"现场"的环境，当你在 VRML 场景中以任意方向和速度浏览时，浏览器总是以每秒 30 帧的渲染速度实时、动态地生成场景画面，这种速度使你几乎感受不到有所谓渲染过程的存在，如同行走在现实世界中，你只会感受到步移景异的效果，而不会意识到眼球与大脑是如何处理这个过程一样。

VRML 场景中的可交互内容和形式也是很丰富的。例如 VRML97/2.0 规范提供的碰撞检测器（Collision）、传感器（Sensor）等，能使场景中的造型对象"感知"到用户的操作，然后通过路由将这些"感知"信息传递到脚本程序进行计算，脚本程序将处理后的数据通过路由再传递给相应的物体，从而使这些物体产生相应的行为动作。这种实时交互功能使得用户随时能觉察到他操作之后得到的反馈结果，从而达到真正虚拟的效果。

3）多媒体支持

为了增强虚拟三维环境的真实感，VRML97/2.0 规范支持图像、声音、动画等多媒体文件格式的引用。在图像方面，可以把 JPEG、PNG、GIF 和 MPEG 等格式文件用于造型对象的外观（即纹理映射或贴图）；在音效方面，VRML97/2.0 规范支持 WAV、MIDI 等格式文件的播放，而且在 VRML 场景中，声音可以通过位置、方向、音量大小的设定，产生出有远近、方位感的 3D 听觉效果。

除上述文件格式以外，另有一些常见格式在某些 VRML 浏览器插件支持下也可引入 VRML 场景中。如 Blaxxun 公司开发的 VRML 浏览器 blaxxun Contact（后续版本为 BS Contact VRML），ParallelGraphics 公司开发的 Cortona VRML Client 浏览器等，除了能支持上述多媒体文件格式以外，还可以支持 MOV、AVI、MPEG-4、FLASH 等视频动画文件，RM、MP3、AIFF 等多种音频文件，以及支持多重纹理贴图。多媒体文件的引入，增强了 VRML 场景的丰富性和境界的自然逼真性。

4）平台兼容性

Web 本身是一个兼容性极强的平台。由于 Web 应用框架是按开放的国际标准（如 HTML，VRML 等）和协议（如 TCP/IP，HTTP 等）构成的，相对于具体的硬件和操作系统平台，这些标准或协议都是中性的。VRML97/2.0 规范同样遵循这些共同的协议或标准，使之不仅既能在小型局域网上应用，又能在大型广域网乃至 Internet 上应用，具有较好的兼容性。

VRML 的远程访问方式基于客户端／服务器（C/S）模式，其中，服务器提供 VRML 模型文件及外部支持文件，如场景中使用的纹理图像、视频、声音等；客户端通过浏览器及网络链接下载，并可交互式地访问这些 VRML 文件描述的虚拟场景。浏览器作为客户端程序是本地平台提供的，虽然不同的操作系统使用的浏览器各有不同，但处理的对象（即 VRML 模型文件及场景支持文件）是一致的。或换句话说，同样的 VRML 文件是可以在任何平台下存储和访问的，它与用户使用的具体软硬件平台无关。

5）低带宽适应性

VRML 通过采用“可执行的代码”技术，有效地克服了网络带宽造成的瓶颈，使 VRML 在低带宽的网络上也可以实现。与 HTML 一样，VRML 用文本方式来描述虚拟场景和链接。由于文本描述的信息在网络上的传输比图形文件迅速，而且对于浏览器而言，这些文本所描述的内容其实都是可执行的代码，因此 VRML 的巧妙之处就在于此，它避免了在网上传输超大容量的视频图像，传输只是有限容量且传输速度快的模型文件，而把动态场景的生成和交互等复杂的任务通过代码交给本地机处理，从而减轻了网路的负荷。当我们在虚拟场景中浏览时，依靠的是本地主机的计算及图形性能，而与网络无关。

6）可分布性

VRML 采取客户端／服务器的访问方式，使之能与 Web 上的多数应用一样具有可分布性的特征。VRML 可分布性可表现为数据或文件的可分布性以及用户操作的可分布性两个方面。首先，文件或数据分布是指 VRML 模型文件、支持性文件（如图像、声音等）、程序文件（如 Java）等都可以分散在网络上的不同主机上。一个内容复杂、具有丰富视听的效果 VRML 场景，通常是由数目不等的 VRML 模型文件，图像、声音、视频动画文件以及 Java 程序等共同配合下完成的，VRML 提供了相应的方法，可以将分布的这些文件连接起来。其二，用户操作的可分布性是指通过其他网络工具的配合，可以让分布在各处的多个用户同时进入并操控同一个 VRML 场景，从而建构一个方便交流的共享虚拟环境，而这也就实现了虚拟现实技术最本质的目的。

7）功能的扩充

VRML 作为一种描述性语言，它与 HTML 有一定相似之处，即这种语言（VRML 或 HTML）本身虽然并不包含事件处理的方法，但都可以通过支持符合 Web 标准的其他编程语言（如 Java）的嵌入或引用，从而实现其“可编程”的特性。

VRML 嵌入或引用这些程序的方法是通过 Script 节点，支持的程序语言包含 Java，以及基于 ECMAScript 的 JavaScript、VrmlScript 语言。VRML 之所以支持这些语言，是因为它们在 Internet 上应用很广泛，且各自有现存的开放化的标准，容易实现 VRML 与其他 Web 技术的集成。比较典型的例子是 VRML 与 HTML 的结合。在 HTML 中，VRML 可以当作如图片之类的媒体元素嵌入到 HTML 生成的页面之中，而 VRML 场景之间，以及 VRML 场景 Web 页面之间也可以借助 Java 或 JavaScript 等语言实现 VRML 场景内部，以及 HTML 页面与 VRML 场景之间的各种交互或控制，在 VRML97/2.0 规范文本中就描述了在 VRML 中使用这些代码的方法。

8）对象类型的扩充

VRML 创造虚拟世界各种对象的基本方法是使用节点。VRML97/2.0 规范提供了 50 多种标准的节点类型，同时也允许用户根据需要采用 VRML97/2.0 规范提供的 PROTO（原型定义）、EXTERNPROTO（外部原型引用申明）语句来自行定义新的节点类型及其属性，借助于 Java、JavaScript、VrmlScript 等编程语言，可以使自定义的新对象类型具有一些较为复杂的行为特征。值得注意的是，以 blaxxun、Bitmanagement 和 ParallelGraphics 公司为代表 VRML 浏览器软件开发商目前已开发了许多功能强大的 VRML 扩展节点，这些扩展的 VRML 对象类型极大地增强了 VRML 场景的视、听觉魅力。

1.1.3 VRML 虚拟建筑开发工具

如前所述，VRML 不是一种软件，而是关于一种三维模型的格式和标准，所以，要开发 VRML 虚拟建筑，首先就需要选择能输出和处理 VRML 格式文件的工具。VRML 模型文件具有 WRL 和 WRZ 两种扩展名形式，其中，WRL 是 VRML 模型文件一般格式，该格式可以用任何文本编辑程序（如 Windows 记事本）打开并查看模型文件中的代码；WRZ 是 VRML 模型的压缩格式，压缩格式主要为适应网络传输和减小文件存储空间，该格式只能采用专门的 VRML 代码编辑程序（如 VrmlPad）打开并进行编辑。

目前可用于 VRML 虚拟建筑开发的软件工具非常多，从功能方面看，大体上可分为建模工具和代码编辑工具两种类型。其中，建模工具主要用来完成 VRML 场景中以及绝大多数 3D 对象的创建，如造型、灯光、视点等，创建的模型可向外输出具有“*.wrl”或“*.wrz”扩展名的 VRML 模型；代码编辑工具（也称编辑器）主要是针对 VRML 文件代码的编辑处理，可达到优化 VRML 文件性能，增强场景的交互性以及其他特殊效果的目的。

下面对 VRML 虚拟建筑开发中可以用到的软件工具作一个简要介绍。

1）3ds Max

3ds Max 是目前建筑设计领域最普遍使用的三维建模工具之一，也是创建 VRML 虚拟建筑模型的首选工具。3ds Max 很早就支持 VRML 文件格式的输出，它自带了两个用于 VRML 建模的插件：一个是 VRML97 Helpers，用于创建 VRML 中的某些特殊对象；另一个是 VRML97 Exporter，用于输出 VRML 模型文件。在 3ds Max 中，除了某些由外挂插件或程序生成的特殊对象外，一般由标准或扩展形体工具创建的造型，以及使用放样、布尔运算、网格、面片、NURBS 等方法创建的造型，都能顺利地输出为 VRML 模型文件。关于 3ds Max VRML 建模，在第 4 章中将有更深入的讨论。

2）SketchUp

SketchUp 是一款适合于建筑方案设计的三维软件，目前 SketchUp 越来越受到建筑师和建筑学专业学生们的欢迎。SketchUp 也自带了导出 VRML 文件的输出器（通过下拉菜单“文件／导出／模型”来调用），因此也可以作为虚拟建筑开发的辅助工具。关于 SketchUp VRML 建模，在第 4 章中将有更深入的讨论。

3）AutoCAD

AutoCAD 在国内建筑设计界可谓应用历史最长、用户最多的 CAD 软件。AutoCAD 本身并不包含 VRML 功能，不过由于目前已有不少第三方软件商为之提供 VRML 输出器插件，使 AutoCAD 成为建构 VRML 虚拟建筑的一种可选择工具。关于 AutoCAD VRML 建模，在第 4 章中将有更深入的讨论。

4）Canoma

Canoma 是最早的一款利用照片快速创建三维模型的软件，可以利用这个工具快速创建一个现实环境的 VRML 模型（图 1–1）。Canoma 利用照片建模的原理，看上去也很简单，主要步骤为：以现场照片为“底图”，用软件自带的标准形体以及它们的组合来对准、适配照片中的物体而得到一种简化的三维模型；此后还可以利用其他角度的照片对模型进行修正和补充，因此照片越多，则纹理的覆盖面越多，模型更趋于精细。当模型建好后，通过一个纹理命令，原先的照片将自动裁减成模型物体各个面的贴图纹理，最后通过导出命令即可输出 VRML 模型文件，见图 1–1（*b*）。

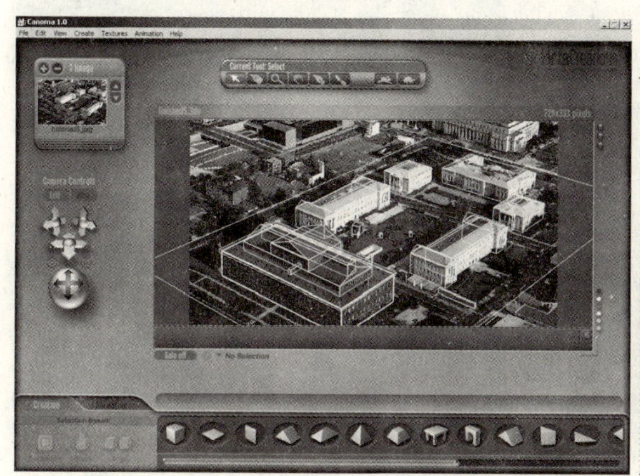

(*a*)

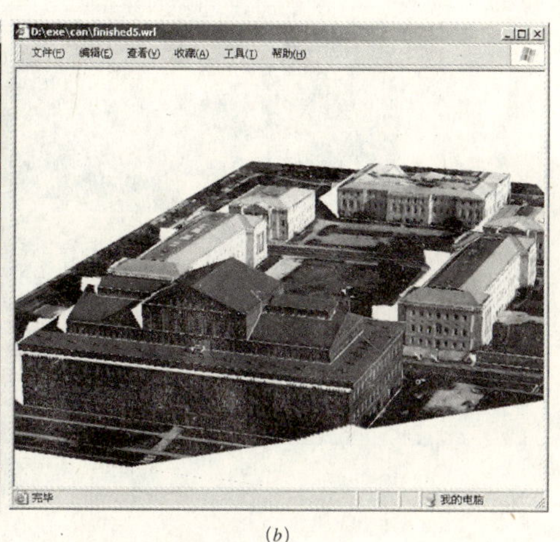

(*b*)

图 1–1　Canoma 照片建模软件
（*a*）Canoma 界面；（*b*）生成的 VRML 模型

Canoma 最先是由 MetaCreations 公司推出的产品，此后被 Adobe 公司收购。遗憾的是现在这两家公司都已不再提供 Canoma 原产品的下载和技术服务了，不过这样的结果也使得 Canoma 成为一个完全免费的软件。

下面提供几个可能的 Canoma1.0 下载网址：

Canoma1.0 安装程序：http://it.sohu.com/webcourse/webmonkey/1–3dMax/download.html

Canoma 1.0.1 更新补丁：http://www.canoma.com/Canoma10_101.EXE

Canoma 1.0.1 更新补丁的说明：http://www.canoma.com/ReleaseNotes101.html

5）ImageModeler

ImageModeler 也是一款利用照片创建三维模型的软件，其创建的模型可以直接输出为 3ds Max、Maya、LightWave 3D、Softimage 3D 模型以及 VRML 格式文件。

与 Canoma 相比较，ImageModeler 建模功能更加专业，其主要原因在于 ImageModeler 的建模方法不限于采用简单体素，而可以直接使用点、线、面、多边形挤压等方式建立更复杂形式的模型，甚至可以将一个复杂雕像的三维数据还原出来。图 1–2（*a*）显示了 ImageModeler 的建模界面，你可以通过在多张照片上标记造型对象上的空间点，并指定这些标记点之间的相互关系，软件就会替你自动找到原来照相机的位置，然后反向计算生成相应的造型几何数据（如果你能提供拍摄照片时所用焦距等数据，该过程会变得更快）；同时，你所提供的这些照片也会被软件自动切割而作为造型的纹理贴图。图 1–2（*b*）显示了从 ImageModeler 4.0 版提供的样例文件中导出来的 VRML 模型。

ImageModeler 的建模方法非常类似于硬件三维扫描仪，然而它所产生的模型数据却比三维扫描仪得到的扫描数据要小得多，而且创建的模型非常逼真。因此，该软件特别适合于在有关建筑遗产、遗址的虚拟复原与保护的研究项目中应用。

ImageModeler 由 REALVIZ 公司开发，该公司官方网站（http://www.realviz.com/）提供了该软件的下载服务。

(*a*)

(*b*)

图 1–2 ImageModeler 照片建模软件

（*a*）ImageModeler 界面；（*b*）生成的 VRML 模型

6）VrmlPad

利用建模工具完成的 VRML 模型通常无需处理即可以浏览，但有一个问题就是，由于这些建模软件并不是专门针对 VRML 模型而开发的，因此导出来 VRML 模型并不能充分体现出 VRML 场景的一些特色，特别是当你需要在 VRML 场景中设计一些交互效果时（如推开一扇门），就必然涉及到对 VRML 文件的代码进行处理了。VrmlPad 就是这样一种专业的 VRML 代码编辑软件，该软件处理 VRML 文件的功能非常强大，其主要特点包括：支持语法分色显示，自动匹配，脚本调试，动态错误诊断，高级查找替换，标记书签，场景预览，文件下载与发布等。因此，在 VRML 虚拟建筑开发中，VrmlPad 是一个不可或缺的工具。

VrmlPad 由 ParallelGraphics 公司开发，该公司官方网站（http://www.parallelgraphics.com）提供了该软件的下载服务。关于 VrmlPad 编辑器的使用，参见本章 1.4 节。

1.1.4 VRML 浏览器

VRML 模型文件所描述的场景效果最终需要通过 VRML 浏览器解释并呈现出来。因此，如果要让你的 VRML 模型呈现虚拟现实效果，你的计算机系统中至少需要安装一种 VRML 浏览器。自 VRML97/2.0 标准发布之后，各种各样的 VRML 浏览器插件纷纷出台，繁荣一时。经过近 10 年的竞争与淘汰，最终只有blaxxun公司的blaxxun Contact浏览器，Bitmanagement Software公司的BS Contact VRML浏览器，以及Parallel Graphics公司的Cortona VRML Client浏览器脱颖而出，成为VRML技术开发领域中的佼佼者。

1）blaxxun Contact/BS Contact VRML/X3D

blaxxun Contact浏览器是德国blaxxun公司（blaxxun interactive Inc）的产品，blaxxun公司自1995年开始从事VRML客户端浏览器的开发，目前主要致力于服务器平台软件开发和提供系统集成方案，而客户端浏览器则交给它的子公司BS（Bitmanagement Software GmbH）公司开发。

blaxxun Contact浏览器很早就引入了多重纹理（MultiTexture）技术，该技术对于模拟VRML虚拟建筑场景中的阴影效果是至关重要的。blaxxun Contact 5.3是最后一个以blaxxun Contact冠名的浏览器版本，其后续版本现在已经由BS系列化浏览器产品所取代，其中包括：支持VRML/X3D标准的BS Contact VRML/X3D浏览器；支持GIS多媒体的BS Contact Geo浏览器；支持立体镜显示的BS Contact Stereo浏览器；支持MPEG-4标准的BS Contact MPEG-4浏览器；支持移动设备显示的BS Contact Mobile浏览器；支持基于JAVA的3D模型浏览器。上述BS系列化浏览器产品都是blaxxun Contact浏览器原有技术成果基础上的发展。以最新版本的BS Contact VRML/X3D浏览器为例，该浏览器具有许多其他同类产品无法与之相比的功能特点，如：全面支持VRML97以及X3D/XML编码标准，兼容多种网页浏览器；支持DirectX、OpenGL硬件加速；3D场景中可嵌入2D图层作为Web浏览器窗口，形成"画中画"效果（图1-3）；支持NURBS曲线和H-Anim2001（Humanoid Animation，角色动画系统）；支持纹理动态文字，凹凸贴图，透明贴图，过程化纹理，环境反射和金属效果，以及多重复合纹理贴图；支持3D场景中HTML、FLASH动画、声音媒体（MIDI、MP3、WAV、WMA、ASF）、视频动画（MPEG、AVI、ASF、WMV）等多媒体合成；支持游戏杆、3D眼镜、鼠标拖放、键盘输入等硬件功能；支持屏幕抓图、大尺寸场景图渲染输出以及场景漫游AVI动画文件的输出等。

blaxxun Contact 5.3浏览器和BS Contact VRML/X3D浏览器可以分别在两家公司的官方网址中下载：

blaxxun Contact浏览器：http://www.blaxxun.com/en/products/contact/eula.html

BS Contact VRML/X3D浏览器：http://www.bitmanagement.de/index.en.html

上述网址提供的两种VRML浏览器插件都是免费的，而且两者都能支持产生阴影和凸凹纹理效果的多重纹理，因此实际上你只需选择其中的一种就可以了。在此需要说明的是，尽管BS Contact VRML/X3D是blaxxun Contact 5.3实事上升级版本，其功能更强大，但是对于喜欢使用免费软件的用户而言，BS Contact VRML/X3D浏览器所带的Bitmanagement公司徽标及广告，可能会影响你观察VRML场景时的效果，特别是当你启动场景达一分钟之后，这个徽标还会

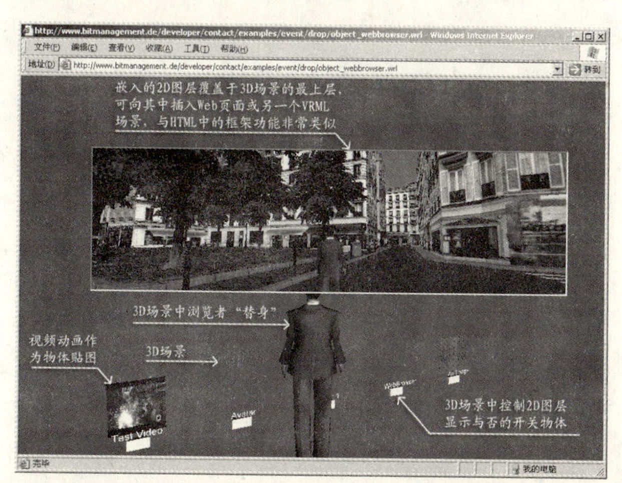

图1-3 BS Contact VRML产生的"画中画"效果
（www.bitmanagement.de/developer/contact/examples/event/drop/object_webbrowser.wrl）

在场景中不定向地漂移而影响你浏览VRML场景时的情绪。因此，假如你不喜欢BS浏览器的图标，可以通过向BS公司注册付费后将其移去，或者改用blaxxun Contact5.3。

2）Cortona VRML Client

Cortona VRML Client浏览器出自Parallelgraphics公司，Parallelgraphics也是VRML领域中非常有活力的一家公司，其Cortona是目前blaxxun Contact/BS Contact VRML的最大竞争对手。Cortona的特色在于：支持最流行的微软IE、Netscape等浏览器，同时也能在MS PowerPoint、MS Word等办公软件中应用；能很好地支持VRML97、NURBS曲线、Java和JavaScript；增加了多种扩展VRML节点。在渲染方面，Cortona支持照明阴影（phong）、反射贴图和增强抗锯齿功能；支持DirectX和OpenGL的3D硬件加速模式。此外，Cortona还是业内第一个支持EAI（External Authoring Interface）功能的VRML浏览器。

Cortona VRML Client可以从以下地址下载：

http://www.parallelgraphics.com/products/cortona/ 或

http://www.parallelgraphics.com/products/downloads

提示：

本书在推荐安装blaxxun Contact5.3或BS Contact VRML/X3D的同时，也建议读者安装Cortona VRML Client，其原因之一是VrmlPad编辑器中的缩略图功能需要有该浏览器支持。另外，当你浏览Web上提供的某些VRML范例时，它们可能是基于Parallelgraphics公司的Cortona浏览器的。如果你的电脑上安装了两种以上的VRML浏览器时，在通常情况下IE浏览器只会以最后一个安装的VRML插件作为缺省的VRML浏览器，所以建议你先安装Cortona VRML Client，然后再安装blaxxun Contact或BS Contact VRML/X3D。

1.2 VRML虚拟建筑的应用

VRML的应用领域非常广泛，特别是在虚拟建筑、虚拟城市等方面表现尤为突出。本节将通过介绍一些实例来说明VRML在建筑遗产的数字化保护、城市信息服务与管理、电子商务、虚拟社区与协同设计、建筑与城市规划设计、居室装修等方面的应用潜力。

1.2.1 Wetzlar虚拟古镇

Wetzlar是德国黑森州（Hessen）的一个古镇，现存大量传统形式的街区和建筑。作为Wetzlar城市项目中的一个组成部分，这个Wetzlar虚拟古镇子项目获得了欧盟的资助。

虚拟Wetzlar项目具有较强的虚拟旅游和建筑遗产数字化备份的意味。虚拟Wetzlar几乎包括了该镇所有的街巷和建筑，浏览者可以从导航页面“3D-Spaziergang”（德语，意为3D步行，图1-4*a*）右侧地图上，任选一个地点作为虚拟旅游的开始；当你选择了一个地点之后，左侧的虚拟漫游窗口中就会载入该地点动VRML场景。借助于鼠标的点击、拖曳，你可以沿着这个虚拟古镇中大大小小的街道（巷）自由地漫步，欣赏古镇各处特有的街道景观，见图1-4（*b*）；当你途经某些具有一定的文化或历史价值的建筑或区域时，鼠标还会给你一些相应提示，如果你点击这些出现提示的对象，浏览器便会打开一个有关这些对象介绍信息的网页。因此，即使你从未亲自造访过Wetzlar古镇，也可以通过这个虚拟的Wetzlar很快得到关于这座古镇的直观、深刻的印象。

Wetzlar 古镇虚拟现实场景虽然规模庞大，但它实际上是通过很多个相互链接或者嵌入的小型 VRML 模型文件组成的，这样，当你通过 IE 浏览器及 VRML 插件访问这些地点时，浏览器并不需要立即载入所有的文件，而是根据你当前视点的需要，先载入当前位置的 VRML 模型，然后是模型所使用的纹理，这样不仅能提高下载的速度，同时也保证了浏览器的执行性能。此外，Wetzlar 古镇 VRML 模型中大量使用实景照片来表现建筑和环境的细节，这也在相当程度上提高了网络下载的速度以及场景的真实感。

关于 Wetzlar 虚拟古镇，读者可以通过以下的网址访问：

http://www.wetzlarvirtuell.de/spazier_start.html

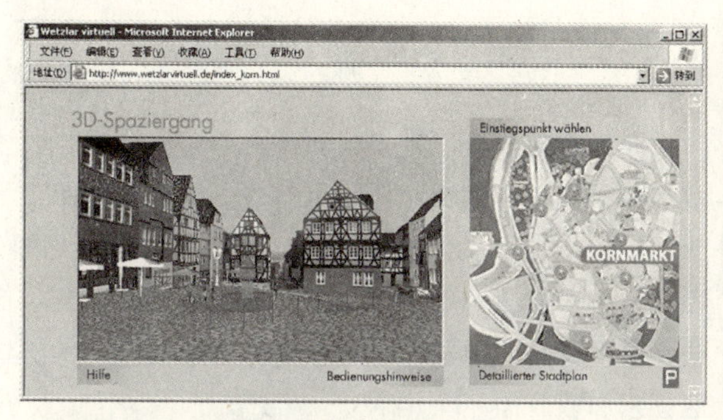

(a)

(b)

图 1–4　黑森州 Wetzlar 虚拟古镇（德国）

1.2.2　虚拟城市

图1–5 为 Bitmanagement Software 公司官方网站上提供的一个虚拟城市的范例。戴高乐广场（即星形广场）VRML 虚拟现实模型的范围大约为以凯旋门为中心向周边延伸 2 ~ 3km，内容包括了 8 条主要干道以及街道两旁的建筑、支路、城市或建筑的附属设施、地下人行通道，以及绿化、行人等。凯旋门作为这个区域的重心得到较细致的刻画，包括中央的纪念碑、可开启的电梯、建筑上的装饰等。与 Wetzlar 虚拟古镇一样，戴高乐广场 VRML 模型中也是大量采用实景照片来表现建筑和环境的细节。

读者可以从下面的网址访问虚拟戴高乐广场：

http://www.bitmanagement.de/developer/contact/vrml/content/virtualparis/arc/arc.wrl

图 1–5　巴黎戴高乐广场

1.2.3 虚拟校园

新加坡南洋理工大学校园是一座典型的花园式校园，占地约200ha（公顷），现代建筑与具有中国风格的古典建筑相互辉映。由南大电脑工程系亚里斯博士主持开发的虚拟南洋理工大学校园，则可称为该校园的一个数字化副本，见图1–6。在虚拟校园中，所有的道路、地形、教室、办公楼、实验室等，完全和现实中的一样，任何人都可以以虚拟身份进入校园，可以去上课、交谈、走路开车等。设计虚拟南大校园的目的，是要为本地和外国学生创造一个适合娱乐和教育的环境。

读者可以从下面的网址访问虚拟南大校园：

http://www.ntu.edu.sg/home/assourin/VirCampus.html 或者

http://www.ntu.edu.sg/home/assourin/VirCampus.html

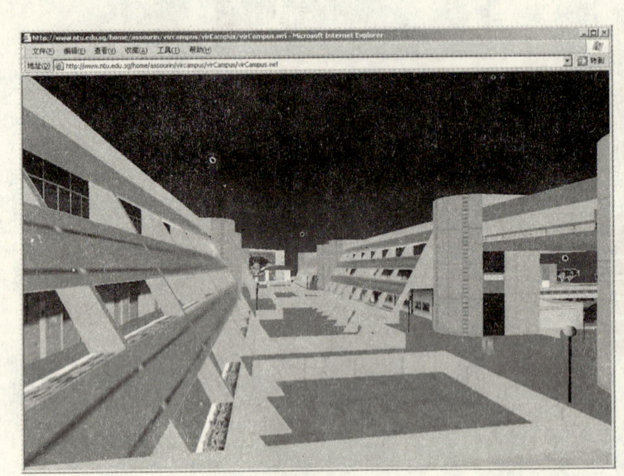
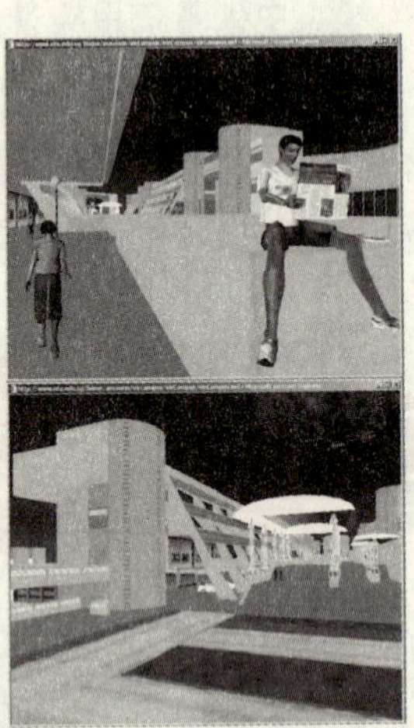

图1–6 虚拟南大校园（新加坡）

1.2.4 SAZKA 竞技馆

SAZKA 竞技馆（SAZKA ARENA）是捷克一个非常现代的多功能场馆，可为体育比赛、文化、娱乐、展览、展销等各种大型活动的开展提供场所。SAZKA 每年接待150万游客，可容纳1.8万观众，包括餐厅、咖啡厅、酒吧、包厢等各种豪华设施。

为了方便与世界各地开展业务合作，SAZKA 竞技馆除了有现实的场馆之外，它还在互联网上建立了一座虚拟的 SAZKA 竞技馆。虚拟 SAZKA 由 UPP（Universal Production Partners）和 DMP（Digital Media Production）两家公司合作完成，它是现实场馆的一个完全的“镜像”，VRML 模型细节达到相当的深度，见图1–7（*b*）和图1–7（*c*）。通过这个虚拟的场馆，世界各地的商家、客户或观众足不出户便可以“亲临”现场，直接了解场馆的设施条件，甚至可以直接在其中完成场地的定租和订票。图1–7（*a*）显示了虚拟竞技馆的界面，该界面除了可供人们随意参观游览之外，还提供订座服务。访问者可以在界面的下方任意输入想要的座位，如果该座位存在，则虚拟漫游窗口可立即定位到该座位上，以使访问者立刻了解该位置的视线状况；如果该座位不存在或已经被预定，则虚拟漫游窗口就会出现相应的提示信息。

读者可以从下面的网址访问虚拟 SAZKA 竞技馆：

http://www.sazkaarena.cz/3d/v12/screen03.php?lang=en&mode=hokej

(a)

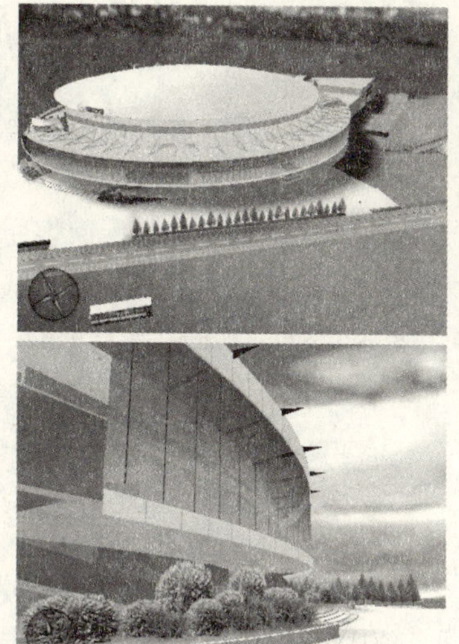

(b)

(c)

图 1–7　SAZKA 竞技馆（捷克）
(a) 导航界面；(b) 室外环境；(c) 室内设施

1.2.5　票务快递

blaxxun 公司官方网站上提供了一个可用来从事网上订票、售票等业务的示范系统——Stella Starlight Express（斯特拉－星光快递），票务中心可利用这个系统提供的功能为顾客提供更好更快捷的服务。图 1–8 显示了该系统的界面，访问者可以通过在右下方的 2D 座位平面上随意移动鼠标，则右上方的 VRML 场景视线角度将实时地改变，这样可以使观众很快了解到不同座位的观看效果。订票时，观众直接可以在自己满意的座位上用鼠标点个记号，则左边的清单就会立即显示所选择的座位数、总价格等信息。

读者可以从下面的网址访问 Stella Starlight Express：

http://developer.blaxxun.com/samples/index.html/blaxxun3d/application/stella/stella_f.htm

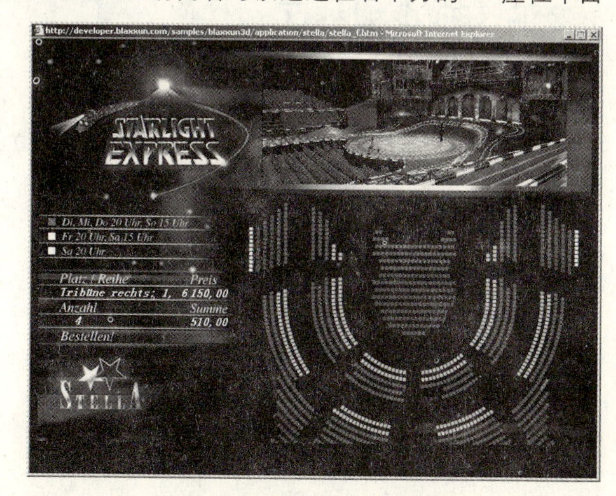

图 1–8　网络票务快递业务界面

1.2.6 Astron 虚拟酒店

Astron 是德国著名的酒店连锁集团，该集团除了拥有位于德国、瑞士、奥地利和匈牙利的几十家连锁店外，在互联网上还有一个虚拟的 Astron 酒店，见图 1-9。当你光临虚拟酒店时，虚拟领班小姐会主动过来向你问好，向你介绍酒店的设施和服务，并带你到酒店各处参观。虚拟酒店的总台处设有当日的报纸、杂志、航班等物品，你只需用鼠标点击它们，就会自动链接到相应的网站。如果你有问题，可随时向这个虚拟的领班小姐询问（点击她一次），同时虚拟漫游界面上还会出现一个导航菜单供你选择。

Astron 虚拟酒店可以从下面的网址访问：

http://www.astron-hotels.com/3d/_astron_/frameset_e.htm

图 1-9　Astron 虚拟酒店（德国）

1.2.7 3D 虚拟社区

3D 虚拟社区（聊天室）是 VRML 在万维网上表现最为活跃的一个领域。目前国内流行各种论坛、聊天室大多数是以文字、图片等平面形式建立的，而由 blaxxun 及 Bitmanagement 公司推出的多用户 VRML 平台可以将传统 2D 形式的聊天室与 VRML 结合起来，使虚拟社区变得更加真实、生动，具有现实般的场所感。

图 1-10（*a*）显示了应用 blaxxun/Bitmanagement 公司的 VRML 多用户平台技术建构的 3D 虚拟社区所具有的一般布局，其主体部分包括位于界面上方的 VRML 场景以及下方的聊天栏。进入 3D 虚拟社区的所有人都可以为自己定制一个虚拟的替身，彼此能相互“看见”并通过动作来打招呼。该系统还提供了功能强大的发音引擎（英语），允许访问者为自己的发言定制一种与众不同的语速和语调，当你在聊天栏中输入英文句子时，你和场景中的人都可以听到你与众不同的发音。

有趣的是，这些3D虚拟社区中的VRML场景模型的创作者大多数是业余的，但他们创作出来的各种3D场景却非常具有想象力和表现力。例如在图1-10（*a*）所示的例子中，创作者通过纹理贴图技巧制造出来阴影、光晕、镜面反射等效果，这些效果即使是在某些专业的VR系统上也未必能做到。3D虚拟社区的多数作品主要依据创作者的自由想象，不过也有一些作品则是对现实场景的模拟。如图1-10（*b*）所示的威尼斯圣马可广场，该模型的制作其实比看上去的要简单得多，基本上都是采用最简单的体块和面来造型，建筑上的复杂形体及装饰则依靠纹理贴图来完成。尽管这个场景有许多地方经不住细看，但重要的是它确实能为访客带来一种较为真实的环境体验。

值得注意的是，上述3D虚拟社区显现了一种适合于建筑领域的网络虚拟协同设计模式，blaxxun/Bitmanagement公司提供的VRML多用户交互示范平台，允许你将自己的VRML模型通过一定的方式连接到该平台上，这样，你就可以将你的作品通过这个平台链接到互联网上，从而实现与异地分布的其他设计人员进行现场般的交流。

上述两个社区可从以下网址访问：

http://www.visites-3d.com/loft-3d/chat3/contact.htm

http://w3d.anonim.net/contact.php?scene=sanmarco

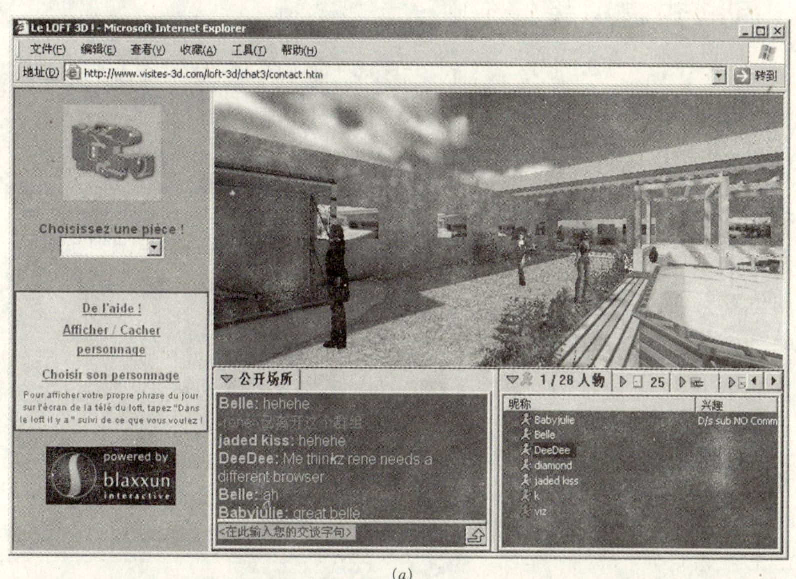

（*a*）

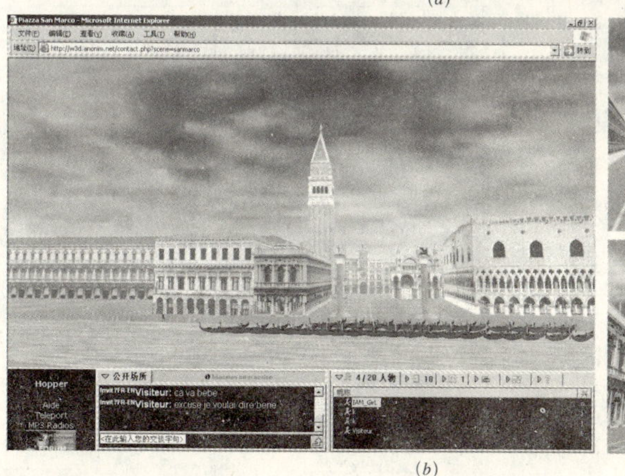

（*b*）

图1-10　3D虚拟社区

1.2.8 传统街区改造设计

Celle 是德国萨克森州（Sachsen）的一个小型的旅游城市，而 Stechbahn 街区是 Celle 老城著名的旅游景点，因此对于街区设施的改造需要特别小心谨慎。

运用虚拟现实技术来进行概念设计，对方案进行分析、比较、展示等，是虚拟现实技术应用于建筑领域的一个主要方面。图 1–11 显示了德国一家设计公司为 Stechbahn 街区的改造所作的一个 VRML 虚拟街区改造方案。VRML 模型中实际上包含了多种不同功能设施配套及地面铺装设计方案，为更好地对比这些方案产生的现场效果，虚拟场景中安排了一些控制面板，见图 1–11（*b*）和图 1–11（*c*），通过上面的按钮，可以在虚拟现场中直接切换显示出不同的设计效果。此外，控制面板上也包括用于指导参观浏览的视点导航切换按钮。

本例 VRML 场景可从下面的网址访问：

http://www.virtuellestadtplan-ung.de/virtuell/vrdata/model.htm

(*a*)

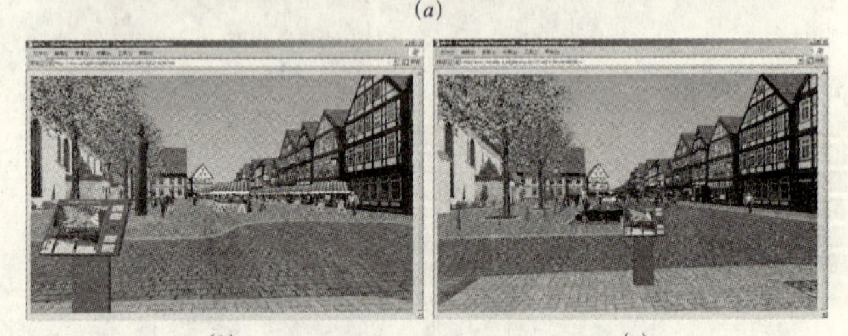

(*b*) (*c*)

图 1–11 Stechbahn 街区改造设计

1.2.9 自助式虚拟装修系统

图 1–12 显示了一个自助式装修设计系统的示范界面。用户可以在右下角的平面图中选择要装修的房间，则上方的 VRML 视窗将跳转到相应的视点位置；在左下方显示了一个材料库，用户可以将自己喜欢的材料用鼠标直接拖曳到 VRML 场景物体上，则物体的材质相应地改变。这个自助式装修设计系统虽然是示范性的，但体现出网络环境下开发商、业主、建筑师、营销商之间的一种新型的交流、合作方式的可能；业主可以通过这种方式表达自己的需求意愿，而房地产开发商、营销商、建筑师则可以通过这种方式了解市场的需求，业主与开发商、营销商之间还可以通过这种方式直接形成装修设计订单。

本例可通过下面的网址进行访问：

http://www.visites-3d.com/3dhomes/okuk.html

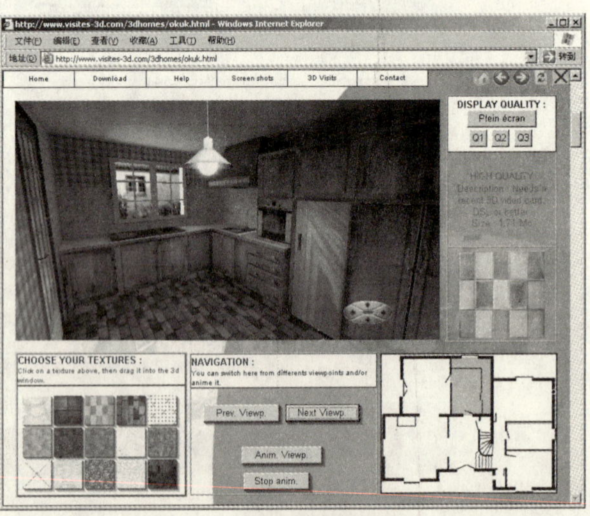

图 1–12 自助式虚拟装修系统

1.3 VRML 文件与空间

VRML 场景的一个重要特色就是可交互性。要使你创建的 VRML 虚拟建筑场景充分体现可交互的特色，必然会涉及到对 VRML 文件的代码进行一些必要的编辑处理，而这种技能是建立在对 VRML 文件与空间的认识、理解基础上的。

1.3.1 一个 VRML 文件样例

先看下面这个 VRML 文件的代码。

[例 1-1]

```
#VRML V2.0 utf8

Viewpoint {                                                  # 视点
  position 10 1.50 8
  orientation 0.27 -100 -0.03 -0.5
}

NavigationInfo {                                             # 导航信息
  headlight FALSE
  type ["WALK"]
  speed 0.5
}

PointLight {location  50 50 100 }               # 光源

Background {                                    # 背景
  skyColor [0.1 0.14 0.40, 0.71 0.57 0.97, 0.95 0.92 1,]
  groundColor [ 0.19 0.21 0.02, 0.19 0.21 0.02, 0.95 0.92 1, ]
  skyAngle [0.785, 1.571,   ]
  groundAngle [0.785, 1.571,    ]
}

Transform {                                     # 一片墙的造型
  translation 0 2 -6
  children [
    DEF wall01 Shape {                          #  命名的wall01节点
      appearance Appearance {
        material Material { }
        texture DEF wall_Texture ImageTexture { url "Brkrun.jpg"}
        textureTransform TextureTransform { scale 2.75 1 }
      }
      geometry Box { size 12 4 0.3 }
    }                                           #  wall01节点结尾处
    DEF texture_sensor TouchSensor {}           # 接触传感器
  ]
}

Transform {                                     # 一个建筑体块的造型
  translation  0 2 -13
  scale 1 1 40
  children [
    USE wall01                                  # wall01节点的引用
  ]
}
```

```
DEF ch_Texture Script{                               # 脚本程序
  eventIn SFBool isActive
  eventOut MFString texture_changed
  field MFString texture1 "Brkrun.jpg"
  field MFString texture2 "Brkrun.png"
  field SFBool onoff FALSE
  url "vrmlscript:
    function isActive(value,timestamp){
      if(value){
        if (onoff)texture_changed = texture1;
        else  texture_changed = texture2;
        onoff=!onoff;
      };
  }"
}

ROUTE texture_sensor.isActive TO ch_Texture.isActive         # 路由
ROUTE ch_Texture.texture_changed TO wall_Texture.set_url   # 路由
```

在例 1-1 文件中创建了如下对象：

(1) 一个 VRML 视点 (Viewpoint)，其功能类似于 3ds Max 中的 camera 摄影机视点，由它提供 VRML 场景的初始视野、视角。

(2) 一个导航信息 (NavigationInfo)，用于设置浏览者替身在场景中的漫游方式（如行走、飞行等）及漫游的速度。

(3) 一个 VRML 背景 (Background)，由它产生 VRML 场景中的天空及地面背景效果。

(4) 一个 VRML 点光源 (PointLight)，由它照亮场景中的造型。

(5) 两个简单造型 (Transform)，一个为建筑的墙体，另一个为较大的建筑体块。

(6) 一个脚本程序 (Script)，由它计算控制场景中造型对象的行为。

(7) 两条路由连接 (ROUTE TO)，其作用为将浏览者鼠标点击造型的操作事件传递给脚本程序，再将脚本程序的计算结果传递给造型对象使之产生响应。

此外，例 1-1 文件中还引用了两个外部图像文件作为造型的纹理，一个为完全不透明的墙、窗纹理图片 Brkrun.jpg，见图 1-13 (*a*)；另一个为带透明窗户的 Brkrun.png，见图 1-13 (*b*)。

现在你可以将例 1-1 文件中的文本代码保存为一个 VRML 文件（如 1_01.wrl）。保存时注意将该文件与上述两个外部图像纹理文件放在同一个文件夹中。如果此时你的系统中已经安装了 BS Contact VRML 浏览器，那么双击这个 VRML 文件，即可打开相应的 VRML 场景，见图 1-14 (*a*)；此时你可以将鼠标移到最前面的墙面上，然后点击它，则墙面上的玻璃窗变成透明的形式，见图 1-14 (*b*)；接着你可以将光标移到场景中其他空白处并进行拖曳，此时你就会发现场景的视角会随着你的拖曳方向而改变，而且拖曳的距离越长，改变的速度就越快。

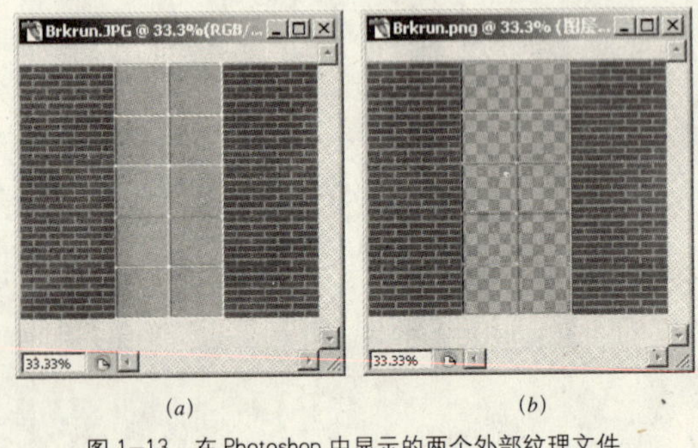

(*a*) (*b*)

图 1-13 在 Photoshop 中显示的两个外部纹理文件

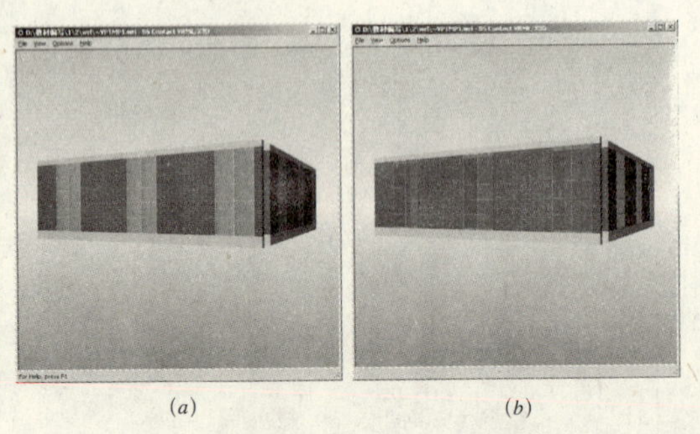

(*a*) (*b*)

图 1-14 样例文件描述的 VRML 场景效果

1.3.2 VRML文件的基本元素

浏览一下例1-1文件代码，不难发现VRML文件其实是一种可读性很强的文本文件，该文件中所描述的场景内容虽然并不复杂，却包含了一个VRML文件中最典型的元素及对象类型。以下分别介绍VRML文件中所包含的一些基本元素。

1）VRML文件头

文件头是VRML文件中唯一的必备元素。文件头位于VRML代码中的首行，具有“#VRML V2.0 utf8”的开头形式（参见例1-1）。文件头负责向浏览器传达3个信息：

（1）表明该文件是一个VRML文件，使浏览器对其识别；

（2）该VRML文件所使用的标准是VRML 2.0规范；

（3）该VRML文件使用UTF-8字符集。

UTF-8是多种语言中键入字符的一种标准，包括英语，也支持朝鲜语、日语和阿拉伯语中的字符。现在多数计算机上所使用的键入字符集为ASCII字符集，它其实是UTF-8的一个子集。也就是说，键盘上能键入的任何字符皆为VRML文件的有效字符。

2）注释

VRML文件中的注释是关于一行VRML代码的备忘说明。VRML注释都是以一个#号开始，结束于该行的末尾。（注：文件头不属于此列）如例1-1文件中就多处出现以#号开头的注释，这些注释是为了向他人或者创作者自己提示此处代码的意义或作用。

注释并非VRML文件中的必备元素，以#开头的注释文字（包括VRML代码）实际上不会对VRML场景产生任何影响。当VRML浏览器读取到一个#号时（文件头中的#号除外），它将忽略位于该行中#号之后的所有文字或者代码。

注释的作用主要有三个方面：其一，帮助创作者记忆，或者让其他人了解原创者的意图；第二，保留一些暂时不用但以后可能会使用的某些VRML代码；第三，帮助创作者查找。VRML模型文件中的代码通常会达到成百上千行，当你需要查询或处理一个长时间未接触的VRML文件时，注释是帮助你回忆当初想法的较好办法。

3）节点、域、域值

节点是VRML中用来创建空间中各种可见或者不可见对象的基本方法，是构成VRML场景的基本元素。VRML97/2.0规范约定了50多种节点类型，这些不同的节点类型分别可以创建不同的对象。

如在例1-1文件中就包含了以下较常见的VRML节点类型：

（1）Viewpoint节点：用来创建视点对象。

（2）NavigationInfo节点：用来描述导航信息。

（3）Background节点：用来创建空间背景。

（4）PointLight节点：用来创建点光源。

（5）Transform节点：用来创建局部坐标系。

（6）Shape节点：用来定义最小造型单元。

（7）Appearance节点：用来定义最小造型单元的外观。

(8) Material 节点：用来定义外观中的材料属性。

(9) ImageTexture 节点：用来定义外观中使用的纹理。

(10) TextureTransform 节点：用来定义二维纹理图的坐标系。

(11) Box 节点：用来创建长方体几何构造。

(12) TouchSensor 节点：用来创建接触传感器。

(13) Script 节点：用来定义脚本程序。

上述节点类型将在后续章节中陆续讨论。

VRML 文件中出现的任何一个节点都会创建出相应的对象，而这些对象都具有它特定的属性及属性值。在 VRML97/2.0 规范中，对象（即节点）所具有的属性及属性值是采用域（Field）和域值（Field Value）概念来表达的。如例 1-1 文件中第一个出现的节点 Viewpoint 中，就有一个表示视点位置属性的 position 域，而紧跟其后的 3 个坐标值数据“10、1.50、8”，即为该域的域值。关于域和域值，在本章 1.3.4 节、1.3.5 节中还有更深入的讨论。

4）路由

VRML 场景中的交互效果，通常是由场景中相互串接的事件而形成的，而这些事件的发生都离不开特定的对象。

如图 1-14 所示场景，当浏览者用鼠标点击前面的那片墙时，就会产生一个鼠标点击事件，这个事件会被接触传感器对象（TouchSensor 节点）感知并引起它产生相应，使之产生一个向外发送 TRUE 值的输出事件（eventOut）；该事件随后又被隐藏在场景中的脚本程序所接收，该脚本程序就会产生一个向外发送文件名字符串的输出事件；输出的文件名字符串最后又被传递给图像纹理节点 ImageTexture 对象，使之更改它所链接的外部图像文件路径，从而引起造型外观纹理的改变。

上述事件间的传递是通过路由来完成的。所谓路由，就是通过 VRML 提供的 ROUTE TO 语句，将一个对象（节点）某个输出接口与另一个对象（节点）某个输入接口绑定起来，从而在两个对象间建立域值数据传递关系，这样，当前一个对象有输出事件产生时，相应的域值数据就会沿着路由连接的目标而传送至另一个对象（节点）的输入接口中，从而引起该对象的响应或联动。

如例 1-1 文件的最后两行就是由 ROUTE TO 语句创建的路由，一条是将 texture_sensor 对象（即一个 TouchSensor 节点）的 isActive 输出接口，与 ch_Texture 对象（即一个 Script 节点）的 isActive 输入接口相连接；另一条是将 ch_Texture 对象的 texture_changed 输出接口与 wall_Texture 对象（即一个 ImageTexture 节点）的 set_url 输入接口相连接。

关于路由的应用，参见第 6 章。

5）脚本

在 VRML 中若要实现较为复杂的交互效果通常需要应用脚本。脚本是一段程序，通常由一个事件激活它之后才开始执行。脚本由 VRML97/2.0 提供 Script 节点来定义，一个 Script 节点中包含一段脚本程序，这个程序可以用 Java、JavaScript 或 vrmlScript 等语言来编写。脚本可以接收事件并处理事件中的信息，也可以将基于事件的处理数据向外输出。

如例 1-1 文件中就包含了一个由 Script 节点创建的脚本对象 ch_Texture，在这个 Script 节点内部，包含了一段用 vrmlScript 编写的脚本程序，这个程序可以接收用户的鼠标点击操作并将之转化为两个文件名字符串间的切换，最后将切换后的文件名字符串发送出去。

关于 VRML 脚本的应用，参见第 6 章。

6）原型

VRML97/2.0 规范虽然提供了 50 多种不同功能作用的节点类型，然而若要较好地满足所有领域的应用需求，仅靠这 50 多种节点类型显然是不够的，因此，VRML97/2.0 规范也提供一种扩充节点类型方法。VRML97/2.0 规范提供的 PROTO 语句，允许用户在 VRML 文件中自行定义一种新的节点类型，这种由用户自定义的新节点类型即称为原型。当原型定义之后，用户可以像标准的 VRML 节点那样使用原型来创建特定的 VRML 对象。此外，VRML97/2.0 规范还提供了一个 EXTERNPROTO 声明语句，允许用户通过该语句引用保存在外部的另一个 VRML 文件中已经定义过的原型。

关于原型的定义与引用，参见第 6 章。

1.3.3 空间坐标系与单位

与所有的 CAD 系统一样，VRML 空间中的 3D 对象都要依赖于一个特定的空间坐标系及单位系统以 3D 描述对象的大小、方向、距离。VRML 中的一些空间概念与 AutoCAD 和 3ds Max 等 3D 系统既很相似，又有所区别。

1）坐标系

VRML 空间也采用笛卡儿坐标系系统。在默认情况下，所有的 VRML 模型都会提供一个起全局定位作用的世界坐标系，该坐标系包括 3 个互相垂直的 X、Y 和 Z 轴，3D 坐标值也是按 X、Y、Z 轴向的顺序习惯来排列。但是，VRML 坐标系中的 X、Y、Z 轴所表示的方向，与 AutoCAD 或 3ds Max 是存在区别的。在 AutoCAD、3ds Max 的空间中，世界坐标系 XY 平面是与水平方向（顶视图）相平行的，见图 1–15（*a*）；但是在 VRML 空间中，其世界坐标系 XY 平面则是垂直于水平方向、并与前视图方向相平行，见图 1–15（*b*）。

VRML 空间中除了提供世界坐标系来定位 3D 对象之外，也允许创作者应用 Transform 节点在世界坐标系中创建局部坐标系，而在局部坐标系中，还可以嵌套使用 Transform 节点创建子级坐标系，这些不同层次级别的坐标系提供了更为灵活的 3D 对象定位的方式。如例 1–1 的墙面和建筑体块造型实际上都是在 Transform 节点指定的局部坐标系中创建的。Transform 节点的 translation 域可指定一个 3D 坐标值，表示新建局部坐标系原点在父级坐标系中的空间位置；rotation 域可指定一个旋转值，表示新建局部坐标系 X、Y、Z 轴相对于父级坐标系的旋转方向和

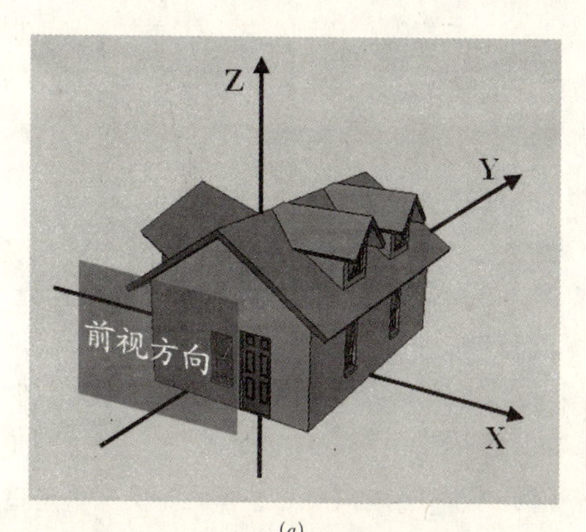

（*a*）

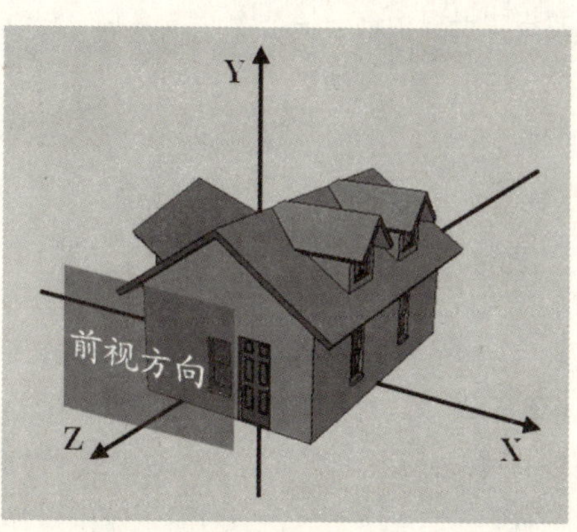

（*b*）

图 1–15　VRML 与 AutoCAD、3ds Max 坐标系的比较

旋转量；scale域可指定3个轴方向的缩放量以确定新建局部坐标系相对于父级坐标系的尺度比例。（关于Transform节点，参见第2章）

VRML坐标系的三轴关系可以运用右手定则来确定，如图1–16（*a*）中，右手拇指代表X轴的正方向，将它指向右；食指代表Y轴的正方向，将它指向上；其他手指代表Z轴正方向，其方向将指向观察者自己。

2）空间的旋转方向

三维造型经常会遇到空间方向旋转变换的问题。在VRML中，旋转变换的方向以及旋转量都是用旋转值来表示。旋转值是VRML中使用的一种域值类型（参见1.3.6节），一个旋转值包括4个浮点数：前3个浮点数表示一个点的3D坐标值，它规定了一条从坐标系原点到该点的矢量，该矢量即为一个旋转轴；第4个浮点数表示围绕旋转轴旋转的弧度。如果弧度值为正，表示从旋转轴正方向向原点方向看时，旋转的方向是朝向逆时针方向的；如果该值为负，则表示旋转方向是朝向顺时针的方向的。

VRML空间旋转的方向也可以采用右手定则的方法来判定，如图1–16（*b*）中，右手的拇指代表了旋转轴的正方向，而其他手指的卷曲的方向即为旋转时的正方向。

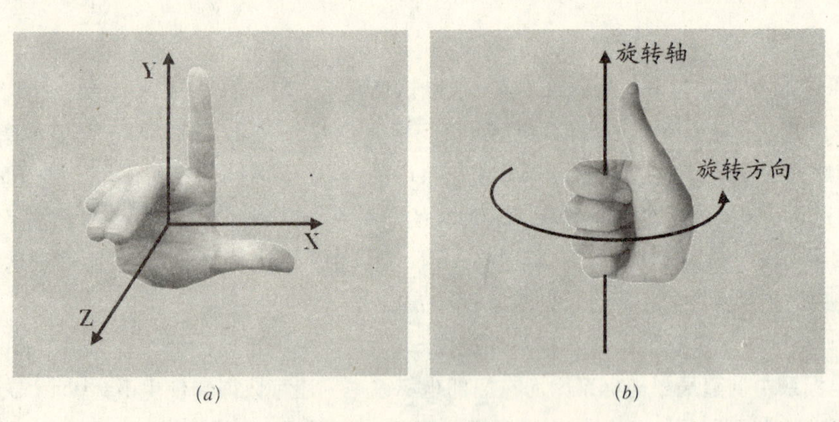

（*a*）　（*b*）

图1–16　用右手定则判定VRML空间的方向

3）长度单位

在现实世界中创建一个物件并将它们定位安装时，都需要运用相应的长度单位。VRML空间是一个虚拟的空间，其长度只具有数学意义上的相对性，而与现实中的实际长度无关。VRML空间中的长度采用十进制计数方式，一个长度为10的物体即表示该物体具有10个VRML单位的长度，这一特点与AutoCAD、3ds Max中所采用的方法是相同的。

在运用VRML单位时，需要注意这样一个问题：按国内建筑设计制图的专业规范，通常采用mm单位，因此1m的长度通常记作1000。然而VRML语言的设计则更倾向于用1个VRML单位来表示1m的长度。例如，在VRML97/2.0规范中提供的NavigationInfo节点，其avatarSize域（用来设置替身的高度尺寸）的默认值为"[0.25，1.6，0.75]"，而其中1.6这个浮点值，即表示替身的眼睛距脚底的高度，该值正好对应于现实世界中1.6m这样的平均长度。因此，在运用VRML创建虚拟建筑模型时，最好按照1个VRML单位相当于1m这样的比例来确定造型物体尺寸或者空间的长度距离，这也是国内外绝大多数VRML创作者普遍采用的长度计量方法。

4）角度单位

VRML 的角度单位采用的是弧度制，所有能导出 VRML 模型文件的三维软件都遵循着 VRML97/2.0 规范在角度计量上的这种规范要求。弧度制主要是为方便图形的计算，但与我们更为熟悉的角度计量单位（°）相比并不直观。下面的表 1-1 中列出了较常用的角度值与弧度值的对应关系，以供读者参考查阅。其他角度值可按公式"弧度＝（角度 × π）÷180"的公式来计算。

常用角度／弧度对应值　　表 1-1

角度（°）	0°	30°	45°	60°	90°	120°	135°	150°	180°
弧度（rad）	0.0	0.524	0.785	1.047	1.571	2.094	2.356	2.618	3.142

1.3.4 节点及其语法

节点是创建 VRML 对象的基本方法，是构成 VRML 场景的最基本元素。当你在 VRML 文件中运用节点创建对象时，首先需要了解节点所具有的域以及节点的语法，书写时要遵循语法规定的格式。如下面的代码说明了 Collision 节点的语法：

```
Collision {
        children    [ ]       # exposedField MFNode
         collide    TRUE      # exposedField SFBool
           proxy    NULL      # field SFNode
      bboxCenter    0 0 0     # field SFVec3f
        bboxSize   -1 -1 -1   # field SFVec3f
     addChildren              # eventIn MFNode
  removeChildren              # eventIn MFNode
     collideTime              # eventOut SFTime
}
```

上述 Collision 节点语法比较典型地说明了 VRML 节点的构成特点和书写格式（在此我们暂且不管该节点的实际功能），所有的 VRML 节点实际上都遵循着这种统一的格式，该格式可简化为如下形式：

```
NodeType {
  fieldName fieldValue
  #  ……
}
```

其中：

(1) NodeType：指定一种 VRML 节点的类型，节点类型告知浏览器创建何种类型的对象。你所指定的节点类型可以是 VRML97/2.0 规范所提供的标准节点类型，如例 1-1 文件中出现的 Viewpoint、PointLight、Box 等。此外，你也可以使用由 VRML 浏览器提供商或者用户自己，通过自行定义 VRML 原型而得到扩展 VRML 节点类型。

（2）{}：一对花括号，它紧跟在节点类型名之后。节点类型名之后只有紧跟这一对花括号，才能被 VRML 浏览器解释成一个合法的对象。

（3）fieldName fieldValue. fieldName 表示节点中的某个域的名称，fieldValue 表示该域的域值，域名和域值都必须包含在花括号之内。根据具体的节点类型以及应用时的需要，出现在节点花括号中的这些域及其域值的项目会有所不同。

VRML 节点在书写上需要注意以下要点：

（1）根据 VRML97/2.0 约定，所有节点类型名都是以大写字母开头，所有的域名都以小写开头（注：某些节点类型名和域名使用的是相同的单词，但首写字母有大小写之分），节点类型名、域名的拼写方法要严格遵循节点语法所提供的格式。

（2）节点类型名必须与一对花括号 {} 同时具备，否则 VRML 浏览器将视为语法错误并发出错误警告信息。

（3）当你准备为节点中的某个域指定域值时，首先应该通过节点语法了解到该域所属的域的类型（参见 1.2.5 节）以及域值的类型（参见 1.2.6 节）。如果语法注释说明这个域为 exposedField 或者 field 类型，则可以为之指定域值，并采用符合语法要求的域值数据类型赋值；如果语法注释说明这个域为 eventIn 或者 eventOut 类型，则不允许赋值。

（4）当你为 exposedField 或者 field 类型的域指定域值时，域名和域值必须同时具备，否则 VRML 浏览器将视为语法错误并发出错误警告信息。

（5）VRML97/2.0 规范为所有 exposedField 和 field 类型的域类型规定了缺省域值，在实际应用中，并不要求将所有的域及域值一一列出，如果你省略节点中的某些域的指定，那么 VRML 浏览器就将它解释为使用这些域的缺省值。也就是说，在一个节点的花括号中也可以不包括任何域的指定，因为所有能够指定域值的这些域都有其缺省值。

（6）当一个节点中包括多个域的指定时，不同的域（连同域的值）之间的排序可以是任意的。如例 1-1 文件中的 Viewpoint 节点先后指定 position、orientation 这两个域，如果将两者的前后顺序颠倒过来，得到的效果是完全等价的。

（7）表示域名、域值等特定意义的字符串之间必须留有空格，允许使用多个数目空格或者换行；在代码中能起到间隔作用的花括号 {}、方括号 [ ]、注释符 # 等符号的两边，则可以不留空格。

1.3.5 域的类型

VRML97/2.0 规范为所有节点中的域规定了相应类型，这些域类型包括：field（域）、exposedField（开放域）、eventIn（输入接口）和 eventOut（输出接口）。不同的域类型具有不同功能特性，在 VRML 虚拟建筑场景交互编程设计中，了解和区分域的不同类型是非常重要的。

1）field 类型

field 称为域，也称私有域。创作者可以在 VRML 文件中为该类型的域指定域值，此类型的域值一旦被指定，那么在场景漫游过程中将保持不变，既不能向节点外部输出它的域值数据，也不能接受从节点外部输入的域值数据。

2）exposedField 类型

此为开放域，也称外露域、公共域。该类型的域都自带两个隐含的接口，一个为输入接口（同 eventIn 类型），另一个为输出接口（同 eventOut 类型）。按照 VRML97/2.0 规范约定，假设一个 exposedField 类型域的名称为 XXX，隐含的输入接口总以 set_XXX 形式命名，该接口可用来接收外部向 XXX 域传递的域值；隐含的输出接口以 XXX_changed 形式命名，该接口可用来向外部传送 XXX 域的域值。

创作者可以在 VRML 文件中为 exposedField 类型的域指定域值，不过，由于 exposedField 类型域具有隐藏的输入、输出接口，因此在场景漫游过程中可以通过它们自带的输入、输出接口，或接收外部其他对象发送的域值，或向外部对象发送该域本身的域值。

3）eventIn 类型

此为输入接口，或者称为事件入口。该类型的域专门用来接受节点外部其他对象发送的域值数据，因此它不允许用户在 VRML 文件中为之指定域值。（注：VRML 对象之间每进行一次发送或者接收域值数据的行为都可称为事件，因此，当 eventIn 类型的域接收一个域值时，一般将这个过程称为 eventIn 事件。）

4）eventOut 类型

此为输出接口，或者称为事件出口。该类型的域专门用来向节点外部发送域值数据，因此也不允许用户在 VRML 文件中为之指定域值。（注：当 eventOut 类型的域接收一个域值时，一般将这个过程称为 eventOut 事件。）

提示：

VRML 节点中域的具体类型，在其相应的节点语法注释中皆有说明。如前面提到的 Collision 节点的语法中，每个域项目的后面都有一条以 # 号开头的注释，而排在注释中前面的那个单词（如注释“# field SFNode”中的 field），即为该域所属的类型的说明。

1.3.6 域值类型

域描述了特定对象的某种属性，因此不同的属性自然就会采用不同的数值表达方式。例如表示一种颜色，可以用 3 个浮点值以分别说明 R、G、B 色彩分量；表示透明度使用 0～1 的浮点数说明透明百分比；表示开、关状态，可以使用布尔值 TRUE 或 FALSE 等。也就是说，对象的域所代表的具体含义决定了它所采用的域值类型。在进行 VRML 场景交互编程设计中，了解节点中的域所要求的域值类型是非常重要的。

VRML 的域值类型从总体上看可分为单值、多值两大类型。

1）单值类型

单值类型的名称都是以 SF 为前缀，如表 1-1 中列举的 SFColor、SFFloat 等。使用单值类型数据的域，其域值中只允许出现一个描述对象属性的数据。例如 SFColor 表示一种单颜色值类型数据，如果某个节点的域被语法要求使用 SFColor 类型，那么这个域就只能用 3 个浮点值来作为它的域值。（注意：一个 RGB 颜色值的完整数据形式必须包括 3 个浮点值，换句话说，这 3 个浮点值实际表示了一个域值。）

当你为一个使用单值类型数据的域指定域值时，可以在域名之后直接加上一个符合语法要求的单值类型的数据。如例 1–1 文件中的 Viewpoint 节点，其 position 域要求使用 SFVec3f 类型数据，故域名之后即为由 3 个浮点数表示的 3D 坐标值；orientation 域要求使用 SFRotation 类型数据，故域名之后即为由 4 个浮点数表示的 3D 旋转值。

2）多值类型

多值类型的名称都是以 MF 为前缀，如表 1–1 中列举的 MFColor、MFFloat 等。

使用多值类型数据的域，其域值中允许出现多个描述对象属性的数据。例如 MFColor 表示一种多颜色值类型数据，如果某个节点的域被语法要求使用 MFColor 类型，那么这个域就要采用 3 的整数倍个浮点值来作为它的域值。如例 1–1 文件中的 Background 节点，其 skyColor 域要求使用 MFColor 类型数据，域值中的 9 个浮点数即表示了由 3 个 RGB 颜色值描述的天空颜色。

当你为一个使用多值类型数据的域指定域值时，你必须将多个域值放在一个方括号 [] 中括起来，每个域值之间可以用（非必须）西文逗号分开，如例 1–1 文件中的 Background 节点 skyColor 域的域值即为如此。你也可以用一个域值来指定多值类型的域，此时方括号是允许被省略的，但是，假如你连一个域值都不指定，则此时方括号就不允许省略掉。

下面的表 1–2 中列举了 VRML97/2.0 规范提供的域值类型。

VRML 的域值类型　　表 1–2

域值类型	说　明
SFBool	布尔或逻辑值，只能使用 TRUE 或 FALSE。在 VRML 中不允许使用 1 和 0 表示 True 和 False 值
SFColor / MFColor	颜色值。一个颜色值由一组 0.0 ~ 1.0 的三个浮点数组成，分别表示 R、G、B（红、绿、蓝）三个色彩分量。许多图像软件一般采用 0 ~ 255 之间的整数表示 RGB 色彩分量，尽管方法有所不同，但其意义是一样的。当整数型分量值为 n 时，所对应的 VRML 分量则为 n/255
SFFloat / MFFloat	浮点值。具有小数点的正负值（实数）
SFImage	描述纹理图像颜色的一列值。SFImage 域首先列出 3 个整数值，前两个以像素为单位表示纹理的宽度和高度，第 3 个整数表示每个像素的字节数（在 0 ~ 4 间取值，分别为无纹理、灰度、alpha 灰度、RGB 和 alpha RGB）。随后用（宽度 × 高度）个 16 进制数分别表示图像中每个单独像素颜色
SFInt32 / MFInt32	32 位整数，可采取十进制或十六进制表示
SFNode / MFNode	以 VRML 节点作为值
SFRotation / MFRotation	旋转值。一个旋转值包括 4 个浮点数：前 3 个数以一个点坐标规定旋转轴（从原点到给定点的向量）；第 4 个数表示围绕轴旋转的弧度
SFString / MFString	UTF–8 字符串。一个字符串需用双引号括起来，字符串中若使用双引号，则在双引号前加一个反斜杠“\”；字符串中使用反斜杠，则需连续打两个反斜杠“\\”
SFTime / MFTime	绝对时间值。绝对时间值用以 sec 为单位的浮点数表示，从 1970 年 1 月 1 日 GMT 时间的午夜 00：00 开始计时，延续到当前
SFVec2f / MFVec2f	2D 矢量值。一个值由 2 个浮点数表示，用于指定 2D 坐标
SFVec3f / MFVec3f	3D 矢量值。一个值由 3 个浮点数表示，用于指定 3D 坐标

提示：

VRML 节点中各个域允许使用的域值类型在其相应的节点语法注释中皆有说明，域值类型说明紧跟在域类型说明之后。例如“# exposedField MFNode”表示这个域的类型为开放域(exposedField)，域值类型为多值节点类型数据（MFNode)。

1.3.7 节点的命名：DEF 语句

在 VRML 文件中，一些对象在创建之后可能需要被另外一些对象引用或控制。为了让浏览器识别这些对象，给对象一个独一无二的名称是必要的。VRML97/2.0 提供的 DEF 语句，其作用即在于此。

DEF 语句的语法如下：

```
DEF nodeName NodeType {
    #  ……
}
```

其中：nodeName 就是你给节点（或称对象）所起的名称，后面的部分即表示一个某类型的节点。如例 1-1 文件中先后 4 次使用 DEF 语句使相关节点成为有名称的对象，包括：wall01 对象（一个 Shape 节点）、wall_Texture 对象（ImageTexture 节点）、texture_sensor 对象（TouchSensor 节点）和 ch_Texture 对象（Script 节点）。

当你应用 DEF 语句命名一个节点时，需要遵循如下规则：

(1) 节点名称可以使用任何字母序列、下划线、数字组成。

(2) 节点名称是区分大小写的，如 Box01 与 box01 将被视为不同的对象。

(3) 节点名称中不能以数字开头。

(4) 节点名称不可使用诸如空格、tab 键、换行符等不可打印字符；不可使用西文字符中的加、减、逗号、句号、方括号、圆括号、花括号、单双引号和英镑符号。

(5) 节点名称不可使用 VRML 中的 14 个关键字，因为它们在 VRML 中另有其特殊用途，包括：DEF、USE、TRUE、FALSE、NULL、PROTO、EXTERNPROTO、ROUTE、TO、IS、eventIn、eventOut、field、exposedField。

(6) 同一个文件中，节点的命名应独一无二，不能出现重名。

1.3.8 节点的引用：USE 语句

当一个节点采用了 DEF 语句命名之后，那么该节点就可以很方便地被场景中的其他对象引用或者控制。在 VRML 中，节点的引用有两种方式：一种是通过 USE 语句引用一个原始对象而得到该对象的拷贝；另一种是在路由语句 ROUTE TO 中通过指出两个节点对象的名称以建立两者间域值传递的关系。在此，我们先只讨论 USE 语句的引用方式，关于 ROUTE TO 语句中的方式，参见第 6 章。

USE 语句功能是创建一个原始对象的拷贝，其语法如下：

```
USE nodeName
```

其中的 nodeName 即为此前由 DEF 语句定义的节点名称，通常人们将之称为“原始节点”，而将 USE 语句所创建的对象拷贝称为“实例”。如例 1-1 文件中一个作为建筑体块的造型就是通过 USE 语句引用原始节点 wall01（即 Shape 节点）得到的，由于这个 USE 语句创建的实例位于一个具有缩放设置的局部坐标系中，因此相应的大小比例视觉效果与原始造型对象存在不同。

应用 USE 语句引用一个命名的原始节点时，唯一需要注意的问题就是原始节点名称的定义必须出现在 USE 语句引用它之前，否则 VRML 浏览器会发出错误提示，并忽略你用 USE 语句创建的实例。

1.4 使用 VrmlPad 编辑器

VrmlPad 是 VRML 虚拟建筑开发中的必备工具，为方便后续章节的学习和测试，在此先系统介绍 VrmlPad 编辑器中的一些基本功能和使用方法。

1.4.1 VrmlPad 功能概览

VrmlPad 是一种功能强大且简单好用的 VRML 开发设计专业软件。VrmlPad 提供了一个功能完善的编辑环境，利用该工具，用户可以方便地管理、编辑、打印、发布自己 VRML 模型文件。如图 1-17（*a*）为用 VrmlPad 打开例 1-1 文件后看到界面。

浏览一下 VrmlPad 的菜单你可以发现，作为一种文本编辑器，VrmlPad 看上去与当今较流行的其他基于 Windows 平台的文本编辑器有许多相似之处，不过作为一种专业的 VRML 代码编辑器，VrmlPad 又有其特殊的专业处理功能。图 1-17（*a*）中标示出 VrmlPad 界面中所包括的各个功能区域，其中像标题栏、菜单栏、工具栏和状态栏这些区域的功能对多数 CAD 用户而言一般都比较了解，因此，下面主要就其中的编辑器、场景树、路由图、资源管理器和文件列表这几个最能体现 VrmlPad 功能特色的功能区域作一个简要介绍。

1）文本编辑器（Text Editor）

这是 VrmlPad 中的主要工作区域，其功能特色主要包括：

（1）语法颜色功能，提供你设置或者定制基于语法关系的代码分色显示功能；

（2）自动代码完成功能，可以帮助你快速输入所需要的 VRML 关键字、节点名称、域名、缺省域值等语法元素；

（3）高级查找和替换功能，包括利用表达式进行查找和替换；

（4）使用 Go To 对话框快速定位指定的代码位置；

（5）代码行中可加入书签，当你需要频繁地访问某些代码行时，书签可提供更多方便；

（6）可定制文本编辑器中代码的编排格式，如字体、缩进等；

（7）可选中部分或者一行到多行文本进行复制、剪切、粘贴操作；

（8）冗长节点代码可折叠显示功能；

（9）支持鼠标拖放、右键菜单功能。

2）场景树（Scene Tree）

场景树位于编辑器的左边，见图 1-17(*a*)，它提供了一种层次化显示、编辑 VRML 对象的方法，其主要功能特色为：

(1) 浏览和编辑 VRML 场景对象的层次结构；

(2) 编辑节点、原形等对象名称；

(3) 可配合文本编辑器的编辑，精确地选择节点、域以及域值，并可将选择的对象剪切或者复制到剪贴板中；

(4) 对象层次结构的折叠和展开显示；

(5) 支持鼠标拖放、右键菜单功能。

3) 路由图 (Routing Map)

路由图位于 VrmlPad 界面左侧，当你点击场景树下面的 Routing Map 展卷按钮时即可显示出来，如图 1-17 (*b*) 所示。路由图显示了场景中对象间各种输入、输出接口的连接关系，其功能特色为：

(1) 浏览场景中路由连接对象的线路关系；

(2) 以对话框方式（通过右键菜单）添加路由；

(3) 删除或注释场景中已建立的路由；

(4) 配合文本编辑器的编辑，可选择并快速跳转到路由连接对象的源接口和目标接口。

4) 资源管理器 (Resource View)

资源管理器位于 VrmlPad 界面左侧，当你点击 Resource View 展卷按钮时即可显示出来，如图 1-17 (*c*) 所示。资源文件管理器显示出正在编辑的 VRML 文件中引入的外部文件信息，其中包括外部文件的 URL 地址、类型、引用次数以及文件大小等，并且可以对这些外部资源文件进行浏览、编辑、更名、替换等处理。

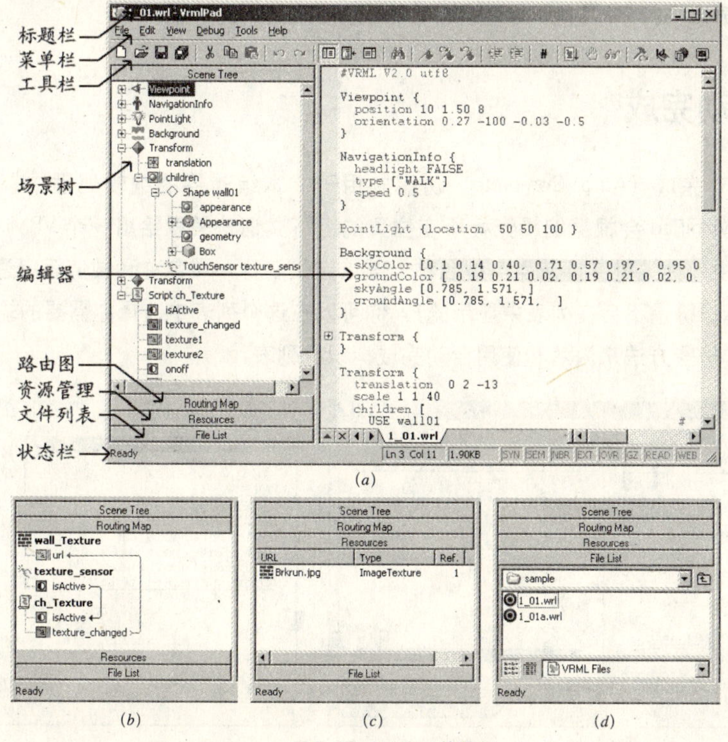

(*a*)

(*b*) (*c*) (*d*)

图 1-17 VrmlPad 的界面

5）文件列表（File List）

文件列表位于VrmlPad界面左侧，当你点击File List展卷按钮时即可显示出来，如图1–17(*d*)所示。文件列表相当于Windows资源管理器，通过它你可以对近期所处理的文件进行浏览和查找，可以采用拖放的方法将外部VRML文件的场景插入到当前场景中。

1.4.2 语法颜色及设置

VrmlPad的语法颜色（Syntax Coloring）功能可以使VRML文件中的不同代码元素具有不同的显示颜色，从而使你更方便地区分文件中的节点、域、域值、语句中的关键字、注释、URL地址等。

当你安装了VrmlPad后，系统已经有了一个默认的语法颜色显示方案，当然，如果你不喜欢，VrmlPad也允许你按照自己的喜好来重新设置。设置语法颜色的步骤为：首先选择下拉菜单Tools/Options命令，打开Options对话框；将标签栏切换到Format，见图1–18，从中选择并设置你所感兴趣的项目；设置完毕后，单击“确定”按钮结束颜色设置。

以下简要介绍图1–18所示Options对话框Format标签栏中各选项的功能作用：

(1) Font：提供的下拉式列表框可供你选择所需要的字体。你所选择的字体效果将在窗体右侧的Sample框中显示出来。

(2) Size：提供的下拉式列表框可供你选择所需要的字体大小。

(3) Colors：包括3个部分：中间较大的文本框提供文本编辑器中的可显示文本项目，你可以从中选择你想进行颜色设置的项目；下方左侧的Foreground下拉式列表框，供你选择字符的颜色；右侧Background下拉式列表框供你选择字符背景的颜色。

语法颜色功能在VrmlPad的默认设置下是启用的。你也可以通过将Options对话框Editor标签栏Options列表中去掉Highlight language syntax选项来关闭此功能。

1.4.3 自动完成

VrmlPad自动完成（Auto Complete）功能应用于文本编辑器的编辑处理中。当你在键入VRML代码时，VrmlPad会根据编辑光标所在位置的上下文语法关系给出一个VRML标识符列表（图1–19），其中包括关键字、节点类型名称、节点定义名称、域名称和域值等（注：不合上下文语法要求的标识符是不会在列表中显示的），你可以在这个列表中选择你需要的输入内容。

你可用这样一些方法来激活和使用自动完成标识符列表：

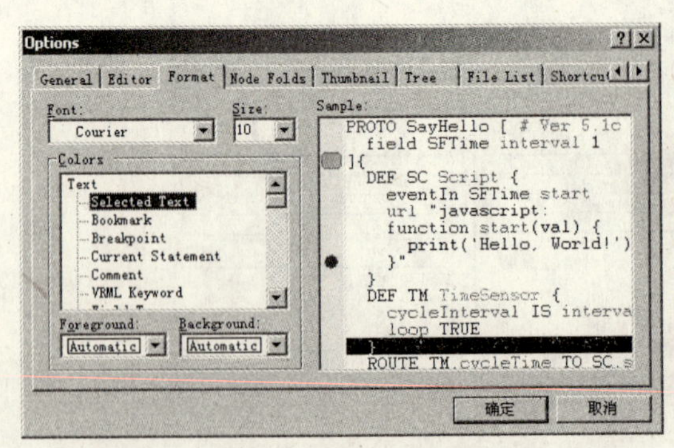

图1–18 设置语法颜色

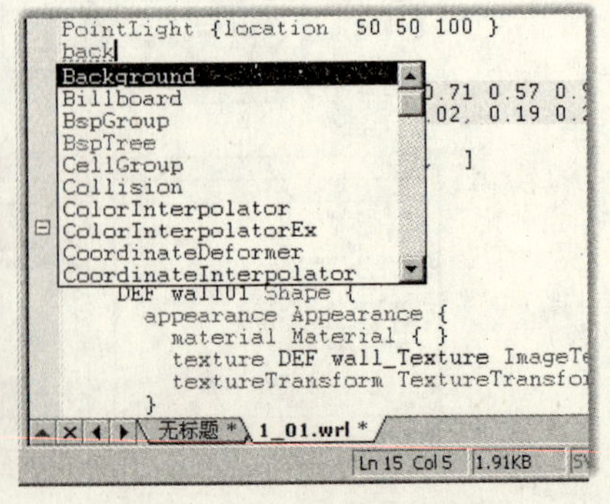

图1–19 自动完成标识符列表

（1）先将编辑光标定位到需要输入代码的位置，然后任意键入一个字符即可激活自动完成标识符列表；或者，你也可以使用下拉菜单 Edit/Complete 命令，或右键菜单中的 Complete Word 命令，或快捷键 Ctrl+Space 来激活自动完成标识符列表。

如果你采用键入方式激活自动完成标识符列表，并且假设列表中存在以你键入的字符为开头的标识符，那么和你键入字符最接近的标识符将自动地出现在列表的最前面，如图 1−19 所示；你也可以先采用菜单或快捷键方式激活自动完成标识符列表，然后再键入，自动完成标识符列表将仍会有上述表现。

（2）当列表中的项目较多时，列表右侧将自动出现滑标，你可以通过滑标或者上下方向键在列表中搜索、选择；当你找到了符合要求的标识符时，可采用鼠标点击、或者空格键、或者 Enter 键将其插入。（注：假如此前你曾键入过部分字符，那么最终输入的标识符将以你在列表中选择的标识符为准。）

自动完成功能在 VrmlPad 的默认设置下是启用的。你也可以通过在 Options 对话框 Editor 标签栏 Options 列表框中去掉 Auto list identifiers 选项来关闭此功能。

1.4.4 错误提示

当你编辑一个 VRML 文件时，VrmlPad 将实时、自动地检查文件代码中可能存在的错误，并且在它认为存在错误的地方标注下划线，同时在 VrmlPad 界面下方的状态栏中将出现 SYN、SEM 和 NBR 的亮显警告提示，见图 1−20。

状态栏中 SYN、SEM 和 NBR 的亮显分别表示文件中可能存在的三种类型错误，其中：

（1）SYN：当它亮显时，其背景变为红色，表示存在语法错误（Syntax errors），典型的 SYN 错误如缺少域值或域值不全。你可以双击亮显的 SYN 标签，则编辑光标快速跳转到第一个出现该错误类型的代码位置，此时你可以看到 VrmlPad 将它认为有语法错误的代码下方加上了红色波浪线提示，同时状态栏的左侧还将出现关于该错误细节的提示（如果你将鼠标指针移到标注有红色波浪线的代码处，也可以出现内容相同的鼠标提示，见图 1−20）。

（2）SEM：当它亮显时，其背景变为蓝色，表示存在语义错误（Semantic errors），典型的 SEM 错误如重复命名。若双击亮显的 SEM 标签，则编辑光标快速跳转到第一个出现该错误类型的代码位置，你将看到出现语法错误的代码下方被加上了红色虚线，状态栏的左侧也出现关于该错误细节的提示。（如果你将鼠标指针移到标注有红色虚线线的代码处也可以出现内容相同的鼠标提示。）

（3）NBR：当它亮显时，其背景变为绿色，表示括号不匹配错误（Nonmatching braces），典型的 NBR 错误如花括号、方括号、引号的缺失。若双击亮显的 NBR 标签，则编辑光标快速跳转到第一个出现该错误的花括号、方括号或者引号位置，此时状态栏的左侧也将出现关于该错误细节的提示。你可以根据该括号的正与反来判断缺失掉的另一个括号。

当需要快速浏览 VRML 文件中出现的上述错误时，你可以使用下拉式菜单 View/Next Error 命令或者快捷键 F4，将光标从一个错误快速地移动到下一个错误处，快捷键 Shift+F4 则可以返回到前一个错误处。

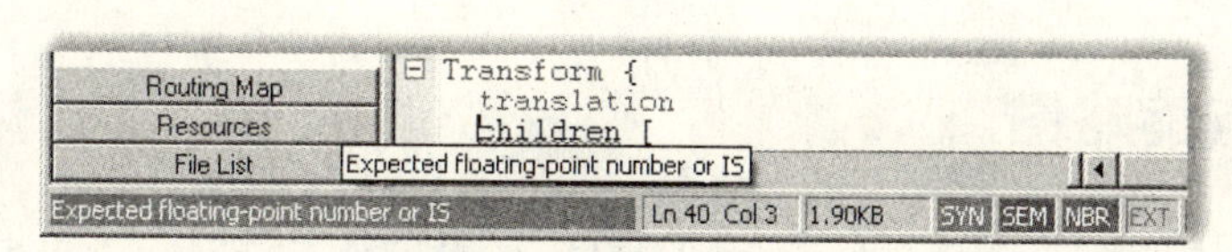

图 1−20　VrmlPad 中的错误提示

1.4.5 可折叠节点显示

VrmlPad 提供的可折叠节点（Node Folding）显示功能，可以让你将 VRML 文件中那些代码量巨大的节点显示为一个非常简约的形式。图 1–21（*a*）显示了文本编辑器中的一个 Transform 节点，其左侧边上有一个可折叠的标记⊟，当你单击这个标记，则这个节点便显示为只有两行的简约形式，同时左侧标记变成可展开标记⊞，如图 1–21（*b*）所示。

你可以通过单击文本编辑器左侧的展开、折叠标记来切换一个节点的显示。此外，你也可以通过下拉式菜单 Edit/Fold/Expand All 命令、或者右键菜单（当光标位于展开／折叠标记上时）中的 Expand All 命令，展开所有的节点；通过下拉式菜单 Edit/Fold/Collapse All、或者右键菜单中的 Collapse All 命令，将所有可折叠节点折叠起来；通过下拉式菜单 Edit/Fold/Collapse Uninteresting、或者右键菜单中的 Hide Uninteresting，将一些你不感兴趣的可折叠节点折叠起来。

VrmlPad 默认设置下的可折叠节点最小行数为 20 行，你可以选择下拉菜单 Tools/Options 命令打开 Options 对话框，将标签栏切换到 Node Folds 后重新对其进行设置。图 1–22 中显示了 Options 对话框，对话框 Node Folds 标签栏中的项目，其功能如下：

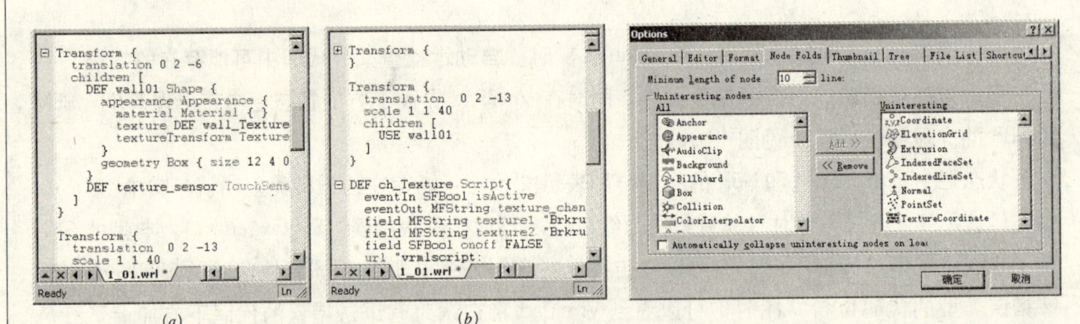

(*a*) (*b*)

图 1–21 节点折叠／展开显示

图 1–22 设置可折叠显示行数

（1）Minimum length of node：设置可折叠节点的最小行数。

（2）Uninteresting nodes：设置你不感兴趣、通常需要用折叠方式显示的节点。其中包括两个列表框和一个单选框。

（3）All：提供一个包括所有 VRML97/2.0 节点类型以及 VRML 文件中已定义的原型列表，你可以从中选择你不感兴趣、需要用折叠方式显示的节点，选择后，按 Add 按钮将它们加入到右侧的 Uninteresting 列表中。

（4）Uninteresting：显示你已经选择的节点列表。你可以选择其中的某些项目，然后按 Remove 按钮将其从列表中删除。

（5）Automatically collapse uninteresting nodes on load：若勾选该项，则 VrmlPad 将每次载入一个 VRML 文件时就会自动将符合条件的节点以折叠方式显示。

节点折叠／展开显示功能在 VrmlPad 的默认设置下是启用的。你也可以通过在 Options 对话框 Editor 标签栏 Options 列表框中去掉 Allow node folding 选项来关闭此功能。

1.4.6 节点缩略图

VrmlPad 的节点缩略图（Node thumbnails）提供一个快速预览 VRML 可视节点对象视觉效果

的便利方式。节点缩略图显示在文本编辑器的右侧，每个缩略图都对应于左侧文本编辑器中一个与之最接近的可视化造型的节点，见图 1−23（*a*）。你可以将光标移到这些缩略图上，然后通过鼠标拖曳动作来改变观察方向；单击缩略图可以使编辑光标快速跳转到对应的节点前；双击缩略图可以激活默认的 VRML 浏览器单独载入该节点并进行预览；使用右键菜单可以选择 48×48、64×64 或 80×80 像素尺寸来显示缩略图。

要启用 VrmlPad 节点缩略图功能，首先要求你的系统必需加装 Cortona VRML Client 浏览器，缩略图依赖于该浏览器进行渲染；其次，需要在 Options 对话框 Editor 标签栏 Options 列表框中勾选 Render node thumbnails 选项。

如果缩略图功能被启用，你还可以通过 Options 对话框 Thumbnail 标签栏对缩略图的功能细节进行设置。图 1−23（*b*）中显示了该栏中的项目，其功能简述如下：

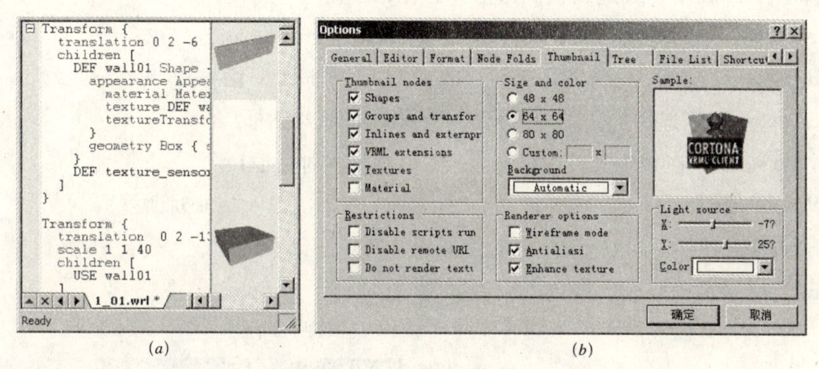

（*a*）　　　　　　　　　　　　（*b*）

图 1−23　节点缩略图的显示与设置

（1）Thumbnail nodes：选择可呈现在缩略图中的节点对象类型，包括：最基本造型（Shapes），编组造型（Groups and transforms），行插入和外部原形引用所创建的可视化对象（Inlines and externprotoes），纹理（Texture），材料（Material）。

（2）Restrictions：限制缩略图中的某些功能，包括：禁止脚本运行（Disable scripts running），禁止访问网络（Disable remote URL），不渲染纹理（Do not render texture）。

（3）Size and color：设置缩略图的大小及其背景颜色。

（4）Render Options：设置渲染选项，包括：线框模式（Wireframe mode），反走样（Aliasing），增强纹理（Enhance texture）。

（5）Sample：显示设置后的样本。

（6）Light source：为缩略图的渲染提供一种光源。包括左右偏移距离（X），上下偏移距离（Y），以及光源的颜色（Color）。

1.4.7　查找和替换

VrmlPad 提供的高级查找和替换功能，不仅允许你使用最常规的方式查找和替换 VRML 文件中的代码，而且还提供一套表达式规则，见表 1−3，允许你采用表达式方法描述一段代码的文本样式，你可以将表达式应用在查找／替换对话框中使程序自动匹配、处理 VRML 文件中相关的代码。VrmlPad 提供了两个与查找功能有关的命令：一个为 Find，只具有单纯的查找功能；另一个为 Replace，包含了查找和替换功能。你可以通过下拉菜单 Edit/Find 命令或者快捷键 Ctrl+F

打开 Find 对话框，见图 1–24（*a*）；通过下拉菜单 Edit/Replace 命令或者快捷键 Ctrl+H 打开 Replace 对话框，见图 1–24（*b*）。

Find 和 Replace 对话框中的一些选项功能是相同的，以下简述其中各选项、按钮的功能：

（1）Find 或 Find What：键入查找的文本或者表达式。(Find 和 Replace 对话框)

（2）Match whole word only：只匹配文字，不区分大小写。(Find 和 Replace 对话框)

（3）Match case：与文字完全匹配，区分大小写。(Find 和 Replace 对话框)

（4）Regular Expression：与表达式匹配。(Find 和 Replace 对话框)

（5）Search all open document：在所有打开的文件中搜索匹配项目。(Find 对话框)

（6）Up、Down：向上或向下搜索。(Find 对话框)

（7）Find Next：查找下一个。(Find 和 Replace 对话框)

（8）Mark All：在所有找到的代码行前作上标记。(Find 对话框)

（9）Cancel：取消命令执行。(Find 和 Replace 对话框)

（10）Replace（文本框）：键入用来替换的文本。(Replace 对话框)

（11）Selection：在选择的文本中执行替换。(Replace 对话框)

（12）Whole file：在整个文件中执行替换。(Replace 对话框)

（13）Whole open file：在所有打开的文件中执行替换。(Replace 对话框)

（14）Replace（按钮）：执行单个搜索目标的替换。

（15）Replace All：执行全部搜索目标的替换。

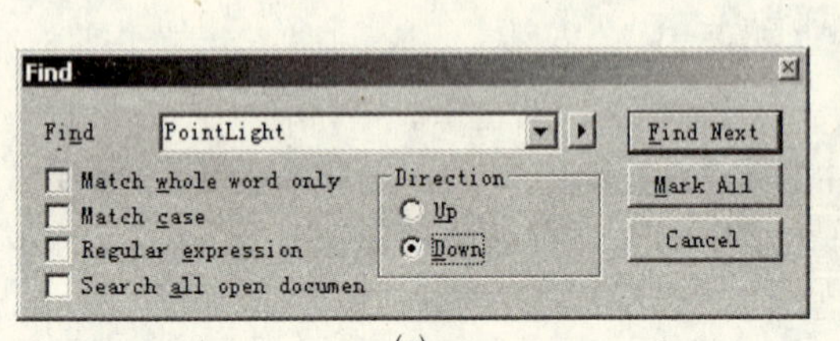

(*a*)

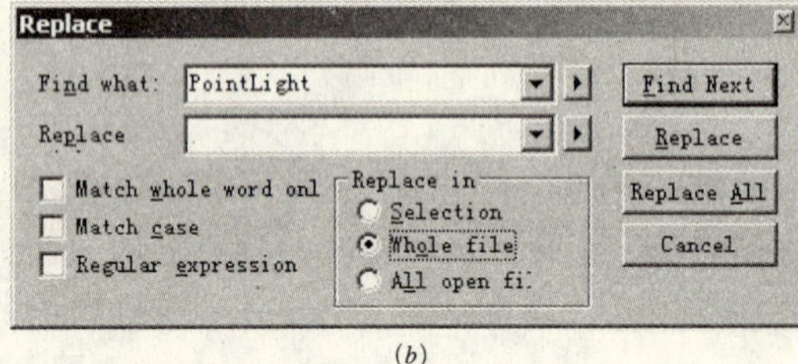

(*b*)

图 1–24　Find 和 Replace 对话框

关于查找功能中应用表达式的方法，参见表 1–3。

表达式规则　　**表 1–3**

表达式符号	说　明
.	句点号，任意单个字符
[ ]	包含在方括号中的任何一个字符，或者用连字符 - 表示的 ASCII 码字符序列范围内的任何一个字符。如表达式 b[aeiou]d 可以匹配 bad、bed、bid、bod 和 bud；表达式 r[eo]+d 可以匹配 red、rod、reed 和 rood，但不匹配 reod 或者 roed；表达式 x[0–9] 可以匹配 x0、x1、x2 等
[^]	脱字符号 ^ 位于方括号内所有字符串之首，表示除了方括号中的字符以外，由其他字符组成的字符串都与之匹配。例如表达式 x[^0–9] 可以匹配 xa、xb、xc 等，但是不能与 x0、x1、x2 等相匹配
^	表示一行的开始
$	表示一行的结尾
( )	包括有括号内字符串序列的字符串。如表达式 (ju)+fruit 可找到 jufruit、jujufruit、jujujufruit 等

续表

<table>
<tr><th>表达式符号</th><th>说 明</th></tr>
<tr><td>c|c</td><td>表示任何一个或者两个由间隔符号 | 分开的字符串。如表达式 (j|u)+fruit 可找到 jfruit、jjfruit、ufruit、ujfruit、uufruit 等</td></tr>
<tr><td>*</td><td>通常标注在一个字符串的后面，表示前面的字符串（或者表达式）可以出现多次或者根本不出现。如表达式 ba*c 可以匹配 bc、bac、baac、baaac 等</td></tr>
<tr><td>+</td><td>通常标注在一个字符串的后面，表示该字符串（或者表达式）至少出现一次。如表达式 ba+c 匹配 bac、baac、baaac，但是与 bc 不匹配</td></tr>
<tr><td>?</td><td>通常标注在一个字符串的后面，表示该字符串（或者表达式）只出现一次或不出现。如表达式 ba?c 匹配 bc 和 bac</td></tr>
<tr><td>\a</td><td>任意单个的字母或数字字符，如 a–z；A–Z；0–9</td></tr>
<tr><td>\w+</td><td>表示任意的非打印字符，如空格或制表符</td></tr>
<tr><td>\c</td><td>表示单个字母字符，如 a–z；A–Z</td></tr>
<tr><td>\d</td><td>表示单个数字字符，如 0–9</td></tr>
<tr><td>\v</td><td>表示任意的 VRML 标识符</td></tr>
<tr><td>\s</td><td>表示任意被引用的字符串，如 "[^"]*"</td></tr>
</table>

1.4.8 浏览文件代码

VrmlPad 文本编辑器提供了功能强大的文件代码浏览功能，其中主要包括虚拟空格，跳转命令和书签功能。

1）虚拟空格（Virtual Space）

当你在一般的文本编辑器（如 MS Word）中运用拖动选择一行文本时，光标通常会被限定在该行的末尾，而在 VrmlPad 中可以自动在一行文本的末尾加入“虚拟空格”，这样，当你选择一行文本时，可以从左右任意方向位置来进行选择，这就为文本的剪贴、光标的自由移动等操作提供了极大的方便。

虚拟空格功能在 VrmlPad 的默认设置下是启用的。你可以通过 Options 对话框 Editor 标签栏 Options 列表框中的 Enable virtual space 选项，决定是否启用该功能。

2）跳转功能

VrmlPad 提供的 Go To 对话框，可以让你方便、快速地跳转到文件中你想进行处理的某些项目位置。可以通过下拉菜单 Edit/Go To 命令，或者快捷键 Ctrl+G 打开 Go To 对话框。

图 1–25 显示了 Go To 对话框中的一些项目，大体上可分为左、中、右三个部分：最左边的 Go To 栏首先提供一个目标对象类型的列表；当你选中某个项目后，中间部分相应地切换为与该对象有关的可选择项，你可以采用键入或者从弹出式列表框中选择的方式输入目标对象的相关参数，如行号、名称等等；最左边为执行跳转或者取消跳转操作的按钮。

在 Go To 对话框左侧的 Go To 栏中，显示了你可以进行快速跳转的目标类型，分别为：

（1）Line：该类型可通过输入行号，跳转到指定的某一行。

（2）Script Line：该类型可通过输入从脚本程序开始算起的行号、Script 节点名称，跳转到脚本程序中的某一行。

（3）Proto declaration：该类型可通过输入原型名称，跳转到原型声明的位置。

（4）Proto instance：该类型可通过输入原型名称，跳转到原型实例的位置。

（5）Node definition：该类型可通过输入节点名称，跳转到节点被定义的位置。

（6）Node reference：该类型可通过输入节点名称，跳转到节点被引用的位置

（7）Field definition：该类型可通过输入域名称，跳转到域定义的位置。

（8）Field reference：该类型可通过输入域名称，跳转到域的引用位置。

（9）Route：该类型可通过输入路由的源节点、目标节点与名称，跳转到路由语句处。

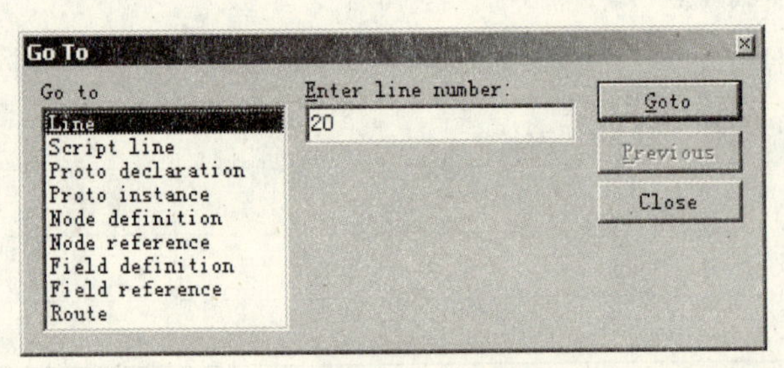

图 1-25　Go To 对话框

3）书签功能

你可以使用下拉菜单 Edit/Bookmark/Toggle 或者快捷键 Ctrl+F2，在 VRML 文件中的任意行前添加一个书签（一个圆角的矩形标志）。当你在一些经常需要浏览或者编辑处理的代码行前添加了书签之后，你就能使用菜单或键盘命令 F2 或 Shift+F2 快速地在标签行之间跳转。当你不再需要某一书签时，可以将光标移到该行上，仍然使用下拉菜单 Edit/Bookmark/Toggle 或者快捷键 Ctrl+F2 将书签删除。

1.4.9　使用场景树

在 VrmlPad 界面左侧提供了一个场景树窗口，该窗口中显示出正在文件编辑器中进行编辑的 VRML 文件的树形结构。场景树可以帮助你浏览和调整 VRML 文件中的对象层次结构；编辑节点、原型的名称；准确地选择文本编辑器中的节点、域及其域值，并进行移动、拷贝或创建节点的引用等操作。

1）浏览场景树

VrmlPad 的场景树提供了一个 VRML 文件的最简约化表现形式。图 1-26 显示了例 1-1 文件所呈现出来的场景树结构，在该场景树中，所有的 VRML 对象（节点及其域、原型）都拥有一个对象图标，在具有子级结构的节点、域对象图标的前面，都有一个可展开或可折叠标记（⊞或者⊟），单击展开标记⊞，即可显示对象的子级结构；单击折叠标记⊟，即可将复杂的子级结构收缩为一个简约化的对象形式。

场景树提供的这种最简约化的对象表现形式，不仅可以使你非常清楚地了解目前你所编辑

的这个 VRML 文件所包含的对象内容及其结构，而且使你进行的节点命名、对象代码的移动和复制等编辑操作变得非常简便。

2）节点命名与更名

前面 1.3.7 节中曾介绍了节点命名的语法规则，当你在文本编辑器中为某个节点命名时，你必须先在该节点前添加一个 DEF 语句，然后再给出一个节点名称。如果将上述同样的工作放在场景树中来做，那么这个过程就会变得相对简单且不易出错，具体方法如下：

（1）在场景树中单击选中想要命名（或更名）的节点标题或者图标，此时节点标题将以深蓝色背景显示，见图 1–26；

（2）再次单击节点标题（或按 F2 键，或选择右键菜单中的 rename 命令），此时节点标题变为可输入状态，你即可输入你想使用的节点名称；

（3）输入完毕后按 Enter 键，或者用鼠标在别处单击一下予以确认。

在上述操作中，如果你是新命名一个节点对象，那么与编辑器中相对应的那个节点前，会自动加上 DEF 关键字和你键入的节点名称；如果你是更名一个节点对象，则文件中所有采用 USE 语句引用的节点原名，就会自动更新为新的节点名称。

3）节点的移动、复制与引用

你可以采用拖动节点图标的方法来移动、复制或创建一个原始节点的 USE 引用。

若要将一个节点移动到另一个新的位置：

（1）将目标位置的相关节点、域展开；

（2）单击选中想要移动的节点图标，然后将其拖动到目标位置处释放。

注意，当你将鼠标指针拖动到一个可以合法插入该节点的位置时，该位置上将出现两个红色相向的箭头提示，见图 1–27，此时若释放鼠标左键，则节点将被移动到该位置上。

若要复制一个同原节点代码完全一致的节点，方法之一：单击选中想要复制的节点图标；将节点图标向上或者向下拖动到与原节点相邻的位置。方法之二：单击选中想要复制的节点图标；按住 Ctrl 键的同时，拖动节点图标至你想要的任意合法的位置。

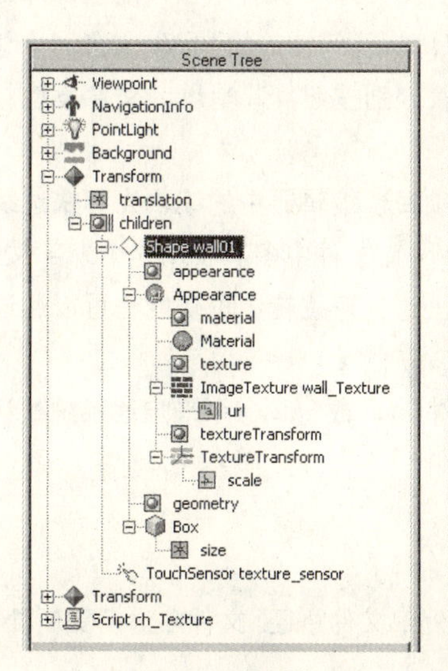

图 1–26　场景树

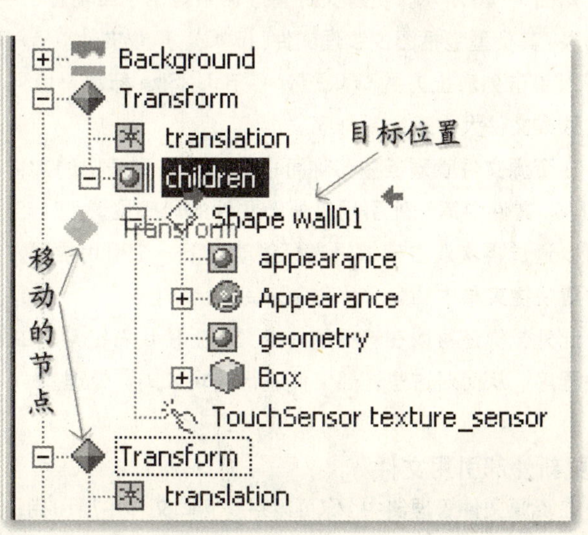

图 1–27　拖动节点图标

若要创建一个原始节点的引用：首先选中原始节点的图标；按住 Alt 键的同时，将原始节点图标拖动至需要创建 USE 引用的位置。

注意：如果你引用一个未命名节点作为原始节点，那么当你将它拖动到目标位置后，VrmlPad 将弹出一个 Node Name 对话框，要求你添加一个原始节点的名称。你可以键入一个节点名称，则 VrmlPad 会自动在该节点前添加“DEF 节点名称”代码，而在目标位置上则添加“USE 节点名称”代码。

1.4.10 资源文件管理器

VrmlPad 的资源文件管理器（图 1–28）提供了一个浏览、管理 VRML 文件中所引用过的所有外部资源文件的便利工具，利用它可以方便地查找 VRML 文件中引用某个外部文件的特定位置；启动相关程序来打开、编辑这些已被引用的外部文件；以及对 VRML 文件中引用的外部文件进行一些更新处理。

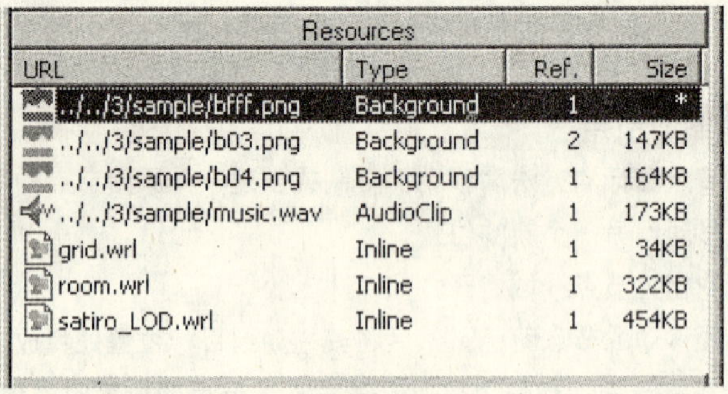

Resources

URL	Type	Ref.	Size
../../3/sample/bfff.png	Background	1	*
../../3/sample/b03.png	Background	2	147KB
../../3/sample/b04.png	Background	1	164KB
../../3/sample/music.wav	AudioClip	1	173KB
grid.wrl	Inline	1	34KB
room.wrl	Inline	1	322KB
satiro_LOD.wrl	Inline	1	454KB

图 1–28　资源文件管理器

1）浏览 VRML 文件中引用的外部文件

VRML 文件所引用的全部外部文件，都会在 VrmlPad 的资源文件管理器中以列表方式显示出来。如图 1–28 所示，资源文件管理器中显示了当前正在编辑的 VRML 文件所引用的全部外部文件列表，其类型包括图像纹理文件（PNG）、声音文件（WAV），以及行插入的 VRML 文件（WRL）。你可以单击列表上方的 URL、Type、Ref、Size 标题，使列表分别按照 URL 地址、文件类型、引用次数或文件大小来重新排序。

在资源文件管理器中，你可以通过双击列表中的文件项目使编辑器中的编辑光标快速跳转到 VRML 文件中第一处引用该外部文件的代码位置上，若 VRML 文件中多次引用这个外部文件，则可以通过再次双击使编辑光标移动到下一个引用位置。上述快速跳转浏览功能也可以通过使用右键快捷菜单中的 Select 命令来完成。

此外，你还可以在选择的外部文件上使用右键菜单中的 Open 或 Edit 命令来启动系统默认的相关程序，从而对这些外部文件进行编辑或浏览处理。

2）更新外部引用文件

在资源文件管理器中，你可以对 VRML 文件中所引用的外部文件路径、文件名进行更新处理。你可以选择人工键入或者对话框方式进行这种更新。

若选择人工键入方式进行更新：

（1）单击选择需要进行更新的外部文件项目；

（2）再次单击已选项目（或按 F2 键，或使用右键菜单中的 Rename 命令），使该文件的 URL 栏变成可输入状态，然后键入更新的文件路径和文件名；

（3）输入完毕后按 Enter 键或者用鼠标在别处单击一次予以确认。

注意，上述方法必须保证你键入的文件路径和文件名的正确性，否则你键入的这个外部文件将在资源文件管理器中显示为一个带红色 × 号的图标（如图 1–28 中所示的第一个文件）。

若选择对话框方式进行更新：

（1）将光标移到需要进行更新的外部文件项目上，然后使用右键菜单中的 Browse 命令打开一个 Browse 对话框，见图 1–29；

（2）利用 Browse 对话框的浏览功能选择需要引用的外部资源文件，选择完毕，单击“打开”按钮即完成更新。

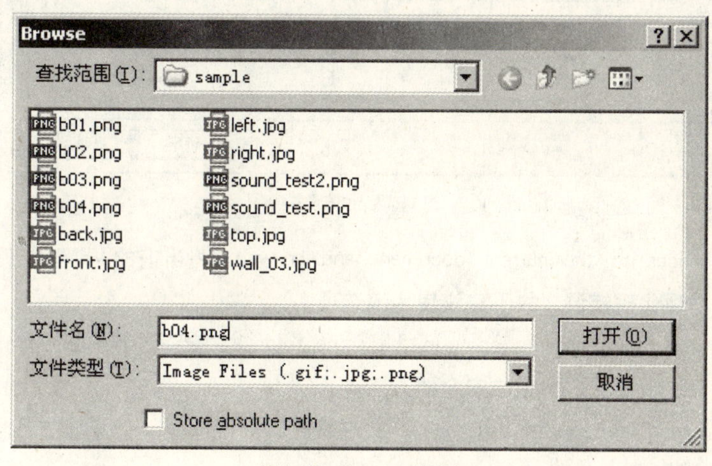

图 1–29　Browse 对话框

注意，在 Browse 对话框中还包含一个 Store absolute Path 选项，若勾选该选项，则在 VRML 文件中将以绝对路径方式来引用该外部文件，否则将采用相对路径引用。你也可以利用该对话框中所提供的这个功能进行绝对路径和相对路径的转换。

1.4.11　场景预览

在编辑 VRML 文件的过程中，你可能随时需要启动 VRML 浏览器以检验编辑后产生的效果。你可以选择 VrmlPad 提供的如下方法之一来激活 VRML 浏览器进行预览：

方法一：使用下拉菜单 Tools/Preview 命令（或快捷键 F5，或工具栏图标），可以激活当前系统默认的 VRML 浏览器进行全场景预览和测试。

方法二：使用右键菜单中的 Preview XXX 命令（XXX 所表示的对象可能是 Shape、Transform、Background 等任何可视化的节点，取决光标当时所处的对象位置），可以激活默认的 VRML 浏览器单独载入相应的节点并进行预览。

方法三：如果缩略图可用，双击缩略图即可以激活默认的 VRML 浏览器单独载入相应的节点并进行预览。

在 VrmlPad 的默认设置下，你预览时所采用的 VRML 浏览器是按操作系统的默认设置来决定的，VrmlPad 也允许你设置多个可选择的 VRML 浏览器来进行预览，这仍然是通过 Options 对话框来设置完成，见图 1–30。

图 1–30 显示了 Options 对话框 Preview 标签栏中的选项，共有 3 个栏目。

首先是激活外部浏览器时的处理（When launching an external browser 栏）：

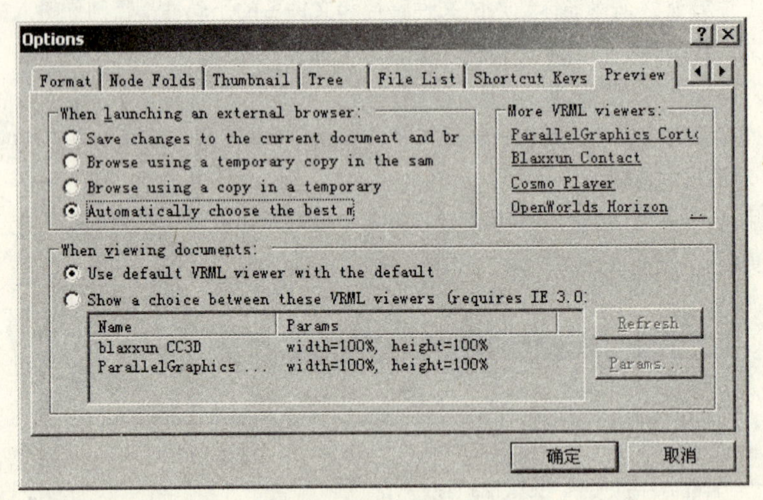

图 1–30　预览设置

(1) Save changes to the current document and browse：将当前的 VRML 文件存盘并预览。由于编辑中可能出现代码错误，故不建议使用该选项。

(2) Browse using a temporary copy in the same folder：在当前 VRML 文件的路径中，使用一个临时性的拷贝进行预览。此为较安全的方法。

(3) Browse using a copy in a temporary：在缓存路径中使用一个临时性的拷贝进行预览。此亦为较安全的方法。

(4) Automatically choose the best method：自动选择最好的方法。

接着是预览时所选择的浏览器（When viewing document 栏）：

(1) Use default VRML viewer with the default：以操作系统默认的 VRML 浏览器为默认值。

(2) Show choice between these VRML viewer：显示多个浏览器的可选择项。若选择该选项，则下拉菜单以及工具栏图标将出现多个浏览器的选择子菜单。

(3) Refresh：当选择 Show choice between these VRML viewer 后，可按此按钮以刷新设置。

(4) Params：当选择 Show choice between these VRML viewer 后，下方的列表框将变为可用，其中列出系统已经安装好的 VRML 浏览器。你可以先选择其中某一个浏览器，然后使用 Params 按钮打开一个对话框进行该浏览器相关参数的高级设置。

在对话框的右上角还有一个 More VRML viewer 栏目，其中列举了几个著名 VRML 浏览器的更新网址以供用户下载。

1.4.12 VRML 发布向导

当你完成了一个完整的 VRML 虚拟建筑场景建模及编程处理之后，你可以利用 VrmlPad 提供的发布向导程序，将你的全部场景文件整体打包、发送到一台网络服务器或者任意一个你所指定的本地磁盘文件夹中。发布向导程序可以帮助你自动整理场景所涉及到的所有文件，将它们统一打包到指定的文件夹中，并可根据文件的类型建立子文件夹；此外，发布向导程序还可以帮助你自动优化全部 VRML 文件，而整个打包处理过程并不改变原有的文件系统和内容。

当你需要启动向导程序将场景打包时，你只需在 VrmlPad 中打开那个能启动完整 VRML 场景的 VRML 文件，然后再调用下拉菜单 File/Publish 命令来开始打包过程。发布向导程序包括 7 个页面步骤。

1）第一页：设置发布文件目的地

如图 1–31 所示，其中包括 3 个选项：

（1）Copy document content to the specify folder：将文档拷贝到一个指定文件夹。

（2）Publish files to the net，using Microsoft Web Publishing Wizard：使用微软 Web 发布向导将文档发布到 Web 上。

（3）Send files by e–mail as attachment using your favorite mail sender：将文件以 Email 附件方式发送到指定的邮箱地址。

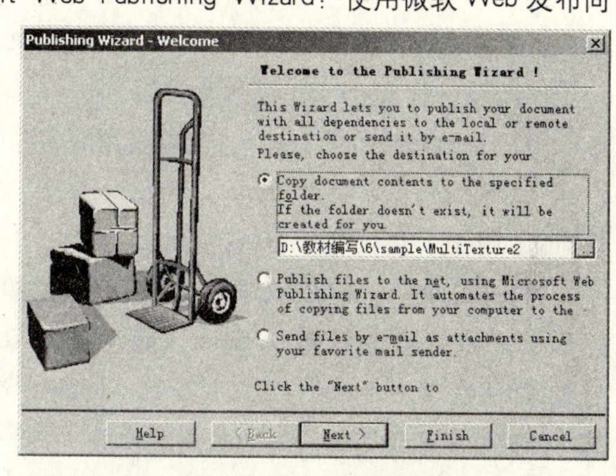

图 1–31　发布向导的第一页

2）第二页：设置要发布的外部资源文件

如图 1–32 所示，其中包括 2 个选项和一个列表框：

（1）Only immediate dependency：只将当前 VRML 文件直接引用或链接的外部资源文件打包。

（2）All（immediate and indirect）dependency：将当前 VRML 文件直接或间接引用、链接的全部外部资源文件打包。

（3）列表框及其按钮：可以通过列表框下方的 Add 按钮向列表框中添加附加的资源文件搜索路径，当发布向导无法找到 VRML 文件中所引用、链接的某些外部文件时，可以尝试在这些指定的路径中查找。Remove 按钮用于删除列表中的路径；Move Up、Move Down 按钮用于调整列表中路径的排列顺序。

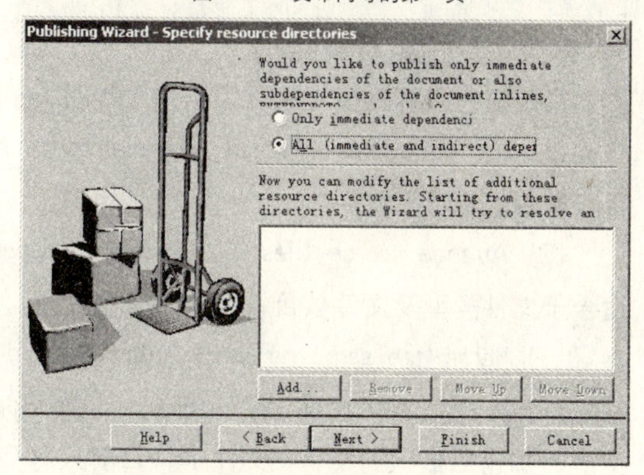

图 1–32　发布向导的第二页

3）第三页：排除文件

提供一个列表框，如图 1–33 所示，可以从中选择并排除那些并不想同时发布的 VRML 文件和资源文件。例如，当你更新 Web 服务器中的 VRML 场景时，某些文件可能已在 Web 服务器中存在，为提高上传速度，可以将这些文件排除掉。

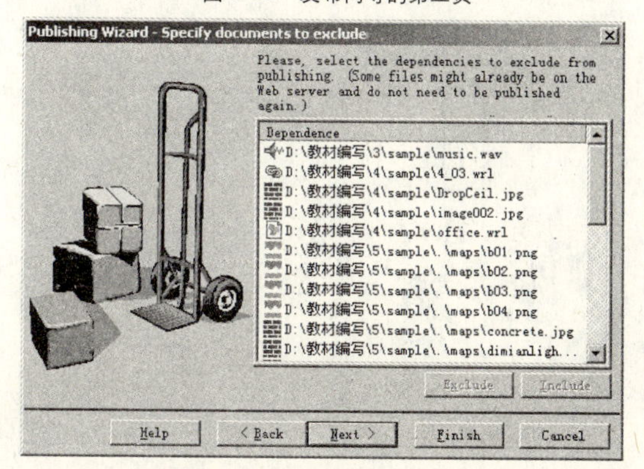

图 1–33　发布向导的第三页

要排除某些文件：先在列表框中选择要排除的文件，然后按下方的 Exclude 按钮，则列表框中被排除的文件将显示为一个带红色 × 号的图标。

要将被排除的文件重新加入进来：先在列表框中选择被排除的文件，然后按下方的 Include 按钮。

4）第四页：VRML 文件优化

提供一些优化 VRML 文件的选项（图 1–34），使 VRML 文件更适合于网络传播。

（1）Park VRML files using Maximum compression：用最大压缩率对 VRML 文件进行打包。经过压缩的 VRML 文件将占用较小的磁盘空间并且可以获得更快的下载速度。大多数的浏览器能自动解压和显示被压缩的 VRML 文件。

（2）Remove extra formatting from VRML：删除 VRML 文件中多余的文本格式，包括空行和不需要的空格等，发布向导将重新格式化整个文档，去除它所有认为没用的格式。

（3）Remove comments：删除注释。

（4）Remove default value：删除使用缺省值的域以及域值。

（5）Simplify floating point：简化浮点数。在保证不改变数值大小的同时，将浮点数转化为最简化的形式，例如将 0.10 转化为 .1 表示。

（6）Adjust numeric resolution：调整保留的小数点数字位的精度。选择该选项后，其下方的 Coordinate（3D 坐标值）、Color（颜色值）、Texture coordinate（2D 纹理坐标值）、Normal（法向量 3D 值）、Orientation（旋转值）和 Interpolator key（动画关键帧值）文本栏变成可修改状态，其中的整数即表示可保留的小数点的位数。

5）第五页：指定目录结构

指定打包目标路径中的目录结构，如图 1–35 所示，其中包括如下的选项：

（1）Put all source files in one directory：所有文件放在同一目录下。适合于文件类型及数目非常少的情况下使用。

（2）Arrange source files in subfolders，depending of its type：根据文件的类型安排子目录。适合于文件类型及文件数目较多的情况下使用。

（3）Retain the same directory structure used by the source files：按原有的目录结构打包。

（4）In–line resources as base64 encoded data：采用 BASE64 编码将选择的外部资源文件类型进行加密后嵌入到 VRML 文件中。目前只有 Cortona 浏览器支持使用该选项打包后的 VRML 文

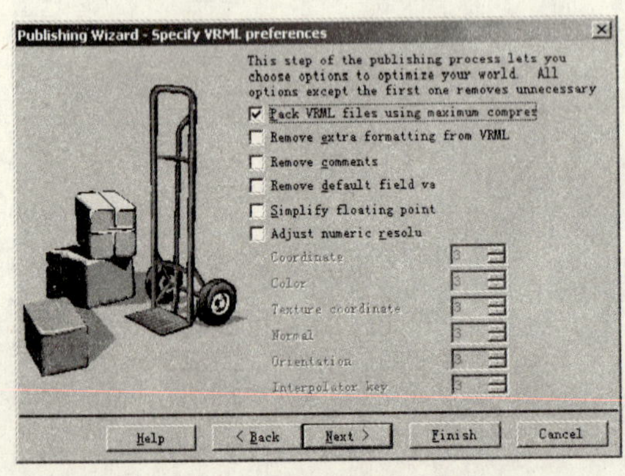

图 1–34　发布向导的第四页

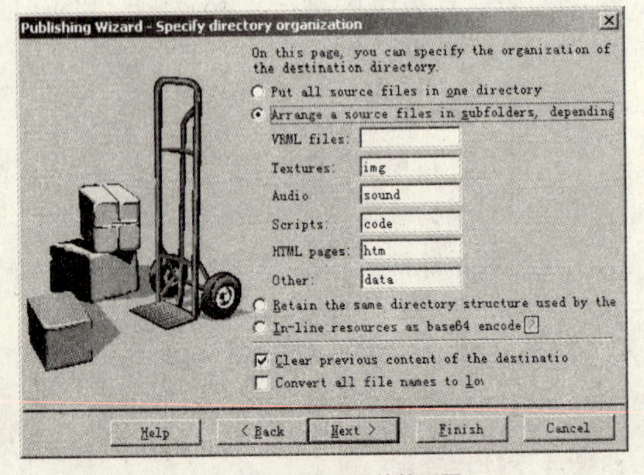

图 1–35　发布向导的第五页

件。单击后面的标志 >，即可以从菜单中选择 Image Texture、Audio Clip、MPEG Movies、Java Script、Java Bytecode、Binary files 类型文件进行加密和嵌入。

(5) Clear previous content of the destination：清除目标路径中原有的内容。

(6) Convert all file names to lowercase：将所有的文件名转换为小写形式。

6）第六页：查看文件目录结构

可以查看由上一步骤所设置的文件目录结构，如图 1–36 所示。若无问题，即点击下方 Next 或者 Finish 按钮，程序即进入下一页面开始执行打包处理。

7）第七页：发布完成

此为发布向导程序中的最后一页。当打包处理完成之后即出现本页中的3个按钮，见图1–37，分别为：预览打包后的场景（Preview）；打开目标文件夹（Open Folder）；用 VrmlPad 打开刚发布的 VRML 文件（Open by VrmlPad）。

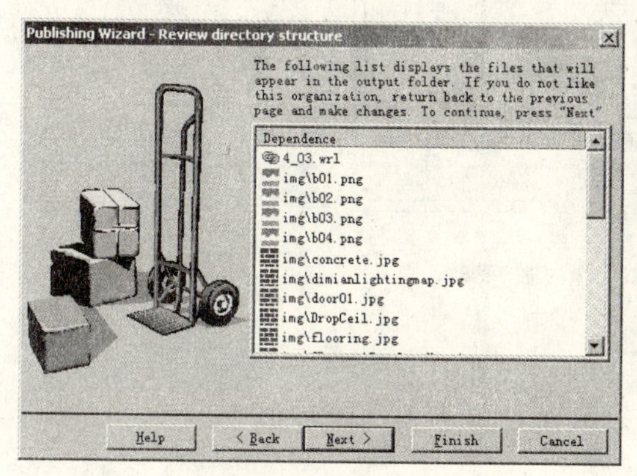

图 1–36　发布向导的第六页

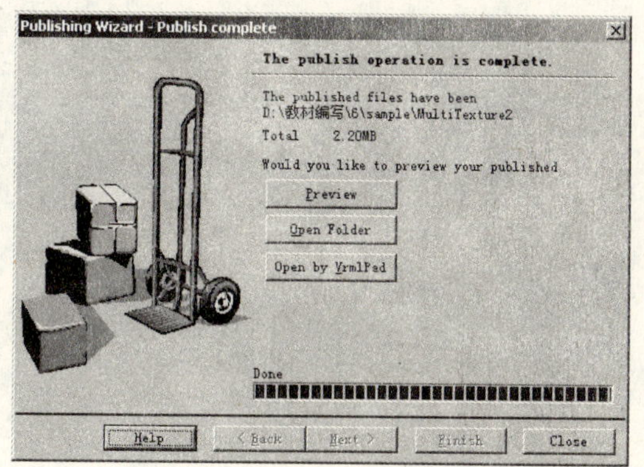

图 1–37　发布向导的第七页

1.5　使用 BS VRML 浏览器

VRML 浏览器是 VRML 虚拟建筑开发及应用中的必备工具。本书后续章节中讨论的大部分例子都是基于 BS Contact VRML/X3D 浏览器（以下简称 BS 浏览器）效果的，因此，为方便后续章节的学习和测试，在此系统介绍 BS 浏览器的一些使用方法。

1.5.1　设置浏览器菜单

BS 浏览器是一种支持多语言的程序，其中也能支持一部分中文选项或命令的显示。当你下载并安装好了 BS Contact VRML/X3D 之后，浏览器的语言默认设置可能是全英文的，你可以通过一些设置使之尽可能以中文方式显示。

要设置 BS 浏览器菜单，首先得启动它才行。你可以选择如下方法之一来启动：

方法一：选择 Windows 菜单“开始/所有程序/BS Contact VRML-X3D/BS Contact VRML-X3D”选项；或者双击 BS Contact VRML/X3D 安装目录中的 BSContact.exe 文件。

方法二：双击任何一个 VRML 文件。

方法三：在 VrmlPad 中使用 1.4.11 节中介绍的任意一种方法激活 BS 浏览器（即使 VrmlPad 中的当前文档是空白的也行）。

当 BS 浏览器启动之后，你可以采用如下步骤设置浏览器菜单：

(1) 单击一下鼠标右键，此时将出现如图 1-38（*a*）所示全英文快捷菜单；

(2) 选择其中的菜单命令 Settings/Preferences 即可打开如图 1-38（*b*）所示对话框；

(3) 将对话框中的标签栏切换到 General；将 User interface level 选项设置为 Expert；将 Menu language 设置为 Chinese；点击一次 Register as control for IE 按钮；最后按确定按钮；

(4) 重新使用右键菜单，此时将出现如图 1-38（*c*）所示的中文菜单界面。

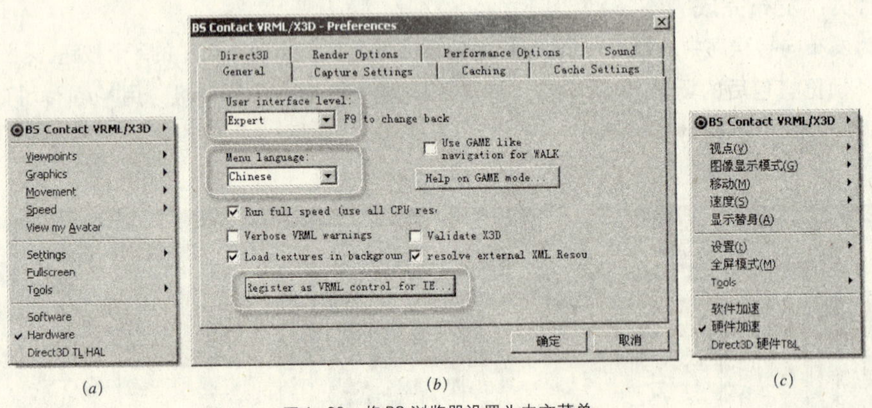

图 1-38　将 BS 浏览器设置为中文菜单

1.5.2　移动模式及操作

与大多数 VRML 浏览器一样，浏览者在 BS 浏览器中的移动也是通过鼠标拖曳，并配合鼠标滚轴、快捷组合键等方式进行的，而具体移动的方式，则主要取决于移动模式的设定。移动模式可以通过右键菜单“移动”选项下的子命令来设定，也可以使用鼠标的中键（滚轴键）直接打开进行移动模式选择的子菜单。

如图 1-39 显示了用于选择移动模式的菜单项，功能分别如下：

(1) 行走（Walk）：快捷键为 Ctrl+Shift+W。这是最常用的一种模拟人在现实世界中随意四处走动的模式。采用该模式时，鼠标的上／下拖曳将转化为视点的前／后移动；左／右拖曳则转化视点左／右的转动；滚轴的前／后滚动转化为俯／仰视；拖曳过程中若按住 Ctrl 键，则左／右拖曳将临时切换为滑动模式的向左／右滑动；如果拖曳开始之前先按住 Ctrl 键，则浏览模式临时切换为平移模式，松开 Ctrl 键后则恢复至正常的 Walk 模式。

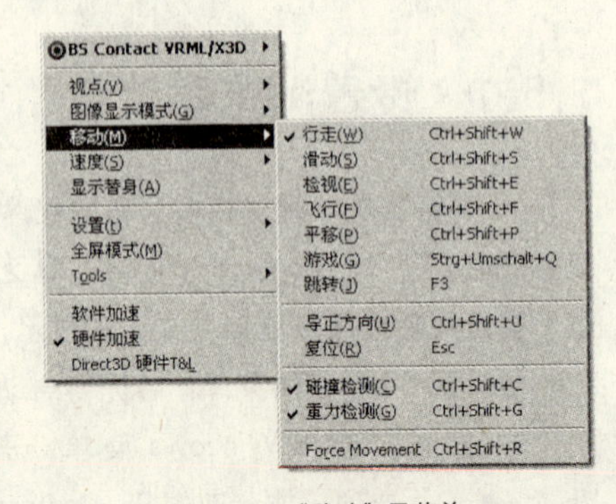

图 1-39　“移动”子菜单

(2) 滑动（Slide）：快捷键为 Ctrl+Shift+S。该模式可以在不改变观察方向的前提下使视点向上、下、左、右移动。采用该模式时，鼠标拖曳控制视点的上、下、左、右的移动，类似于观景电梯或列车窗口中看到的效果；滚轴的前后滚动控制视点的前后移动，类似于前后直行看到的效果；拖曳时若按住 Ctrl 键，则临时切换为

Fly 模式，松开 Ctrl 键后，恢复至正常的滑动模式。

（3）检视（Examine）：快捷键为 Ctrl+Shift+E。该模式的效果类似于将场景物体置于一个水晶球之中，鼠标拖曳动作相当于将手放到球体表面的某个位置，然后向任意方向转动，以方便浏览者能从不同角度检视该物体。在该模式下，拖曳的方向、速度和距离与转动一个现实世界中的球体是一致的；拖曳时若按住 Ctrl 键，则可以固定住观察的方向，使视点只向上、下、左、右平行移动，松开 Ctrl 键后，恢复至正常检视模式；如果前／后滚动滚轴，视点将远离／靠近目标物体。

（4）飞行（Fly）：快捷键为 Ctrl+Shift+F。该模式下的操作效果与 Walk 模式十分相似，不同的是飞行模式不受重力影响。使用该模式时，可以按住 Ctrl 键，使之临时切换为滑动模式，同时向上／下拖曳鼠标使视点达到适当高度后松开 Ctrl，开始正常的飞行模式。

（5）平移（Pan）：快捷键为 Ctrl+Shift+P。该模式可以方便浏览者在某个固定点向四处察看。当向上、下、左、右方向拖曳鼠标时可分别获得环视、仰视或俯视的观察效果；前／后滚动滚轴，视点将靠近／远离目标物体；该模式下若按下 Ctrl 键，则会临时切换到滑动模式，松开时则恢复至平移模式。

（6）游戏（Game Like）：该模式是类似于 3D 射击类游戏中的视点控制方式。该模式不需要拖曳，直接移动鼠标即可改变观察方向，而用另一只手分别按住键盘上的 W、S、A、D 键可分别控制视点向前、后移动和向左、右滑动。

（7）跳转（Jump）：快捷键为 F3。这是一个特殊的模式，当点击场景中一个物体时，视点将自动跳转到这个物体被点击位置附近。

（8）导正方向（Straighten Up）：快捷键为 Ctrl+Shift+U。在某些情况下，场景视图会出现一些倾斜（如使用检测模式之后），该命令可以使倾斜的视线重新调整到原场景中的水平、垂直要素分别与浏览器窗口的两个边相平行。

（9）复位（Reset）：快捷键为 Esc。恢复到初始的视点状态。

（10）碰撞检测（Collision）：快捷键为 Ctrl+Shift+C。勾选该项时，将阻止浏览者进入或穿越场景中的造型物体，关闭时则允许穿越任何物体（由于法向量的原因，当浏览者进入造型物体内部时，可能将看不到该物体的内表面）。

（11）重力检测（Gravity）：快捷键为 Ctrl+Shift+G。该项主要用于 Walk（行走）模式下重力效果的模拟。若勾选重力检测，则视点始终与地面物体保持一个替身高度的距离，当地面物体存在高低变化时，视点也会随之上升、下降；当浏览者由低向高处行走时，重力的作用会使行走的速度减缓，反之则加快。如果关闭重力检测，将允许视点停留在任何可能的高度。

（12）Force Movement：即强制移动，快捷键为 Ctrl+Shift+R。场景中有时会有一些可点击交互的物体，如一个带有超级链接的报栏。为了避免漫游中因鼠标的点击拖曳动作而引起不期望的交互响应，可以勾选该项，此时鼠标的点击、拖曳动作将只被用作漫游，而不管此时是否点击到可交互物体。

1.5.3 移动速度控制

浏览者在场景中移动的实际速度取决于三方面因素：

（1）VRML 模型文件中由导航信息节点 NavigationInfo 中 speed 域设置的漫游速度。如在例 1–1 文件中就指定的 NavigationInfo 节点 speed 域值为 0.5，表示按每秒 0.5 个 VRML 单位的速度移动，而当 NavigationInfo 节点 speed 域缺省时，这个速度为每秒 1 个 VRML 单位（关于 NavigationInfo 节点，参见第 3 章）。这个由 VRML 文件中指定的漫游速度是浏览器中其他速度控制因素的一个基准。

（2）浏览者运用鼠标拖曳方式漫游时，其拖曳达到的距离，该距离值是 NavigationInfo 节点 speed 域指定速度的倍增因子，拖曳距离越长则速度就越快，反之则越慢。

（3）浏览器右键菜单中所指定的速度倍增因子。图 1–40 中显示了右键菜单"速度"选项下各子命令项目，其中的"最慢"、"慢"、"正常"、"快"和"最快"所代表的实际速度同样是以 NavigationInfo 节点 speed 域值为基准来计算的，分别表示以 speed 域值指定速度的 1/4、1/2、1、2 和 4 倍速来进行移动。

1.5.4 视点的切换

所有 VRML 浏览器都能够为 VRML 模型提供一个缺省的视点，缺省视点规定了浏览者进入场景后所处的空间位置和观察角度。创作者也可以在 VRML 文件中自行定义视点（如例 1–1 文件中的开始部分就包含一个视点的定义），在这种情况下，缺省视点将由创作者自行定义的第一个视点所取代。当创作者在 VRML 文件中自行定义了多个视点时，BS 浏览器右键菜单中的"视点"命令就会变得非常有用。

图 1–41 显示了右键菜单中"视点"命令选项下的子命令项目，其中的 View1 ~ View6 都是创作者在 VRML 文件中自行定义的视点（最多可显示 20 项），当你点击这些视点项目时，即可使你的空间位置和观察角度按照这些视点的定义快速地跳转。

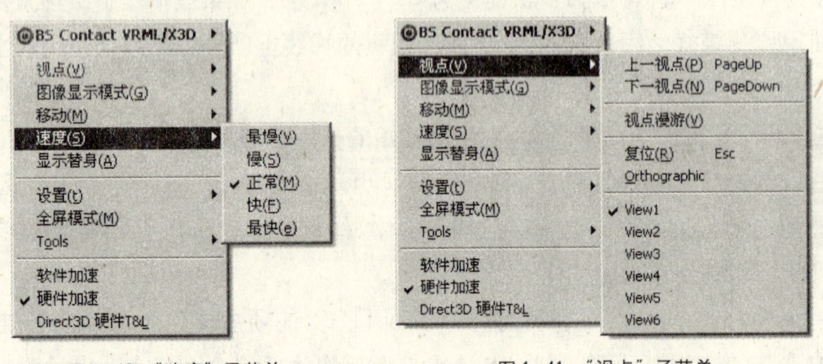

图 1–40 "速度"子菜单　　　　图 1–41 "视点"子菜单

"视点"命令选项下的其他项目是浏览器固有的，其功能分别为：

（1）上一视点：取决于创作者在 VRML 文件中自行定义的视点顺序（见图 1–39 中的 View1 ~ View6）以及当前所处的视点。选择该命令即从当前视点跳转到排在它前面的一个视点，如果当前视点已经排在了最前面（见图 1–39 中的 View1），则会回转到最后一个视点（见图 1–39 中的 View6）。该命令的快捷键为 PageUp。

（2）下一视点：类似于"上一视点"，但方向正好相反。该命令的快捷键为 PageDown。

（3）视点漫游：若选择该命令，则浏览器先将视点返回到第一个视点处，然后依视点顺序自动执行一次漫游动画循环。

（4）复位：若选择该命令，则视点将从浏览者当前的漫游位置恢复至初始视点位置。

（5）Orthographic：该命令将使浏览器由透视法显示切换为正投影显示，命令名称相应地变更为可返回到透视观察法的 Perspective。

1.5.5 使用替身

替身是漫游者在虚拟空间中自身形象的代表。当你访问一个利用 VRML 多用户平台创建的 Web3D 社区时，BS 浏览器会自动给你添加一个代表自己形象的替身，这样，其他访问者都可以通过你的替身发现你，当然，你也可以通过其别人的替身发现其他的来访者。

替身通常是用来给别人看的，因此一般不必让你的替身出现在自己的浏览器界面中。不过，假如你希望通过自己的替身向别人做出打招呼等某些友好动作的话，BS 浏览器也允许将你自己的替身显示出来，你可以通过右键菜单中的“显示替身”命令做到这一点。当你的替身出现在自己的屏幕上后，你就可以方便地控制你自己的替身行为了，见图 1–42（*a*）。

BS 浏览器中的替身实际上是由一个独立的 VRML 文件提供的，图 1–42（*a*）所示的这个替身其实是由 BS 浏览器安装目录中的 avatar.wrl 文件提供的，你可以直接将该文件用浏览器打开，如图 1–42（*b*）所示。

(*a*)

(*b*)

图 1–42　显示浏览者替身

1.5.6 输出静态图像文件

在某些情况下，你也许需要一些场景静态图像文件用于印刷或出版，BS 浏览器提供了屏幕捕捉和渲染两种输出场景静态图像文件的方法。

1）捕捉图像输出

可通过右键菜单 Tools/Save Screenshot 命令（快捷键 F11，图 1–43*a*）来完成。捕捉到的图像内容将只包含浏览器窗口中所呈现的场景画面，而不包括浏览器的界面，捕捉到的图像尺寸则取决于浏览器窗口的大小。命令启动后即会打开 Windows 中标准的文件保存对话框，你可以选择 BMP 或 JPG 格式来保存捕捉到的图像文件。

2）渲染图像输出

可通过右键菜单 Tools/Render Bitmap 命令来完成，见图 1–43（*a*）。这种方法可以得到较高分辨率的场景渲染图像文件。命令启动后即会打开图 1–43（*b*）所示对话框，你可以利用该对话框设置图像的分辨率、文件保存路径、文件格式（BMP 或 JPG）、JEPG 压缩质量等。当渲染完

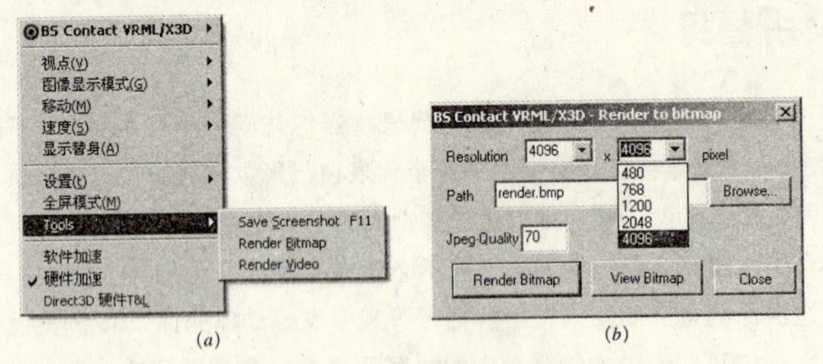

图 1–43　BS 浏览器的图像输出

毕之后，你可以通过单击 View Bitmap 按钮来查看保存的渲染图像。

在此需要注意的问题是：BS 浏览器能否正确地渲染输出你所希望的高分辨率图像，还取决于你的系统硬件以及你为 BS 浏览器所设置的渲染引擎。如果发现 BS 浏览器不能正确输出高分辨率的渲染图像，可以尝试使用其他渲染引擎，如 OpenGL、DirectX 等。此可以通过右键菜单“设置 /Renderer”选项下的子菜单命令来完成。

1.5.7　输出 AVI 动画文件

BS 浏览器不仅可以输出高分辨率的场景渲染图像，而且也能够将你的场景漫游动态画面渲染成 AVI 视频文件以满足其他不同的应用目的。启动 AVI 动画渲染的右键菜单命令为 Tools/Render Video，见图 1–43（*a*），命令启动后将打开如图 1–44（*a*）所示 Create Movie 对话框，其中包括以下选项设置：

（1）Resolution：设置 AVI 文件的分辨率。

（2）Duration：设置 AVI 动画的时间长度，单位为 s（秒）。

（3）Frame rate：设置帧速率，单位为 fps（帧 /s）。

（4）Video Path：指定 AVI 文件的保存路径。

（5）Create Video：完成上述设置后即可单击该按钮，则将先出现图 1–44（*b*）所示渲染进程界面，接着弹出图 1–44（*c*）所示视频压缩对话框，要求选择一种 AVI 文件的压缩格式及其压缩质量。当你在图 1–44（*c*）所示视频压缩对话框中完成了相关设置后，即可点击其中的“确定”按钮，则对话框返回到图 1–44（*b*）所示渲染进程界面并进入 AVI 渲染和保存文件的处理过程。

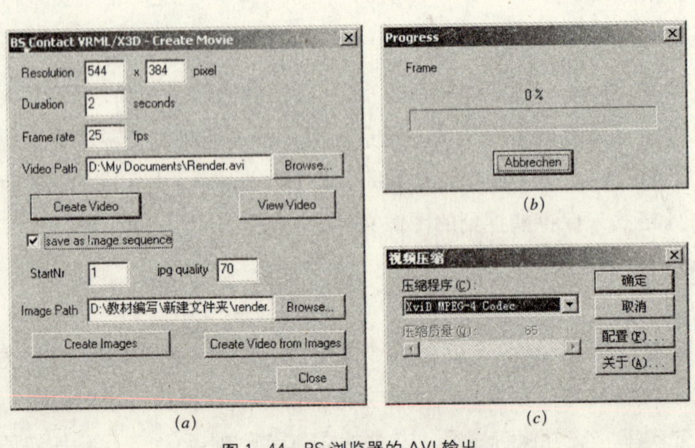

图 1–44　BS 浏览器的 AVI 输出

在此期间，你需要返回到 VRML 场景中进行漫游，以便 AVI 渲染程序能够捕捉到你漫游时产生的动态画面。

(6) View Video：当 AVI 渲染进程完毕后，即可单击此按钮以演示 AVI 动画效果。

此外，BS 浏览器还提供另外一种渲染 AVI 动画的方法，即：先将场景漫游画面渲染成一帧帧单独的序列化图像文件，然后再将这些文件合并成 AVI 动画（实际上你也可以利用这些单帧的图像文件编辑为 Flash 动画）。具体的方法是：在完成了图 1-44（*a*）中所示 Resolution、Duration 和 Frame rate 的设置之后，先不直接使用 Create Video 按钮去渲染动画，而是继续勾选下方的 Save as Image sequence 选项（即保存为序列化图像文件），则该选项下方的其他选项就立即变成可选择状态，你可以接着进行如下选项的设置：

(1) StartNr：序列化图像文件的起始编号（编号将作为序列化文件名的后缀形式）。

(2) jpg quality：JPG 文件压缩质量。

(3) Image Path：保存序列化图像文件的路径。

(4) Create Video：设置好了上述选项后即可单击此按钮，则进入图 1-44（*b*）所示渲染进程，直至该进程结束。而在此期间，你同样需要返回到场景中进行浏览，以便渲染程序能够捕捉到你漫游时产生的动态画面。

(5) Create Video from Image：当序列文件渲染完毕，你可以单击此按钮，则将同样先出现图 1-44（*b*）所示渲染进程，接着弹出图 1-44（*c*）所示视频压缩格式的选择及设置。当你设置完毕后，单击其中的“确定”按钮，则又返回到图 1-44（*b*）所示渲染进程，直至该进程结束。

Shaping with VRML
VRML 造型

第2章 VRML 造型

TWO

本章概要

造型是虚拟现实场景中的主要呈现内容。在 VRML 文件中，造型以及所有场景对象都是通过节点的形式来表达的。虽然我们可以用各种可视化建模软件生成 VRML 造型的代码，但是要完成 VRML 场景的交互性编程设计，首先需要创作者了解和识别各种 VRML 造型节点。在本章中，将讨论 VRML 造型的构成元素、组织结构，以及与之有关的节点类型。

2.1 Shape 造型

现实中的任何复杂的造型，都可以分解为一系列简单基本造型的组合。如前所述，VRML 创建各种对象的方法是运用节点。与现实中造型一样，如果将复杂的 VRML 造型进行分解，最终都可以归结为一种由 Shape 节点描述的造型（或称 Shape 造型），Shape 造型是 VRML 空间中构成复杂造型的最小单元。

2.1.1 最小造型单元：Shape 节点

认识 VRML 造型首先应从 Shape 节点开始，该节点描述了 VRML 空间中最小造型单元的基本成分。

先看下面 Shape 节点的语法：

```
Shape {
   appearance   NULL   # exposedField SFNode
     geometry   NULL   # exposedField SFNode
}
```

Shape 节点包含 appearance 和 geometry 两个域，它们说明了一个 Shape 造型所包含的外观和几何构造两个基本属性。其中：

（1）appearance：用来指定造型的外观。

（2）geometry：用来指定造型的几何构造。

请注意 Shape 语法中以“#”号开头的注释语 exposedField SFNode，该注释说明了两个域的域值类型为 SFNode（单节点数据类型），也就是说需要使用一个 VRML 节点作为它的域值。Shape 节点语法同时也说明了它的两个域的缺省域值都为 NULL（即空值）。对于 appearance 域，缺省值使用 NULL 表示了一种白色自发光的材料外观；对于 geometry 域，缺省值使用 NULL 则表示没有任何几何体定义，因此也就不会产生任何形式造型。

由此可见，单一的 Shape 节点仍是不能产生造型的。Shape 节点提供的仅仅是一种描述造型的基本框架，要产生一个可见的造型必须还要借助于其他相关节点为 Shape 节点的 appearance 和 geometry 这两个域指定域值。

2.1.2 指定 Shape 造型的几何构造

如前所述，要使 Shape 节点产生可见造型，至少需要运用一种几何构造节点来指定 Shape 节点 geometry 域的域值。在 VRML97/2.0 中，总共提供了 10 种用来定义几何构造的节点类型，这些节点专门用来指定 Shape 节点 geometry 域的域值。这些类型包括：Box（长方体）、Cylinder（圆柱体）、Cone（圆锥体）、Sphere（球体）、Text（文本）、IndexedLineSet（线）、IndexedFaceSet（面）、PointSet（点）、ElevationGrid（海拔栅格）和 Extrusion（挤出）。关于这些节点的语法及运用，在本章 2.2 节中将专门讨论。

下面通过例 2-1 文件说明如何使 Shape 节点产生出一个可见的 Shape 造型。

[例 2-1]

```
#VRML V2.0 utf8

Shape {
  geometry Box {size 2 1 2}
}
```

本例中的 Shape 节点通过使用一个 Box 节点为其 geometry 域赋值，从而创建了一个长、高、宽分别为 2、1、2 单位长的方体；而 Shape 节点中并没有指定 appearance 域，即表示这个域将使用其缺省值 NULL，此意味着使用一种白色自发光材料作为造型的外观。例 2-1 相应的场景效果见图 2-1。

注意，当你指定一个域时，应当将域名、域值一并列出，不可或缺。在本例中，如果你在 Shape 节点中增加一行“appearance NULL”代码，其所得到效果是完全一样的。

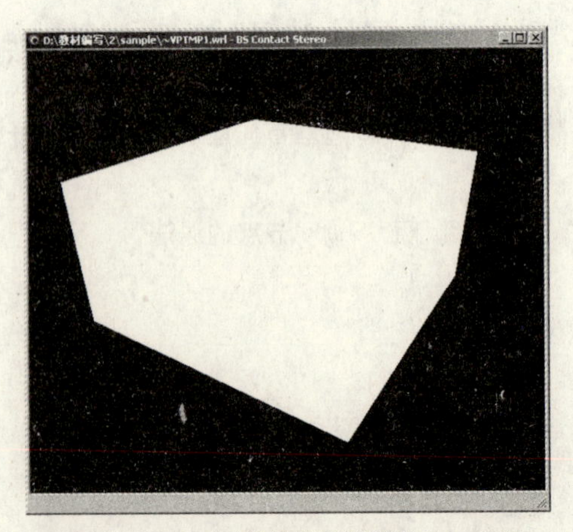

图 2-1 用 Box 节点和缺省外观创建的 Shape 造型

2.1.3 指定 Shape 造型的外观：Appearance 节点

外观是 Shape 造型的另一组成部分，各种复杂形式的 VRML 造型外观都是通过 Shape 节点 appearance 域来定义的。例 2–1 中的 Shape 造型直接使用了 Shape 节点 appearance 域的缺省值 NULL，由于它是一种白色自发光材料，所以我们只能看到整个造型的外部轮廓。而要使你的造型呈现其真实的表面色彩和构造细节，则必须首先使用 Appearance 节点来指定 Shape 节点 appearance 域的域值。

先看下面 Appearance 节点的语法：

```
Appearance {
       material   NULL   # exposedField SFNode
        texture   NULL   # exposedField SFNode
  textureTransform   NULL   # exposedField SFNode
}
```

Appearance 节点包括 material、texture 和 textureTransform 三个域，它们说明了造型的外观定义中所包含的材料、纹理和纹理坐标三方面的属性。其中：

（1）material：用于定义造型的材料属性，其域值类型为 SFNode，即表示只能采用一个节点类型的数据为其赋值，而实际只能使用缺省值 NULL 或一个 Material 节点赋值。关于 Material 节点，参见 2.4 节。

（2）texture：用于指定造型表面所应用的图像纹理，如木纹、大理石、水等质感。该域的域值类型也是 SFNode，实际上只能使用缺省值 NULL 或某个纹理节点，如 ImageTexture、PixelTexture 或 MovieTexture 为其赋值。关于上述节点，参见 2.4 节。

（3）textureTransform：用于控制纹理映射到造型表面上的方式，如纹理的角度、大小、位置等，这个域只能与 texture 域的指定配合起来才能起作用。该域的域值类型是 SFNode，实际只能使用缺省值 NULL 或 TextureTransform 节点为其赋值。关于 TextureTransform 节点，参见 2.4 节。

由此可见，Appearance 节点主要是提供了一种描述 VRML 造型外观的框架。Appearance 节点将 Shape 造型外观划分为材料和纹理两个基本部分，其中，由 material 域控制其材料属性，texture 和 textureTransform 域控制其纹理属性。在使用 Appearance 节点缺省域值的情况下，Shape 造型的外观仍然是一种白色自发光的材料。也就是说，如果将例 2–1 中 Shape 节点 appearance 域的指定改为“appearance Appearance{}”的形式，其产生的外观效果是不变的。因此，若要进一步描述 VRML 造型的外观属性，还必须借助于其他一些类型的节点进一步说明其材料和纹理属性。

关于 VRML 造型的外观，在本章 2.4 节中将有更深入的讨论。下面的例 2–2 说明了如何应用 Appearance 节点和 Material 节点产生一个可见的 Shape 造型外观。

[例 2–2]

```
#VRML V2.0 utf8

Shape {
  appearance Appearance {
    material Material {}
  }
  geometry Box { size 2 1 2 }
}
```

本例是在例 2–1 文件基础上，增加了 Shape 节点 appearance 域的指定。本例中的 Shape 节点 appearance 域采用了 Appearance 节点来赋值，而在 Appearance 节点内部，则又采用另一个 Material 节点为 Appearance 节点 material 域赋值。Material 节点的缺省域值描述了一种亮度为 80% 的灰色材料，图 2–2 中所显示的也就是这种材料的效果。

图 2–2　应用 Appearance 节点产生可见的外观

在此需要注意的是节点类型名与域名的拼写。如本例中的 appearance 与 Appearance 在拼写上是完全相同的，但两者表示的意义绝然不同：前者以小写开头，表示 Shape 节点中的一个域；后者是大写开头，表示一个节点，它可以作为前者的域值。类似的情况还有 material 域和 Material 节点，对于初学者来说，区别这些拼写相似的节点和域是很重要的。

2.1.4　Shape 造型的结构

我们从前面的讨论中不难发现，VRML 语言中关于一个 Shape 造型的描述遵循着一种较为严密的层次规则，从而使 Shape 造型的描述呈现出明显的树形分支结构特征，如图 2–3 所示。

图 2–3 中显示了一个 Shape 造型定义可能涉及到节点类型以及它们之间关系。我们可以将 Shape 造型的全部内容理解为一棵树，而 Shape 节点则代表这个树的树干，Shape 节点的 appearance 和 geometry 域形成外观和几何构造两个分支。在 appearance 域，通过 Appearance 节点来提供外观细节上的描述数据；在 geometry 域，则通过一种几何构造节点（如 Box）来提供造型空间形态方面的描述数据。在 Appearance 节点中，又有 material、texture 和 textureTransform 这 3 个域形成下一级分支结构，其中，material 域用来描述外观的材料，并使用 Material 节点为其赋值；texture 域用来描述纹理，可以使用 ImageTexture（图像纹理）、PixelTexture（像素纹理）、MovieTexture（电影纹理）3 种节点之一为其赋值；textureTransform 域用来描述纹理坐标的平移和缩放，并使用 TextureTransform 节点为其赋值。

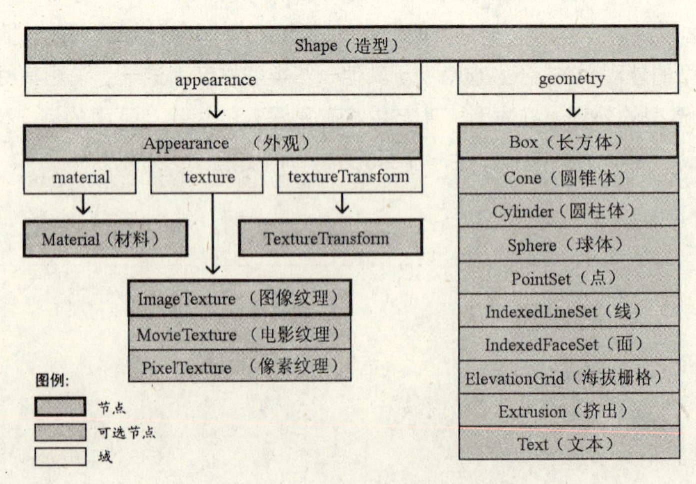

图 2–3　Shape 造型的基本结构

Shape 造型的这种层次结构实际上反映 VRML 文件代码结构的基本特征。当一个 Shape 造型经过 Transform 节点的平移、缩放、旋转变换，然后再与其他的 Shape 造型组合成复杂造型时，这种树形层次结构将会变得更为明显。

2.2 造型的几何构造

Shape 节点 geometry 是用来定义造型的几何构造属性的，图 2-3 中已列出了可以用来指定 geometry 域域值的 10 种几何构造节点。在这些节点中，除了 Text 节点所创建的文本构造比较特殊以外，其他 9 种节点在几何构造方法上大体可以分为两类：一类属于基本几何体构造，如 Box、Cylinder、Cone 和 Sphere 节点。另一类为基于点、线、面描述的几何构造，如 IndexedLineSet、IndexedFaceSet、PointSet、ElevationGrid 和 Extrusion 节点。

2.2.1 长方体：Box 节点

Box 是用来创建长方体几何构造类型的节点。Box 的几何中心位于当前坐标系原点，每个面均与坐标系平行。在缺省的情况下，长方体在 x、y、z 方向上的长度都是 2（从 -1 到 1）。

Box 节点语法如下：

```
Box{
        size  2 2 2  # field SFVec3f
}
```

Box 节点只有一个 size 域，域值中包括了立方体的长（x 轴向）、高（y 轴向）和宽（z 轴向）三个分量值。缺省值“2 2 2”表示长方体的长度、高度和宽度都为 2。

下面例 2-3、例 2-4 显示了由 Box 节点构造的 Shape 造型。其中，例 2-3 为使用 Box 节点缺省值创建的一个长方体造型，其产生的造型与坐标轴的关系见图 2-4（*a*）；例 2-4 为指定 Box 节点 size 域值为“4 2 0.5”，从而创建了长、高和宽分别为 4、2 和 0.5 的长方体造型，产生的造型效果与坐标轴的关系见图 2-4（*b*）。

[例 2-3]

```
#VRML V2.0 utf8
Shape {
   appearance Appearance {
      material Material {}
   }
   geometry Box {}  # 使用缺省域值创建立方体
}
```

[例 2-4]

```
#VRML V2.0 utf8
Shape {
   appearance Appearance {
      material Material {}
   }
   geometry Box {size 4 2 0.5}    # 按指定尺寸创建立方体
}
```

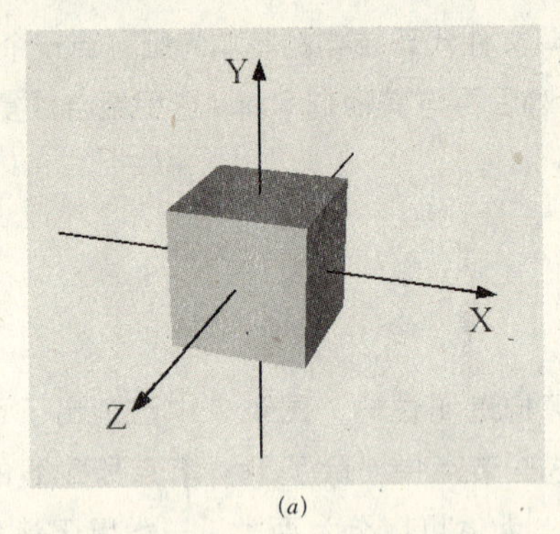

(*a*)

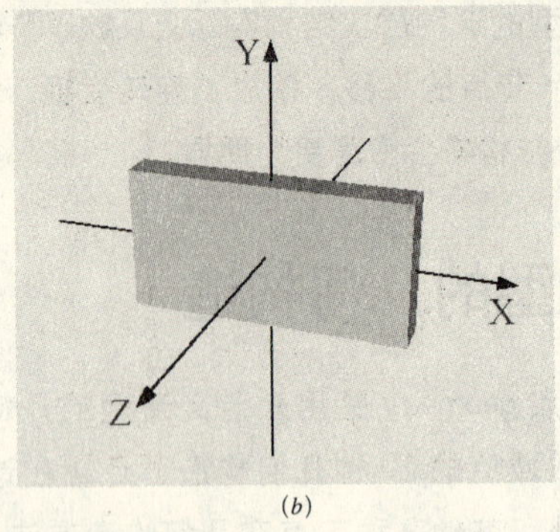

(*b*)

图 2–4　Box 节点产生的长方体造型
(*a*) Box size：2　2　2；(*b*) Box size：4　2　0.5

2.2.2　圆锥体：Cone 节点

Cone 节点用于创建圆锥体几何构造。圆锥体中心位于当前坐标系原点，其中心轴与 Y 轴重合。在缺省情况下，圆锥体在 x、y、z 三个方向上的尺寸都是 2（从 –1 到 1）。

Cone 节点的语法为：

```
Cone {
 bottomRadius       1       # field SFFloat
      height        2       # field SFFloat
        side      TRUE      # field SFBool
      bottom      TRUE      # field SFBool
}
```

其中：

（1）bottomRadiu：指定圆锥体底半径，缺省值为 1。

（2）height：指定圆锥体的高，缺省值为 2。

（3）side：指定锥体的侧面是否可见。TRUE 为可见，FALSE 为不可见。

（4）bottom：指定锥体的底面是否可见。TRUE 为可见，FALSE 为不可见。

下面通过两个例子说明由 Cone 节点构造的 Shape 造型。其中，例 2–5 中使用 Cone 节点缺省值来创建圆锥体，其造型效果与坐标轴的关系见图 2–5（*a*）；例 2–6 中指定了 Cone 节点 bottomRadius 和 height 域值，相应的造型效果与坐标轴的关系见图 2–5（*b*）。

[例 2–5]

```
#VRML V2.0 utf8

Shape {
    appearance Appearance { material Material {} }
    geometry Cone {}                # 使用缺省域值创建圆锥体
}
```

[例 2-6]

```
#VRML V2.0 utf8

Shape {
    appearance Appearance { material Material {} }
    geometry Cone {
        bottomRadius 2      # 指定底半径尺寸为 2
        height 1            # 指定高尺寸为 1
    }
}
```

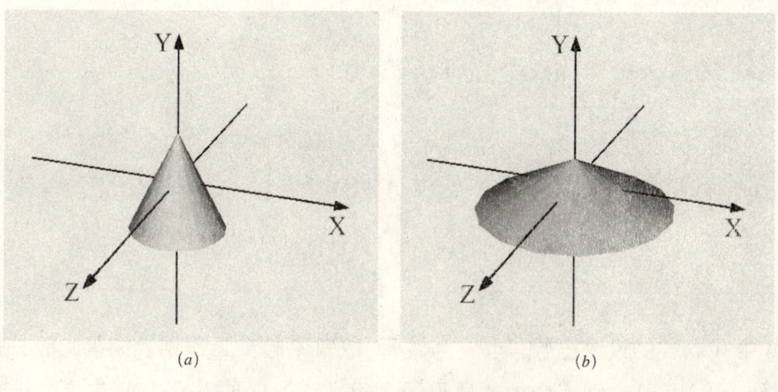

(*a*)　　(*b*)

图 2-5　Cone 节点产生的圆锥体造型

(*a*) bottomRadius：1　height：2；(*b*) bottomRadius：2　height：1

2.2.3　圆柱体：Cylinder 节点

Cylinder 节点用来创建圆柱体几何构造。圆柱体中心位于当前坐标系原点，圆柱体的中心轴与 Y 轴重合。在缺省的情况下，圆柱体在 x、y、z 三个方向上的尺寸都是 2（从 −1 到 1）。

Cylinder 节点的语法为：

```
Cylinder {
      radius     1     # field SFFloat
      height     2     # field SFFloat
        side  TRUE     # field SFBool
         top  TRUE     # field SFBool
      bottom  TRUE     # field SFBool
}
```

其中：

（1）radius：指定圆柱体半径。

（2）height：指定圆柱体的高。

（3）side、top、bottom：分别指定圆柱体的侧面、顶面和底面是否可见，域值为 TRUE 时表示可见，FALSE 表示不可见。

下面通过两个例子说明由 Cylinder 节点构造的 Shape 造型。其中，例 2-7 使用 Cylinder 节点缺省值创建圆柱体，其造型效果与坐标轴的关系见图 2-6（*a*）；例 2-8 中指定了 Cylinder 节点 radius 和 height 域值，其造型效果与坐标轴的关系见图 2-6（*b*）。

[例 2–7]

```
#VRML V2.0 utf8
Shape {
   appearance Appearance { material Material {} }
   geometry Cylinder {}
}
```

[例 2–8]

```
#VRML V2.0 utf8

Shape {
   appearance Appearance { material Material {} }
   geometry Cylinder {
      radius 2
      height 1
    # top FALSE                    # 暂时注释该行
   }
}
```

在例 2–8 中，top 域的设置已被“#”号注释，故暂不起实际作用。如果此时去掉该注释（即指定 top 域域值为 FALSE），则相应的效果见图 2–6（*c*）。在图 2–6（*c*）中，由于表面的法向量都是指向圆柱体的外部，故当圆柱体的顶面不显示时，我们也就看不到物体的内表面。

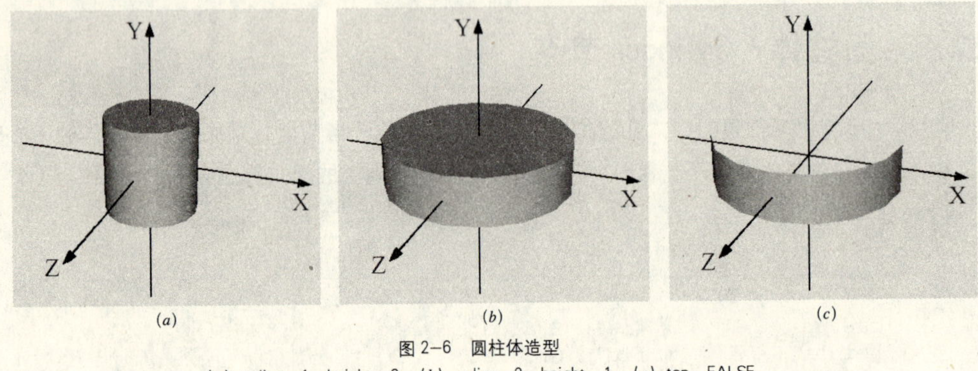

(*a*)　　(*b*)　　(*c*)

图 2–6　圆柱体造型

(*a*) radius：1　height：2；(*b*) radius：2　height：1；(*c*) top：FALSE

2.2.4　球体：Sphere 节点

Sphere 节点用来创建球体几何构造。球体中心位于当前坐标系原点。在缺省的情况下，球体半径为 1，在 x、y、z 三个方向上的尺寸都是 2（从 –1 到 1）。

Sphere 节点的语法为：

```
Sphere {
   radius   1   # field SFFloat
}
```

Sphere 节点只包含一个 radius 域，用来指定球体半径。

下面的例 2-9 为应用 Sphere 节点缺省值创建的球体造型，其造型效果与坐标轴的关系见图 2-7。

[例 2-9]

```
#VRML V2.0 utf8

Shape {
    appearance Appearance {
        material Material {}
    }
    geometry Sphere {}
}
```

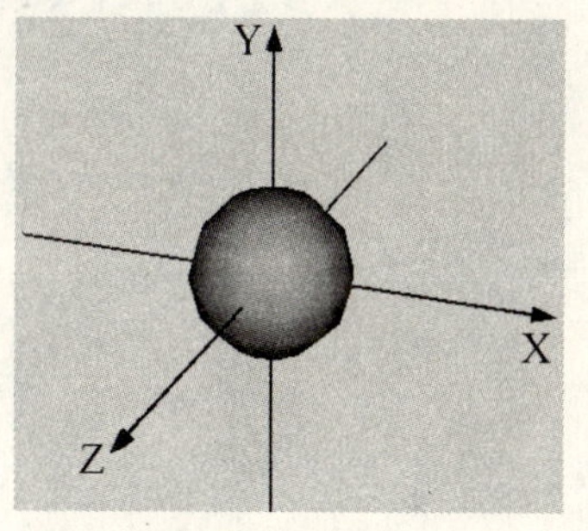

图 2-7 Sphere 节点创建的球体造型

2.2.5 点的集合：Coordinate 节点

点线面构造的一个共同特点是都要运用大量的空间点坐标，Coordinate 节点的作用就是创建一个包括多个空间点坐标的集合。Coordinate 节点并不能独立地产生出可视化的造型对象，但 PointSet、IndexedLineSet、IndexedFaceSet 这些基于空间点坐标来描述的几何构造节点，都需要应用 Coordinate 节点创建的点集合作为这些节点 coord 域的域值。

Coordinate 节点的语法为：

```
Coordinate {
    point    [ ]    # exposedField MFVec3f
}
```

Coordinate 节点只包含一个 point 域。point 的域值类型为 MFVec3f（参见 Coordinate 节点语法注释），即说明该域可以包含多个三维矢量数据，每个数据都必须包括 x、y、z 三个轴向的分量，由多组这样的三维分量组成一个空间点坐标的列表（注意：多值域必须包含在一对方括号中）。在缺省情况下，point 的域值是由一对方括号组成的空列表。

如下面的例 2-10 文件中包括了一个 Coordinate 节点创建的点集合，点集合中共包括 9 个三维坐标值，各三维坐标值之间都用了一个西文逗点隔开。各个点的三维坐标值在点集合中的排序是有一定意义的，因此实际上每个点都拥有一个序号：排在最前面第一个点的序号为 0，排在最后的一个点的序号为点的总数减去 1。图 2-8 显示了例 2-10 文件中由 Coordinate 节点定义的 9 个三维点在 Z-X 平面（水平面）上的分布以及它们的序号。

[例 2-10]

```
#VRML V2.0 utf8
#...
Coordinate {
    point [
      -1.0 0.0 0.0,   -0.7 0.7 0.7,    0.0 1.0 1.0,
      0.7 0.7 0.7,     1.0 0.0 0.0,    0.7 0.7 -0.7,
      0.0 1.0 -1.0,   -0.7 0.7 -0.7,  0.0 0.0 0.0
    ]
}
#...
```

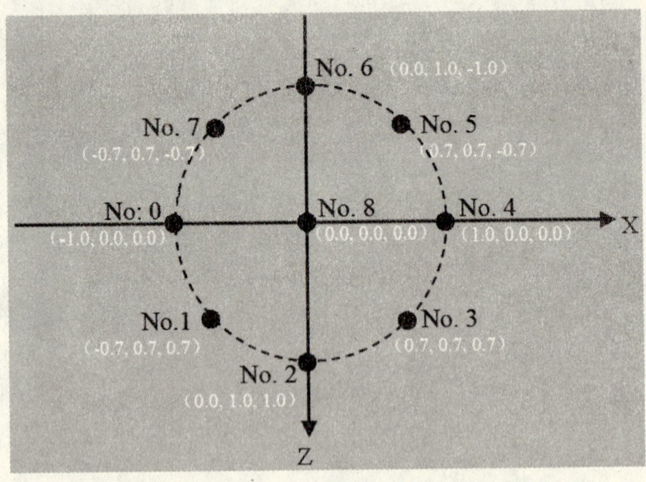

图 2-8　在 Z-X 平面中分布的 9 个点

Coordinate 节点 point 域是本书中第一个遇到的多值类型的域，在此有必要强调一下多值域类型域值的指定问题。在节点语法的注释中，如果某个域的域值类型是以 MF 为前缀，即说明该域的域值为多值类型，其缺省域值都是一对空的方括号“[ ]”。当你指定一个多值类型域的域值时，首先就应当将域名、缺省域值“[ ]”一并列出，你所指定的每一个域值都应该包含在这个方括号之中，形成一个多域值的列表，每个域值之间可以用西文逗点隔开以便于识别。当你指定的域值只有一个时，方括号也可省去，但是，假如你连一个域值都不指定，那么域名之后的这个方括号是不可以省略的。

2.2.6　点构造：PointSet 节点

PointSet 节点用来创建空间点构造。点没有形状和大小之分，因此浏览器总是用一个像素显示一个点。点构造的几何中心取决于点的集合的定义，因此不是固定的。

PointSet 节点的语法为：

```
PointSet {
    coord   NULL   # exposedField SFNode
    color   NULL   # exposedField SFNode
}
```

其中：

（1）coord：用来指定三维点的集合，只能用 Coordinate 节点或者缺省值 NULL 来赋值。

（2）color：用于指定点集合中每个点的颜色，只能用 Color 节点或者缺省值 NULL 来赋值。

IndexedLineSet 构造在虚拟建筑建模中是极少采用的类型，至多只能用来构造一些星空效果。下面的例 2-11 文件中的 PointSet 节点 coord 域采用了例 2-10 文件 Coordinate 节点定义的点集合而产生一个点构造造型，启动例 2-11 场景后，你会看到 9 个白色的小点，且无论你是靠近还是远离这些点，这些点总是以一个像素大小来显示。9 个点在空间中的分布关系见图 2-9。

[例 2-11]

```
#VRML V2.0 utf8
Shape {
 appearance Appearance {
  material Material {}
 }
 geometry PointSet {
  coord Coordinate{
   point [
    -1.0 0.0 0.0, -0.7 0.7 0.7,
    0.0 1.0 1.0,   0.7 0.7 0.7,
    1.0 0.0 0.0,   0.7 0.7 -0.7,
    0.0 1.0 -1.0, -0.7 0.7 -0.7,
    0.0 0.0 0.0
   ]
  }
 }
}
```

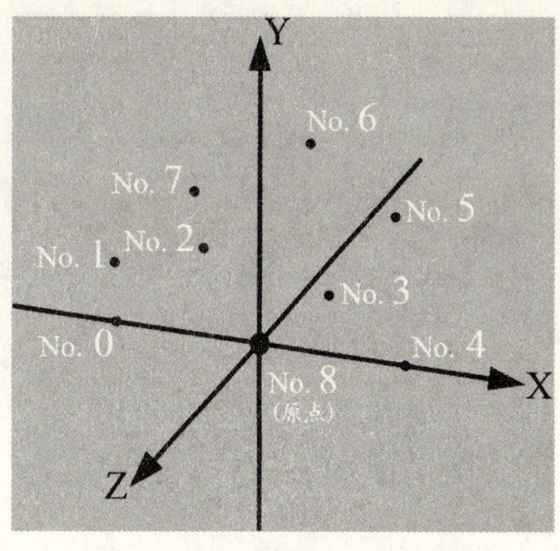

图 2-9　点构造示意

2.2.7　线构造：IndexedLineSet 节点

IndexedLineSet 节点用于创建 3D 线框构造。线框在 VRML 空间中没有粗细之分，浏览器总是用一个像素宽度显示线框造型。与点构造一样，线构造的几何中心取决于点集合的定义，因此也不是固定的。

IndexedLineSet 节点语法如下：

```
IndexedLineSet{
          coord  NULL  # exposedField SFNode
     coordIndex   [ ]  # field MFInt32
          color  NULL  # exposedField SFNode
     colorIndex   [ ]  # field MFInt
  colorPerVertex TRUE  # field SFBool
  set_colorIndex       # eventIn MFInt32
  set_coordIndex       # eventIn MFInt32
}
```

IndexedLineSet 构造在虚拟建筑建模中也是极少采用的类型，在此我们只讨论该节点中的 coord 和 coordIndex 这两个关键域。其中：

（1）coord：用来指定三维点的集合，只能用 Coordinate 节点或者缺省值 NULL 来赋值。

（2）coordIndex：以一个索引值列表的形式，指明点集合中将哪些点相连而形成线，指定的这些线将构成一个线的集合。索引值取决于 Coordinate 节点定义的点集合中每个点的排序，第一个点的索引值被规定为 0，第二个点规定为 1，依此类推。指明两点或多点相连成线的方法是：按照点的连接顺序排列对应的索引值，各索引值之间用西文逗点隔开；当一条连续的线段结束时，则必须插入一个特殊的索引值 −1 以表示线段的结束。索引值的应用必须限定在点集合中可能的范围内，如果点集合中只包括 9 个点，则 coordIndex 域中的索引值只能在 0 ~ 8 之间选择。

在下面的例 2-12 中，IndexedLineSet 节点 coord 域同样采用了例 2-10 中的点集合，产生的线构造造型效果与坐标轴的关系见图 2-10。

[例 2–12]

```
#VRML V2.0 utf8

Shape {
  appearance Appearance {
    material Material {}
  }
  geometry IndexedLineSet{
    coord Coordinate{ # 指定点的集合
      point [
        -1.0 0.0 0.0, -0.7 0.7 0.7,
        0.0 1.0 1.0, 0.7 0.7 0.7,
        1.0 0.0 0.0, 0.7 0.7 -0.7,
        0.0 1.0 -1.0, -0.7 0.7 -0.7,
        0.0 0.0 0.0
      ]
    }
    coordIndex  [ # 指定线连接顺序和方式
      0,1,7,0,-1, 1,2,6,7,-1,
      2,3,5,6,-1, 3,4,5
    ]
  }
}
```

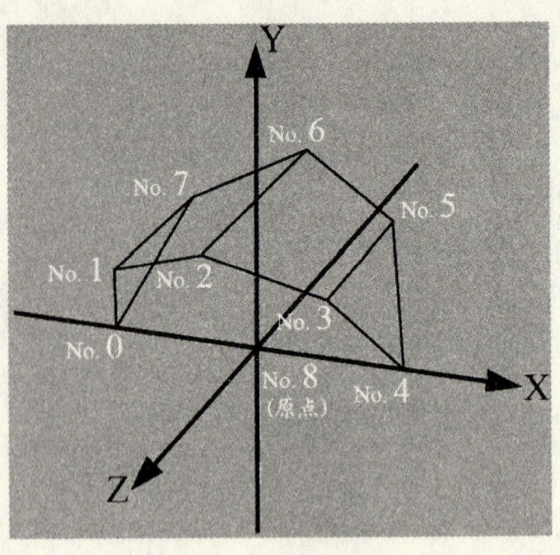

图 2–10　线构造示意

本例中，IndexedLineSet 节点 coordIndex 域的域值包含了 4 组连续线段的指定，每组连续线段都有索引值“–1”隔开：第一组连续线段依次连接了 0、1、7 最后回到 0，构成一个封闭三角形线框；第二组依次连接 1、2、6 和 7；第三组依次连接 2、3、5 和 6；第四组依次连接 3、4 和 5。

2.2.8　面构造：IndexedFaceSet 节点

IndexedFaceSet 节点用于创建 3D 面构造。与点构造一样，面构造的几何中心取决于点集合的定义，因此也不是固定的。

IndexedFaceSet 节点语法如下：

```
IndexedFaceSet {
              coord   NULL    # exposedField SFNode
         coordIndex    [ ]    # field MFInt32
           texCoord   NULL    # exposedField SFNode
      texCoordIndex    [ ]    # field MFInt32
              color   NULL    # exposedField SFNode
         colorIndex    [ ]    # field MFInt32
     colorPerVertex   TRUE    # field SFBool
             normal   NULL    # exposedField SFNode
        normalIndex    [ ]    # field MFInt32
    normalPerVertex   TRUE    # field SFBool
                ccw   TRUE    # field SFBool
              solid   TRUE    # field SFBool
             convex   TURE    # field SFBool
        creaseAngle    0      # field SFFloat
     set_colorIndex           # eventIn MFInt32
     set_coordIndex           # eventIn MFInt32
    set_normalIndex           # eventIn MFInt32
  set_texCoordIndex           # eventin MFInt32
}
```

与前面介绍的几何构造类型相比，IndexedFaceSet 节点显然要复杂多了，然而这种几何构造是虚拟建筑造型中出现频率最多的一种类型。IndexedFaceSet 几何构造通常是由 CAD 软件来生成的，因此下面我们只讨论 IndexedFaceSet 节点中几个比较关键的域。

（1）coord：用来指定三维点的集合，只能用 Coordinate 节点或者缺省值 NULL 来赋值。

（2）coordIndex：以一个索引值列表的形式，指明点集合中将哪些点相连而形成面，指定的这些面将构成一个面的集合。指定一个面的方法与 IndexedLineSet 节点中指定一条线的方法很相似，区别在于：指定一个面至少需要 3 个及以上的点，且有正、反面之分。指定一个面时，索引值可以从任何一个顶点开始，按正面方向看为逆时针的顺序，依次排列组成面边界的各个顶点的索引值，索引值之间也要用西文逗点隔开；当一个面的指定结束之后，必须使用一个特殊的索引值 -1 表示这个面的结束。

（3）texCoord：与 coord 域中指定的三维点相对应，指定这些顶点所对应的二维纹理坐标点的集合，只能使用 TextureCoordinate 节点或者缺省值 NULL 赋值。

（4）texCoordIndex：与 coordIndex 域中指定的面集合相对应，以索引值列表的形式指定这些面所对应的纹理切割面。索引值依据 texCoord 中二维纹理坐标点的排序，指定纹理切割面的方式与 coordIndex 域的方式相同。

（5）solid：用于控制背面是否可见。在缺省情况下，浏览器只显示与法向量同侧的面（即正面）。solid 域缺省值为 TRUE，表示按"实心体"显示表面。由于实心体无所谓背面，因此在缺省情况下背面是不可见的。若 solid 域设为 FALSE，则背面也可见。

（6）creaseAngle：通过设置一个弧度阀值，使浏览器能控制相邻转折面之间的平滑渲染处理。当相邻两表面间的转折角度小于这个阀值时（图 2-11）浏览器则对其进行平滑处理。

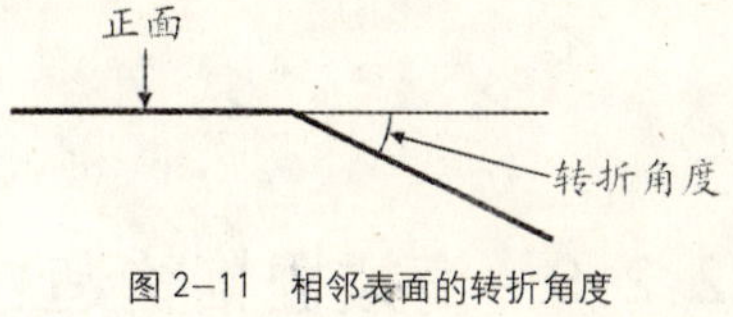

图 2-11　相邻表面的转折角度

下面的例 2-13 文件中，IndexedFaceSet 节点 coord 域同样利用了例 2-10 中 Coordinate 节点创建的点集合，产生的面构造造型效果与坐标轴的关系见图 2-12（*a*）。

[例 2-13]

```
#VRML V2.0 utf8

Shape {
  appearance Appearance { material Material {} }
  geometry IndexedFaceSet{
    coord Coordinate{    # 指定点的集合
      point [
        -1.0 0.0 0.0, -0.7 0.7 0.7, 0.0 1.0 1.0,
        0.7 0.7 0.7, 1.0 0.0 0.0, 0.7 0.7 -0.7,
        0.0 1.0 -1.0, -0.7 0.7 -0.7, 0.0 0.0 0.0
      ]
    }
    coordIndex                 # 指定形成面的点连结顺序和方式
      [ 0,1,7,-1, 1,2,6,7,-1, 2,3,5,6,-1, 3,4,5 ]
#   solid FALSE                    #  确定是否显示背面
#   creaseAngle 1                  #  确定是否平滑处理
  }
}
```

本例中，IndexedFaceSet 节点 coordIndex 域共指定了 4 个表面，每个表面都有索引值 −1 隔开。第一个表面依次连接序号为 0、1、7 的点得到，图 2–12（*a*）中的观察角度由于只能看到这个表面的背后，所以这个面就不被显示；第二个表面依次连接 1、2、6 和 7 的点，第三个表面依次连接 2、3、5 和 6 点，最后一个表面依次连接 3、4 和 5 点。

本例中，solid 和 creaseAngle 两个域暂时被 "#" 号注释，故浏览器将忽略这两个域的指定（即采用这些域的缺省值）。现在将 solid 域前的 "#" 号去掉，亦即指定 solid 域值为 FALSE，则所有的背面也将显示出来，见图 2–12（*b*）。

接下来再看一下 IndexedFaceSet 节点中的平滑面处理。现在将例 2–13 中的 creaseAngle 域前的 "#" 号去掉，亦即指定 creaseAngle 域的角度阀值为 1，由于本例中所有面的转折角度都小于该值，因此这些转折面将被平滑地绘出，见图 2–12（*c*）。

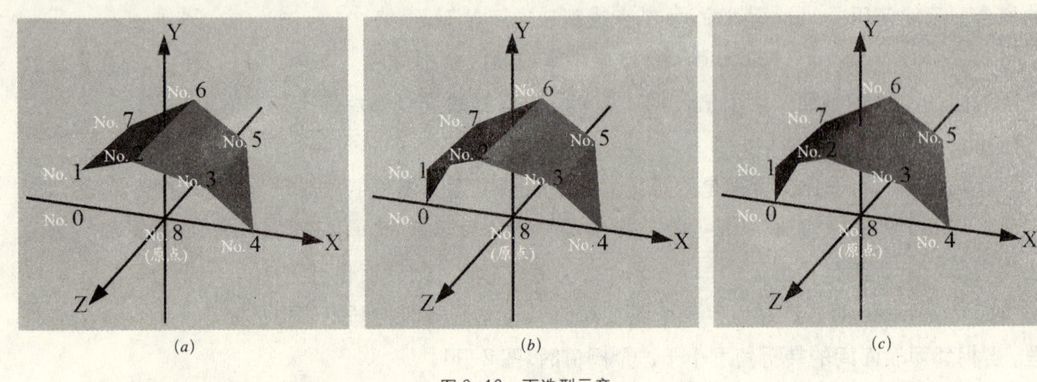

(*a*)　(*b*)　(*c*)

图 2–12　面造型示意

2.2.9　海拔栅格构造：ElevationGrid 节点

ElevationGrid 节点通过指定一组矩形平面分布的栅格点以及位于各栅格点处的不同高度值，创建一种具有高低起伏的网面构造，特别适合于构造复杂的地形。

ElevationGrid 节点的语法如下：

```
ElevationGrid{
      xDimension     0    # field SFInt32
        xSpacing   0.0    # field SFFloat
      zDimension     0    # field SFInt32
        zSpacing   0.0    # field SFFloat
          height   [ ]    # field MFFloat
           color  NULL    # exposedField SFNode
  colorPerVertex  TRUE    # field SFBool
          normal  NULL    # exposedField SFNode
 normalPerVertex  TRUE    # field SFBool
        texCoord  NULL    # exposedField SFNode
             ccw  TRUE    # field SFBool
           solid  TRUE    # field SFBool
     creaseAngle     0    # field SFFloat
      set_height          # eventIn MFFloat
}
```

ElevationGrid 也是一种较为复杂的几何构造节点，由于现行 CAD 系统中一般不能支持 ElevationGrid 构造的输出，因此在虚拟建筑模型中也极少出现此种构造类型。

TWO

下面讨论 ElevationGrid 节点中的几个较为关键的域。

（1）xDimension 和 zDimension：使用大于零的整数分别指定 X–Z 平面中沿 X 轴方向（xDimension 域）和 Z 轴方向（zDimension 域）矩形分布的栅格点数目。

（2）xSpacing 和 zSpacing：使用大于零的浮点数分别指定 X 轴（xSpacing 域）和 Z 轴（zSpacing 域）方向两相邻栅格点的间距。

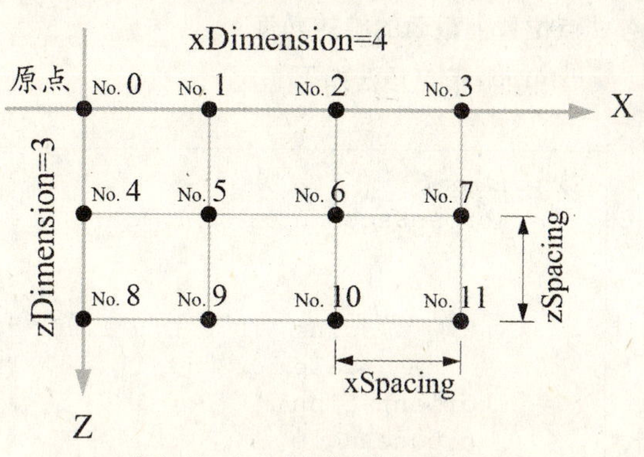

图 2–13　4×3 个栅格点的平面分布与排序

（3）height：使用一个高度值列表指定各栅格点的高度（Y 轴坐标值）。高度值列表的顺序是以 X–Z 平面为基准，由左至右、逐行向下顺序编排。

（4）creaseAngle：意义同 IndexedFaceSet 节点 creaseAngle 域。

（5）solid：意义同 IndexedFaceSet 节点 solid 域。

图 2–13 中显示了在 X–Z 平面中矩形分布的 12 个栅格点以及它们在高度值列表中对应的序号，xDimension、zDimension、xSpacing 和 zSpacing 域所表示的意义。

下面的例 2–14 是运用海拔栅格构造创建的山体造型。本例只使用了 6×6 个栅格点，为使山体看上去有柔和的过渡，指定了 creaseAngle 域角度阀值为 1.25，相应的造型效果与坐标轴的关系如图 2–14 所示。

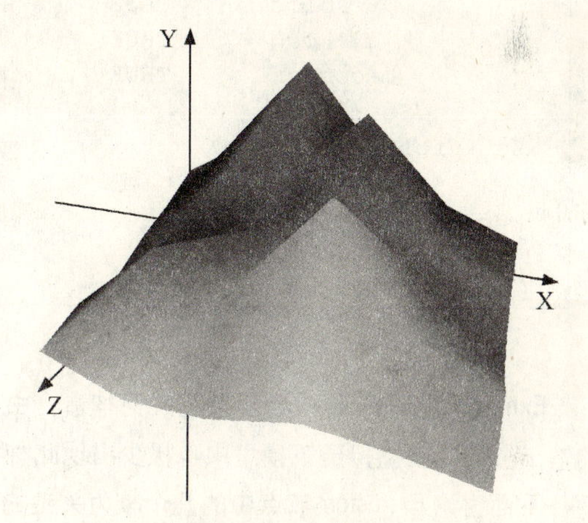

图 2–14　海拔栅格构造

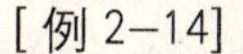

[例 2–14]

```
#VRML V2.0 utf8

Shape {
 appearance Appearance { material Material {} }
 geometry ElevationGrid{
   xDimension 6
   zDimension 6
   xSpacing 1
   zSpacing 1
   height [
     0.9 1.5 1.9 1.4 0.6 0.5  0.7 1.8 3.0 1.6 1.3 0.2
     0.6 1.4 1.7 2.7 1.1 0.1  0.4 1.0 1.5 1.9 1.1 0.2
     0.6 1.5 1.2 2.4 0.9 0.5  0.5 0.1 0.1 0.3 0.2 0.0
   ]
   creaseAngle 1.25
 }
}
```

2.2.10 挤出构造：Extrusion 节点

Extrusion 节点用于创建由 2D 截面图形沿 3D 空间路径移动而形成的几何构造，这种构造类似于 3ds Max 中的运用放样得到的造型。一个挤出构造需要包括 4 个要素的指定：一个 2D 截面；一条指示 2D 截面在空间中移动的路径；放置于路径上各端点位置的 2D 截面缩放比例；各端点位置上截面的旋转角度。

Extrusion 节点语法如下：

```
Extrusion{
      crossSection   [ 1 1, 1 -1,   # field MFVec2f
                      -1 -1, -1 1,
                            1 1 ]
             spine  [0 0 0,0 1 0]   # field MFVec3f
             scale      [1 1]       # field MFVec2f
       orientation    [0 0 1 0]     # field MFRotation
       creaseAngle        0         # field SFFloat
          beginCap      TRUE        # field SFBool
            endCap      TRUE        # field SFBool
             solid      TRUE        # field SFBool
               ccw      TRUE        # field SFBool
            convex      TRUE        # field SFBool
         Set-SPine                  # eventIn MFVc3f
  set-CrossSection                  # eventIn MFVec2f
         set-scale                  # eventIn MFVec2f
   set-orientation                  # eventIn MFRotation
}
```

Extrusion 也是一种较为复杂的几何构造，由于现行 CAD 系统中一般不能支持 Extrusion 构造的输出，因此在虚拟建筑模型中也极少出现此种构造类型。

下面讨论 Extrusion 节点中的几个较为关键的域。

（1）crossSection：以 2D 坐标值列表描述了一个 X–Z 平面上的截面图形。该截面图形既可以开放也可以闭合。该域缺省值描述一个中心位于 X–Z 平面坐标系原点，边长为 2 的正方形截面。

（2）spine：以 3D 坐标值列表描述一条空间路径，截面图形的拷贝将自动地对准并放置到 spine 域所指定的各个坐标点（即路径线段的端点处）。该域缺省值指出了一条从坐标系原点开始向 Y 轴正方向延伸 1 个 VRML 单位长的垂直路径。

（3）scale：以一个 2D 坐标值列表，描述截面图形在路径的各端点位置上的缩放比例，2D 坐标值中的两个分量分别表示 x、z 轴方向上的缩放值。

（4）creaseAngle：意义同 IndexedFaceSet 节点 creaseAngle 域。

（5）beginCap 和 endCap：以 TRUE 或 FALSE 值指定是否在挤出构造的开始和结束处显示底面或顶面。缺省值 TRUE 即显示，FALSE 值则不显示。

（6）solid：意义同 IndexedFaceSet 节点 solid 域。

下面用两个例子说明 Extrusion 节点创建的造型。例 2–15 是运用 Extrusion 节点缺省值创建的造型，相应的造型效果与坐标轴的关系，见图 2–15（*a*）；例 2–16 文件通过 crossSection 域描述了 X–Z 平面上一个 U 字型的截面图形，其 spine 域中采用 8 个 3D 坐标值描述了一个以 Y 轴为中心、螺旋上升的路径，从而创建了一个旋转坡道造型，见图 2–15（*b*）。例 2–16 中将 solid、beginCap 和 endCap 域指定为 FALSE 值，这样坡道口就不会被面所封闭，且造型的正、反两面都可见。

[例 2–15]

```
#VRML V2.0 utf8

Shape {
    appearance Appearance { material Material {} }
     geometry Extrusion  {}
}
```

[例 2–16]

```
#VRML V2.0 utf8

Shape {
  appearance Appearance { material Material {} }
  geometry Extrusion {
    crossSection  [ # 指定一个截面
        -0.5 -0.2, -0.5 0.0, 0.5 0.0, 0.5 -0.2
    ]
    spine  [          # 指定路径
        -1.0 0.0 0.0,  -0.7 0.1 0.7,
        0.0 0.2 1.0,   0.7 0.3 0.7,
        1.0 0.4 0.0, 0.7 0.5 -0.7,
        0.0 0.6 -1.0, -0.7 0.7 -0.7,
    ]
    solid      FALSE
    beginCap   FALSE
    endCap     FALSE
  }
}
```

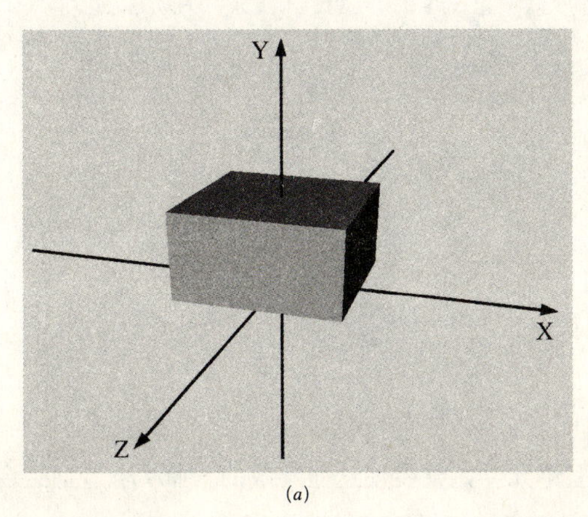

(*a*)

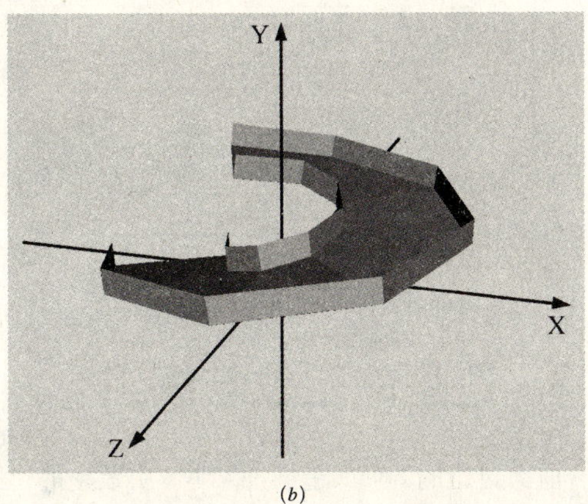

(*b*)

图 2–15　挤出造型

2.2.11 文本构造：Text 节点

Text 节点可创建由各种字符串组成的特殊造型。

Text 节点的语法如下：

```
Text {
      string      [ ]     # exposedField MFString
    fontStyle    NULL     # exposedField SFNode
    maxExtent     0.0     # exposedField SFFloat
      length      [ ]     # exposedField MFFloat
}
```

其中：

(1) string：用 UTF-8 编码指定一行或多行用于造型的字符串。这是一个多值类型的域(MFString)。每一个值都包括一对西文引号以及包含在引号之中、需要显示出来的字符串。一个值只确定一行文字，当创建多行字符串时，则分别要用引号将各行希望显示出来的字符串括起来。值与值之间可以用逗点格开。

(2) fontStyle：用 FontStyle 节点指定文本的字体和格式。缺省的字体为 serif，格式为左对齐，文本字体的高度和间距都为 1.0。

(3) MaxExtent：文本任意一行或列的最大范围，必须大于等于 0。缺省值 0 表示字符串可为任意长度。

(4) length：各行文本串的限制长度。缺省值 0 表示可为任意长度。

在下面的例 2–17 中，Text 节点 string 域值中包含两对由西文引号括起来的字符串，从而创建了两行文本造型，相应的效果与坐标轴的关系如图 2–16 所示。

[例 2–17]

```
#VRML V2.0 utf8

Shape {
  appearance Appearance {
    material Material {}
  }
  geometry Text {
    string [
      "Virtual",
      "Architecture"
    ]
  }
}
```

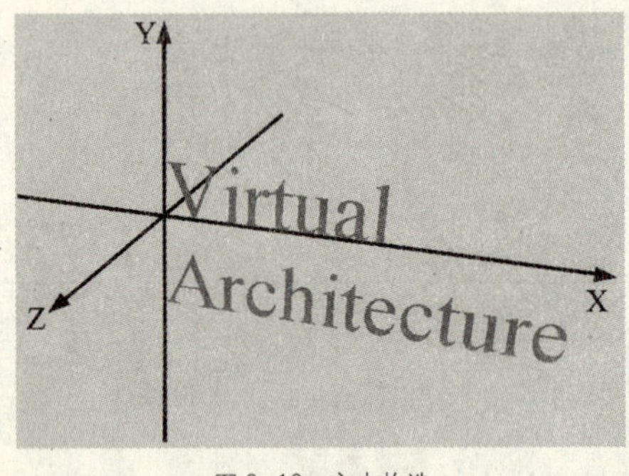

图 2–16　文本构造

2.3 造型的定位与编组

前面讨论的 Shape 造型是 VRML 中最小的造型单元，如果要使这些零散的 Shape 小造型组合成一个较复杂的造型对象，这就涉及到造型的定位与各种编组节点的应用了。

2.3.1 理解造型定位与编组

任何造型都是基于特定的坐标系统来定位的，因此当你创建一个造型时，实际上涉及到坐标系和造型这两个环节。VRML 中的 Shape 造型，在未指定坐标系的情况下都是直接以世界坐标系为参照进行定位的，如前面讨论的实例都属于此种情况。当然，在实际建模中直接将 Shape 造型放置于世界坐标系中的情形是非常少见的，因为一个 VRML 场景中往往会包含难以计数的 Shape 造型，而要将它们按照一定的空间关系组织起来，这就需要分别为这些 Shape 造型指定局部坐标系，使之能在 VRML 空间中准确地定位。

1）空间坐标系

为方便理解 VRML 空间中的造型定位，先回顾一下 CAD 建模中常用的几个坐标系概念：

（1）世界坐标系统：也可称为绝对坐标系。与 AutoCAD、3ds Max 一样，每一个 VRML 文件都有一个这样的统一的世界坐标系统，所有的局部坐标系都是以此为基础建立。

（2）局部坐标系：以直接或间接参考世界坐标系的方式建立起来的各级自定义坐标系。在 AutoCAD 和 3ds Max 中也常称为用户坐标系。

（3）父坐标系、子坐标系：建立局部坐标系时按参照关系形成的坐标系之间的相对称法。被参照的坐标系为父坐标系，父坐标系之下新建立的坐标系为子坐标系。

（4）当前坐标系：正在讨论或正在操作的某一对象所处的坐标系。这也是一种相对称法。

VRML 空间中创建局部坐标系的方法就是应用 Transform 节点，该节点的 translation 域（一个三维矢量值）可以指定一个新建局部坐标系的原点坐标，其 rotation 域（一个旋转值）可以指定新建局部坐标系坐标轴的旋转方向和大小，通过这两个域域值的指定即可创建任意空间位置和角度的局部坐标系。

当 Shape 造型被置于 Transform 节点的 children 域中时，Shape 造型将会以新建的局部坐标系为参考来定位造型；当一个 Shape 造型经过一个 Transform 节点的定位之后，这个 Transform 节点（连同它的子节点 Shape）还可以被置于另一个 Transform 节点的 children 域中再次定位，形成父、子坐标系的嵌套结构，而且嵌套的层级是没有任何限制的。

2）造型编组

Transform 节点除了有定位造型的作用之外，实际上还起着将多个造型元素合编成组的作用。在 Transform 节点的 children 域中，可以同时并列放置多个 Shape 或 Transform 节点，也就是说，一个 Transform 节点不仅可以同时确定多个造型节点共同的局部坐标系，而且能将多个造型合编为一个独立的造型对象，即：一个 Transform 编组对象。将一些零散但彼此相关的一些对象进行编组，是提高对象管理效率的一种方法，在现实世界中这种方法的应用是非常普遍的。例如一个班级就是编组，班级内部还可以划分为若干小组，多个班级可以组成年级编组等。类似地，你可以运用 VRML 中的各种编组节点实现不同层次造型对象的编组。

在 VRML 中，具有编组功能的节点除了有 Transform 之外，还有 Group、Billboard、Collision、Inline、Anchor、Switch 和 LOD 节点。其中：

（1）Transform 节点：为局部坐标系编组，提供造型的平移、旋转及缩放功能。

（2）Group 节点：为基本编组。其功能就是将那些零散而又有关联的造型或其他对象合并成一个组对象。

（3）Billboard 节点：为布告板编组。这种编组可以使造型随观察者的角度变化而自动产生旋转，始终保持面向浏览者的角度。

（4）Collision 节点：为碰撞检测组。用于检测观察者与组中的任何造型产生的碰撞。

（5）Inline 节点：为行插入编组。通过该节点可以将一个外部 VRML 文件中的内容作为当前场景中的一个组成部分插入进来。

（6）Anchor 节点：为超级链接编组。当观察者点击 Anchor 组中任何一个造型时，浏览器将会跳转到指定的网页（如 HTML）或另一个 VRML 场景。

（7）Switch 节点：为造型显示切换编组。可以通过它控制编组中的哪些子级造型或编组对象在 VRML 场景中显示出来。

（8）LOD 节点：为细节层次编组。LOD 可以根据浏览者与造型对象的观察距离，自动切换显示用不同细节程度描述的同一个对象的造型。

需要说明的是，上述编组节点并不限于造型对象的处理，事实上 VRML 中的大多数对象都可以根据场景需要合编到组节点之中。

有了各种编组节点，那些数量繁多的 Shape 造型的简单造型就可以合并成为一个个相对独立的编组对象，编组对象又可以进一步与其他对象合并为更高一级的组。各种层级的组对象还可以通过关键字 DEF 定义为不同的对象名称，这样就方便了 VRML 创作者在场景高级交互编程设计中对于复杂造型对象的识别和管理。

2.3.2　局部坐标系编组：Transform 节点

Transform 是 VRML 中指定造型局部坐标系的编组节点，Transform 通过其平移、旋转、缩放局部坐标系的功能，从而达到定位造型的目的，这是 VRML 空间中使用频率最高的一种编组节点类型。

Transform 节点语法如下：

```
Transform {
      translation    0 0 0    # exposedField SFVec3f
         rotation   0 0 1 0   # exposedField SFRotation
            scale    1 1 1    # exposedField SFVec3f
 scaleOrientation   0 0 1 0   # exposedField SFRotation
         children     [ ]     # exposedField MFNode
       bboxCenter    0 0 0    # field SFVec3f
         bboxSize  -1 -1 -1   # field SFVec3f
           center    0 0 0    # exposedField SFVec3f
      addChildren             # eventIn MFNode
   removeChildren             # eventIn MFNode
}
```

其中：

（1）translation：用一个三维矢量值（SFVec3f）指定新建局部坐标系原点在当前坐标系中的坐标位置。当指定了该域时，所产生的坐标系变换可称为平移坐标系。

（2）rotation：通过一个旋转值（SFRotation）指定新建局部坐标系的坐标轴绕原点旋转的方向和大小。当指定了该域时，所产生的坐标系变换可称为旋转坐标系。

（3）scale：用一个三维矢量值（SFVec3f）指定造型分别沿 X、Y、Z 三个轴向的缩放比例。当指定了该域时，所产生的坐标系变换可称为缩放坐标系。

（4）scaleOrientation：指定缩放操作时所采用的轴向。在缩放之前，局部坐标系将先按该域值指定的旋转值进行旋转变化，缩放之后局部坐标系再旋转回来。

（5）children：指定该局部坐标系中的造型或其他各种对象。这是一个多值、节点数据（MFNode）类型的域。在 children 域中，可以并列放置一到多个能描述造型对象的各种节点，典型的节点包括 Shape 以及各种编组节点（此时即产生嵌套编组），此外，还可以包括灯光、声音、各种感应器等其他节点对象。

（6）bboxCenter：用一个三维矢量指定约束长方体的中心。约束长方体并非为一个可见的造型，它主要用于浏览器快速判断编组造型的可见性。在缺省情况下，浏览器会逐个检测编组中各造型的可见性，然后再将其显示。如果指定了约束长方体，浏览器将直接根据约束长方体来判断整个编组造型可见性，这样可以加速浏览器的生成场景的速度。不过，在实际应用中，为每个造型组指定一个约束长方体是一项繁琐的工作，通常是在造型已复杂到足以影响浏览器性能的情况下使用。

（7）bboxSize：用一个三维矢量指定约束长方体在 X、Y、Z 方向上的大小。bboxCenter 和 bboxSize 的指定应能大到足以包容组中所有的空间对象。

（8）addChildren：此为事件输入接口（eventIn 类型），通过该接口可以将指定的某个节点加入到组的子节点列表（即 children 域）中。

（9）removeChildren：此为事件输入接口，通过该接口可以将指定的某个节点从组的子节点列表中删除。

下面通过例 2–18 文件来说明 Transform 节点的典型应用。

[例 2–18]

```
#VRML V2.0 utf8

DEF T1 Transform {
  translation 0 40 0
  children [
    Shape {
      appearance Appearance {material Material {}  }
      geometry Box { size 35 80 35 }
    }
  ]
}

DEF T2 Transform {
  translation 0 45 0
  rotation 0 1 0 0.785
  children [
    Shape {
      appearance Appearance { material Material {}  }
      geometry Box { size 30 90 30 }
    }
  ]
}

DEF T3 Transform {
  translation 0 90 0
  children [
```

```
  DEF box01 Shape {
    appearance Appearance {material Material {} }
    geometry Box { size 30 20 30 }
  }
  DEF T4 Transform {
    translation 0 15 0
    scale 0.8 0.5 0.8
    children [ USE box01 ]
  }
 ]
}
```

在例 2–18 中，先后使用了 4 个 Transform 节点分别定义局部坐标系。为方便指代它们，我们通过 USE 语句分别将这些节点命名为 T1、T2、T3 和 T4。

在本例中，第一个 Transform 节点 T1 创建了一个平移的局部坐标系。translation 域域值为“0 40 0”意味着将新建局部坐标系将沿 Y 轴正方向（即垂直向上方向）平移 40 个 VRML 单位，而包含 children 域中的 Shape 造型（即一个长、高、宽分别为 35、80 和 35 的长方体），也就相应地将它的几何构造中心放置到新建局部坐标系原点位置，这样长方体造型的最底部就正好与世界坐标系 Y 轴值为 0 的空间位置对齐（如图 2–17 中最下方的那个长方体所示）。

第二个 Transform 节点 T2 创建了一个同时包含了平移和旋转变换的局部坐标系。其中，translation 域域值设置为“0 45 0”，使包含 children 域中的 Shape 造型（即长、高、宽分别为 30、90 和 30 的长方体）向上平移 45 个 VRML 单位，这样可使该长方体的底部与前一个长方体对齐。T2 的 rotation 域值设置为“0 1 0 0.785”，表示造型将以当前坐标系中从（0，0，0）到（0，1，0）点的矢量为轴（实际就是 Y 轴正方向）旋转 0.785rad（即 45°），从而得到了一个旋转的长方体造型。

第三个 Transform 节点 T3 创建了一个沿 Y 轴正方向平移 90 个 VRML 单位的局部坐标系，在其 children 域中包含了两个造型，box01 和 T4。其中，box01 是一个长、高、宽分别为 30、20 和 30 的长方体造型，当它被 T3 向上平移之后，其底部正好与第一个立方体的顶部相连。

第四个 Transform 节点 T4 是在节点 T3 的内部创建子级局部坐标系，因此该节点中 translation、rotation 等域值的指定都是相对于 T3 创建的局部坐标系而言的。T4 虽然与 box01 位于同一个局部坐标系，但 T4 节点 children 域中所包含的造型（即一个采用 USE 语句得到的 box01 对象的拷贝）因为有 T4 节点进一步指定的局部坐标系而再次平移，其几何构造中心实际位于比原始造型 box01 高出 15 个 VRML 单位的空间位置。在 T4 节点 scale 域还指定了造型的缩放值“0.8 0.5 0.8”，这样，T4 节点中所引用的长方体造型实际长、高、宽尺寸分别为 24、10 和 24，而这个尺寸正好使该长方体底部与原始造型 box01 的顶部相连。

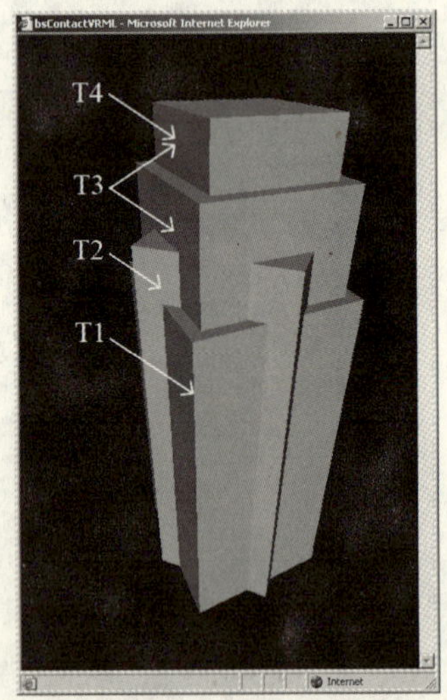

图 2–17 应用 Transform 节点定位造型

2.3.3 基本编组：Group 节点

Group 是 VRML 中最典型的编组节点，该节点中包含了 Transform、Billboard、Collision、Anchor 编组节点所能具备的域。Group 节点功能只是简单地将多个造型对象合编为一个整体的组对象。

Group 节点语法如下：

```
Group{
        bboxCenter    0 0 0   # field SFVec3f
          bboxSize  -1 -1 -1  # field SFVec3f
          children     [ ]    # exposedField MFNode
       addChildren            # eventIn MFNode
    removeChildren            # eventIn MFNode
 }
```

比较一下 Group 与 Transform 节点语法，就不难发现在 Group 节点中除了缺少了那些与坐标系的平移、旋转和缩放有关的域外，其他各域与 Transform 节点是完全相同的。事实上，假如在 Transform 节点中不指定 translation、rotation 和 scale 三个域，那么 Group 节点的功能就会与 Transform 节点完全一样。

在下面的例 2-19 文件中，通过使用一个名称为 building 的 Group 节点，将模型中所有的造型元素（Transform、Group 和 Shape）合编为一个较大的编组。本例相应的效果如图 2-18 所示。

[例 2-19]

```
#VRML V2.0 utf8

DEF building Group { #1: 定义建筑造型，将全部造型部件合编为 building 组
  children [

    DEF allPillar Group {      #2: 将全部 4 行柱合编成 allPillar 组
      children [
        DEF pillarRow Group { #3: 将首行 4 个柱合编成 pillarRow 组
          children [
            DEF pillar Transform { #4: 定义第一个柱造型 pillar
              translation 19.6   2.5 9.6
              children [
                Shape {
                  appearance Appearance { material Material {} }
                  geometry Box { size 0.8 5 0.8 }
                }
              ]
            },
                                  #5: 3 次引用并平移 pillar 柱造型
            Transform {translation -13 0 0 children [USE pillar]},
            Transform {translation -26.2 0 0 children [USE pillar]},
            Transform {translation -39.2 0 0 children [USE pillar]},
          ]
        },
                                  #6: 3 次引用并平移 pillarRow 组造型
        Transform {translation 0 0 -6.2 children [USE pillarRow]},
        Transform {translation 0 0 -19.2 children [USE pillarRow]},
        Transform {translation 0 0 -12.9 children [USE pillarRow]},
      ]
    }

    DEF wall Transform {      #7: 定义建筑的墙体造型 wall
      translation 0 8.5 0
      children [
        Shape {
          appearance Appearance {    material Material {} }
          geometry Box { size 40 7 20 }
```

```
        },
        Shape {
          appearance Appearance { material Material {} }
          geometry Cylinder { radius 8 height 17 }
        }
      ]
    }

  ]
}
```

本例中实际只创建了 3 个 Shape 造型，其中一个 Shape 造型为建筑的柱子，建筑中的其他柱子都是通过 USE 语句引用柱子的编组造型而得到的。

首先看例 2–19 中注释“#3”处由首行 4 个柱组成的 pillarRow 编组。其中第 1 个柱子的 Shape 造型包含在注释“#4”处的第一个 Transform 坐标变换组中，该组被命名为 pillar；在该组的结尾处（见“#5”），连续 3 次用 Transform 节点创建坐标变换组，并分别在其 children 域中运用 USE 关键字引用了 pillar 原始造型而得到另外 3 个柱的造型；接着，这 3 个引用的柱子造型与原始的 pillar 造型一起被合编到上一级的 Group 节点 children 域中，该 Group 节点被命名为 pillarRow（见“#3”），使 pillarRow 成为一个包含一行共 4 个柱的组对象。

再看注释“#2”处由 4 行柱组成的 allPillar 编组。在 pillarRow 编组的结尾处（见“#6”），通过连续 3 次用 Transform 节点创建坐标变换组，并分别在其 children 域中运用 USE 关键字引用 pillarRow 组对象而得到另外 3 行柱子。接着，这 3 行引用的柱子造型又与原始的 pillarRow 组造型一起被合编更高一级的 Group 节点 children 域中（见“#2”），该 Group 节点被命名为 allPillar，这样就使 allPillar 成为包含全部 4 行柱子的组对象。

最后，包含全部柱子的 allPillar 组造型与包含全部墙体的 wall 组造型一起合并到位于 VRML 文件根部的 Group 节点 children 域中（见“#1”），该 Group 节点被命名为 building，这样就使 building 成为一个包含建筑所有造型细节的组对象。

例 2–19 文件由于应用了 Group 和 Transform 编组节点从而使造型具有较强的层次结构，这种层次结构在 VrmlPad 场景树中显得更为直观清晰。图 2–19 为在 VrmlPad 中打开的例 2–19 文件，在左边的场景树（Scene Tree）中，你最先将只能看到一个 Group building 对象图标；点击该图标前面的展开标志⊞，即显示出 Group 节点的 children 域；再点击 children 域图标前面的展开标志⊞，即可显示其中包括的 Group allPillar 对象和 Transform wall 对象。

由此可见，运用对象编组以及 VrmlPad 场景树，可以使你较快速地查找到你所关注的某些对象，当你在场景树找到某个目标对象时，只需双击该对象的图标，编辑栏中的光标就会快速跳转到目标对象代码的位置。这种技巧在 VRML 文件代码处理和交互编程设计中是非常重要的。

图 2–18　造型编组

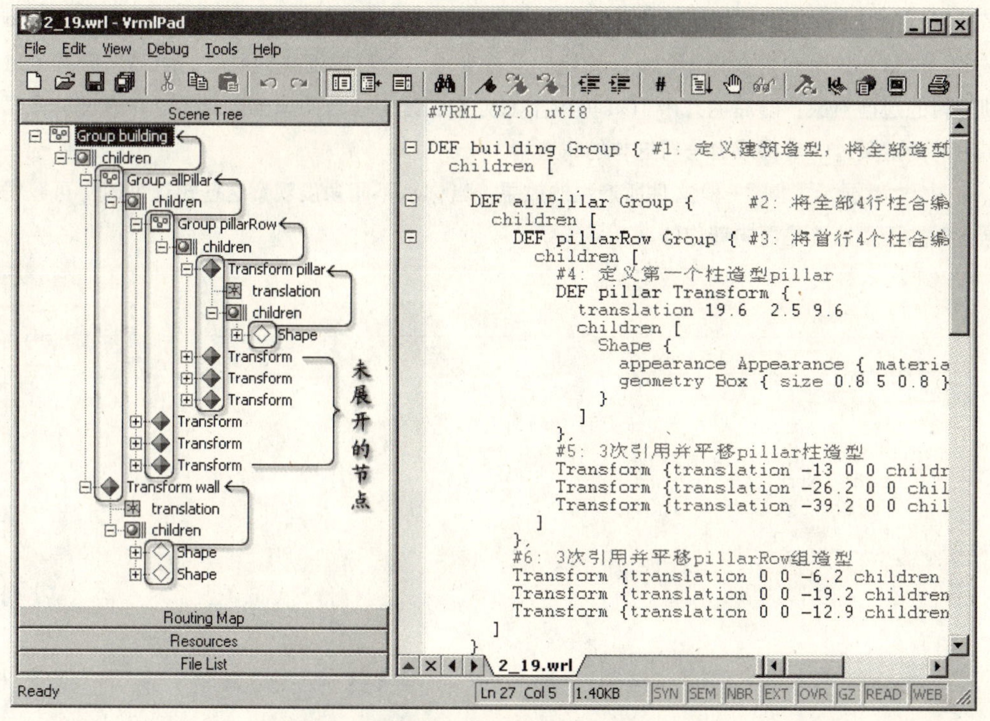

图 2-19　编组对象在 VrmlPad 中更容易查找和识别

2.3.4　布告栏编组：Billboard 节点

Billboard 是一种可以始终保持造型的正面（即造型的局部坐标系 X、Y 平面）面向浏览者观察方向的编组节点。当浏览者从不同方向观察 Billboard 编组造型时，整个编组造型将整体地绕其局部坐标系的某个轴向造型产生旋转。

Billboard 节点语法如下：

```
Billboard  {
  axisOfRotation   0 1 0   # exposedField SFVec3f
      bboxCenter   0 0 0   # field SFVec3f
        bboxSize -1 -1 -1 # field SFVec3f
        children    [ ]    # exposedField MFNode
     addChildren           # eventIn MFNode
  removeChildren           # eventIn MFNode
}
```

Billboard 节点只比 Group 节点多一个 axisOfRotation 域，该域规定一根旋转轴（通常指定一个垂直于地面的 Y 轴），当观察者在 VRML 场景看到 Billboard 编组对象时，其编组中的所有造型将一起围绕这个旋转轴旋转。axisOfRotation 域缺省值为“0　1　0”，即指定了当前坐标系的 Y 轴为旋转轴。

Billboard 在虚拟建筑场景中的典型应用，就是利用简单几何面造型（通常为矩形）以及纹理外观来创建树丛、灯具等环境造型，也可以创建用于虚拟空间导航的布告栏造型。如下面的例 2-20 文件显示了 Billboard 节点的这种功能。本例中先应用 Box 节点以及 PNG 透明纹理创建了一棵树的 Shape 造型，然后将这个树造型置于到一个名称为 tree 的 Billboard 编组节点 children 域中，这样，这个包含树造型的 tree 编组对象就变成一个可以围绕它所处的局部坐标系 Y 轴自动旋转的造型对象；随后的几个 Transform 节点分别创建了各自的局部坐标系，并通过 USE 语句引用前面定义过的单棵或者一行这样的树造型。

图 2-20 显示了例 2-20 文件所产生的效果，当你从不同角度观察这些树造型时，可以发现这些树的正面始终是面向着你的。

[例 2-20]

```
#VRML V2.0 utf8

DEF trees Group {    #  一行可自动面向浏览者的树造型
  children [
    Transform {
      translation 0 6 0
      children [
        DEF tree Billboard {                 #  Billboard 树造型
          children [
            Shape {                          #  树的 Shape 造型
              appearance Appearance {
                texture ImageTexture { url "tree.png" }
              }
              geometry Box { size 9 12 0}
            }
          ]
        }
      ]
    }
                #  复制 4 个 Billboard 树造型
    Transform {translation -12 6 0 children [USE tree]}
    Transform {translation 12 6 0 children [USE tree]}
    Transform {translation -24 6 0 children [USE tree]}
    Transform {translation 24 6 0 children [USE tree]}
  ]
}
                #  复制 3 行 Billboard 树
Transform {translation 0 0 12 children [ USE trees]}
Transform {translation 0 0 24 children [ USE trees]}
Transform {translation 0 0 36 children [ USE trees]}
```

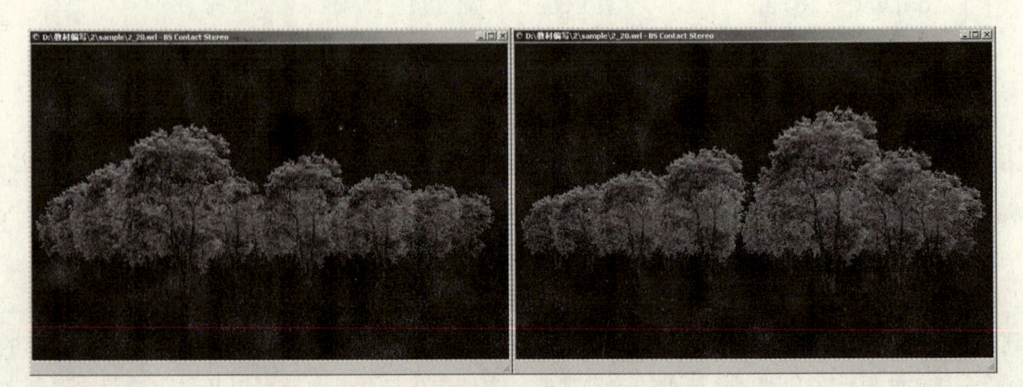

图 2-20 Billboard 编组处理过的平面树造型正面总是转向浏览者

2.3.5 碰撞检测编组：Collision 节点

现实中的物体都会占据一定的空间，当你的替身试图进入一个已被某个物体占据的空间时，就会产生“碰撞”的情形。在缺省情况下，VRML 浏览器会实时检测浏览者替身与造型物体间的空间关系，一旦检测到有碰撞发生，替身便会被碰撞物体阻挡。因此，碰撞检测可以有效预防浏览者穿过建筑物的墙壁，或者阻止浏览者漫游到创作者所不希望看到的某些区域。然而在某些情况下，单独对某些特定物体的碰撞检测进行控制是有必要的。例如，假设你的场景中包括一些密集的树丛，而你又不希望它们对漫游构成障碍时，那么此时就可以用到 Collision 编组节点。

Collision 节点允许你关闭或者打开浏览器对某些物体的碰撞检测，你还可以利用该节点为复杂的造型指定一个简单的替代物以加快检测的速度。

Collision 节点语法如下：

```
Collision  {
        collide   TRUE    # exposedField SFBool
          proxy   NULL    # field SFNode
    collideTime           # eventOut SFTime
     bboxCenter   0 0 0   # field SFVec3f
       bboxSize -1 -1 -1  # field SFVec3f
       children    [ ]    # exposedField MFNode
    addChildren           # eventIn MFNode
 removeChildren           # eventIn MFNode
}
```

Collision 节点比 Group 节点多了 collide、proxy 和 collideTime 三个域，其功能分别如下：

（1）collide：指明本编组中的造型物体是否接收碰撞检查。TRUE 为接受碰撞检查，FALSE 为不接受碰撞检查。

（2）proxy：如果 children 域中指定的造型很复杂，则可以在此添加一个较为简单的造型（实际不会显示该造型）来替代 children 域中对象进行碰撞检测的物体，以加快碰撞检测的速度。如果 children 域值为空，collide 域为 TRUE，且已指定一个代体，那么尽管什么也没有显示，碰撞检测仍将针对替代体进行，这是一种针对不可见几何形体进行的碰撞检测。

（3）collide：这是一个事件输出接口，当碰撞事件发生时，Collision 节点将自动向外部发送事件产生的时间值。

下面的例 2–21 在例 2–20 文件基础上进行了简单的修改，其要点是将原来例 2–20 文件中最后的 3 个 Transform 节点（复制的 3 行树）搬迁到一个 Collision 节点的 children 域之中，并将 Collision 节点 collide 域值指定为 FALSE。这样，当你在例 2–21 场景中（参考图 2–20）漫游时，可以发现你能毫无阻挡地穿过排在前面的 3 行树，而当你遇到最后面一行树时，就会有碰撞发生。

[例 2–21]

```
#VRML V2.0 utf8

DEF trees Group {                  #  一行可自动面向浏览者的树造型
  children [
    Transform {
      translation 0 6 0
```

```
    children [
     DEF tree Billboard {                # Billboard树造型
      children [
       Shape {                           # 树的Shape造型
        appearance Appearance {
         texture ImageTexture { url "tree.png" }
        }
        geometry Box { size 9 12 0}
       }
      ]
     }
    ]
   }
                          # 复制4个Billboard树造型
   Transform {translation -12 6 0 children [USE tree]}
   Transform {translation 12 6 0 children [USE tree]}
   Transform {translation -24 6 0 children [USE tree]}
   Transform {translation 24 6 0 children [USE tree]}
  ]
}

Collision {
  collide FALSE
  children [              # 复制3行Billboard树
   Transform {translation 0 0 12 children [ USE trees]}
   Transform {translation 0 0 24 children [ USE trees]}
   Transform {translation 0 0 36 children [ USE trees]}
  ]
}
```

2.3.6 超链接编组：Anchor节点

Anchor编组节点可以使编组中的造型成为一种可点击对象。如同网页中带超级链接信息的图片或者文字一样，当浏览者将鼠标指针移动到Anchor编组中的任意一个造型对象上时，光标即变成一个手形，表明鼠标此时遇到的是一个可点击的物体（图2-21）；如果此时点击这些物体，则浏览器会根据你在Anchor节点中所指定的路径和目标决定下一步的处理。利用Anchor节点，你可以实现从VRML场景中的一个视点跳转到另一个视点，或者跳转/打开本地或网络上的另一个VRML/HTML文件等。

Anchor节点语法如下：

```
Anchor{
     description    ""     # exposedField SFString
       parameter    []     # exposedField MFString
             url    []     # exposedField MFString
      bboxCenter  0 0 0    # field SFVec3f
        bboxSize -1 -1 -1  # field SFVec3f
        children    []     # exposedField MFNode
     addChildren           # eventIn MFNode
  removeChildren           # eventIn MFNode
 }
```

Anchor节点比Group节点多了description、parameter和url三个域，其功能分别如下：

（1）description：指定鼠标提示信息，域值类型为 SFString。如果指定了这个域值，那么当光标移动到 Anchor 编组对象上时，光标附近将自动出现域值中的字符串信息。

（2）parameter：指定浏览器对象参数。这是一种形如"对象属性＝值"格式的字符串，其中，对象属性和值都应符合 Web 浏览器规范中的约定。例如，如果将 parameter 域指定为 ["target=_blank"]，则表示在一个新开浏览器窗口中打开超链接目标对象。

（3）url：指定超链接目标文件 URL 地址的列表。如果指定了多个 URL，浏览器则按列表中的先后次序查找，直到发现第一个有效的网络链接时将其载入。

url 的域值可以指定为任何有效的网址，如"http://www.blaxxun.com"；也可以用相对或绝对路径，如"../club/club.wrl"、"http://www.hkcode.cn/index.asp"。如果链接的文件为 HTML、VRML、XML、ASP、JPG 等文件，浏览器将直接打开并显示这些文件的内容；如果为 RAR、ZIP 等其他无法用浏览器处理的文件，则会出现 Windows 文件下载对话框，提示你决定采取保存或打开等处理方式。上述这些表现都与 HTML 中的超级链接是一样的。

你也可以通过 url 域来指定当前场景中或者网络上另一个 VRML 场景中的一个命名的 VRML 视点（即 Viewpoint 节点，参见第 3 章），从而使场景画面直接跳转到这些视点上。当你指定一个当前场景中的命名视点时，可以采用"# 视点名"这样的格式，其中，视点名即为用 DEF 定义的 Viewpoint 节点名；如果你要指定本地或者网络上另一个 VRML 场景中的命名视点，则可以在指定 URL 之后加上形如"# 视点名"的后缀，如"../club/club.wrl#view1"。

关于 VRML 视点，详见第 3 章。

下面的例 2–22 是由例 2–19 修改而来的，其要点是：将原来 allPillar 编组对象由 Group 节点改为 Anchor，同时增加 url、description 域的指定；将原来的 wall 编组放置在另一个 Anchor 节点之中，并增加了 url、parameter、description 域的指定。

[例 2–22]

```
#VRML V2.0 utf8

DEF building Group {
  children [

    DEF allPillar Anchor {
      url "../sample/2_18.wrl"
      description "转到高层建筑"
      children [
        DEF pillarRow Group {
          children [
            DEF pillar Transform {
              translation 19.6 2.5 9.6
              children [
                Shape {
                  appearance Appearance { material Material {} }
                  geometry Box { size 0.8 5 0.8 }
                }
              ]
            },
            Transform {translation -13 0 0 children [USE pillar]},
            Transform {translation -26.2 0 0 children [USE pillar]},
            Transform {translation -39.2 0 0 children [USE pillar]},
          ]
```

```
    },
    Transform {translation 0 0 -6.2 children [USE pillarRow]},
    Transform {translation 0 0 -19.2 children [USE pillarRow]},
    Transform {translation 0 0 -12.9 children [USE pillarRow]},
  ]
 }

 Anchor {
  url "http://www.google.com"
  parameter ["target=_blank",]
  description "用 google 搜索"
  children [
   DEF wall Transform {
    translation 0 8.5 0
    children [
     Shape {
      appearance Appearance {material Material {} }
      geometry Box { size 40 7 20 }
     }
     Shape {
      appearance Appearance { material Material {} }
      geometry Cylinder { radius 8 height 17 }
     }
    ]
   }
  ]
 }
]
}
```

本例中，第一个 Anchor 编组节点 url 域指定的链接目标为本地磁盘文件“2_18.wrl”（即例 2–18 文件），description 域指定的提示为“转到高层建筑”，所以，当你在场景中将光标移动到任何一个柱子上时，光标即变成手形并出现相应的提示，见图 2–21（*b*）；如果此时点击柱子造型，则浏览器会在当前窗口中打开图 2–17 所示的场景。第二个 Anchor 编组节点链接的是 google 网站，其 description 域指定的提示为“用 google 搜索”，此外该节点还指定了浏览器对象参数（target=_blank），所以，当你将光标移动到建筑墙体上时，光标即变成手形并出现相应的提示，见图 2–21（*a*）；如果此时点击建筑墙体，浏览器则会在一个新的窗口中打开 google 搜索引擎的首页。

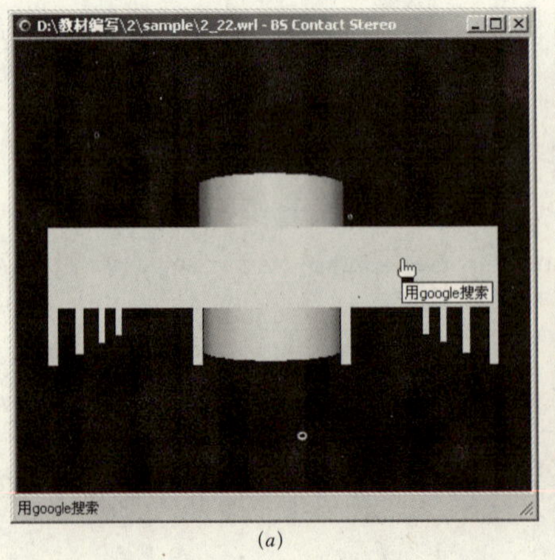

(*a*)

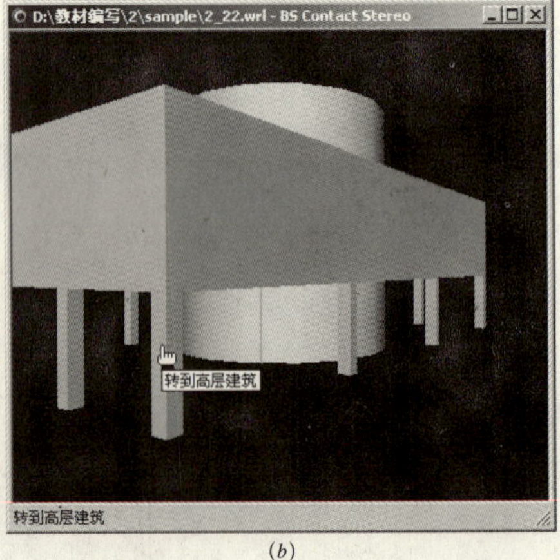

(*b*)

图 2–21　应用 Anchor 节点产生超级链接

2.3.7 行插入编组：Inline 节点

与前面的编组节点不同，Inline 节点不是以定义子节点的形式为对象进行编组，而是以指定一个外部 VRML 文件的 URL 这种方式，将外部 VRML 文件中包含的全部内容插入到当前的场景中。Inline 节点可以作为任何组节点的子节点（如 Transform 节点 children 域的域值）来使用，插入到当前场景中的外部 VRML 文件中的造型对象，会根据 Inline 节点所在的局部坐标系而重新定位。

Inline 节点的语法如下：

```
Inline {
        url         []        # exposedField MFString
    bboxCenter     0 0 0      # field SFVec3f
      bboxSize    -1 -1 -1    # field SFVec3f
}
```

Inline 节点语法较为简单，其中的 bboxCenter、bboxSize 域同 Group 节点中的功能是一样的；url 域为一个 VRML 文件目标地址的 URL 列表，其用法同 Anchor 节点中的 url 域相似，区别在于 Inline 节点 url 域只能指定 VRML 文件。

Inline 节点是可以嵌套使用的。例如，一个描述办公楼及其周围环境的主场景文件 A 中，可以通过两个 Inline 节点分别将包含办公楼、周围环境的两个分场景文件 B 和 C 的内容插入进来；而在办公楼场景文件 B 中，也可以用同样方法插入组成办公楼各分场景造型，如此等。不过，应用 Inline 节点时要注意一个限制，即不允许直接或间接地自插入。例如在文件 A 中再插入 A，A 中插入了 B，而 B 中又插入文件 A 等。此外，在具有行插入关系 VRML 文件之间，各 VRML 文件中采用 DEF 定义的节点名称是不会被相互承认的，因此，你不可以采用 USE 语句引用保存在另一个 VRML 文件中的命名对象。

下面通过例 2–23 文件说明行插入的应用。

[例 2–23]

```
#VRML V2.0 utf8

Transform {                                 # 地面造型
  translation 0 0 50
  children [
    Shape {
      appearance Appearance { material Material {} }
      geometry Box { size 150 0.1 150 }
    }
  ]
}

Inline { url ["2_18.wrl",] }                    # 高层建筑造型

Transform {                                 # 多层建筑造型
  translation -60 0 60
  rotation 0 1 0 1.57
  children [ Inline { url ["2_22.wrl",] }]
}
```

本例中只增加了一个地面造型，然后通过两个Inline节点分别将例2-18和例2-22场景文件（2_18.wrl和2_22.wrl）合编在一起。第一个Inline节点的应用，说明它是直接按2_18.wrl文件中原造型的空间位置来定位；第二个Inline节点则是作为坐标变换组Transform的子节点来使用的，保存在2_22.wrl文件中的原始造型在此又再次进行了平移和旋转处理。本例相应的效果如图2-22所示。

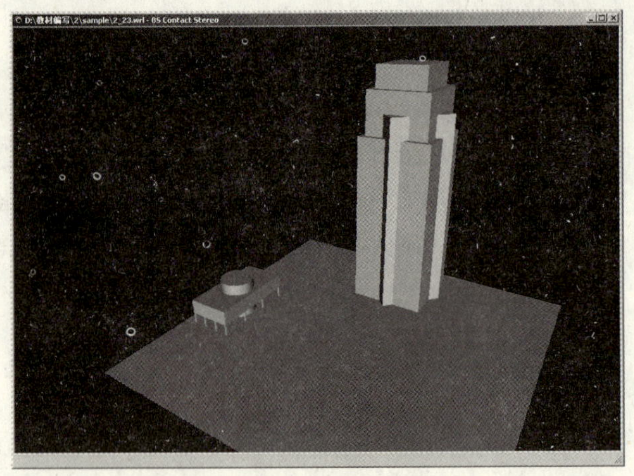

图2-22　行插入造型

Inline节点为你提供了一种管理复杂VRML场景的方法：你可以根据场景内容的不同将文件拆分为若干部分，每个部分分别保存在一个独立的VRML文件之中；然后选择其中一个VRML文件作为启动完整场景的主场景文件，在主场景文件中，再通过Inline节点分别将其他的VRML分场景文件插入进来。

上述方法在VRML交互编程设计中显得特别实用。在实际建模中，你通过各种CAD系统转换而来的VRML文件代码量一般都非常庞大，而在交互编程设计中，你实际需要处理的代码其实又较少。为了尽量减少出错的机会和提高效率，你可以将VRML文件中那些需要进行代码处理的对象从整体中分离出来，并保存为独立的VRML文件，而在原始文件中，则可以通过添加Inline节点将分离出去的内容重新插入进来。这样，接下来你就只需对这个分离出来的小型文件进行处理。小型的文件会给你的编辑工作带来更高的效率，即使偶尔出错，也不会影响到场景中的其他部分，而且也比较容易查找。

2.3.8　造型切换编组：Switch节点

Switch编组提供一种切换显示场景中某些造型内容的方法。在Switch节点中，可以包含若干个造型项目（Shape或各种编组节点），但只有其中一个处于激活状态的造型项目才能显示出来。Switch节点通常与脚本程序（由Script节点定义，参见第6章）配合使用，当浏览者点击场景中某个能启动脚本程序的开关造型时，脚本程序即开始执行，并通过路由连接激活Switch节点中的某个造型项目。Switch节点的这种功能非常适合于表现建筑方案中某些局部的多样化设计。

Switch节点的语法如下：

```
Switch {
      choice      []    # exposedField MFNode
 whichChoice     -1    # exposedField SFInt32
}
```

其中：

（1）choice：一个用于切换显示的造型节点项目列表。典型的节点为Shape及各种编组节点。列举的项目都有一个隐含的序号，第一个项目序号为0，第二个为1，以此类推。

(2) whichChoice：指定默认显示（激活）的项目序号。如果指定小于 0 或者大于 choice 域中的项目序号数，那么就不会选中任何项目。该域的缺省值为 −1，即不激活任何项目。

下面的例 2−24 是在例 2−23 基础上的修改，其要点是将多层建筑造型搬迁到一个新增的 Switch 节点 choice 域中，同时在这个 choice 域中再增加另一个与之对称布置的多层建筑造型（参见图 2−23）。当 Switch 节点 whichChoice 域值指定为 0 时，则显示左边的多层建筑，见图 2−23(*a*)；当 whichChoice 域值指定为 1 时，则显示右边的多层建筑，见图 2−23（*b*）。

[例 2−24]

```
#VRML V2.0 utf8

Transform {                                # 地面造型
  translation 0 0 50
  children [
    Shape {
      appearance Appearance { material Material {} }
      geometry Box { size 150 0.1 150 }
    }
  ]
}

Inline { url ["2_18.wrl",] }                 # 高层建筑造型

Switch {
  whichChoice 0
  choice [
    Transform {                                # 多层建筑（左边）
      translation -60 0 60
      rotation 0 1 0 1.57
      children [ Inline { url ["2_22.wrl",] }]
    }
    Transform {                                # 多层建筑（右边）
      translation 60 0 60
      rotation 0 1 0 1.57
      children [ Inline { url ["2_22.wrl",] }]
    }
  ]
}
```

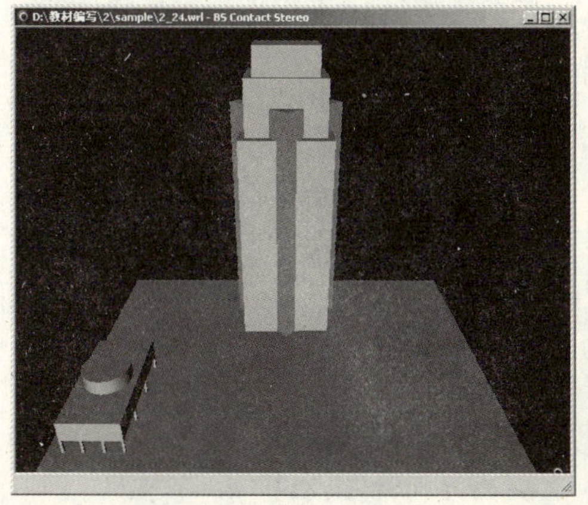

(*a*)

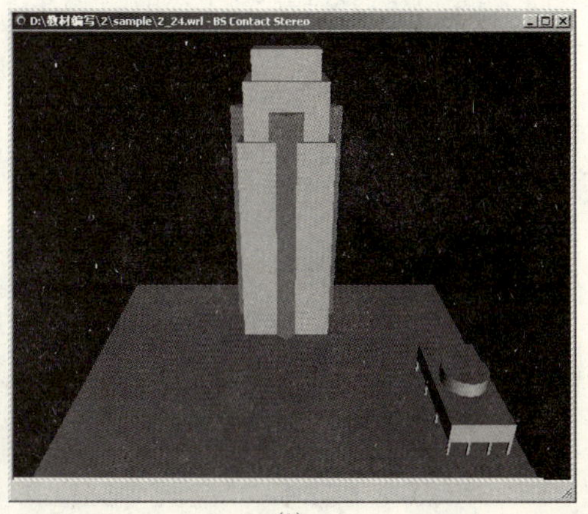

(*b*)

图 2−23　Switch 编组造型

2.3.9 层次细节编组：LOD 节点

LOD（Level of Detail）是虚拟现实系统中的常用技术。LOD 允许你事先为某些较复杂的造型提供由简单到复杂的不同造型版本，当观察者离造型较近时，浏览器会根据你所设定的观察距离自动切换显示为细节层次较高的造型版本，反之则显示为较简化的造型版本。

LOD 节点语法如下：

```
LOD {
   level    [ ]   # exposedField MFNode
   range    [ ]   # field MFFloat
  center  0 0 0   # field SFVec3f
}
```

其中：

（1）level：指定一个包含不同细节层次的造型节点列表，每个节点代表一种复杂度的造型版本（一般 3 个版本就够了）。典型的节点包括 Shape 及其他编组节点，节点的排序为从最复杂版本到最简单版本。

（2）range：指定一组从观察者视点到造型的中心（由 center 域指定）之间距离的列表。如果 level 域中有 n 个节点，则在 range 域中应有（n−1）个距离值，距离值的排序从最短到最长。range 域中的域值列表是与 level 中的造型版本列表相对应的：当浏览者离造型中心距离小于 range 域中的第一个距离值（即最小的距离值）时，将显示 level 域中的第一个（最复杂）造型版本；当浏览者离造型中心距离大于 range 域中的第一个距离值而小于第二个距离值时，将显示 level 域中的第二个造型版本，以此类推。当浏览者离造型中心距离大于 range 域中最后一个距离值（即最大的距离值）时，将显示 level 域中最后一个（最简化）造型版本。

（3）center：指定 LOD 节点内建立的造型中心在当前坐标系中的坐标。缺省情况下，表示直接以造型的局部坐标系原点位置为距离计算参考。

下面利用前面的例 2–18 文件（2_18.wrl）以及新增的例 2–25（2_25.wrl）、例 2–26（2_26.wrl）和例 2–27 文件（2_27.wrl）来测试 LOD 效果。其中，例 2–18 将作为一个高层建筑的最简化版本；例 2–25 为高层建筑的中级版本，细节效果如图 2–24（*a*）；例 2–26 为高层建筑的高级版本，细节效果见图 2–24（*b*）；例 2–27 为 LOD 测试文件，它通过 Inline 节点分别将上述 3 种不同造型版本插入到 LOD 节点的 level 域中，并通过 Transform 节点和 USE 语句的应用，形成一连串远近不同分布的高层建筑群。

[例 2–25] 高层建筑的中级版本

```
#VRML V2.0 utf8

Inline { url "2_18.wrl"}                # 插入高层建筑的最简化版本

Transform {                              # 添加一个垂直带形窗
  translation -14.5 38 17.75
  children [
    DEF win_1 Shape {
     appearance Appearance {
       material Material {diffuseColor 0.6 0.6 0.6} }
     geometry Box { size 3.3 76 0.4 }
```

```
    }
  ]
}
                                        # 拷贝5个垂直带形窗
Transform { translation -10.3 38 17.75 children [ USE win_1 ]}
Transform { translation -6.1 38 17.75  children [ USE win_1 ]}
Transform { translation 6.1 38 17.75   children [ USE win_1 ]}
Transform { translation 10.3 38 17.75  children [ USE win_1 ]}
Transform { translation 14.5 38 17.75  children [ USE win_1 ]}
```

[例2-26]高层建筑的高级版本

```
#VRML V2.0 utf8

Inline { url "2_25.wrl"}                # 插入高层建筑的中级版本

DEF win_2 Group {                       # 增加一个带形窗中的细节
  children [
    Transform {
      translation -16.1 38 18.05
      children [
        DEF line Shape {
          appearance Appearance {
            material Material {diffuseColor 0.7 0.7 0.7}
          }
          geometry Box { size 0.1 76 0.2 }
        }
      ]
    }
    Transform { translation -15.7 38 18.05  children [ USE line]}
    Transform { translation -15.3 38 18.05  children [ USE line]}
    Transform { translation -14.9 38 18.05  children [ USE line]}
    Transform { translation -14.5 38 18.05  children [ USE line]}
    Transform { translation -14.1 38 18.05  children [ USE line]}
    Transform { translation -13.7 38 18.05  children [ USE line]}
    Transform { translation -13.3 38 18.05  children [ USE line]}
    Transform { translation -12.9 38 18.05  children [ USE line]}
  ]
}
                                          # 将细节拷贝到其他5个带形窗中
Transform { translation 4.2 0 0 children [ USE win_2 ]}
Transform { translation 8.4 0 0 children [ USE win_2 ]}
Transform { translation 20.6 0 0 children [ USE win_2 ]}
Transform { translation 24.8 0 0 children [ USE win_2 ]}
Transform { translation 29 0 0 children [ USE win_2 ]}
```

[例2-27] LOD造型

```
#VRML V2.0 utf8

 # 定义一个LOD属性的高层建筑造型
DEF building LOD    {
  range [120, 500]
  level [
    Inline {url" 2_26.wrl"}
    Inline {url" 2_25.wrl"}
    Inline {url" 2_18.wrl"}
  ]
}
```

```
  # 拷贝 LOD 造型
Transform {translation -370 0 -185 children [ USE building ] }
Transform {translation -270 0 -185 children [ USE building ] }
Transform {translation -170 0 -160 children [ USE building ] }
Transform {translation -70 0 -100 children [ USE building ] }
Transform {translation 28 0 100 children [ USE building ] }

  # 地面造型
Transform {
  translation -180 0 0
  children [
    Shape {
      appearance Appearance { material Material {}  }
      geometry Box { size 500 0.1 500 }
    }
  ]
}
```

现在我们可以启动例 2–27 文件进行 LOD 效果的测试，如图 2–24（*c*）所示：离观察者最近的一栋高层建筑，由于它与观察者间的距离小于 LOD 节点 range 域指定的 120 个 VRML 单位，故显示为图 2–24（*b*）所示高级造型版本；中间四栋建筑与观察者间距离在 120 ~ 500 之间，故显示为图 2–24（*a*）所示中级造型版本；最后一栋建筑与观察者间距离超过 range 域指定的最大值 500，故显示为图 2–17 所示最简化版本。

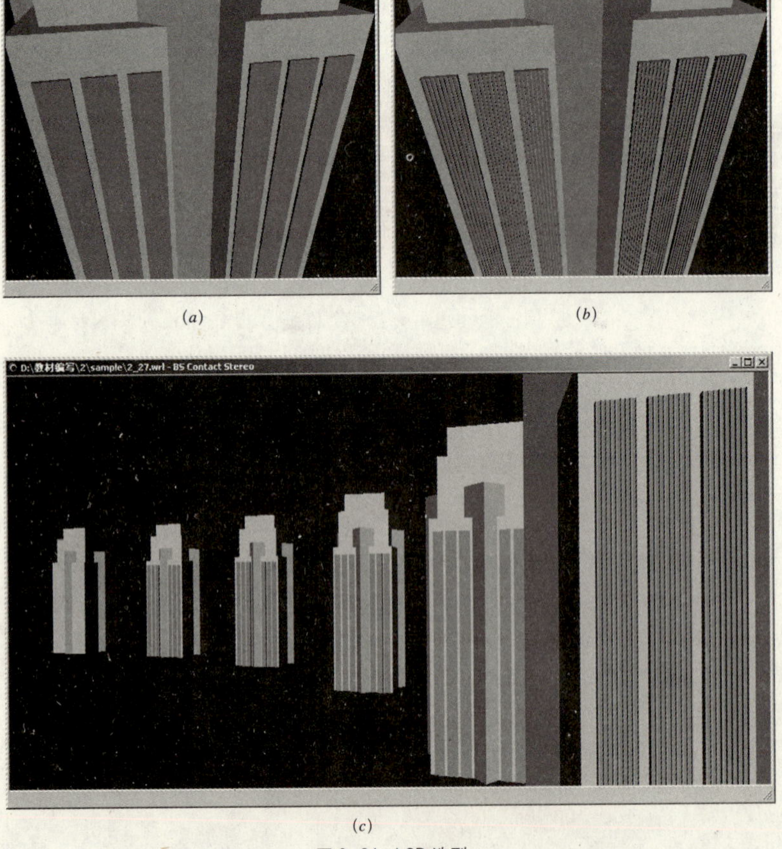

(*a*)　(*b*)　(*c*)

图 2–24　LOD 造型

（*a*）中级造型版本；（*b*）高级造型版本；（*c*）LOD 造型效果

提示：blaxxun/BS VRML 浏览器设置

blaxxun 或 BS VRML 浏览器中设置的可见度系数，是 LOD 节点 range 域值的一个倍增因子，所以，如果希望 range 域值的设置与实际一致，则应将可见度系数设置为 1。

2.4 造型的外观

外观是 VRML 造型的另一个重要组成部分。VRML 造型的外观首先是通过 Appearance 节点来定义的，Appearance 节点主要提供了一种描述 VRML 造型外观的基本框架，但要进一步描述造型的外观属性，则需要借助于 Material、ImageTexture、PixelTexture、MovieTexture 和 TextureTransform 之类的节点类型来完成。本节将集中讨论这些节点。

2.4.1 指定材料：Material 节点

Material 是说明 Shape 造型材料属性的节点，用于指定 Appearance 节点 material 域域值。Material 节点各个域设置，决定了造型表面产生颜色和反射光线的方式，包括：漫反射颜色、高光反射颜色、物体自发光颜色、环境光反射强度、光泽度和透明度。

Material 节点语法如下：

```
Material {
     diffuseColor  0.8 0.8 0.8  # exposedField SFColor
    specularColor    0 0 0      # exposedField SFColor
    emissiveColor    0 0 0      # exposedField SFColor
 ambientIntensity     0.2       # exposedField SFFloat
        shininess     0.2       # exposedField SFFloat
     transparency     0.0       # exposedField SFFloat
}
```

其中：

(1) diffuseColor：用于指定造型物体漫反射颜色。物体表面的漫反射与光源的角度有十分明显的关系，与光线越接近垂直的那些表面，反射出的漫射光线就越多。物体表面的漫反射将从与光线接近垂直的那些区域，逐步向与光线接近平行的区域由明到暗均匀过渡。该域的缺省值为“0.8 0.8 0.8”，是一种灰白色材料。

(2) specularColor：指定物体表面高光反射的颜色。高光产生的位置取决于光源、视点、面的方向三者之间的空间关系。当在虚拟场景中漫游时，高光位置会随视点的运动而改变。

(3) emissiveColor：指定材料自发光颜色。缺省值“0 0 0”表示没有自发光。

(4) ambientIntensity：指定造型表面可反射的环境光强度。环境光取决于场景中所有光源共同提供的环境光总量的大小，且不受空间方位的影响。该域使用一个 0.0 ~ 1.0 之间的浮点数赋值，缺省值 0.2 表示按环境光（总量色彩值）的 0.2 倍作为造型表面反射的环境光。

(5) shininess：指定表面的光泽度。shininess 域的指定只有在镜面反射光亮度大于 0 的情况下才会有效果。该域域值采用 0.0 ~ 1.0 之间的浮点数，值越大，高光区就越小，边界越清晰，造型越显得光亮或光滑。

(6) transparency：指定物体的透明度，在 0 ~ 1 之间取值。0 表示完全不透明，1 表示完全透明。

Material 节点中这些域的含义，对于有 3ds Max 建模经验的读者来说应该都不会陌生，不过这里仍有必要说明一下 VRML 与 3ds Max 中关于材料描述上的一些差别：

(1) 在 RGB 色彩分量的描述上，3ds Max 使用 0 ~ 255 的整数型数据，而 VRML 使用 0 ~ 1 的浮点数，其对应关系为将 VRML 的浮点数乘以 255，再取其整数就是 3ds Max 中使用的值。这种转换在 3ds Max 中导出或导入 VRML 文件时是自动完成的。

(2) 在环境光的计算方式上，3ds Max 是用 RGB 色彩分量直接描述环境光（ambient），而 VRML 则以场景中所有光源提供的环境光总量为基准，按其百分率（0 ~ 1 的浮点数）描述环境光的强度（ambientIntensity）。

(3) 在透明度的表达上，3ds Max 描述的是 Opacity（不透明性），而 VRML 正好相反，描述其 transparency（透明性）。

关于 Material 节点中各域设置所产生的材料效果，参见 2.4.2 节中的测试。

2.4.2 材料效果测试

为了让大家对 VRML 的外观材料有更直观的认识，下面利用例 2-28 文件对 Material 节点各域值的设置效果进行一些测试和比较。本例中的造型包括：用一个圆柱体和一个应用 Extrusion 节点创建的曲面表示的建筑造型，用一个长方体表示的地面造型。此外，由于材料效果与场景中布置的光源、视点有着直接关系，为便于观察到这些材料的测试效果，本例中先用 Viewpoint 和 PointLight 节点分别创建了一个视点和一个点光源，并利用导航节点 NavigationInfo 关闭了头顶灯，这样使场景中的造型只受到点光源的照明影响。关于 Viewpoint、PointLight 和 NavigationInfo 节点，参见第 3 章。

[例 2-28]

```
#VRML V2.0 utf8

Viewpoint {                                  # 视点
  position 51.12 57.69 144.7
  orientation 0.76 -0.64 -0.13 -0.53
  fieldOfView 0.6
}
NavigationInfo { headlight FALSE }          # 导航设置中关闭头顶灯
PointLight {                                # 光源
  location 116 100 -100
  ambientIntensity 0.2
  radius   300
}

Transform {                                 # 圆柱体建筑造型
  translation 0 13 0
  children [
    Shape {
      appearance Appearance {
        material Material {
          diffuseColor 0.8 0.3 0.3
#         emissiveColor 0.8 0.3 0.3
        }
      }
      geometry Cylinder { radius 7.2 height 26 }
    }
  ]
}
```

```
Transform {                                    # 曲面建筑造型
  scale 0.7 0.9 0.7
  children [
    Shape {
      appearance Appearance {
        material Material {
          diffuseColor 0.6 0.5 1
#         specularColor 0.8 0.8 0.8
#         shininess   0.8
#         ambientIntensity 0.5
#         transparency 0.2
        }
      }
      geometry  Extrusion {
        crossSection [
          32 0, 31 -5, 27.7 -9.6, 22.6 -13.6, 16 -16.6,
          8.3 -18.6, 0 -19.2, -8.3 -18.6, -16 -16.6,
        ]
        spine [
          -22.6 0 22.6, -26.6 0 17.8, -29.6 0 12.3,
          -31.4 0 6.2, -32 0 0, -31.4 0 -6.2, -29.6 0 -12.3,
          -26.6 0 -17.8, -22.6 0 -22.6, -17.8 0 -26.6,
          -12.2 0 -29.6,  -6.2 0 -31.4, 0 0 -32, 6.2 0 -31.4,
          12.2 0 -29.6, 17.8 0 -26.6, 22.6 0 -22.6,
          26.6 0 -17.8, 29.6 0 -12.3, 31.4 0 -6.2, 32 0 0,
          31.4 0 6.2, 29.6 0 12.3, 26.6 0 17.8, 22.6 0 22.6,
          17.8 0 26.6, 12.2 0 29.6, 6.2 0 31.4, 0 0 32,
        ]
        creaseAngle  0.75
        solid        FALSE
        beginCap     FALSE
        endCap       FALSE
      }
    }
  ]
}

Shape {                                        # 地面造型
  appearance Appearance {
    material Material {}
  }
  geometry Box { size 140 0.1 140 }
}
```

例 2-28 文件中的代码虽然较长，但这里只需要大家注意圆柱体、曲面和长方体 3 个造型的 Material 节点及其相关域值的设置。下面分别测试几种较典型的外观材料效果。

1）漫反射颜色效果

在例 2-28 文件中，圆柱体建筑造型所采用的 Material 节点只指定了一个 diffuseColor 域（其他域已被注释），其 RGB 色彩分量分别为 0.8、0.3 和 0.3，这是一个略偏黄的红色材料；曲面建筑造型所采用的 Material 节点同样也只指定了 diffuseColor 域（其他域已被注释），其 RGB 色彩分量分别为 0.6、0.5 和 1，这是一个略偏紫的蓝色材料；长方体地面造型则采用 Material 节点缺省值作为它的外观材料，其漫反射颜色 RGB 分量实际为 0.8、0.8 和 0.8，这是一个 80% 灰度的白色材料。如图 2-25 中显示了这 3 个造型的漫反射颜色外观材料效果。

2）高光反射颜色效果

高光反射颜色受 Material 节点 specularColor 域控制。在默认情况下，specularColor 域值为 “0　0　0”，即不产生高光。现在修改例 2–28 文件中曲面建筑造型所采用的 Material 节点，去掉 specularColor 域前面的注释符号 “#”，也就是指定该域的域值为 “0.8　0.8　0.8”，相应的效果如图 2–26 所示。

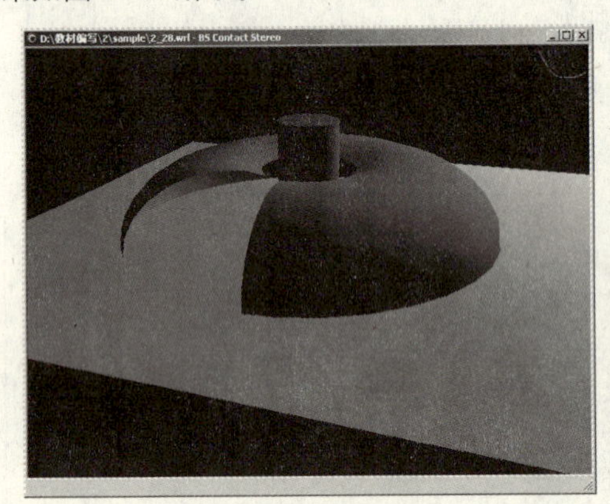

图 2–25　漫反射颜色效果

图 2–26　高光反射颜色效果

3）光泽度效果

Material 节点 shininess 域只有在高光反射颜色亮度大于 0 的情况下才会产生效果，shininess 域的缺省值为 0.2，因此图 2–26 中显示的其实也就是缺省情况下的光泽度效果。现在继续修改例 2–28 文件中曲面建筑造型所采用的 Material 节点，去掉 shininess 域前面的注释符号 “#”，即指定该域的域值为 0.8，其结果是高光区被缩小，高光区的边界也变得比此前清晰，使曲面造型更显得有光泽。相应的效果如图 2–27 所示。

4）环境光反射效果

环境光与场景中所有光源提供的环境光总量有关。在例 2–28 文件中，由 PointLight 节点创建的点光源，其 ambientIntensity 域域值为 0.2，表明该光源按其光照量的 20% 提供作为环境光。由于场景中只有一个光源，因此这也就是本例场景中的环境光总量，该总量也是所有 Material 节点计算环境光反射时的一个基数。在默认情况下，Material 节点 ambientIntensity 域值为 0.2，即表明从环境光总量中提取 20% 作为造型物体环镜光的反射量，前面进行的测试实际上都是在这种默认设置下产生的效果。现在继续修改例 2–28 文件中曲面建筑造型所采用的 Material 节点，

图 2–27　光泽度效果

图 2–28　环境光反射效果

去掉 ambientIntensity 域前面的注释符号“#”，即指定该域的域值为 0.5，相应的效果如图 2–28 所示。可见，ambientIntensity 域可以从总体上控制造型的亮度。

5）透明度效果

在默认情况下，Material 节点 transparency 域值为 0.0，即完全不透明。现在继续修改例 2–28 文件中曲面建筑造型所采用的 Material 节点，去掉 transparency 域前面的注释符号“#”，这样也就是指定了 transparency 域的域值为 0.2，产生的透明材料效果如图 2–29 所示。

6）自发光效果

在默认情况下，Material 节点 emissiveColor 域的缺省值为“0.0　0.0　0.0”，即不产生自发光。现在修改例 2–28 文件中圆柱体建筑造型所采用的 Material 节点，去掉 emissiveColor 域前面的注释符号“#”，这样也就是指定了该域的域值为“0.8　0.3　0.3”，产生的自发光外观材料效果如图 2–30 所示。

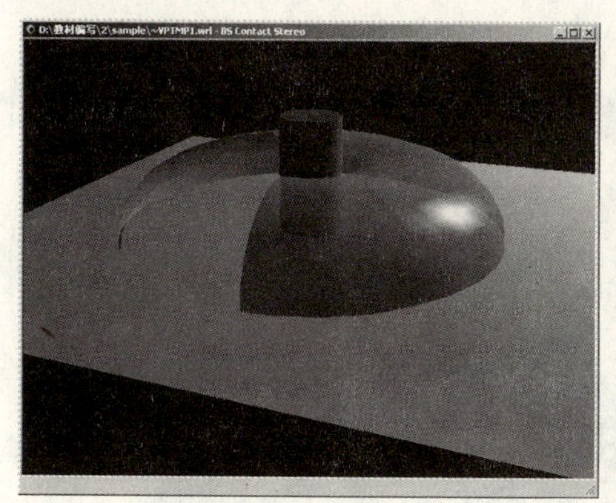

图 2–29　透明度效果

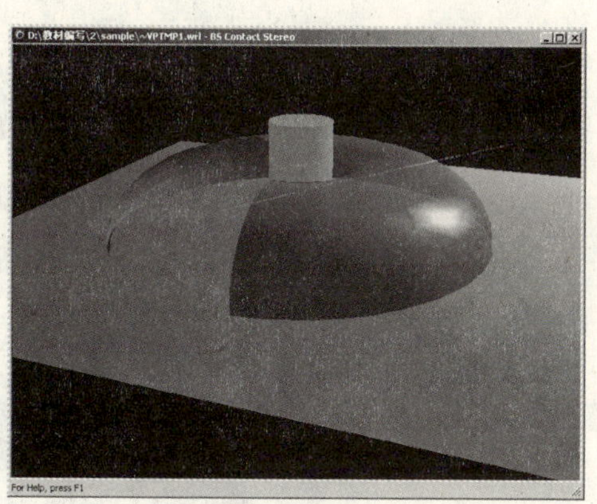

图 2–30　自发光效果

2.4.3　图像纹理：ImageTexture 节点

图像纹理是 VRML 中通过 ImageTexture 节点将外部图像文件的静态纹理应用于造型外观的一种纹理映射方式，典型的外部图像文件格式为 JPEG、PNG 和静态 GIF。在 Shape 造型中，MovieTexture 节点主要用来作为 Appearance 节点 texture 域赋值。

ImageTexture 节点语法如下：

```
ImageTexture {
        url    [ ]    # exposedField MFString
     repeatS  TRUE    # field SFBool
     repeatT  TRUE    # field SFBool
}
```

其中：

（1）url：指定外部纹理文件保存路径的 URL 的列表。可以指定一到多个路径，浏览器将依序搜索直至找到第一个符合条件的目标文件之后将其载入。路径的书写应当遵循 URL 格式规范，也可运用相对路径书写方法，如“../maps/wall.jpg”。

（2）repeatS 和 repeatT：分别指定纹理图像在水平（S）与垂直（T）方向上是否采用回绕重复方式。TRUE 表示纹理图像将在此方向回绕和重复；FALSE 表明不重复，并以最后一行像素填充造型的剩余表面。repeatS 和 repeatT 两个域只有与 TextureTransform 节点（纹理坐标控制）配合使用时才会产生相应的效果。

下面的例 2-29 文件中只包括一个非常简单的长方体造型，本例通过应用 ImageTexture 节点将一个外部图像文件 wall_03.jpg 的纹理（图 2-31*a*）映射到这个长方体造型上，使之表现为具有一定细节的建筑造型，见图 2-31（*b*）。

[例 2-29]

```
#VRML V2.0 utf8

Viewpoint {
  position 12 1.5 11
  orientation 0 -1 0 -0.5
  fieldOfView 0.54
}
Transform {
  translation 0 2 -12
  children [
    Shape {
      appearance Appearance {
        material Material {}
        texture  ImageTexture { url "wall_03.jpg"}
      }
      geometry Box { size 12 4 12 }
    }
  ]
}
```

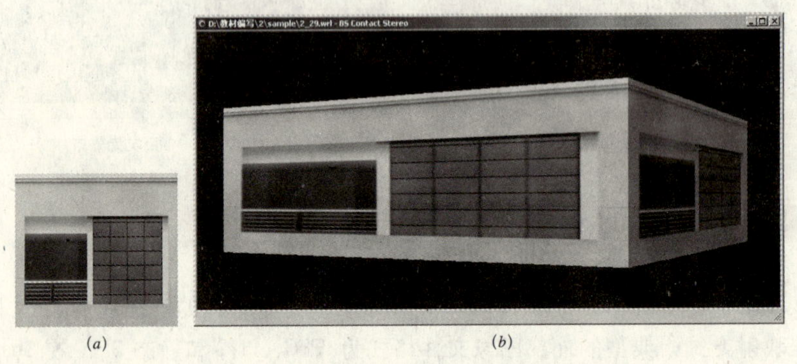

(*a*)　　(*b*)

图 2-31　ImageTexture 节点产生的图像纹理

2.4.4　纹理坐标系变换：TextureTransform 节点

当造型采用纹理映射方法产生外观时，通常需要对纹理进行一些必要的平移、缩放和旋转处理，而这就涉及到纹理二维坐标系的变换问题了。在 VRML 中，造型的纹理坐标系是由 TextureTransform 节点来定义的，该节点主要用于 Appearance 节点 textureTransform 域的赋值。

TextureTransform 节点语法如下：

```
TextureTransform {
  translation    0 0     # exposedField SFVec2f
     rotation     0      # exposedField SFFloat
        scale    1 1     # exposedField SFVec2f
      center     0 0     # exposedField SFVec2f
}
```

其中：

（1）translation：指定纹理在 S 轴（水平方向）和 T 轴（垂直方向）上的平移距离。

（2）rotation：指定一个旋转值（弧度），纹理将以 center 域的指定点为中心旋转。

（3）scale：分别指定 S、T 两个方向的缩放值，纹理将以 center 域的指定点为中心缩放。

（4）center：在纹理坐标系中指定一个缩放和旋转的中心。

图 2–32（*a*）显示了 TextureTransform 节点创建默认的纹理坐标系的方式。默认的纹理坐标系原点是原始纹理图像的左下角，由原点水平向右为 S 轴正方向，由原点垂直向上为 T 轴的正方向；纹理图像可以向 S（水平）、T（垂直）两个轴向无限重复形成回绕。

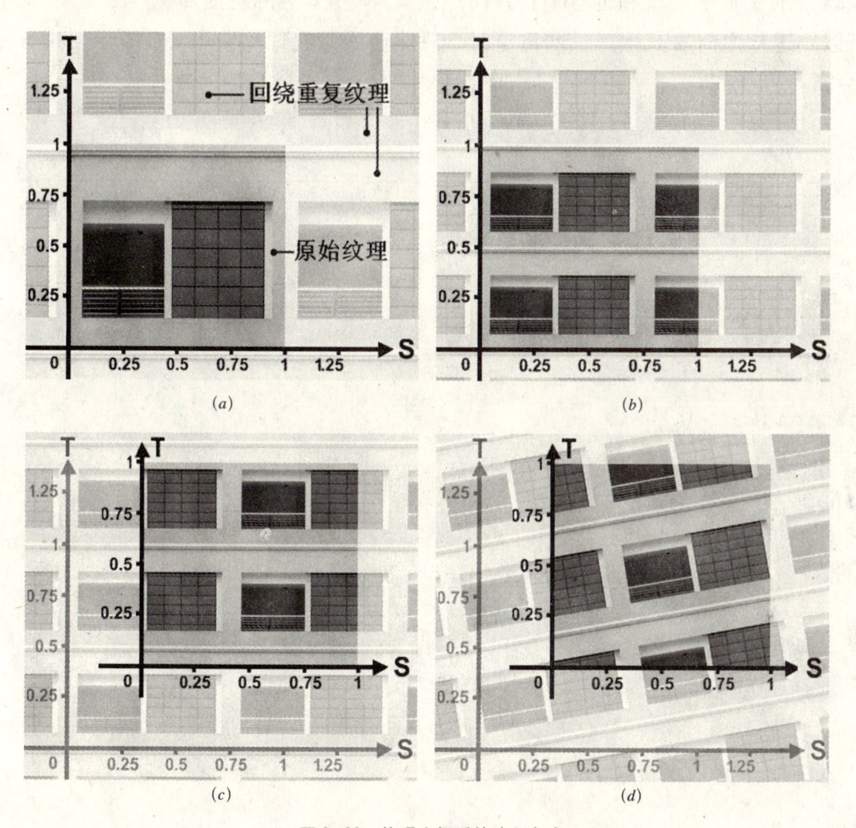

图 2–32　纹理坐标系的建立方式

（*a*）默认坐标系；（*b*）缩放坐标系；（*c*）缩放、平移坐标系；（*d*）缩放、平移、旋转坐标系

二维纹理坐标系中的单位长度 1 是由 scale 域来确定的，它与纹理图像的像素尺寸无关。例如，在默认情况下 scale 域值为“1　1”，此时表示 S、T 方向的单位长度 1，分别相当于一幅图像的长和宽，见图 2–32（*a*）；如果 scale 域值为“1.31　2”，则表示 S、T 方向的单位长度 1，则分别相当于纹理在 S 轴方向上重复 1.31 次、在 T 轴方向上重复 2 次后得到的长度，见图 2–32（*b*）。

纹理坐标系中的单位长度一经确定，也就确定了坐标值长度的度量基准。如图 2–32（*c*）所示，纹理坐标系是在图 2–32（*b*）所示坐标系基础上再增加了 translation 域的指定，其域值为“0.34　0.4”，此时坐标系原点在 S、T 方向的平移距离 0.34 和 0.4，实际上就是参照 scale 域确定的单位长度 1 来计算处理的。

图 2–32（*d*）显示了纹理坐标系在图 2–32（*c*）基础上再增加“rotation　–0.175”的域值指

定后得到的效果，可以看出，纹理坐标系的旋转是以平移、缩放之前的默认坐标系原点为中心来进行的。

2.4.5 纹理坐标系变换效果测试

下面通过例 2–30 文件来测试 TextureTransform 节点产生的纹理重复回绕和纹理平移这两种典型的纹理坐标变换效果。本例是在例 2–29 基础上的修改，其要点是在外观节点 Appearance 中增加了 textureTransform 域的指定。本例中，TextureTransform 节点 scale 域指定为“2.48 2”，这样使纹理分别在水平 S 轴和垂直 T 轴方向产生 2.48 和 2 倍的重复回绕。由于 2.48 不是一个整数，所以纹理从左向右产生第三次重复时，只能使原始纹理的左半部分显示出来，相应的效果如图 2–33（*a*）所示。

[例 2–30]

```
#VRML V2.0 utf8

Viewpoint {
  position 12 1.5 11
  orientation 0 -1 0 -0.5
  fieldOfView 0.54
}

Transform {
  translation 0 2 -12
  children [
    Shape {
      appearance Appearance {
        material Material {}
        texture  ImageTexture { url "wall_03.jpg "}
        textureTransform TextureTransform {
          scale 2.48 2
#         scale 2 2
#         translation 0.11 0.05
        }
      }
      geometry Box { size 12 4 12 }
    }
  ]
}
```

(*a*)

(*b*)

图 2–33　纹理坐标系的建立方式

接下来修改一下例 2.30 中的 TextureTransform 节点：设置 scale 域值为“2　2”，使纹理分别向水平、垂直方向均产生 2 次完整的重复，形成两层楼的效果；设置 translation 域值为“0.11　0.05”，使纹理坐标轴分别产生向右和向上的平移，而映射到造型表面上的纹理，则相应地向左和向下移动。修改后相应的效果如图 2–33（*b*）所示。修改后的 scale 域中的两个值由于都是采用了整数，所以这样平移后使左边和底部溢出去的纹理全部又回绕到造型表面的右边和顶部。

TWO

2.4.6　像素纹理：PixelTexture 节点

像素纹理是 VRML 中通过 PixelTexture 节点产生纹理图像并将之应用于造型外观的一种纹理映射方式。像素纹理也是利用静态图像作为纹理素材，但是与 ImageTexture 的不同点在于，像素纹理不需要外部文件为纹理素材，其纹理图像是通过在节点内部逐点描述一个纹理图中各个像素点特征值而获得的。在 Shape 造型中，PixelTexture 节点主要用来作为 Appearance 节点 texture 域赋值。

先看下面 PixelTexture 节点的语法：

```
PixelTexture{
        image   0 0 0   # exposedField SFImage
      repeatS   TRUE    # field SFBool
      repeatT   TRUE    # field SFBool
}
```

由语法可知，PixelTexture 与 ImageTexture 唯一的差别是 PixelTexture 节点用 image 域替换 ImageTexture 节点的 url 域。image 域的域值类型为 SFImage，这是 VRML 中专门用来描述纹理图像颜色的特殊格式数据，其中包含了关于一幅图像完整信息的复杂数组。显然，采用人工编写代码方法生成 SFImage 数据是难以想象的。因此，在实际应用中，通常是利用一些软件工具将图像文件中的图像信息转换为 SFImage 数据后，再应用到 PixelTexture 节点 image 域中。

相对于 ImageTexture，使用 PixelTexture 节点的唯一好处就是它不需要外部纹理文件，纹理图像信息可以通过复杂的 SFImage 数据形式得以隐藏，因此 PixelTexture 纹理方法只会在某些特殊情况下使用。

下面的例 2–31 只是让大家了解一下 PixelTexture 纹理，而并不意味着推荐这种方法。本例是在例 2–28 基础上进行一些修改，其要点是修改了原地面 Shape 造型的 appearance 域。（为节省篇幅，例 2–31 中省略了原例 2–28 文件中其他未加修改的代码）本例相应的效果如图 2–34 所示。（注：浏览时请用右键菜单关闭“图像显示模式 / 平滑纹理”选项）

[例 2–31]

```
#VRML V2.0 utf8

# ……省略的代码

Shape {            # 地面造型
  appearance Appearance {
    material Material {}
    texture PixelTexture {image 2 2 1 0x40  0x80 0x80  0x40 }
    textureTransform TextureTransform {scale 10 10}
  }
  geometry Box { size 140 0.1 140 }
}
```

图 2–34　PixelTexture 节点产生的像素纹理

2.4.7　电影纹理：MovieTexture 节点

电影纹理是 VRML 中通过 MovieTexture 节点将外部动画文件的动态纹理图像应用于造型外观的一种纹理映射方式，典型的外部动画文件为 MPEG 和 GIF 动画。在 Shape 造型中，MovieTexture 节点主要用来作为 Appearance 节点 texture 域赋值。

MovieTexture 节点语法如下：

```
MovieTexture {
          url       " "     # exposedField MFString
        speed        1      # exposedField SFFloat
         loop      FALSE    # exposedField SFBool
    startTime        0      # exposedField SFTime
     stopTime        0      # exposedField SFTime
      repeatS       TRUE    # field SFBool
      repeatT       TRUE    # field SFBool
 duration_changed           # eventOut SFTime
     isActive               # eventOut SFFBool
}
```

MovieTexture 节点的 url、repeatS、repeatT 域与 ImageTexture 中的完全相同，此处不再赘述。由于电影纹理引用的是外部动画文件，所以在 MovieTexture 节点中除了上述域之外，节点中还包含了一些与动画播放控制有关的域。其中：

（1）speed：指定影像播放速度的加倍因子。缺省域值为 1 表示按影像正常速度播放；域值也可为负值，表示反向播放；域值为 0 时，将以影像中的第 1 帧画面作为静止的纹理显示。

（2）loop：用布尔值（FALSE/TRUE）指定是否循环播放影像。缺省域值 FALSE 表示播放一次影像后停止。

（3）startTime 和 stopTime：分别指定影像开始、结束播放的绝对时间。

（4）duration_changed：此为事件出口（eventOut），自动向外输出原始影像文件在正常播放速度下的持续时间（秒）值。该时间由影像的原始长度决定，与 speed 域的指定无关。

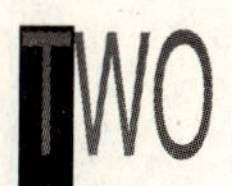

(5) isActive：也是一个事件出口，自动向外输出 TRUE 或 FALSE 值以说明影像当前播放或停止的状态。如果当前影像正在播放，则向外输出 TRUE；如果播放已停止，则输出 FALSE。

loop、startTime、stopTime 和 speed 不同域值的组合，可产生以下 5 种典型的播放效果：

(1) 如果 loop 为 TRUE，stopTime ≤ startTime，则影像一直循环地播放。

(2) 如果 loop 为 TRUE，stopTime > startTime，则影像播放到 stopTime 时间停止。

(3) 如果 loop 为 FALSE，stopTime ≤ startTime，则播放循环一次后，停止在（startTime+duration_changed/speed）时间。

(4) 如果 loop 为 FALSE，stopTime > startTime，且 stopTime−startTime ≥ duration_changed/speed（即结束、开始的时间差大于或等于播放一次的时间），则播放循环一次后，停止在（startTime+duration_changed/speed）时间。

(5) 如果 loop 为 FALSE，stopTime > startTime，stopTime − startTime < duration_changed/speed（即结束、开始的时间差小于播放一次的时间），则播放到 stopTime 时间停止。

需要说明的是，startTime 和 stopTime 的指定，只有在上述第一种效果中才适合于人工直接填写，其他效果一般需要通过脚本程序方法才能实现（参见第 6 章）。这是因为 startTime 和 stopTime 所采用的是一种绝对时间值，该值是从格林威治时间 1970 年 1 月 1 日午夜 12 点开始算起的，因此试图采用人工方法指定一个准确的时间既不可能，也无必要。

下面的例 2-32 是一个简单的电视机造型，其中的屏幕造型使用了 MovieTexture 纹理。在本例中，由于 stopTime 比 startTime 提前 1s，且 loop 域值为 TRUE，这样影像就会一直不停地循环播放，相应的效果如图 2-35 所示。

[例 2-32]

```
#VRML V2.0 utf8

Viewpoint {      # 视点
 position 5.3 -0.2 10 orientation 0 -1 0 -0.5 fieldOfView 0.54
}

Group{            # 电视机造型
  children [
    Transform {  # 机箱
      translation 0 -0.2 -0.5
      children [
        Shape {
          appearance Appearance { material Material {}}
          geometry Box {size 5.4 4.8 1 }
        }
      ]
    };
    Shape {        # 屏幕
      appearance Appearance {
        texture MovieTexture {
          loop TRUE
          startTime 2
          stopTime 1
          url ["wan01.mpg"]
        }
      }
      geometry Box {size 5 4 0.1 }
    }
  ]
}
```

当你多次浏览例 2-32 所示场景时，你也许能发现电影纹理每次开始的画面都会有所不同，其原因在于这个影像总是以绝对时间 2s 作为开始，并循环播放到当前时的画面位置。实际建模应用中，也许你希望能更精确地控制电影纹理的开始画面，那么在这种情况下，你只能通过结合 VRML 动画交互设计来实现这种功能。关于 VRML 动画与交互，参见第 6 章。

图 2-35　MovieTexture 节点电影纹理效果

2.4.8　纹理图像与材料的合成测试

在外观节点 Appearance 中，如果同时指定 material、texture 两个域，则会产生材料与纹理的合成效果。材料与纹理图像的合成计算方式，取决于纹理图像的色彩模式。此外，浏览器中设置的不同渲染引擎也会使合成效果存在一些细微的差别。

1）纹理图像色彩模式

图像文件的色彩模式，反映了图像文件描述纹理像素的色彩方式和能力。在 VRML 支持的各种纹理图像文件格式中，从位深度（也称为像素深度或颜色深度）来看，色彩模式主要有 8 位、24 位和 32 位，分别具有描述 2^8（即 256）、2^{24}（16M）和 2^{32}（4G）种颜色的能力；从色彩通道来看，包括 Grayscale（灰度）、Grayscale Alpha（灰度 + 透明度）、索引色（Indexed Color）、RGB 以及 RGB Alpha（RGB 色彩 + 透明度）。在后面的 2.4.9 节～ 2.4.13 节中，我们将通过一些对比测试来说明这些不同色彩模式的纹理图像与材料的合成效果。

2）合成测试的纹理图像

为了使测试效果具有可比性，下面我们先准备几个必要的纹理图像文件。图 2-36 显示了 Photoshop 中制作的一个纹理图，其像素尺寸为 240 × 220，包括两个图层：Layer1 图层绘制的是玻璃纹理，图层的 Opacity 值为 60%；Layer2 图层绘制的是镂空过的墙面和窗框纹理。下面分别按 5 种典型的色彩模式保存纹理文件。

（1）用下拉菜单 File/Save as 命令，将纹理图像保存为 PGN 文件格式，文件名为 wall_RGBA.png。这是一幅具有 32 位颜色深度的 RGB Alpha 模式的图像，见图 2-37（*a*）。

（2）重新使用“File/Save as”命令，将纹理图像保存为 JPEG 文件格式，文件名为“wall_RGB.jpg”。这是一幅具有 24 位颜色深度的 RGB 模式的图像，见图 2-37（*b*）。

（3）关闭玻璃图层，用“File/Save as”将纹理图像保存为 GIF 文件格式，文件名为“wall_Index.gif”。这是一幅具有 8 位深度的索引色（Indexed Color）模式的图像，见图 2-37（*c*）。

（4）重新打开玻璃图层，选择下拉菜

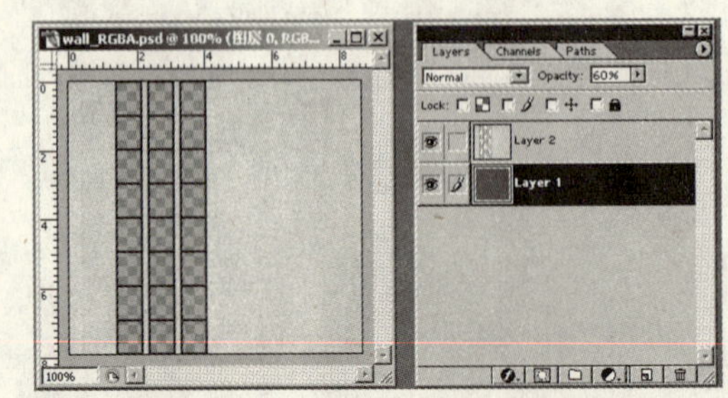

图 2-36　在 Photoshop 中绘制一个纹理

单“Image/Mode/Grayscale”命令将纹理图像转化为灰度模式，然后再用“File/Save as”命令将纹理图像保存为PNG文件格式，文件名为“wall_GrayA.png”。这是一幅具有32位深度的Grayscale Alpha模式的图像，见图2-37（*d*）。

（5）重新使用“File/Save as”命令，将纹理图像保存为JPEG文件格式，文件名可为“wall_Gray.jpg”。这是一幅具有8位深度的灰度模式的图像，见图2-37（*e*）。

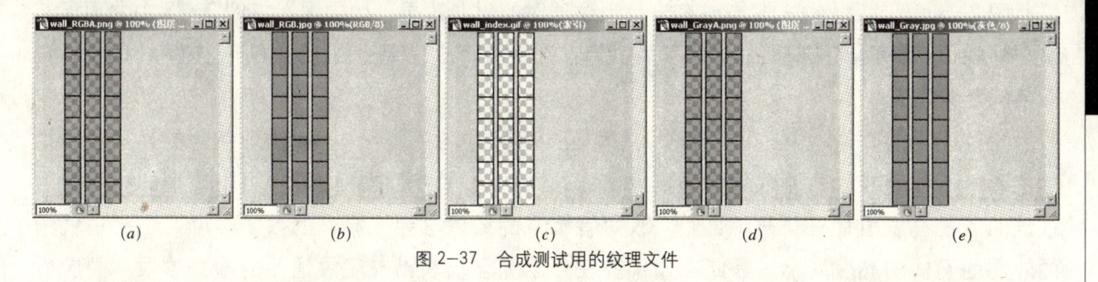

（*a*）　（*b*）　（*c*）　（*d*）　（*e*）

图2-37　合成测试用的纹理文件

3）合成测试的VRML场景文件

例2-33的文件由例2-28文件修改而成，其要点是：修改曲面建筑造型的外观材料，使之呈现一种金黄色材料效果，同时分别增加图2-37中所示图像纹理的指定；在地面造型中也增加了另一个马赛克图像纹理以配合合成效果的观察。为方便代码阅读和节省篇幅，本例省略了其他一些与合成测试关系不大的代码。

[例2-33]

```
#VRML V2.0 utf8

# …… 省略的节点代码

Transform {                                    # 曲面建筑造型
  scale 0.7 0.9 0.7
  children [
    Shape {
      appearance Appearance {
        material Material {
          diffuseColor 1.0 0.78 0.2            # 指定一种金黄色材料
          specularColor 1.0 0.9 0.6
          shininess   0.8
#         transparency 0.2
        }
#       texture  ImageTexture { url ["wall_Gray.jpg"] }
        textureTransform TextureTransform { scale 1 4 }
      }
      geometry  Extrusion {      # 省略的几何构造代码 ……
      }
    }
  ]
}

Shape {                                   # 地面造型
  appearance Appearance {
    material Material {}
    texture ImageTexture {url ["msk.jpg",]}
    textureTransform TextureTransform { scale 10 10  }
  }
  geometry Box { size 140 0.1 140 }
}
```

2.4.9 Grayscale 纹理合成测试

灰度图像（Grayscale）是一种用 8 位整型值（0 ~ 255）存储灰强度值的图像，在 VRML 中常采用 JPEG 或 GIF 文件格式保存。外观中加入灰度纹理后，将对材料的漫反射颜色（diffuseColor）产生影响，其合成漫反射颜色将等于灰度纹理像素的灰度值与材料漫反射颜色的乘积。

图 2–38（*a*）是例 2–33 文件在未使用纹理时的材料效果，如果现在将例 2–33 中曲面建筑造型外观节点 texture 域前面的“#”号去掉，那么将产生图 2–38（*b*）所示的灰度纹理与材料颜色的合成效果。

比较一下图 2–38（*a*）和图 2–38（*b*）可以看出：由于 Grayscale 纹理包含的是一种中性的色彩，所以合成后的外观颜色仍显现出比较强的金黄色倾向。此外，由于造型的材料以及纹理的颜色亮度值都在 0 ~ 1 之间，故两者相乘的结果总会比原来的数值要小，这样也就使的外观的整体的亮度减小。因此，如果要使外观完全反映出灰度纹理图的本身效果，则应当将材料节点 Material 中的 diffuseColor 域值指定为“1 1 1”，那么灰度纹理像素灰度值与材料漫反射颜色相乘的结果将仍然为灰度纹理像素本身的灰度。图 2–38（*c*）就是这样处理后所产生的效果。

造型外观中加入了纹理将不会影响 Material 节点中其他域的指定。图 2–38（*d*）中既产生了墙面纹理，又保留了原来 Material 节点指定的镜面反射、光滑度、环境光等效果。

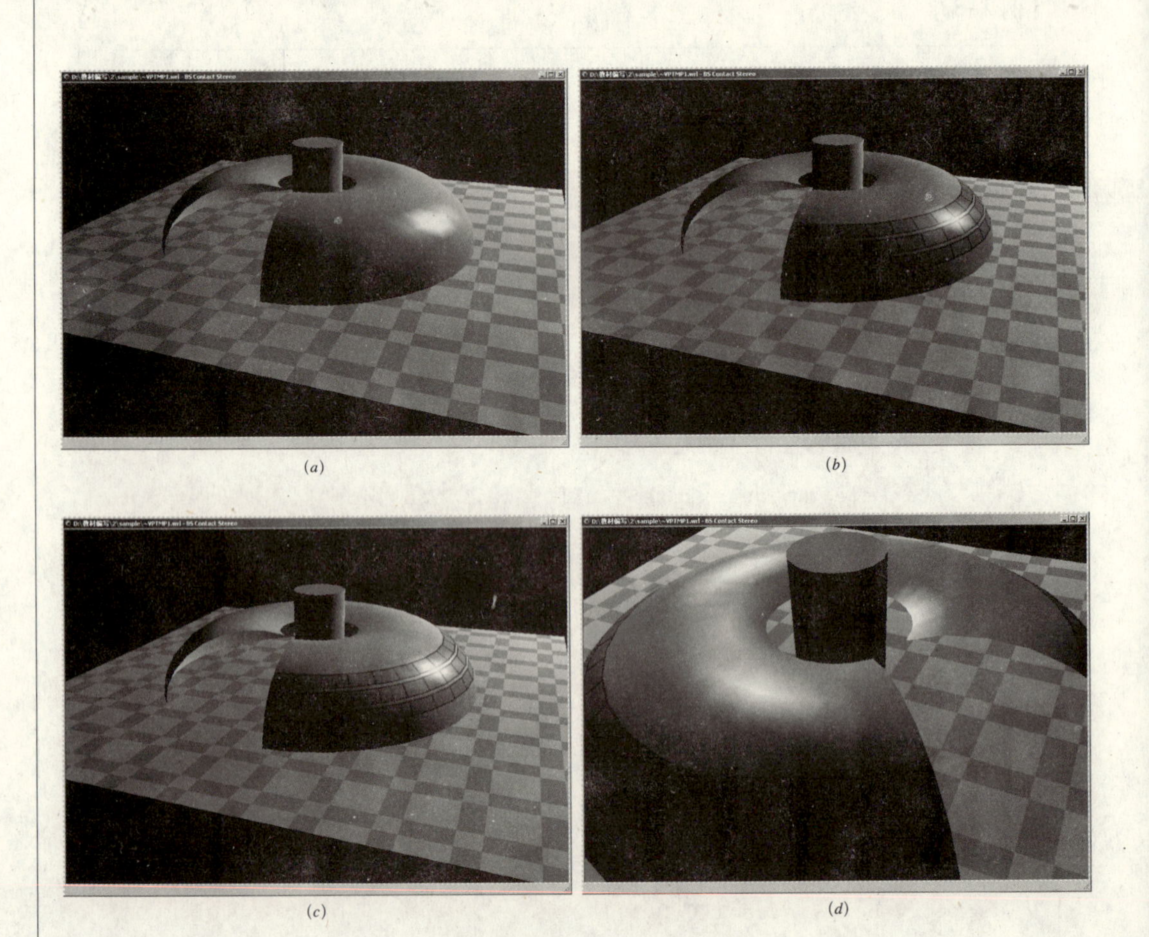

(*a*) (*b*) (*c*) (*d*)

图 2–38 Grayscale 纹理合成效果

2.4.10 Grayscale Alpha 纹理合成

灰度＋透明度（Grayscale Alpha）模式的图像，除了有一个 8 位整型值（0～255）存储灰强度值之外，还包含另一个 8 位整型值存储透明 Alpha 值，因此 Grayscale Alpha 至少是一种 16 位图像。由于在 VRML 支持的文件格式中，能包含 Alpha 数据的文件格式只有 PNG，而该格式通常是用 32 位来储存的。

当外观中加入 Grayscale Alpha 纹理后，将对材料的漫反射颜色（diffuseColor）和透明度（transparency）产生影响，但不影响材料节点 Material 中的其他域设置。合成后的漫反射颜色等于纹理灰强度值与材料漫反射颜色的乘积（即与灰度纹理相同）。至于透明度，如果用 Am 和 At 分别表示材料、纹理的透明值，则合成透明度可以用算式“Alpha=Am+(1−At)×At”表示。该算式表明，合成后的透明值皆大于纹理或材料的透明值，因此合成后会更透明，而只有当材料完全不透明时（即 transparency 域值为 0），合成的结果才会完全反映纹理本身的透明效果。

现在修改一下测试文件例 2–33 中的 ImageTexture 节点，将 url 域中指定的纹理文件更换为 wall_GrayA.png，则建筑的玻璃将产生透明效果，而其他部分与前面的灰度纹理完全相同，如图 2–39（*a*）所示。接下来，再将 Material 节点 transparency 域前的“#”号去掉，则可看到玻璃及其他部分均产生不同程度的透明效果，如图 2–39（*b*）所示。

(*a*)

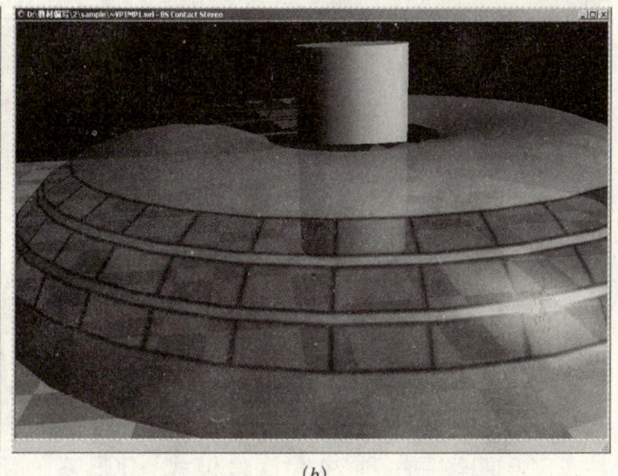

(*b*)

图 2–39 Grayscale Alpha 纹理合成效果

2.4.11 Indexed Color 纹理合成测试

索引色（Indexed Color）是 8 位图像模式，文件格式为 GIF。索引色图像都带有一个包含 256 种颜色值的索引表，图像中各像素颜色都是依据该表来确定，不同的索引色图像具有各不相同的颜色表。通过某些应用程序，可以将颜色表中的某个颜色指定为透明，但只有完全透明或完全不透明两种状态。

当外观中加入索引色纹理后，纹理与材料的合成方式与索引色颜色表的色彩构成有关，一般有如下规律：

(1) 如果颜色表采用了灰度模式（Grayscale），则合成方式与前面的灰度纹理相同。

(2) 如果颜色表采用了 Grayscale 以外的其他模式，则漫反射颜色将完全由图像颜色取代，而材料节点Material中的其他域设置将不受影响。

(3) 如果颜色表中包含一个透明色的指定，则图像中所有引用该颜色的像素将变成完全透明。

现在修改一下测试文件中的ImageTexture节点，将url域中引用的纹理文件更换为wall_Index.gif，并在Material节点transparency域前重新加上"#"号注释。测试结果为玻璃将变为完全透明，而在其他部分，则会因浏览器不同的渲染引擎而存在一些较小的差异。

图2-40（*a*）和图2-40（*b*）为BS Contact浏览器分别采用DirectX7和OpenGL所观察到的效果，可见，当BS Contact浏览器采用DirectX7渲染模式时，浏览器的合成处理方式与上述规律是比较相符的，即曲面造型的漫反射颜色已由纹理图像颜色所取代（图2-40*a*）；但是当BS Contact采用OpenGL渲染模式时，建筑墙面仍会残留一些由Material节点diffuseColor域指定的漫反射颜色（图2-40*b*）。这就是浏览器使用的不同渲染引擎时在合成处理上存在差异的地方。

(*a*)

(*b*)

图2-40 Indexed Color纹理合成效果

2.4.12 RGB纹理合成测试

RGB图像是一种24位图像模式，RGB图像用三个8位整型值（0～255）分别存储R、G、B色彩强度值，可包含8^{24}种颜色，在VRML中常采用的文件格式为JPEG或PNG。

外观中加入RGB图像纹理后，材料的漫反射颜色一般将由图像纹理所取代。

现在修改一下测试文件中的ImageTexture节点，将url域中引用的纹理文件更换为wall_RGB.jpg，相应的效果如图2-41所示。

与前面索引色的表现一样，如果BS Contact浏览器采用OpenGL渲染，则仍会发现残留的材料颜色，而在DirectX7模式下中则不会出现这种情况。若想在BS Contact浏览器中彻底消除材料颜色的残留现象，可以通过将Material节点diffuseColor域值指定为"1 1 1"的方式解决。

图2-41 RGB纹理效果

2.4.13 RGB Alpha 纹理合成

RGB Alpha（RGBA）为 32 位图像模式。RGBA 除了有三个 8 位整型值分别存储 R、G、B 色彩强度值外，另有一个 8 位整型值存储透明 Alpha 值，VRML 支持的文件格式为 PNG。

外观中加入 RGBA 图像纹理后，材料的漫反射颜色将由图像纹理取代，透明度则与（Grayscale Alpha）方式相同。

现在修改一下测试文件中的 ImageTexture 节点，将 url 域中引用的文件更换为 wall_RGBA.png，相应的效果如图 2-42 所示。

浏览后可以发现：纹理中的玻璃部分已变为半透明状态，而其他部分则与前面索引色 RGB 纹理的表现是相同的。

图 2-42　RGBA 纹理效果

Scene Effect Control
场效控制

第3章 场效控制

THREE

本章要点

建筑造型只有置于一个特定的环境中时，其意义才会得到更充分的表达。要使虚拟建筑达到身临其境的真实效果，除了需要有逼真的造型之外，还需要各种环境要素配合与烘托，如场景照明、空间背景、大气雾效、环境声效等。此外，为了更好地展示你所创建的虚拟建筑环境，你还可以为浏览者提供必要的观察视点和浏览场景的方式。本章内容就是讨论这些与VRML场景效果控制有关的概念以及相应的节点与方法。

3.1 场景照明

现实世界中的一切可见事物都依赖于照明，VRML 场景也具有这种类似的特点。VRML 场景中的各种造型，除非使用自发光外观材料，若要使造型可见则必须依赖于光源照明。VRML 光源的作用在于模拟现实光源，照亮或突出虚拟场景中的造型。

3.1.1 理解 VRML 光源

VRML 中的光源与许多三维软件中的同类光源在概念上是相同的，但因虚拟现实技术的某些特殊要求，在照明计算和性能效果上，VRML 光源又有其自身特点。

1）光源类型

VRML 中的光源包括点光源、聚光光源、平行光源和头灯四种类型。其中，点光源、聚光光源和平行光源分别需要相应的节点 PointLight、SpotLight、DirectionalLight 来创建；而头灯(headlight）是虚拟现实系统中特有的一种光源，它不需要任何节点即可创建，并由浏览器所控制。

2）光源颜色

与一般三维软件不同的是，VRML 中 RGB 颜色分量采用 0 ~ 1 之间的浮点数描述，而多数三维软件则采用 0 ~ 255 的整数型。在 PointLight、SpotLight 和 DirectionalLight 节点中，都包含一个 color 域用来设置光源的 RGB 颜色分量，最大的亮度值为“1　1　1”。VRML 中的头灯的颜色永远保持在最大的亮度值，用户可以通过浏览器快捷菜单或通过 NavigationInfo 节点控制头灯的开与关，但不能改变头灯的其他设置。

3）光源强度

在 PointLight、SpotLight 和 DirectionalLight 节点中都包含一个 intensity 域用来控制光源的强度，intensity 域值是一个浮点值，在照明计算中将作为光源亮度的倍增因子。intensity 域值通常设置在 0 ~ 1 之间，尽管也可以使用更大的值，但如果浏览器计算出某个表面的颜色亮度已超过“1　1　1”的最大值，则实际只会按此最大值显示，而不会更亮。intensity 域值也可以为负值，此时的作用是从已有的其他光源的照明结果中扣除相应的部分，其效果是降低场景中某些部分的照明。

4）光源方位与光线方向

点光源 PointLight 和聚光光源 SpotLight 都需要指明一个确切的空间位置，节点中都包含一个 location 域（3D 矢量值）用来指定光源在当前坐标系中的坐标。也就是说，PointLight、SpotLight 可以如造型对象那样置于 Transform 节点的 children 域中进行定位。点光源照射的方向是各向同性的，而聚光光源 SpotLight 除了需要有位置的指定，还要有方向的指定（direction 域，3D 矢量值）。平行光源 DirectionalLight 则只需要有方向的指定（direction 域）而无须指定位置。头灯是一种模拟现实世界中安装在人们安全头盔上的一种作业灯具，所以它的位置和照射方向会随浏览者而变化。

5）照明范围

PointLight 和 SpotLight 节点都还包含一个 radius 域（浮点值），称为光束半径。光束半径可以控制这两种光源所能达到的最大照明距离。PointLight 的照明范围为是以 location 域的指定点为中心、以 radius 域指定长为半径的球形体内，其照明方向由 location 域指定点照向场景的各处。

SpotLight 类似于在点光源 PointLight 的球形照明范围中，用一个顶点位于光源位置的圆锥形遮光罩屏蔽锥体之外的部分后形成的聚光照明效果。SpotLight 节点中的 cutOffAngle 域（弧度值）控制圆锥体的顶角，direction 域（3D 矢量值）控制圆锥体的轴线方向。

DirectionalLight 光源节点如果位于 VRML 文件场景树的根部，其照射范围将没有任何限制，但是如果 DirectionalLight 光源节点位于某个编组节点，如 Group、Transform 等，则只照亮那些同一编组内的造型。

头灯是一种模拟现实世界中安装在人们安全头盔上的一种作业灯具，所以它会随浏览者而移动，其照射方向和范围始终与浏览者的观察方向和视域保持一致。

6）阴影

在现实世界中，当光线被某物体遮挡时则会产生阴影。在建筑设计中，阴影是常常作为表现建筑造型的重要手段来运用的。不过，现有的各种虚拟现实系统几乎都不能满足实时计算和生成阴影的功能，其原因在于实时阴影计算会占用过多的系统资源而影响场景的交互性能，故只能另求他路。目前，各种虚拟现实系统的阴影解决方案都是利用光影多重纹理，VRML 也是一样。在本书第 5 章中，将有解决此方面问题的详细讨论。

7）环境光

环境光是直射光反射造型的阴影区或背光面所形成的照明效果。由于 VRML 光源不能投射阴影，因此环境光实际上只能体现在那些背向直射光的造型表面，而理论上位于阴影区域却又面向光源方向的造型表面，将仍然会接受直射光的照射。

一个特定表面反射出来的环境光大小取决于以下因素：

（1）哪些光源可以照射到该表面。它与前面已讨论过的光源定位以及照明范围有关；

（2）这些光源分别提供了多少环境光。它与 PointLight、SpotLight 和 DirectionalLight 节点的 color、intensity 和 ambientIntensity 域值设置有关，将各光源节点中的这三个域值分别相乘即为各光源分别提供的环境光，再将这些环境光加在一起即为环境光总量；

（3）特定的表面可接受环境光总量的程度。它与造型表面的外观材料 Material 节点 ambientIntensity 域值设置有关。若将环境光总量与该域值相乘，即为表面可接受到的环境光。

8）光线衰减

现实世界中的人工照明光线一般会随着照明距离的增加而逐步衰减。在 VRML 光源中，只有点光源 PointLight 和聚光光源 SpotLight 才能产生光的衰减变化。

PointLight 和 SpotLight 都有一个 attenuation 域，其中包含三个衰减参数可用来控制光线由光源位置沿光束半径（radius 域）方向逐步衰减的方式。在聚光光源 SpotLight 中，除了有 cutOffAngle 域指定了一个光锥夹角外，另有 beamWidth 域（一个弧度值）在光锥之中指定了另一个同轴的内光锥夹角。在内光锥中与光源等距离的各处照明强度保持不变；在内、外光锥之间与光源等距离的各处照明强度将由内至外逐步衰减。

光线的衰减效果除了有 PointLight 和 SpotLight 节点相关域设置的因素外，其实际显示效果还与系统图形软、硬件有关。由于大多数个人计算机系统中的图形软、硬件并非是以满足虚拟现实这种高级应用为目的，为了不影响实时渲染和交互的性能，VRML 浏览器通常是以一种简化的方法计算表面的照明，典型的方式是只计算形成表面的各坐标点处的照明，而表面的其他部分则依相邻坐标点间照明差异作均匀的过渡处理。

图 3-1 中就显示了同一个 PointLight 光源分别照射到大小和位置相同、但表面坐标点数不同的网格面上的情形。从图 3-1 中可以看出，描述一个表面的点数越多，则光线衰减的显示效果越好。也就是说，为弥补 VRML 浏览器简化照明计算时出现的不足，可以使用较多的点来描述一个造型的表面，但这样做也会增加造型的描述数据和计算机处理的时间。因此，这种改善方法只能在某些特殊情况下使用，而更有效率的方法是利用纹理产生照明效果。

图 3-1　不同网格面的照明效果

3.1.2 点光源：PointLight 节点

PointLight节点用于在当前坐标系中创建点光源。点光源的光线由指定光源位置（空间点坐标）出发照向四周，形成一个球形体的照明区域。当 PointLight 节点作为 Transform 编组的子节点时，其空间位置会受到 Transform 节点产生的平移和缩放的影响，但 PointLight 的其他属性，如球形照明的形状和大小等，不会发生变化。

PointLight 节点语法如下：

```
PointLight {
            on    TRUE    # exposedField SFBool
     intensity      1     # exposedField SFFloat
 ambientIntensity   0     # exposedField SFFloat
         color   1 1 1    # exposedField SFColor
      location   0 0 0    # exposedField SFVec3f
        radius    100     # exposedField SFFloat
   attenuation   1 0 0    # exposedField SFVec3f
}
```

其中：

(1) on：使用布尔值 TRUE 或 FALSE 来控制光源的开关状态。

(2) intensity：用来控制光源的明亮程度的系数，通常在 0 ~ 1 间取值。在照明计算中，intensity 域值将作为 color 域的倍增因子，光源的实际亮度为 intensity 与 color 域值的乘积。

(3) ambientIntensity：控制环境光强度的系数，通常在 0 ~ 1 间取值。照明计算中，光源提供的环境光为 ambientIntensity 与 color 域值的乘积。

(4) color：指定光源的 RGB 颜色分量值。

(5) location：指定光源在当前坐标系中的坐标值。

(6) radius：指定点光源形成的球形光束半径（即最远照射距离）。

(7) attenuation：指定光的衰减方式，域值中包括三个大于或等于 0 的衰减参数：第一个参数称为恒定衰减；第二个参数为一定距离内的线性衰减，第三个参数为一定距离内的指数衰减（基于距离的平方）。

当衰减产生时，对于照明区域内的某个特定的空间点，其获得的实际照明亮度（颜色）可用以下计算式表示：

$$照明颜色 = color \times intensity / (A_0 + A_1 \times d + A_2 \times d^2)$$

式中 A_0、A_1、A_2——恒定、线性和指数 3 个衰减参数；

d——特定点到光源的距离。

该计算式表明：

(1) 如果 attenuation 域中的恒定参数 A_0 不为 0，而 A_1、A_2 都为 0，则照明区域内的亮度将保持一致，而与距离 d 无关，此时即所谓恒定衰减。

(2) 如果第二个参数 A_1 不为 0，A_0、A_2 都为 0，则照明区域内的各空间点的照明亮度将随距离按比例地变化，此时即所谓线性衰减。

(3) 如果第三个参数 A_2 不为 0，A_0、A_1 都为 0，则照明区域内的各空间点的照明亮度将随距离的平方而变化，此时即所谓指数衰减。

指数衰减是三种衰减方式中最具真实感的一种。可以同时设置 A_0、A_1、A_2 三个衰减参数，但这种方法较难控制和掌握，一般可组合设置其中的 A_0 和 A_1，或者 A_0 和 A_2。

关于 PointLight 节点的应用，参见 3.1.5 节和 3.1.5 节中的测试。

3.1.3 聚光光源：SpotLight 节点

SpotLight 节点用于在当前坐标系中创建聚光光源。聚光光源类似于在点光源球形照明范围中，用顶点位于光源位置的圆锥形遮光罩，屏蔽锥体之外的部分所形成的聚光照明效果。SpotLight 节点中包括了两个同轴、共顶点的光锥体的定义。其中，外锥体规定了聚光光源的最大扩散角，内光锥控制聚光照明的强光区域。在内、外光锥之间，照明由内至外地衰减而产生光线的散射效果，见图 3–2。

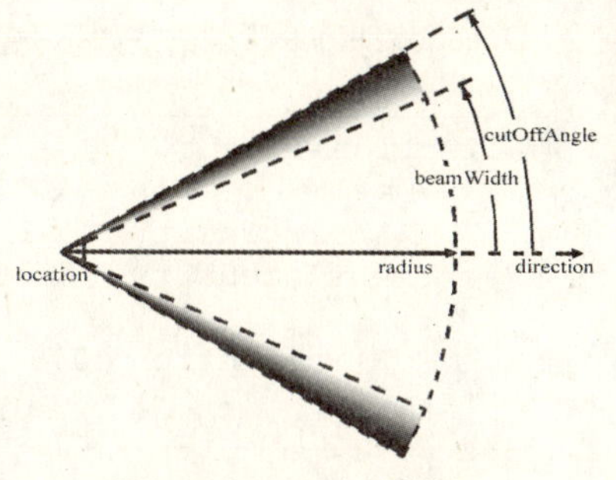

图 3–2 SpotLight 相关域的意义

SpotLight 节点可以通过 Transform 节点来定位，但 Transform 节点只会影响 SpotLight 的空间位置和方向，而不会改变其锥形照明的形状和大小。

SpotLight 节点语法如下：

```
SpotLight {
               on     TRUE      # exposedField SFBool
        intensity       1       # exposedField SFFloat
 ambientIntensity       0       # exposedField SFFloat
            color     1 1 1     # exposedField SFColor
         location     0 0 0     # exposedField SFVec3f
        direction    0 0 -1     # exposedField SFVec3f
        beamWidth  1.570796     # exposedField SFFloat
      cutOffAngle  0.785398     # exposedField SFFloat
           radius      100      # exposedField SFFloat
      attenuation     1 0 0     # exposedField SFVec3f
}
```

SpotLight 节点中包含了 PointLight 节点所具有的全部域，同时另外又增加了 direction、cutOffAngle、beamWidth 三个域，各域的作用及意义可以通过图 3–2 表示出来。其中：

(1) direction：指定一个 3D 值，用来表示由当前坐标系原点到该指定点的向量，该向量即为光锥体的轴方向。

(2) cutOffAngle：用一个弧度值，指定外光锥的轴与锥体的一条边之间的夹角。该域值只能在 0 ~ π/2rad 之间设置，缺省值 0.785398rad 对应的角度值是 45° 。

(3) beamWidth：用一个弧度值，指定内光锥的轴与锥体的一条边之间的夹角。该域值只能在 0 ~ π/2rad 之间设置，缺省值 1.570796rad 对应的角度值是 90° 。

只有当 beamWidth 域值小于 cutOffAngle 时，内、外光锥之间才有可能呈现光线的衰减或散射效果。当 beamWidth 域值大于或等于 cutOffAngle 时，光锥体内与光源等距离的各处照明强度将保持一致。

关于 SpotLight 节点的应用，参见 3.1.5 和 3.1.7 节中的测试。

3.1.4 平行光源：DirectionalLight 节点

DirectionalLight 节点用于在当前坐标系中创建平行光源。DirectionalLight 只有方向定义而无须位置指定。DirectionalLight 光源可以编入各种组节点的 children 域，在这种情况下，DirectionalLight 光源只会照明同一编组中的造型。如果 DirectionalLight 节点位于 VRML 文件的根部，则照亮场景中所有的造型。

DirectionalLight 节点语法如下：

```
DirectionalLight{
              on    TRUE    # exposedField SFBool
       intensity     1      # exposedField SFFloat
ambientIntensity     0      # exposedField SFFloat
           color   1 1 1    # exposedField SFColor
       direction  0 0 -1    # exposedField SFVec3f
}
```

DirectionalLight 节点中的 on、intensity、ambientIntensity 和 color 域与 SpotLight 节点中的完全相同，在此只说明其中的 direction 域。

direction：指定一个 3D 值，用来表示由当前坐标系原点到该指定点的向量，DirectionalLight 光源提供的所有光线都将与该向量平行。

关于 DirectionalLight 节点的应用，参见 3.1.5 和 3.1.8 节中的测试。

3.1.5 光源测试文件

为便于测试比较不同光源的照明效果，下面我们先准备两个测试文件。

第一个测试文件如例 3-1（文件名为 3_01.wrl），该文件中包含了测试场景中的造型，图 3-3 中显示了组成该造型的面的结构。VRML 浏览器以一种简化的方法计算表面的照明，为获得较好的测试效果，测试场景中的造型表面需要用较多的点来描述。所以，在本例中将先用 ElevationGrid(海拔栅格)节点构造一个具有 13×13 个坐标点(即包括 12×12 个网格面)的地平面，然后再通过 USE 关键字的引用以及 Transform 节点的定位，构造出另外两个垂直面。

[例 3-1]

```
#VRML V2.0 utf8

DEF Plane01 Transform  {
  translation    -6 0 -6
  children [
    Shape {
      appearance Appearance {
        material Material {ambientIntensity 1}
      }
      geometry ElevationGrid{
        xDimension 13
        zDimension 13
        xSpacing 1
        zSpacing 1
        solid    FALSE
```

```
        height [0,0,0,0,0,0,0,0,0,0,0,0,0,
                0,0,0,0,0,0,0,0,0,0,0,0,0,
                0,0,0,0,0,0,0,0,0,0,0,0,0,
                0,0,0,0,0,0,0,0,0,0,0,0,0,
                0,0,0,0,0,0,0,0,0,0,0,0,0,
                0,0,0,0,0,0,0,0,0,0,0,0,0,
                0,0,0,0,0,0,0,0,0,0,0,0,0,
                0,0,0,0,0,0,0,0,0,0,0,0,0,
                0,0,0,0,0,0,0,0,0,0,0,0,0,
                0,0,0,0,0,0,0,0,0,0,0,0,0,
                0,0,0,0,0,0,0,0,0,0,0,0,0,
                0,0,0,0,0,0,0,0,0,0,0,0,0,
                0,0,0,0,0,0,0,0,0,0,0,0,0,
        ]
      }
    }
  ]
}

Transform {
  translation 3 3 0
  scale 0.5 0.5 0.5
  rotation 0 0 -1 -1.571
  children [ USE Plane01 ]
}

Transform {
  translation 0 3 -3
  scale 0.5 0.5 0.5
  rotation -1 0 0 -1.571
  children [ USE Plane01 ]
}
```

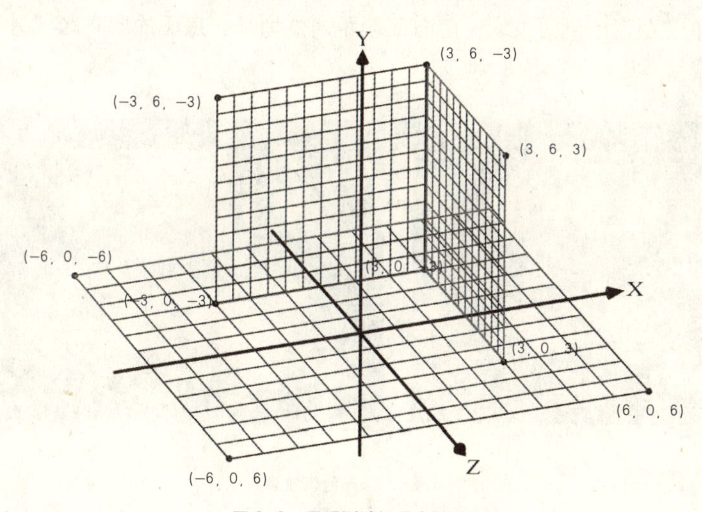

图 3–3　照明测试场景中的造型

另一个测试文件如例 3–2（文件名为 3_02.wrl），在该文件中，包含了一个待测试的 PointLight 光源，一个预置的视点（Viewpoint 节点），一个 NavigationInfo 节点，以及一个 Inline 节点。其中，NavigationInfo 节点的作用是将头灯关闭，使测试场景中的造型只受 PointLight 光源的影响（关于视点和 NavigationInfo 节点，参见本章 3.5 节）；Inline 节点将前一个测试文件 3_01.wrl 插入到当前场景中（在浏览测试之前，注意将两个测试文件放在同一路径中）。

[例 3–2]

```
#VRML V2.0 utf8

PointLight  {
  location 0 3 0
}

Viewpoint {
  position -3.622 6.871 18.28
  orientation 0.7803 0.6205 0.07765 -0.318
  fieldOfView 0.6024
}

NavigationInfo { headlight FALSE }

Inline { url ["3_01.wrl",] }
```

3.1.6 点光源效果测试

下面主要是对 PointLight 节点的 location、attenuation、radius 域设置效果进行的测试。

1）光源位置与光斑

在例 3–2 中，点光源被放置在与 3 个相互垂直的平面等距离的位置，因此在 3 个面上形成大小和亮度相同的光斑，见图 3–4（*a*），但这并非为 attenuation 域的光线衰减效果，而是因为光源距离照明表面较近而使该区域表面光线反射角度变化较快而引起的。

现在修改例 3–2 中的 PointLight 节点，将 location 域值改为“0　5　0”，使点光源位置向 Y 轴正方向移动 2 个单位距离。则可发现，随着照明距离的增加，底面的明亮区域将会扩大，光斑效果也会相应地减弱，如图 3–4（*b*）所示。

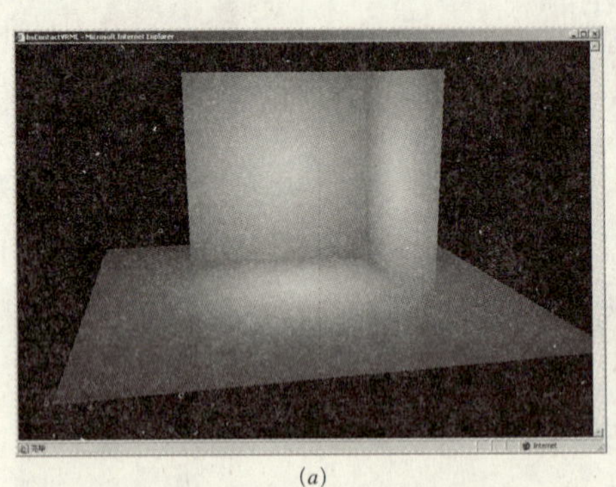

（*a*）

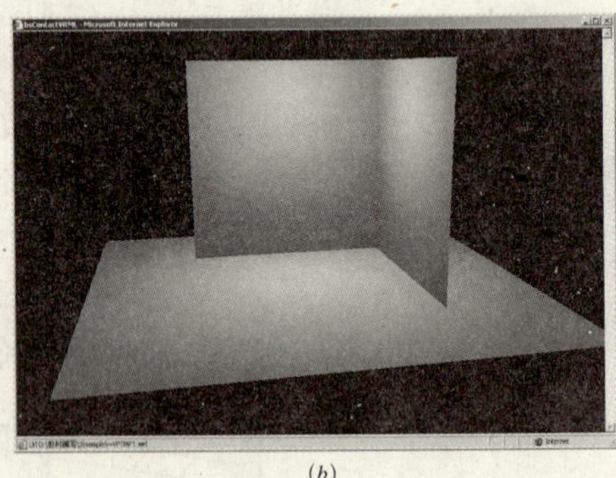

（*b*）

图 3–4　点光源位置与光斑效果

（*a*）location：0　3　0；（*b*）location：0　5　0

2）光线的衰减

在缺省情况下，PointLight 节点 attenuation 域值为“1　0　0”，即采用 1 的恒定衰减，由计算公式可知，缺省的 attenuation 域值将不会产生衰减效果。现在我们来测试分别使用线性衰减、指数衰减的不同效果。为便于比较，我们以光线到达表面最近点（即位于光斑的中心，距离值为 3）时的亮度值正好达到最大的“1　1　1”作为计算基准，则可分别得出线性和指数衰减对应的 attenuation 域值应为“0　0.33　0”和“0　0　0.11”。

现在将例 3–2 中 location 值改回到原来的“0 3 0”，并增加“attenuation 0 0.33 0”域值指定，相应产生的线性衰减效果见图 3–5（*a*）；如果再将 attenuation 域值指定为“0 0 0.11”，则相应产生的指数衰减效果见图 3–5（*b*）。比较一下图 3–5（*a*）和图 3–5（*b*）中的效果可知，指数衰减可产生比线性衰减更强烈的衰减效果。

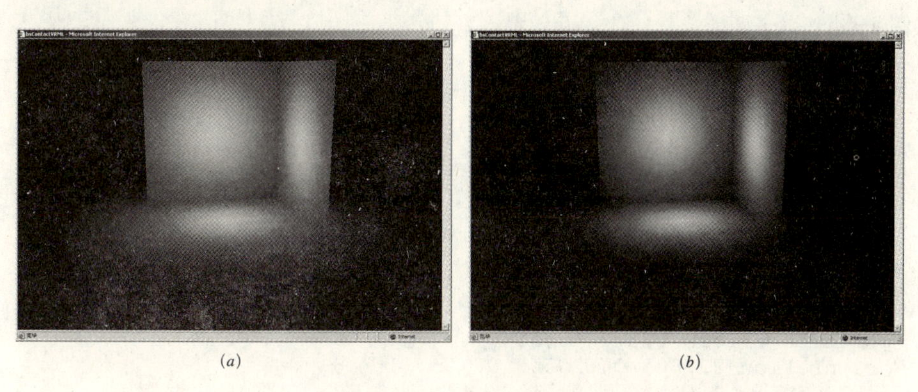

(*a*) (*b*)

图 3–5 点光源光线衰减效果

（*a*）location：0 3 0 attenuation：0 0.33 0；（*b*）location：0 3 0 attenuation：0 0 0.11

3）光束半径控制

PointLight 节点的 radius 域，即光束半径，控制着点光源的最远照明距离。在缺省情况下，radius 域的域值为 100，现在 PointLight 节点中增加“radius 4.5”域指定，使 PointLight 光源的照明范围缩小到场景可观察范围以内。相应的效果如图 3–6（*a*）所示。

4）消除锯齿形边界

图 3–6（*a*）中显示的照明边界产生了十分明显的锯齿形，这一现象的出现是因浏览器基于网格面坐标点的简化计算方式引起的，消除锯齿的一个办法是同时设置 attenuation 域的线性衰减、指数衰减两个参数，在使照明重点区域亮度保持最大值“1 1 1”的同时，使锯齿边界附近的亮度值接近“0 0 0”。两个衰减参数的具体值，可根据由计算公式“照明颜色 =color × intensity/($A_0+A_1\times d+A_2\times d^2$)”建立方程式后解出。如下面的两个方程式：

$$\begin{cases}1/(A_1\times 3+A_2\times 3^2)=1 & \text{(使光斑中心点处亮度为 1)}\\ 1/(A_1\times 4.5+A_2\times 4.5^2)=0.01 & \text{(使边界处亮度接近 0，设为 0.01)}\end{cases}$$

上述方程式中 A_1、A_2 的解分别为 −2.3 和 0.878。

接下来继续前面的测试，将 attenuation 域值设置改为“0 −2.3 0.878”，则可发现锯齿边界已被较好地隐藏，见图 3–6（*b*）。

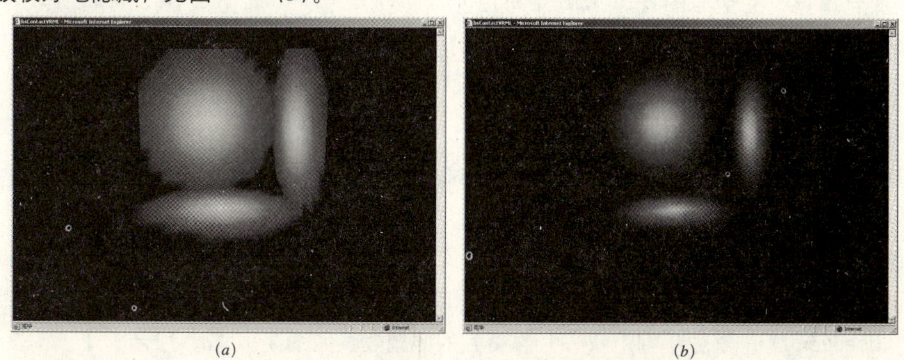

(*a*) (*b*)

图 3–6 点光源光束半径与消除锯齿形边界效果

（*a*）location：0 3 0 attenuation：0 0 0.11 radius 4.5；（*b*）location：0 3 0 attenuation：0 −2.3 0.878 radius 4.5

3.1.7 聚光光源效果测试

现在用一个 SpotLight 节点替换例 3-2 中的 PointLight 节点，以此作为测试聚光光源的场景文件，如下面的例 3-3。

[例 3-3]

```
#VRML V2.0 utf8

SpotLight {
  location 0 3 0
  direction 1 -1 -1
  attenuation   0 0.33 0
}

Viewpoint {
  position -3.622 6.871 18.28
  orientation 0.7803 0.6205 0.07765 -0.318
  fieldOfView 0.6024
}

NavigationInfo { headlight FALSE }

Inline { url ["3_01.wrl ",] }
```

1）与点光源的相似性

SpotLight 光源类似于用一个圆锥面从点光源的球形照明范围中截取出来的一部分，因此 SpotLight 具有某些点光源的特性。

在例 3-3 中，SpotLight 节点的 location、attenuation 两个域的设置与前面图 3-5（*a*）中 PointLight 光源设置是完全相同的，不同的是，在 SpotLight 节点中新增加了一个 direction 域，该域的设置使聚光光源的光锥轴正好指向三面的交汇角上。例 3-3 相应的照明效果见图 3-7。对比一下图 3-7 与图 3-5（*a*）就可以看出，在聚光光源所照亮的区域内，其光线的亮度以及衰减变化情况，完全与图 3-5（*a*）中对应的部分一致。

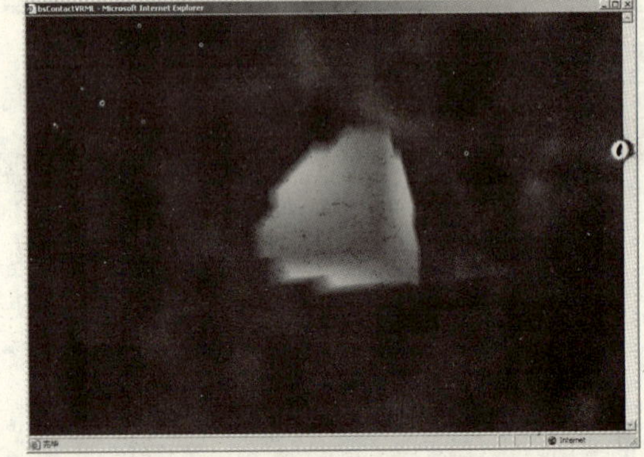

图 3-7　聚光光源的位置与照明方向
location：0 3 0　direction：1 −1 −1　attenuation：0 0.33 0

2）照明距离与光线的衰减

由于聚光光源有一个圆锥形的遮光罩，它会屏蔽锥体角之外的物体照明。所以，当聚光光源离照明目标较近时，其照明的区域就会较小，如图 3-7 中所示。

现在调整一下例 3-3 中 SpotLight 光源的位置与照明方向，使光源离目标点（三面交汇的角）距离远一些，使聚光光源可以照亮更大的范围。相应地，将 SpotLight 节点 location 域值修改为"−3 6 0"，direction 域值修改为"2 −2 −1"，得到的照明效果如图 3-8（*a*）所示。

可以看出，随着聚光光源到目标点距离的增大，聚光光源的照明范围随之扩大。同时，由于本例中的 SpotLight 光源使用了 attenuation 域衰减参数，因此也可看出离光源越远的地方光线的衰减程度也越强。

现在用“#”号注释 attenuation 域，由于没有了衰减，使原来的照明区域变得明亮起来，如图 3–8（*b*）所示。在图 3–8（*b*）中，尽管位于左边的垂直面看上去仍有一些明暗变化，但已不是 attenuation 域的衰减效果，而是因表面反射光线的角度变化引起的。

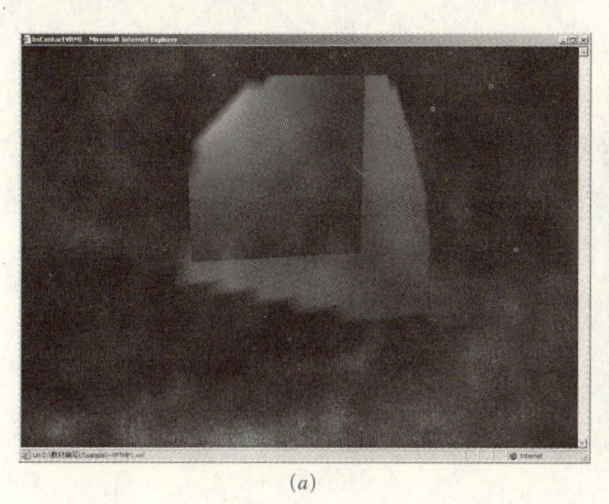

（*a*）

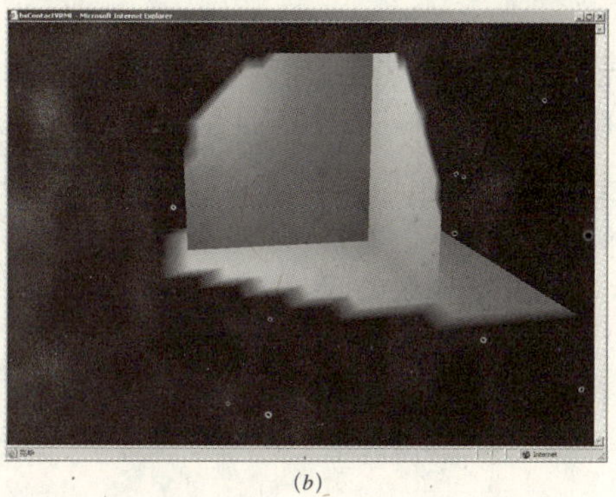

（*b*）

图 3–8　照明距离与光线的衰减效果

（*a*）location：–3　6　0　direction：2　–2　–1　attenuation：0　0.33　0；

（*b*）location：–3　6　0　direction：2 – 2　–1

3）内外光锥角效果

SpotLight 光源最大的特点是具有内外两个光锥。在缺省情况下，控制 SpotLight 节点外光锥角度的 cutOffAngle 域，其域值为 0.785398rad（45°），它是整个光锥展开角的一半。

现在接着前面进行修改，在 SpotLight 节点中增加“cutOffAngle 0.523599”域的指定，使外光锥角度由缺省的 45° 缩小到 30°。相应的照明效果见图 3–9（*a*）。

在缺省情况下，控制 SpotLight 节点内光锥角度的 beamWidth 域，其域值为 1.570796rad（90°），由于该值比外光锥角 cutOffAngle 域缺省域值大，因此不会在照明区域的边界上产生光线的散射效果。由于浏览器简化计算的原因，这个由外光锥角控制的照明边界是锯齿形的，效果往往不佳。消除照明锯齿形边界的办法是通过 beamWidth 域设置一个小于 cutOffAngle 的弧度值，使内外光锥之间产生光线的散射效果。

现在接着前面进行修改，在 SpotLight 节点中增加“beamWidth 0.261799”域的指定，使内光锥角度由缺省的 90° 缩小到 15°。相应的照明效果见图 3–9（*b*）。

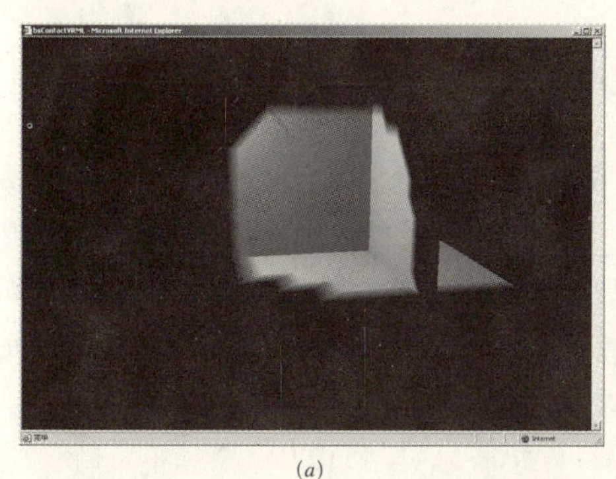

（*a*）

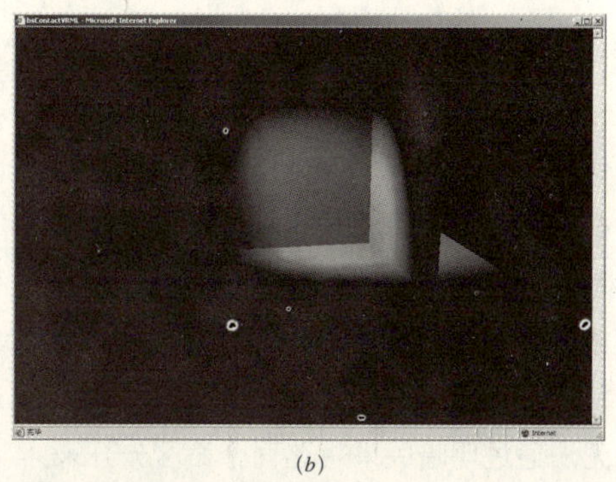

（*b*）

图 3–9　内外光锥角的光线散射效果

（*a*）location：–3 6 0　direction：2 –2 –1　cutOffAngle：0.523599；

（*b*）location：–3 6 0　direction：2 –2 –1 cutOffAngle：0.523599　beamWidth：0.261799

3.1.8 平行光源效果测试

与点光源和聚光光源相比，平行光源 DirectionalLight 节点的域设置最少。在此主要测试平行光源的光线方向（direction 域）设置对照明亮度所产生影响，以及编组节点对平行光源照明范围产生的影响。

1）光线角度与照明亮度

现在用一个 DirectionalLight 节点替换例 3–2 中的 PointLight 光源，并在场景中增加一个圆柱体造型，以此来测试 DirectionalLight 光源的 direction 域设置对表面照明亮度所产生的影响，如下面的例 3–4。

[例 3–4]

```
#VRML V2.0 utf8

DirectionalLight{
  direction 2 -2 -1
}

Viewpoint {
  position -3.622 6.871 18.28
  orientation 0.7803 0.6205 0.07765 -0.318
  fieldOfView 0.6024
}

NavigationInfo { headlight FALSE }

Inline { url ["3_01.wrl",] }

Transform   {     # 新增的圆柱体造型
  translation   0 1 0
  children [
    Shape    {
      appearance Appearance {material Material  {}  }
      geometry Cylinder {}
    }
  ]
}
```

例 3–4 相应的效果如图 3–10（*a*）所示。可见，由于 DirectionalLight 光源的空间特征是只有方向定义而没有具体位置的指定，其提供的所有光线都是平行的，因此当平行光线照射到一个平坦表面时，表面将呈现出一种完全匀质的亮度，而不会产生如点光源、或聚光光源那样的光斑或光线衰减效果。在本例中，由 direction 域所指定的光线方向，相对于右边的垂直面以及下方的水平面而言，角度正好是一样的，因此这两个面获得相等、且匀质的照明亮度，以至于使人无法通过明暗关系将这两个面区分开来。

现在我们将例 3–4 中 DirectionalLight 节点 direction 域的域值改为“3 –2 –1”，使平行光线相对于三个面的角度皆不相同，这样，三个面便可很容易地区分开了，如图 3–10（*b*）所示。

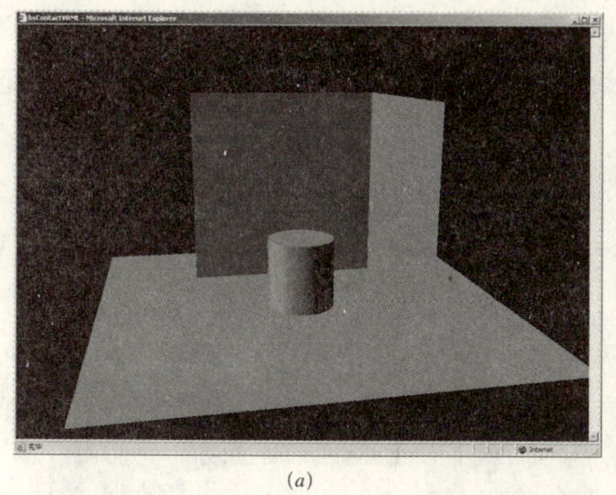

(a)

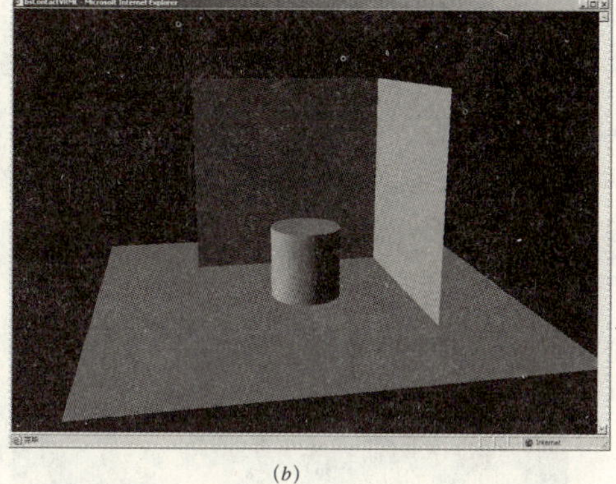

(b)

图 3–10　平行光线的角度对表面照明亮度的影响
(a) direction：2　–2　–1；(b) direction：3　–2　–1

2）组节点与照明范围

DirectionalLight 光源只照亮那些与之同组的造型。为测试这一特性，我们将测试文件例 3–4 作以下更改：增加一个 Group 节点，将原有的 DirectionalLight 和 Inline 两个节点置于 Group 节点的 children 域中。修改后的测试文件如例 3–5 所示。

[例 3–5]

```
#VRML V2.0 utf8

Group   {
  children [
    DirectionalLight{
      direction  3 -2 -1
    };
    Inline {
      url ["3_01.wrl",]
    }
  ]
}

Viewpoint {
  position -3.622 6.871 18.28
  orientation 0.7803 0.6205 0.07765 -0.318
  fieldOfView 0.6024
}

NavigationInfo { headlight FALSE }

Transform   {       # 圆柱体造型
  translation   0 1 0
  children [
    Shape    {
      appearance Appearance {material Material  {}  }
      geometry Cylinder {}
    }
  ]
}
```

例 3-5 相应的效果如图 3-11（*a*）所示。可以看出，DirectionalLight 光源只照亮了与之同组的 “3_01.wrl” 文件中的造型，而新增的圆柱体位于组节点之外，所以没有得到任何照明而表现出完全的黑色。现在回到 VRML 场景中，用鼠标右键勾选快捷菜单中的 “图像显示模式 / 头灯” 选项使头灯打开，则可以看到圆柱体因得到头灯的照明而显示出相应的亮度，而与此同时，由 3_01.wrl 文件中提供的造型，因得到平行光源和头灯的双重照明而变得更为明亮，如图 3-11（*b*）所示。

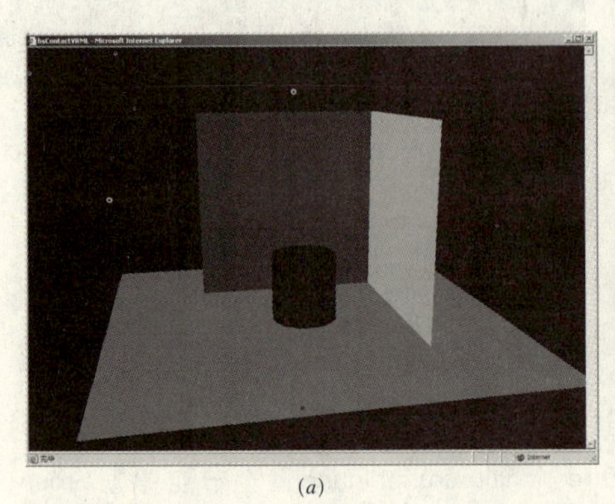

(*a*)

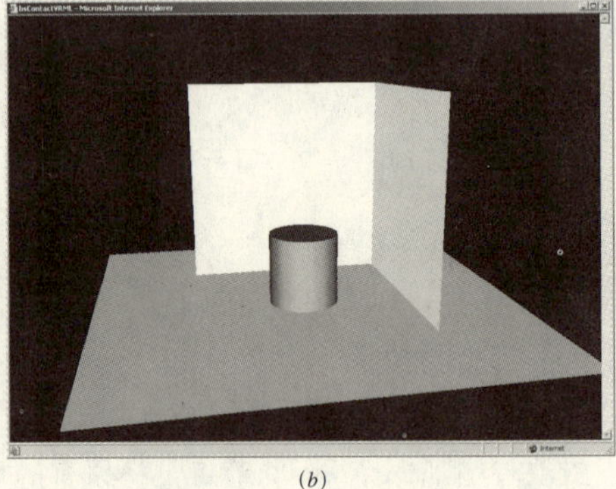

(*b*)

图 3-11　编组节点对平行光源照明范围的影响

（*a*）headlight：FALSE；（*b*）headlight：TRUE

3.2　空间背景

背景是增强虚拟建筑现实感的重要因素。在前面讨论的实例中，由于都没有应用 VRML 背景，因此这些场景看上去显得沉闷、缺乏生气。在 VRML 中产生背景效果的方法是通过使用 Background 节点来实现的，在这一节将主要讨论 Background 节点的应用。

3.2.1　理解 VRML 背景

VRML 背景是通过 Background 节点来实现的，该节点允许创作者使用非常少量的代码有效地增强场景的空间感和虚拟环境的真实感。Background 有三种生成背景的方式，包括：颜色背景、图像背景，以及颜色与图像的合成背景。

1）颜色背景

Background 节点颜色背景，是一种通过指定该节点中的天空、地面的颜色而形成的背景效果。颜色背景给人的感受是一个无限大的球体内表面，人的视点总是位于背景球体的中心，背景球体始终包围着 VRML 场景世界，浏览者可以观察到球体内的任何部分，但永远不能接近背景球体的边缘。

Background 节点采用纬度角方法来

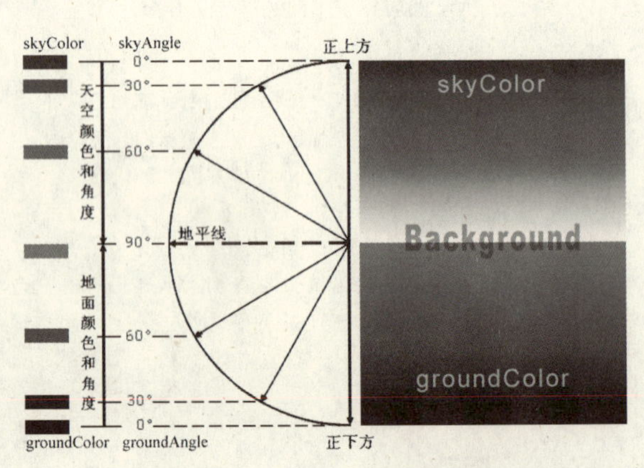

图 3-12　Background 节点相关域的意义

说明背景球体内部的各个区域。其中，天空角（skyAngle 域）用来说明天空部分，计量方式从球体顶部开始，即正上方为 0°，赤道位置为 90°，正下方为 180°；地面角（groundAngle 域）用来说明地面部分，地面角的计量从球体的底部开始，与天空角方向正好相反，即正下方为 0°，赤道位置为 90°，正上方为 180°。Background 节点采用天空颜色（skyColor 域）和地面颜色（groundColor 域）分别说明与天空角、地面角对应纬度处的颜色，相邻纬度之间的颜色则形成颜色梯度。图 3–12 形象地说明了天空角、天空颜色、地面角、地面颜色的意义及其与颜色背景间的关系。

2）图像背景

图像背景是一种运用外部图像文件来产生的背景。当运用 Background 节点产生图像背景时，背景是一个正立方体的内表面，人的视点被置于立方体的中心。与背景球体一样，背景立方体也是无限大的，浏览者可以观察到正立方体内的任何部分，但永远不能接近正立方体的边缘。

在背景立方体中，Background 节点可使用 6 幅图像分别填充立方体的前、后、左、右、顶和底 6 个方向的表面而形成背景。为了达到上下、四周背景的连续效果，各背景图像的上、下、左、右都应当能与相邻的图像衔接在一起，形成全景图像。图 3–13 中所示的 5 幅背景图像便是如此。

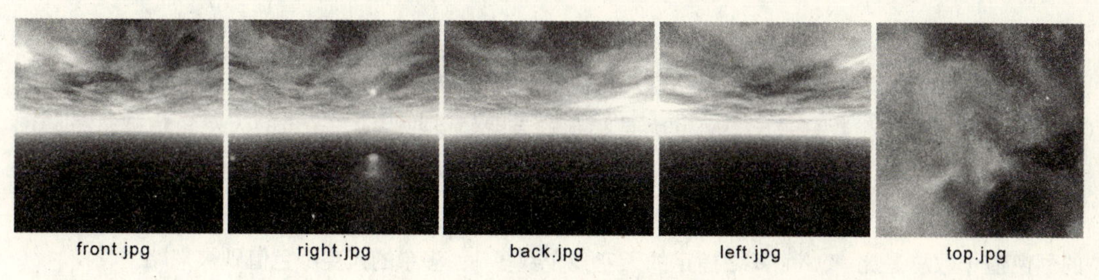

front.jpg　right.jpg　back.jpg　left.jpg　top.jpg

图 3–13　图像背景所用的全景画面

3）合成背景

在 Background 节点中可以同时指定颜色和图像两种背景，在这种情况下，图像背景的立方体被置于颜色背景的球体之内。如果图像背景立方体 6 个方向上都有背景图像的指定，则这些图像将完全遮挡后面的背景球体的颜色；如果立方体的某些方向没有指定背景图像，或者采用了透明的 PNG 图像，则可以透过这些方向或图像中的透明区域看到后面的颜色背景。利用这一特点，可以生成颜色和图像合成的背景效果。

4）多背景设置

在同一个 VRML 文件中，可以使用多个 Background 节点来创建不同的背景形式，当浏览器载入 VRML 文件时，会自动激活排在最前的 Background 节点。如果创作者对场景文件中的 Background 节点进行过交互编程设计，那么就可以使浏览者直接在浏览场景过程中切换应用其他的背景。利用这一特性，创作者可以使同一个虚拟建筑模型分别表现出不同时间和气候条件下的视觉效果。

3.2.2 创建背景：Background 节点

Background 节点用于在当前坐标系中创建虚拟世界的背景。Transform 节点引起的坐标系旋转变化将会影响到背景的方向，但平移或缩放变换对背景不起作用。Background 节点可以是任意组节点的子节点。

Background 节点语法如下：

```
background {
      skyAngle      [ ]      # exposedField MFFloat
      skyColor   [0 0 0]     # exposedField MFColor
   groundAngle      [ ]      # exposedField MFFloat
   groundColor      [ ]      # exposedField MFColor
      frontUrl      [ ]      # exposedField MFString
       backUrl      [ ]      # exposedField MFString
      rightUrl      [ ]      # exposedField MFString
       leftUrl      [ ]      # exposedField MFString
        topUrl      [ ]      # exposedField MFString
     bottomUrl      [ ]      # exposedField MFString
      set_bind               # eventIn SFBool
       isBound               # eventOut SFBool
}
```

其中：

（1）skyAngle：指定一个包含天空角的列表。列表中，天空角按弧度值从小到大的顺序排列。有效的天空角个数总是比 skyColor 域指定的天空颜色数少 1，多余的天空角将被忽略。

（2）skyColor：与 skyAngle 域相对应的颜色值列表。列表中的第一个颜色值总是对应天空角的 0°（正上方的顶部），从第二个颜色值开始，依序对应 skyAngle 域中的各个天空角值。有效的颜色值个数总是比 skyAngle 域指定的天空角个数多 1，多余的天空颜色值则被忽略。

（3）groundAngle 和 groundColor：分别指定包含地面角、地面颜色的列表，其域值对应关系与 skyAngle 和 skyColor 方法相同。

在此需要一些说明。由于天空角和地面角都可以在 0° ~ 180° 范围内分别指定，有时难免会出现背景的某些区域被天空角和地面角重复指定颜色，或某些区域皆没有被天空角和地面角指定颜色的情况。对于前一种情况，浏览器将以地面颜色覆盖重复指定的天空颜色。对于后一种情况，则以最后一个 skyColor 域值填补背景中所有空缺区域。由于 skyColor 域具有缺省的颜色值"0 0 0"，所以在后一种情况中，如果未指定 skyColor 域，则所有空缺区域将以黑色来填补。可在通常情况下，一般将最大的天空角和最大的地面角都指定为 90°（1.571rad），这样可更方便有效地控制背景的最终效果。

（4）frontUrl、backUrl、rightUrl、leftUrl、topUrl、bottomUrl：分别指定背景立方体各个面上的外部图像文件 URL 地址和文件名，图像文件只能为 JPEG、GIF 或 PNG 格式。

（5）set_bind：该域是一个事件入口。当外部对象向该域传入 TRUE 值时，可使该 Background 节点成为当前背景；当外部对象向该域传入 FALSE 值时，可使该 Background 节点产生的背景退出。

（6）isBound：该域是一个事件出口。如果该 Background 节点处于激活状态，isBound 域便向节点外部发送 TRUE 值，否则发出 FALSE 值。

利用set_bind和isBound两个接口域的特性，可以实现在同一个VRML场景中切换不同的背景，这在虚拟建筑中是一个很有用的功能。

由Background节点语法可知，Background节点在缺省情况下只有skyColor域有一个缺省的颜色值“0 0 0”，而其他各域都是以域值“[ ]”表示的空列表，因此，当你使用Background节点缺省值创建背景时将不会产生任何背景效果。

关于Background节点的应用，参见3.2.3节～3.2.6节中的测试。

3.2.3 背景测试文件

下面我们准备两个测试Background节点背景效果的文件。第一个测试文件如例3-6（文件名为3_06.wrl）所示，该文件是在例2-19基础上的修改，其要点是在墙体造型上增加了图像纹理（为节省篇幅和方便阅读，例3-6中省略了一些代码）；第二个测试文件如例3-7（文件名为3_07.wrl）所示，其中包括了待测试的Background节点、一个视点和一个用来插入3_06.wrl文件的Inline节点（浏览测试前，请注意将两个测试文件放在同一路径）。

[例3-6]

```
#VRML V2.0 utf8

DEF building Group {
  children [

    DEF allPillar Group {     # …… 省略的代码
    }

    DEF wall Transform {
      translation 0 8.5 0
      children [
        Shape {
          appearance Appearance {
            material Material {}
            Texture ImageTexture { url "wall_03.jpg"}
            textureTransform TextureTransform { scale 3 1 }
          }
          geometry Box { size 40 7 20 }
        },
        Shape {
          appearance Appearance { material Material {} }
          geometry Cylinder { radius 8 height 17 }
        }
      ]
    }
  ]
}
```

[例3-7]

```
#VRML V2.0 utf8

Background {

# test 1
 skyColor [0.1 0.15 0.45, 0.15 0.21 0.54, 1 0.97 0.94,]
 groundColor [0.11 0.22 0.05, 0.23 0.34 0.06, 0.6 0.6 0.5,]
```

```
# test 2
# skyColor [0.1 0.14 0.45, 0.8 0.55 0.11,  1 0.97 0.94,]
# groundColor [0.19 0.21 0.02, 0.43 0.40 0.2, 0.8 0.8 0.4,]

  skyAngle [1.25, 1.571, ]
  groundAngle [1.48, 1.571, ]
}

Viewpoint {
  position 0 2 100
  orientation 1 0 0 0.1
  fieldOfView 0.6
}

Inline { url ["3_06.wrl ",] }
```

3.2.4 颜色背景效果测试

在例 3–7 所示的测试文件中，Background 节点里共设置了两组 skyColor、groundColor 域值，前一组为冷色调的背景，后面一组为暖色调的背景，后面这一组已用“#”号注释起来，因此暂时不起作用。

现在先来测试第一组设置，其背景效果如图 3–14（*a*）所示。可见这是一个包括深蓝色的天空和墨绿色地面的背景效果。接下来我们将前一组 skyColor、groundColor 域前加上“#”号注释起来，而将后面一组的 skyColor、groundColor 域前“#”号去掉，相应的效果如图 3–14（*b*）所示。可见这是一个包括棕红色天空和灰绿色地面的背景。

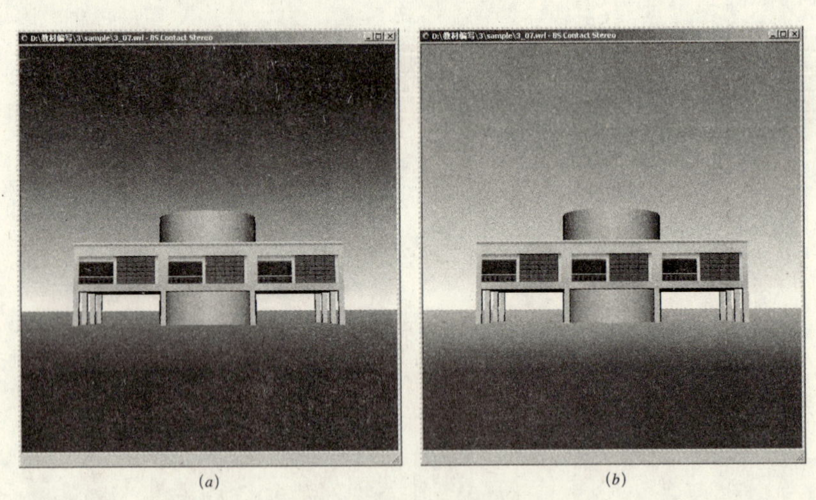

(*a*)　　(*b*)

图 3–14　颜色背景效果

（*a*）冷色调背景；（*b*）暖色调背景

3.2.5 图像背景效果测试

现在我们利用图 3–13 中所示的 5 幅外部图像文件来进行图像背景的效果测试，相应地，将测试文件例 3–7 中的 Background 节点修改为下面例 3–8 中的形式。

[例 3-8]

```
#VRML V2.0 utf8

Background {
  skyColor [0.1 0.14 0.45, 0.8 0.55 0.11,  1 0.97 0.94,]
  groundColor [0.19 0.21 0.02, 0.43 0.40 0.2, 0.8 0.8 0.4,]
  skyAngle [1.25, 1.571, ]
  groundAngle [1.48, 1.571, ]

  frontUrl ["front.jpg",]
  rightUrl ["right.jpg",]
  backUrl  ["back.jpg",]
  leftUrl  ["left.jpg",]
  topUrl   ["top.jpg",]
}

Viewpoint {
  position 0 2 100
  orientation 1 0 0 0.1
  fieldOfView 0.6
}

Inline { url ["3_06.wrl",] }
```


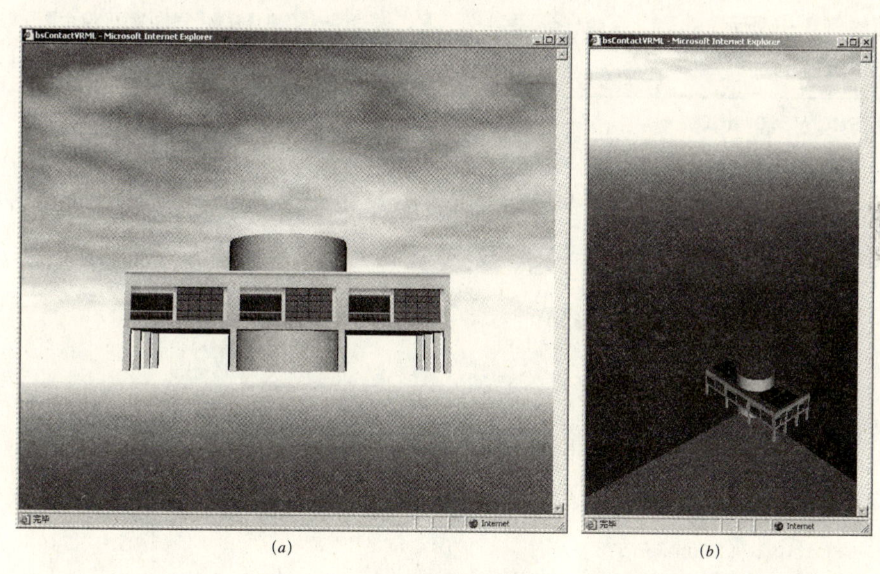

(*a*)　　(*b*)

图 3–15　图像背景效果

(*a*) 图像背景遮盖颜色背景；(*b*) 底部显示的颜色背景

例 3–8 相应的效果如图 3–15（*a*）所示。浏览场景可知，虽然本例中保留了前面的暖色调颜色背景的设置，但由于同时增加了 frontUrl、backUrl、rightUrl、leftUrl 和 topUrl 域的指定，背景立方体的前、后、左、右以及顶面完全被外部图像颜色所覆盖，而只有背景立方体的底面由于未使用 bottomUrl 域指定外部图像，这样当你将视角转到俯视状态时，就可以看到底面显示出背景中的 groundColor 颜色，如图 3–15（*b*）所示。

3.2.6 合成背景效果测试

颜色背景和图像背景各有所长：颜色背景设置灵活，色彩纯正、过度均匀，但缺乏云彩、远山等细节；图像背景可以具有丰富的细节，但对图像全景质量要求较高，其素材不易制作。合成背景就是利用透明PNG图像，将颜色和图像两种背景形式各自的优点发挥出来。合成背景可简化全景图的制作，在应用上也会变得更为灵活。

图 3-16 为一组在 Photoshop 中完成的 PNG 格式全景图，包括前、后、左和右 4 个方向的图像，4 幅图像上方都进行全透明处理，这样就可以省去顶部的图像，使全景图的制作变得很简单。全景图的天空部分，除了太阳和少量云彩的细节之外，大部分是透明的。为了让全景图能适应不同色调的天空，云彩的绘制只有灰度上的变化并带有一定的透明度。全景图的地面部分是完全不透明的，包括远山、草原等细节。

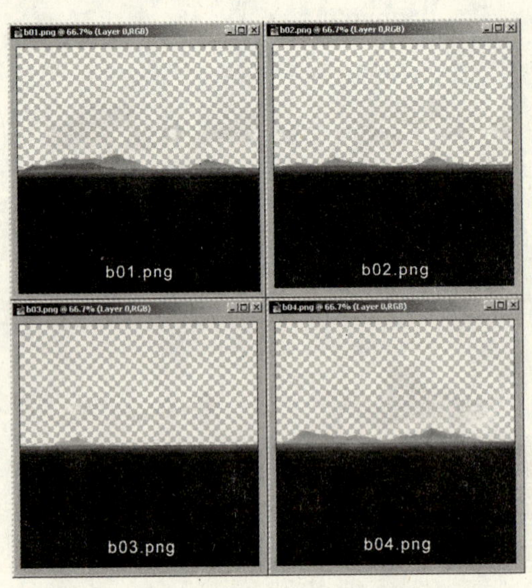

图 3-16　合成背景所用的 4 个 PNG 全景图像

现在我们以测试文件例 3-7 为基础进行修改，在 Background 节点中增加 frontUrl、backUrl、rightUrl 和 leftUrl 域的指定，分别将图 3-16 中所示全景图像加入到背景中。修改后的测试文件如下面的例 3-9 所示。

[例 3-9]

```
#VRML V2.0 utf8

Background {

# test 1
 skyColor [0.1 0.15 0.45, 0.15 0.21 0.54, 1 0.97 0.94,]

 groundColor [0.11 0.22 0.05, 0.23 0.34 0.06, 0.6 0.6 0.5,]

# test 2
# skyColor [0.1 0.14 0.45, 0.8 0.55 0.11,  1 0.97 0.94,]
# groundColor [0.19 0.21 0.02, 0.43 0.40 0.2, 0.8 0.8 0.4,]

 skyAngle [1.25, 1.571, ]
 groundAngle [1.48, 1.571, ]

 frontUrl ["b04.png",]
 rightUrl ["b01.png",]
 backUrl  ["b02.png",]
 leftUrl  ["b03.png",]
}

Viewpoint {
 position 0 2 100
 orientation 1 0 0 0.1
 fieldOfView 0.6
}

Inline { url ["3_06.wrl",] }
```

例 3-9 相应的效果如图 3-17（*a*）所示，可见这是由冷色调的颜色背景与透明 PNG 图像产生的合成背景效果。接下来我们将前一组 skyColor、groundColor 域用"#"号注释起来，而将后面一组的 skyColor、groundColor 域前"#"号去掉，相应的效果如图 3-17（*b*）所示。可见这是由暖色调的颜色背景与透明 PNG 图像产生的合成背景效果。

（*a*）

（*b*）

图 3-17　合成背景效果
（*a*）合成冷色调背景；（*b*）合成暖色调背景

THREE

3.3　大气雾效

现实世界环境中充满了空气，也就是通常说的大气。在一定条件下，大气会显现出各种特殊的效果，其中最常见的就是雾效果。VRML 提供的 Fog 节点，可以使创作者运用少量的代码来有效增强虚拟环境的空气感，以及场所的气氛。

3.3.1　理解 VRML 雾效

VRML 中的雾是对现实世界中雾效果的模拟。与现实世界的雾一样，VRML 中的雾具有颜色和浓淡两个基本属性。

1）雾的颜色

雾的颜色在现实世界中会受随时间、气候等因素而变化，在 VRML 中则需要通过 Fog 节点的 color 域设定雾的颜色来模拟现实世界中雾的一些特性。例如，用白色雾创造晴朗的气候和中午的时间感觉；暖色调的雾形成日出或日落时的场景气氛；冷色调的雾形成阴雨天气的效果；黑色的雾可以使距离较远的造型光线变暗，产生临近傍晚时的气氛等。

2）雾浓度与可见范围

在现实世界中我们所感受到的浓雾或薄雾，是与能见度有关的。浓雾意味着能见度很低，可见距离较短；薄雾意味着能见度稍高一些，雾中的可见距离较长。在 VRML 的 Fog 节点中，就有这样一个类似能见度的可见范围域 visibilityRange，它表示了从浏览者当前位置，到造型可被雾颜色完全覆盖的位置之间的距离。所以，visibilityRange 域值指定得越小，产生的雾效就越浓；visibilityRange 域值越大，产生的雾效就越薄。

3）雾的类型

在 VRML 中，雾的浓淡变化除了受可见范围的控制之外，还要受雾类型（fogType 域）的控制。雾的类型指的是在可见范围之内，雾浓度随着距离的增加由最小变化到最大所采取的计算方式。VRML 中有线性雾（LINEAR）和指数雾（EXPONENTIAL）两种类型。其中，线性雾的浓度变化与观察距离成正比；指数雾（EXPONENTIAL）的浓度变化与观察距离的平方成正比。

4）雾效果与背景

雾效果只会影响场景中的造型的颜色显示，但不会对 Background 节点创建的背景有任何影响。因此，为产生和谐的雾效果，背景的颜色需要考虑与 Fog 颜色间的协调配合。

5）多种雾效果设置

可以在同一个 VRML 文件中预设多种不同的雾效果，当浏览器载入 VRML 文件时，会自动激活排在最前的一个 Fog 节点。如果创作者对场景文件中的 Fog 节点进行过交互编程设计，那么就可以使浏览者直接在浏览场景过程中切换应用其他的雾效果。利用这一特性，创作者可以使同一个虚拟建筑模型分别表现出不同时间和气候变化下的雾效果。

3.3.2 创建雾效：Fog 节点

Fog 节点定义了一个可见度递减的区域来模拟烟或雾。浏览器将雾的颜色与场景中造型物体的颜色相混合，物体的距离越远，雾的浓度越大。

Fog 节点语法如下：

```
Fog{
           color    1 1 1     # exposedField SFColor
  visibilityRange     0       # exposedField SFFloat
         fogType   "LINEAR"   # exposedField SFString
       set_bind               # eventln SFBool
         isBound              # eventOut SFbool
}
```

其中：

(1) color：指定雾的颜色。

(2) visibilityRange：称为可见范围，类似于能见度，用来指定雾中可见目标的最大距离。缺省的 0 或小于 0 的值将不产生雾。

(3) fogType：雾浓度随观察距离而增加的计算方式。缺省值为线性雾“LINEAR”，也可指定为指数雾“EXPONENTIAL”。

(4) set_bind：该域是一个事件入口。当外部对象向该域传入 TRUE 值时，可使该 Fog 节点处于激活状态而成为当前雾效；当外部对象向该域传入 FALSE 值时，可使该雾效退出。

(5) isBound：该域是一个事件出口。如果该 Fog 节点处于激活状态，该域便向节点外部发送 TRUE 值，否则向外部发出 FALSE 值。

利用 set_bind 和 isBound 两个接口域的特性，可实现同一个 VRML 场景中不同雾效的切换，在虚拟建筑中是一个很有用的功能。

关于 Fog 节点的应用，参见 3.3.3 ~ 3.3.6 节中的测试。

3.3.3 雾效果测试文件

下面我们准备两个测试 VRML 雾效果的文件。第一个测试文件如例 3-10（文件名为 3_10.wrl）所示，该文件中包括了一组由 16 个柱组成的纵向柱列，柱列的总长度为 150m（按 1 个 VRML 单位为 1m）；第二个测试文件如例 3-11（文件名为 3_11.wrl）所示，其中包括了待测试的 Fog 节点，以及一个视点、一个背景和两个 Inline 节点。文件 3_10.wrl 和上一节测试中用到的 3_06.wrl，分别通过两个 Inline 节点插入到测试文件 3_11.wrl 的场景中来。

[例 3-10]

```
#VRML V2.0 utf8

DEF col Transform {
 translation -30 6 0
 children [
  Shape {
   appearance Appearance { material Material {} }
   geometry Cylinder { radius 0.25   height 12 }
  },
  Transform {
   translation 0 -4.5 0
   children [
    Shape {
     appearance Appearance { material Material {} }
     geometry Box    { size  0.8 3 0.8}
    }
   ]
  }
 ]
}
Transform { translation 0 0 -50  children [USE col] }
Transform { translation 0 0 -40 children [USE col] }
Transform { translation 0 0 -30 children [USE col] }
Transform { translation 0 0 -20 children [USE col] }
Transform { translation 0 0 -10 children [USE col] }
Transform { translation 0 0 10 children [USE col] }
Transform { translation 0 0 20 children [USE col] }
Transform { translation 0 0 30 children [USE col] }
Transform { translation 0 0 40 children [USE col] }
Transform { translation 0 0 50 children [USE col] }
Transform { translation 0 0 60 children [USE col] }
Transform { translation 0 0 70 children [USE col] }
Transform { translation 0 0 80 children [USE col] }
Transform { translation 0 0 90 children [USE col] }
Transform { translation 0 0 100 children [USE col] }
```

[例 3-11]

```
#VRML V2.0 utf8

Fog {
 color 0.93 0.88 1,
 visibilityRange   150
}

Background {
 skyColor [0.1 0.15 0.45, 0.15 0.21 0.54, 1 0.97 0.94,]
```

```
  groundColor [ 0.11 0.22 0.05, 0.23 0.34 0.06, 0.6 0.6 0.5, ]
  skyAngle [1.25, 1.571,    ]
  groundAngle [1.48, 1.571, ]}

Viewpoint { position -20 2 120}

Inline { url ["3_10.wrl",] }
Inline { url ["3_06.wrl",] }
```

3.3.4 雾与背景配合测试

Fog效果只会影响场景中的造型颜色，但不会影响Background节点产生的背景。在测试文件例3-11中，已经预设了一个Background节点，当你浏览例3-11的场景时（图3-18），可以看出柱列中最后几个柱子的外观颜色虽然已被雾颜色完全覆盖，但由于背景颜色不受雾效果影响，且因为背景的天空与地面颜色反差较大，所以在背景颜色的衬托下，远处的柱子仍呈现出较清晰轮廓，与雾环境无法相融。很显然，雾效与背景颜色的这种配合是失真的。

为产生较真实和谐的雾效，因此需要协调Background和Fog节点中的颜色设置，其关键点有以下方面：

图3-18　背景、雾缺乏配合导致的失真效果

（1）背景的色调应与雾颜色一致，以尽量减弱背景色对造型轮廓的衬托作用。

（2）背景中位于地平线处的天空、地面颜色应设为一样，以消除轮廓分明的地平线。

（3）雾效果的颜色亮度应比背景地平线处颜色略暗，这样可以避免雾中的造型比天空更亮这种发光的感觉。

下面的例3-12即为按上述方法修改了测试文件例3-11中的Fog和Background节点。在Fog节点中将color域值由“0.93　0.88　1”改为“0.90　0.84　0.96”，从而降低了雾颜色的亮度；在Background节点中，将skyColor、groundColor域中的最后一个颜色值（即地平线处的颜色）都改为“0.95　0.92　1”，且该颜色的亮度比雾的颜色值大。例3-12相应的效果如图3-19所示，可见调整后的背景使雾效果真实感得到增强。

[例 3-12]

```
#VRML V2.0 utf8

Fog {
  color 0.90 0.84 0.96,
  visibilityRange   150
}

Background {
  skyColor     [ 0.1 0.14 0.40, 0.71 0.57 0.97, 0.95 0.92 1,]
  groundColor [ 0.19 0.21 0.02, 0.19 0.21 0.02, 0.95 0.92 1, ]
  skyAngle     [0.785, 1.571,]
  groundAngle [0.785, 1.571,]
}

Viewpoint { position -20 2 120}

Inline { url ["3_10.wrl",] }
Inline { url ["3_06.wrl",] }
```

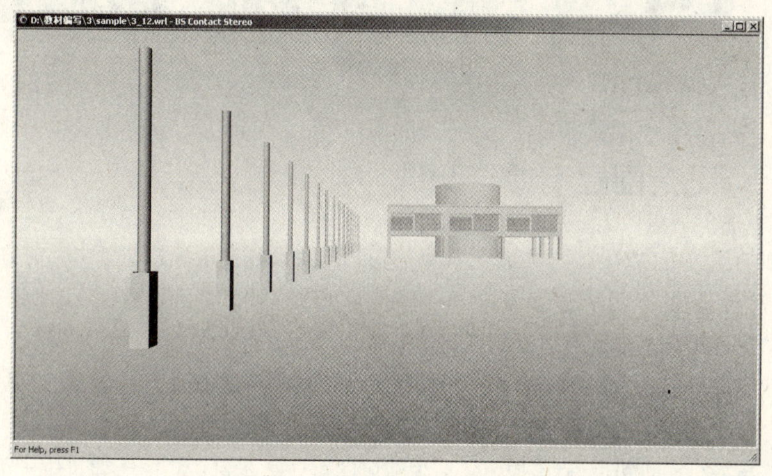

图 3-19　背景、雾相互配合产生真实的雾效

利用 Fog 与 Background 颜色的有机配合，还可以创造出某些较特殊的气氛。如在下面的例 3-13 中，Fog 节点使用了一个亮度很低的蓝灰色雾，而在 Background 节点的天空和地面的结合处也采用了与雾相同的颜色值，从而创造出傍晚时的空间气氛，如图 3-20 所示。

[例 3-13]

```
#VRML V2.0 utf8

Fog {
  color 0.18 0.18 0.25,
  visibilityRange   150
}

Background {
  skyColor [0.1 0.14 0.40, 0.71 0.57 0.97, 0.18 0.18 0.25,]
  groundColor [ 0.19 0.21 0.02, 0.19 0.21 0.02, 0.18 0.18 0.25, ]
  skyAngle [0.785, 1.571,    ]
  groundAngle [0.785, 1.571,     ]
}
```

```
Viewpoint { position -20 2 120}

Inline { url ["3_10.wrl",] }
Inline { url ["3_06.wrl",] }
```

图 3-20　使用亮度很低的雾颜色创造傍晚的气氛

3.3.5　可见范围控制效果测试

在前面的测试中，Viewpoint 节点将视点的初始位置设在位于建筑造型中心前方 120m 处（按 1 个 VRML 单位长为 1m）；Fog 节点的 visibilityRange 域将可见范围设置为 150m，也就是说，当前视点下的能见距离，最远点可达到建筑造型中心之后 30m 处。

现在我们修改例 3-12 中 Fog 节点 visibilityRange 域，将域值改为 100，使可见距离位于建筑造型之前。修改后相应的场景效果如图 3-21 所示。

可见，当减小 visibilityRange 域值可产生较浓的雾效。本例中，由于建筑位于可见范围以外，其造型细节已完全被雾颜色覆盖，此时只能依靠背景的衬托看出建筑的大致轮廓。不过，当你在场景中不断向建筑接近时，则这些建筑上的细节又将逐渐地显现出来。

图 3-21　减小 visibilityRange 域值产生较浓的雾效果

3.3.6 雾的类型效果测试

在前面的雾效果测试文件中，都没有指定Fog节点的fogType域，也就是说，这些测试都是使用缺省的线性雾（LINEAR）类型。按照VRML97规范：线性雾的浓度变化与观察距离成正比，指数雾的浓度变化与观察距离的平方成正比。不过，根据大量的测试表明：

（1）能否产生指数雾，与使用的VRML浏览器及其渲染引擎有一定关系。对于BS Contact浏览器而言，只有当采用OpenGL渲染器时才能产生指数雾效果，否则，选择指数雾类型与线性雾几乎没有区别。

（2）在BS Contact浏览器中，"指数雾浓度变化与观察距离的平方成正比"的关系虽然存在，但visibilityRange域指定的可见范围与场景中的实际表现存在较大的偏差。根据测试，当使用指数雾时，其实际的可见范围为visibilityRange域指定值的6.1倍。

下面通过一些测试帮助读者了解线性雾与指数雾之间的差别。首先我们修改一下测试文件例3-12中的Fog和Viewpoint节点，如下面的例3-14所示。

[例3-14]

```
#VRML V2.0 utf8

Fog {
  color 0.90 0.84 0.96,
  # fogType "EXPONENTIAL"
  visibilityRange 54.9
  # visibilityRange 9
  # visibilityRange 100
  # visibilityRange 16.4
}

Background {
  skyColor [0.1 0.14 0.40, 0.71 0.57 0.97, 0.95 0.92 1,]
  groundColor [ 0.19 0.21 0.02, 0.19 0.21 0.02, 0.95 0.92 1, ]
  skyAngle [0.785, 1.571,   ]
  groundAngle [0.785, 1.571,    ]
}

Viewpoint { position 30 2 -38 orientation 0 1 0 2.3}

Inline { url ["3_10.wrl",] }
Inline { url ["3_06.wrl",] }
```

首先我们利用例3-14测试在相同visibilityRange域设置下线性雾与指数雾之间的差别。在例3-14中，Fog节点的fogType域已被"#"号注释，即说明使用的是缺省的线性雾（LINEAR）类型，其相应的效果如图3-22（*a*）所示；接着去掉fogType域前的注释符"#"，改用指数雾（EXPONENTIAL）类型，相应的效果如图3-22（*b*）所示。

比较上述测试结果可以说明：在相同的visibilityRange域值情况下，指数雾比线性雾有更大的实际能见度。通过更精确的测试，还可以发现指数雾的实际能见度为visibilityRange域指定值的6.1倍。

现在保持例3-14中Fog节点的"EXPONENTIAL"类型不变，将visibilityRange域值指定为9（即此前的1/6.1），这样指数雾的实际能见度就与图3-22（*a*）所示的线性雾一样，其相应的效果如图3-22（*c*）所示。比较图3-22（*a*）和图3-22（*c*）可以看出：当形成实际能见度相同且较小的浓雾时，指数雾比线性雾效果更浓和更真实。

现在我们以实际能见度为 100 为例，进一步说明了线性雾和指数雾在创造雾效果方面各自的特点和优势。相应地将例 3–14 中 Fog 节点的 visibilityRange 域域值分别指定为 100（采用线性雾时）和 16.4（采用指数雾时），测试结果如图 3–23 所示。

比较前面的所有测试结果，可总结为以下两点：

（1）当创建浓雾效果时，若采用指数雾，雾效果均匀，更接近真实；若采用线性雾，则可产生局部烟雾的弥漫效果。如图 3–22（*c*）和图 3–23（*b*）中的指数雾，其效果是与现实中体会到的能见度为 54.9m 和 100m 时的情形相符的，而图 3–22（*a*）中所示线性雾，其浓度变化显得过快和突然，在效果上更像正在弥漫着的烟或雾。

（2）当创造薄雾效果时，若采用指数雾，可形成较丰富的中间层次，空气的通透感较好；若采用线性雾，由于中、远景之间雾的浓度过渡相对较快，因此可以有效地拉开前景与中、远景之间距离，从而可起到突出前景的作用。

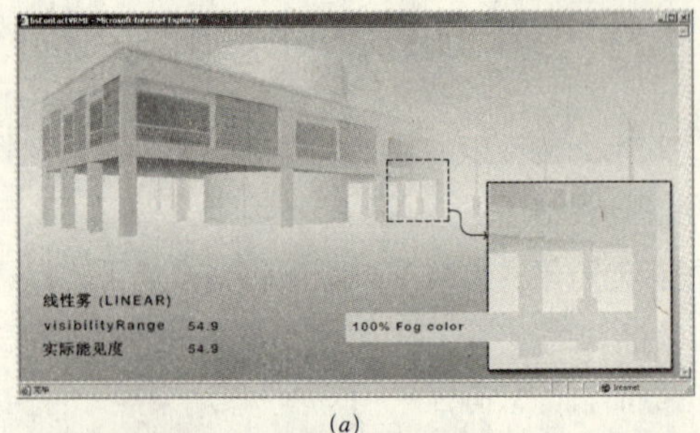

（*a*）

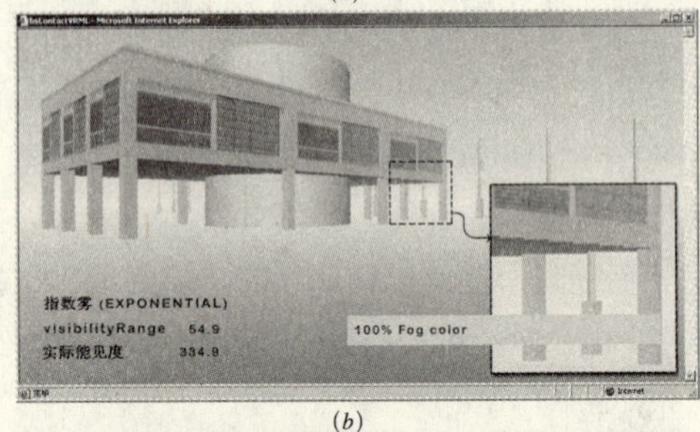

（*b*）

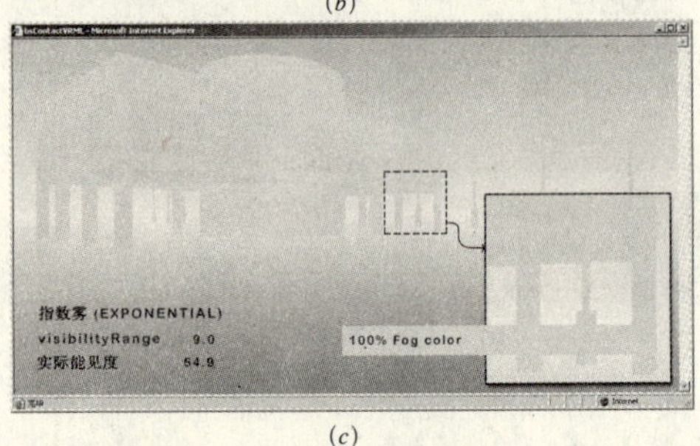

（*c*）

图 3–22　线性雾与指数雾效果比较

（*a*）线性雾：visibilityRange 设为 54.9，实际能见度为 54.9；
（*b*）指数雾：visibiltyRange 设为 54.9，实际能见度为 334.9；
（*c*）指数雾：visibilityRange 设为 9.0，实际能见度为 54.9

3.4　环境声效

现实环境中总会充满着各种声音，如鸟鸣声、汽车声、流水声等。毫无疑问，在虚拟建筑场景中模拟这些环境声效可以有效烘托环境的气氛和营造场所感。

3.4.1　理解 VRML 声效

在 VRML 中产生环境声效，要涉及两个环节：一是发声器及声音场，二是声源。其中，发声器及声音场类似于音响系统中的音箱及其空间布置，由它决定声音如何在空间中分布；声源类似于音响系统中提供各种音频信号的设备，如 CD 机、收音机等。

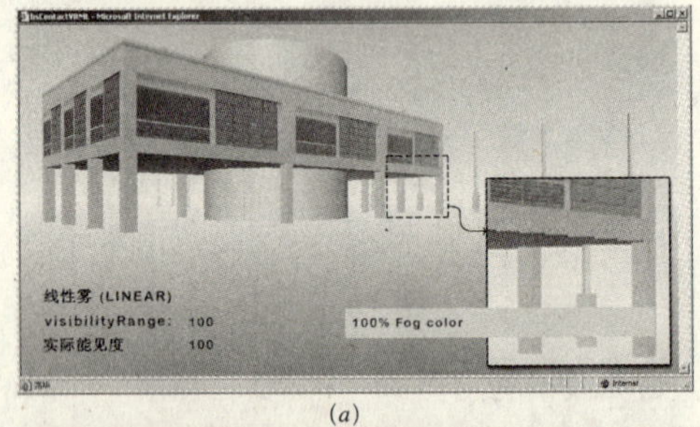

（*a*）

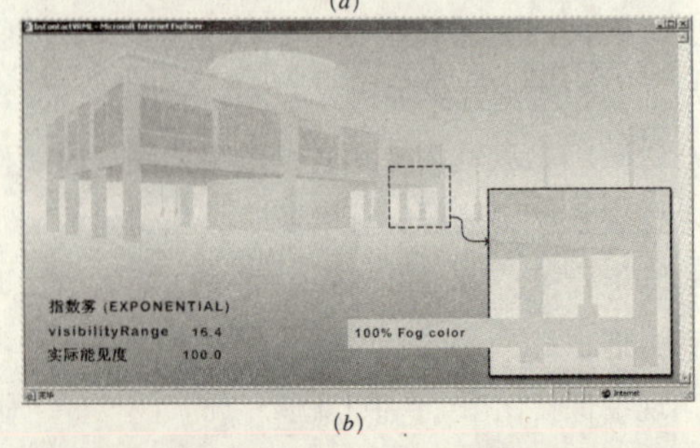

（*b*）

图 3–23　100m 实际能见度时的指数雾与线性雾效果

（*a*）线性雾：visibilityRange 设为 100，实际能见度为 100；
（*b*）指数雾：visibilityRange 设为 16.4，实际能见度为 100

1）发声器与声音场

在 VRML 中，发声器及声音场只能由 Sound 节点来创建，其作用是在场景中创建一个特定区域和方向形成声场，并将声源信号引入到这个声场中播放。

图 3–24 形象地显示了 Sound 节点所描述的声场空间，可以将之理解为共一条长轴和共一个焦点的两个椭球体组成。其中，外面较大的椭球体规定了能听到声音的最大范围，在该范围之外，浏览者将听不到声效；内部较小的椭球体规定了能听到声音的最小范围，在最小范围之内的任何区域，音量都为最大；在最小与最大范围之间的过渡区域，声音将由内向外，从最大音量值逐步减弱为 0。

Sound 节点通过其 location、direction、minBack、minFront、MaxBack 和 MaxFront 域描述出了两个椭球体在三维空间中的定位及尺寸。其中，location 域指定了两个椭球体共用的一个焦点，发生器就位于该焦点位置上；direction 域指定了两个椭球体共同的长轴方向，这也是声音发射的主导方向；而通过 minBack 和 minFront、MaxBack 和 MaxFront 域则可分别确定出内外两个椭球体的大小尺寸。例如最小范围椭球体，其长轴之长等于 minBack 和 minFront 两域值之和；短轴之长等于两域值之积的平方根再乘以 2。

尽管 Sound 节点可以将声场描绘成椭球体的形式，但产生的实际声效也与浏览器有关系。如 BS Contact VRML 浏览器会忽略 minBack 和 MaxBack 域的设置，并分别用 minFront、MaxFront 域值取而代之，这样产生的声音场是两个同心的球体。而在 Cortona VRML Client 浏览器中，则可以完全按照 Sound 节点的描绘产生声场。

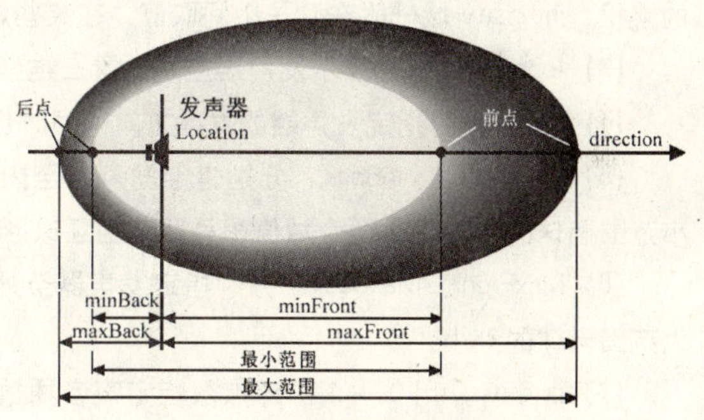

图 3–24 Sound 节点所描述的声场空间

2）声源

虽然 Sound 节点可以在虚拟空间中建构一个声音场，但要产生实际声音效果，还必须通过其 source 域引入一个声源。声源的作用是为发声器提供声音文件素材，并对声音的播放进行一些控制。

在 VRML 中，可以通过 AudioClip 或 MovieTexture 节点来描述一种声源。这两个节点中都有一个 url 域，外部声音文件都是通过 url 域连接到 VRML 场景中。AudioClip 节点主要用于引入 WAV、MIDI、MP3 格式的声音文件；MovieTexture 节点通常是作为电影纹理应用于造型的外观中，当用 MovieTexture 节点引入声源时，它只能引入 MPEG 格式文件中的声音部分。

AudioClip 和 MovieTexture 节点中都有 startTime、stopTime、loop 域，可分别控制开始、停止播放声音的绝对时间以及循环。AudioClip 节点的 pitch 域和 MovieTexture 节点的 speed 域，则分别在其节点中控制播放声音的速度。

3.4.2 创建声场：Sound 节点

Sound 节点的作用是在当前坐标系中创建一个椭球或圆球形的空间区域而形成声场，并将 AudioClip 和 MovieTexture 节点描述的声源引入到这个声场中播放。Sound 节点可以通过 Transform 节点来定位，Transform 节点只会影响声场位置和方向，而不会改变其形状和大小。

Sound 节点的语法如下：

```
Sound {
       source    NULL    # exposedField SFNode
    intensity     1      # exposedField SFFloat
     location   0 0 0    # exposedField SFVec3f
    direction   0 0 1    # exposedField SFVec3f
     minFront     1      # exposedField SFFloat
      minBack     1      # exposedField SFFloat
     maxFront    10      # exposedField SFFloat
      maxBack    10      # exposedField SFFloat
     priority     0      # exposedField SFFloat
   spatialize   TRUE     # field SFBool
}
```

其中：

(1) source：指定一个声源。只能用 AudioClip 或 MovieTexture 节点作为域值。

(2) intensity：为声源信号强度。场景中的最大音量，将为原始声音文件音量大小与该域值的乘积。intensity 域一般在 0 ~ 1 间取值，在某些浏览器中也可以大于 1。

(3) location：指定表示发声器空间位置三维坐标，该位置也是内外椭球的共用焦点。

(4) direction：指定发声器的发射方向，同时也就是椭球的长轴方向。

(5) minFront、minBack：分别指定发声器至内椭球前、后端点的距离。两个域值确定了最小范围椭球的大小。当两个域值相等即产生圆球形。

(6) MaxFront、MaxBack：分别指定发声器至外椭球前、后端点的距离，两个域值确定了最大范围椭球的大小。

(7) priority：用 0 ~ 1 的浮点数指定声音播放的优先级。当浏览器要播放声音的数目大于硬件的支持能力时，较高优先级的声音会被浏览器优先选择播放。一般而言，重要的声音应采用高优先级，而背景音乐则通常用缺省值 0。

(8) spatialize：用 TRUE 或 FALSE 确定是否对声效进行立体化处理。如为 TRUE，则先将原始声音素材进行单声道处理，然后再根据声音场和浏览者空间位置变化重新进行立体化处理；如为 FALSE，则直接按原始声音素材提供的单或双声道播放。

关于 Sound 节点的应用，参见 3.4.4 ~ 3.4.7 节中的测试。

3.4.3 指定声源：AudioClip 节点

描述声源可以用 AudioClip 或 MovieTexture 两种方法，其中 MovieTexture 节点在前面的第 2 章中已经介绍过，在此只讨论 AudioClip 节点。

AudicClip 节点的作用是连接一个外部声音文件的地址及文件名，并设置与播放控制有关的参数。该节点只能用于 Sound 节点的 source 域中。为了具有最大的兼容性，连接的外部声音文件最好为 WAV、MIDI、MP3 格式。

AudioClip 节点语法如下：

```
AudioClip{
                url      [ ]    # exposedField MFString
        description      " "    # exposedField SFString
          startTime       0     # exposedField SFTime
```

```
        stopTime      0      # exposedField SFTime
            loop   FALSE     # exposedField SFBool
           pitch    1.0      # exposedField SFFloat
        isActive             # eventOut   SFBool
 duration_changed            # eventOut   SFTime
}
```

AudioClip 节点中的 url、startTime、stopTime、loop、isActive 和 duration_changed，其域的意义和用法与 MovieTexture 节点中的同名域是完全相同的，在此仅补充介绍其中的 description 和 pitch 域：

（1）description：域值为一行用于描述该声音的字符串，当某些浏览器无法播放该声音文件时，可以显示该字符串以提醒浏览者。

（2）pitch：与 MovieTexture 节点的 speed 域作用类似，用来指定声音播放的加倍因子。该域只能使用大于 0 的值。

关于 AudioClip 节点的应用，参见 3.4.4 ~ 3.4.7 节中的测试。

3.4.4 椭球声场测试文件

下面我们准备一个测试椭球形声场效果的 VRML 文件，如例 3–15 所示。本例中包含的主要对象有：两个 Sound 节点创建的不同大小、形状的声场，其在 XZ 平面上的布局如图 3–25 所示；两个用于标示发声器位置的两个圆柱体造型；一个以图 3–25 作为地面纹理的造型；一个背景节点和一个视点。在例 3–15 中，两个 Sound 节点都将最小范围椭球设置成与最大范围椭球一样的大小，这样边界附近的声音就不会产生衰减变化，使听觉能更容易感知到边界的存在。同时，由于地面造型使用了图 3–25 所示纹理，这样使你在测试时可以将听觉上感觉到的边界与地面纹理中描绘的边界对应起来。

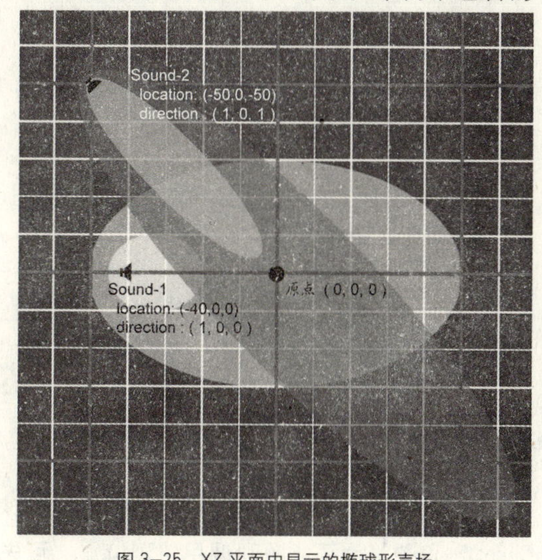

图 3–25　XZ 平面中显示的椭球形声场

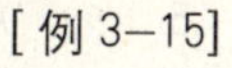
[例 3–15]

```
#VRML V2.0 utf8

Sound { # Sound-1
  direction 1 0 0
  location -40 0 0
  maxFront 90
  maxBack 10
  minFront 90
  minBack 10
  source AudioClip {loop TRUE url "birds.mp3"}
}
```

```
Sound { # Sound-2
  direction 1 0 1
  location -50 0 -50
  maxFront 160
  maxBack    2.5
  minFront 160
  minBack    2.5
  source AudioClip {loop TRUE  url  "music.wav" }
}

Transform { #发声器标志
  translation -40 2 0
  children  [
    DEF cylinder Shape {
      appearance Appearance {material Material {} }
      geometry Cylinder {  radius 0.5 height 4}
    }
  ]
}
Transform { translation -50 2 -50  children [USE cylinder ] }

Shape { #地面
  appearance Appearance {
    texture ImageTexture {url "sound_test.png"}
  }
  geometry Box { size 140 0.01 140 }
}

Background {
  skyColor [0.1 0.14 0.4, 0.9 0.8 1,]
  skyAngle 1.571
}

Viewpoint { position -8 1.6 40 orientation 0 1 0 0.4}
```

3.4.5 椭球声场效果测试

由于BS Contact VRML浏览器不支持椭球形声场，所以本测试需要使用Cortona VRML Client浏览器（为了能顺利调用该浏览器，可先从VrmlPad中打开测试文件例3–15，然后从工具栏中按▣按钮并选择"ParallelGraphics Cortona"进行浏览）。

1）测试声场的范围

图3–26为用Cortona VRML Client浏览器打开例3–15测试文件后看到的情景。你可以通过鼠标或方向键在场景中移动。当进入地面上灰色椭圆形区域时，会立即听到从前方左边柱子处传来的鸟语声；继续向前进入蓝色椭圆形区域，则又会听到从前方右边柱子处传来的演唱声；当你走到位于两个大椭圆的重叠处时，会同时听到这两种声音；如果此时你将视线向左右转动，则两种声音的方位会随你的转动而变化。你还分别可以沿着两个大椭圆的边缘进入或走出椭圆区域，可以发现有效声场的范围与地面上的椭圆纹理标志是基本一致的。

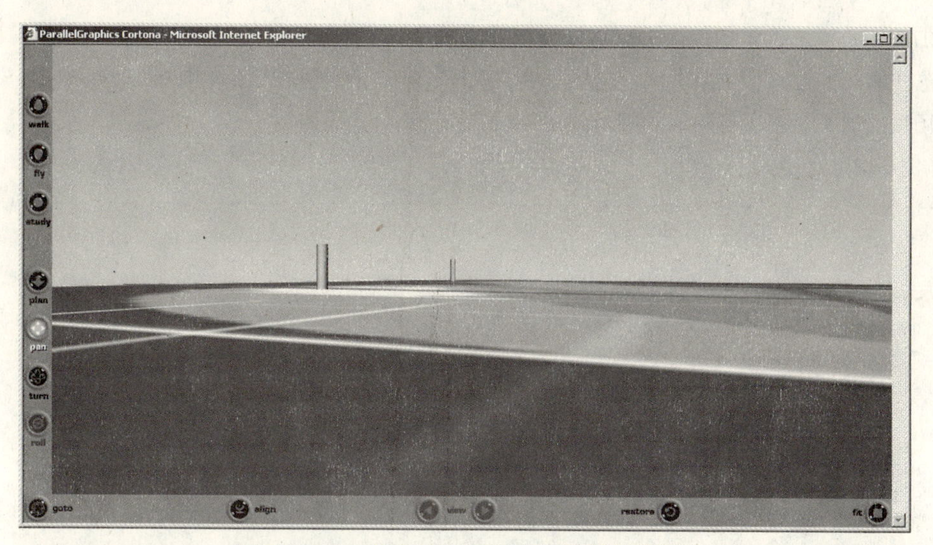

图 3–26 Cortona VRML Client 浏览器中观察到的测试场景

2）测试声音的远近、方位感效果

在例 3–15 中，由于两个 Sound 节点最小与最大范围椭球大小设置完全一样，因此，当浏览者进、出声场时，声音是突然出现或消失的，而且在声场中音量大小也不会因距离改变而发生变化，产生不真实感。

现在分别修改两个 Sound 节点的 minFront 和 minBack 域值，将第一个 Sound 节点（#Sound–1）中的这两个域指定为"minFront 20"、"minBack 5"；将第二个 Sound 节点（#Sound–2）中的这两个域指定为"minFront 64"、"minBack 1"。进行上述修改后，重新进入到场景进行测试。你会发现：当你刚刚进入最大椭圆区域时，声音不再像前面的测试那样突然出现，而先从很远的方向传来；当你在大椭圆区域中慢慢进入到小椭圆区域时，你听到的声音会逐渐变到最大，而且当你一边移动一边改变方向时，声音的大小和方位感也都随着改变，仿佛声音就是从圆柱体位置发出来一样；当你从一个圆柱体位置走向另一个圆柱体时，前一种声音会慢慢减弱直到消失，另一种声音则会慢慢出现直到变为最大。

本节的测试说明：

(1) 椭球形声场的最大特点就是可以让声音沿某一方向集中分布，使声场具有强烈的指向性，如本测试中发出演唱声的第二个 Sound 节点；

(2) 要产生真实感强的环境声效果，其关键在于合理地设置大小椭球的范围区间，使音量大小的变化符合声音在空间中自然衰减的规律。

3.4.6 球形声场设计

声效设计的意图是将虚拟建筑所处的特定环境，通过环境声音的形式表现出来。椭球形声场方向性强的特点在表现如高音喇叭之类的人工音响设备时是很有效的，不过，现实世界中的多数环境声音的方向性并不十分强，因此采用球形的声场基本上也就可以满足多数声效模拟的需要了。

下面我们通过一个简单的实例，来说明运用球形声场模拟虚拟建筑环境中的声效。设想例 3–12 所示的虚拟建筑场景，其左边不远处为海滩，另一侧紧邻一片树林。现在我们通过向该场景中加入海浪声、建筑内部人的交谈声、树林里的鸟鸣声来进一步烘托虚拟环境的气氛。为了测试这些声场的位置和效果，我们向场景中加入了一些表示声场位置的球体标志物。图 3-27 显示了场景里的 4 个声场与建筑的相对关系，相应的 VRML 代码如例 3-16 所示。

[例 3-16]

```
#VRML V2.0 utf8

Sound { #Sound-1 谈话声
  maxFront 20
  minFront 10
  source AudioClip {loop TRUE  url "talking.wav"}
}

Sound { #Sound-2 海浪声
  location -70 0 40
  maxFront 70
  minFront 40
# maxFront 100
# minFront 10
# intensity 0.1
  source AudioClip {loop TRUE  url "ocean.wav" }
}

Sound { #Sound-3  布谷鸟声
  location 40 0 0
  maxFront 20
# maxFront 50
  minFront 5
  source AudioClip {loop TRUE  url "bird01.wav"}
}

Sound { #Sound-4  群鸟声
  location 50 0 20
  maxFront 20
  minFront 5
# maxFront 100
# minFront 10
  source AudioClip {loop TRUE  url "birds.mp3"}
}

Transform {      #  发声器标志
  translation 40 2 0
  children  [
    DEF sphere Shape {
      appearance Appearance {material Material {}}
      geometry  Sphere {  radius 2 }
    }
  ]
}
Transform {translation 50 2 20 children [USE sphere]}
Transform {translation -70 2 40 children [USE sphere]}

Transform {      #  地面
  translation 0 0 30
  children  [
    Shape {
      appearance Appearance {
        texture ImageTexture {url "sound_test2.png"}
```

```
    }
    geometry Box { size 140 0.1 140 }
   }
  ]
}

 #  建筑造型
Inline { url ["3_10.wrl",] }
Inline { url ["3_06.wrl",] }

Background { skyColor [0.1 0.14 0.4, 0.9 0.8 1,] skyAngle 1.571 }
Viewpoint {position 60 2 60 orientation 0 1 0 0.8}
```

在例3-16中，4个Sound节点分别通过其source域和AudioClip节点，将包含着谈话声、海浪声、布谷鸟和鸟群声音的外部文件引入到场景中。由于BS Contact浏览器只会考虑以Sound节点的minFront和MaxFront域值为半径，来产生具有最小和最大的范围的球形声场，而Sound节点中同时用来控制声场形状的minBack、MaxBack和direction域的设置，都会被BS Contact浏览器所忽略。因此，本例中的4个Sound节点都只指定了其中的minFront、MaxFront和location域，其产生的实际声场与图3-27中表示的完全一致。

本例中的建筑造型利用了前面的测试中用过的3_10.wrl和3_06.wrl文件，通过Inline节点方法将这两个文件插入进来。场景中新增了一个地面造型，并使用了如图3-27所示的纹理，该纹理描述了场景中的4个Sound节点所形成的声场及其与建筑造型的位置关系，以便于测试比较。

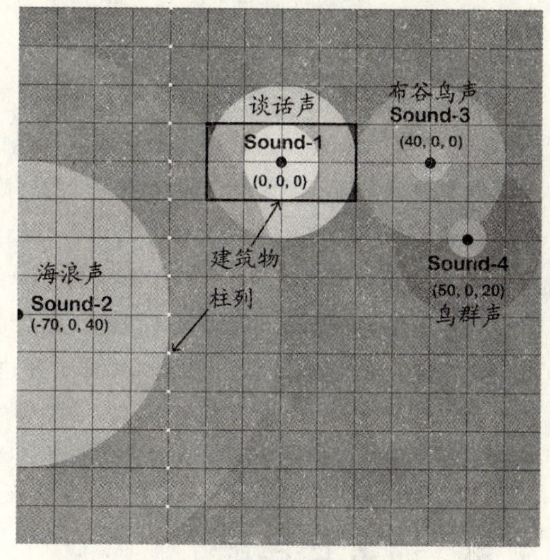

图3-27　虚拟建筑场景中的球形声场

3.4.7　球形声场环境声效测试

下面我们用BS Contact浏览器测试例3-16中设计的虚拟建筑环境声效。图3-28为打开例3-16文件后看到的场景。现在你开始在场景中移动，依序经过右边第一个球（Sound-4）、第二个球（Sound-3）、建筑底层（Sound-1）和左边的球（Sound-2）所在位置，在此过程中，你将先后能听到百鸟的齐唱、布谷鸟鸣、人物交谈和习习的海浪声。

浏览后你会感觉到：尽管树林、鸟群、人物、大海等这些具体的造型对象未在场景中出现，但仍可以通过这些声音而体验出虚拟建筑所处的特定环境。不过，如果更仔细地研究例3-16场景中的这些声效，也会发现其中的一些不足。例如，每当你进入海浪声区时，声音的出现较为突然，且音量过大；经过鸟群和布谷鸟声音区时，会感到声音区域过小，鸟群如同被关在笼子里，而布谷鸟则有些像从近处的某个小孔洞中发声。

现在我们对例3-16中Sound节点的相关域值进行一些修改，将其中已被加上注释符的域前“#”号去掉，并相应地将节点中原先使用的同名域用“#”号注释，然后重新进入到场景中进行测试，就将会感觉到上述问题都得到了较好的解决。

图 3–28　环境声效测试场景

下面总结一下使用 BS Contact 浏览器时在声效设计上的几条有用经验：

（1）声场大小应结合环境声的频率、音量以及在空间中的传播特点来确定。例如现实中的鸟鸣声，虽然音量不算大，但因为频率一般较高，故最大传播距离（MaxFront 值）也不会太小，一般设置为 50 ~ 150m 左右为宜。而对于最小范围的 minFront 域值，如果是群鸟声，则至少应有 10m 半径及以上的空间距离，如果单只或少量的鸟鸣，则大小可相对灵活。

（2）保持 MaxFront 与 minFront 域值之比在 10 ：1 甚至更高，可使声音产生较好的远近大小均匀过渡的效果。如前面对 3 个 Sound 节点所进行的修改，都使用了这样的比例。

（3）使用 intensity 域值调整原始声音文件的音量。原始声音文件在采样制作时音量可能有大有小，应用时应结合其他环境声的音量关系进行适当调整。如前面对海浪声所进行的修改。

3.5　视点与导航

在现实世界中，当我们参观一个地方或观察某个物件时，都会有一个初始的位置和角度（或称为“视点”）；为了能了解更多，我们可能会借助于各种移动视点的方式，如行走、驾驶交通工具、将物件拿在手上转动等；在参观或考察过程中，可能还需要得到一些文本类的描述信息，使参观者对考察的对象能有更详细的了解。在 VRML 中，这些能方便浏览者观察场景内容的各种手段，都可以称之为导航。

3.5.1　理解视点与导航

1）视点与摄像机

视点如同一部摄像机和它的取景器，浏览者就是通过这个取景器窗口来观察虚拟场景的。在浏览者打开 VRML 场景之前，摄像机的位置、方向以及镜头大小已预先在 VRML 文件中设定。在 VRML 中，创建视点的方法是使用 Viewpoint 节点，视点的指定与一部虚拟摄影机的设置非常类似，包括位置、方向和视域角 3 个最关键域的设置。其中，位置（position 域）的指定就是摄影机的三维坐标；方向（orientation 域）的指定包括从摄影机到目标点的方向矢量，以及摄影机以该矢量为轴的旋转角度；视域角（fieldOfView 域）则对应于一定的镜头焦距下所能看到的取景范围，较大的视域角（如广角镜）能使我们看到更广阔的范围，而较小的视域角（如望远镜）则是将空间中的某一部分进行放大来观察。

2）视域角

视域角的变化效果可以用一般摄像机镜头作为参考。例如，50mm 的标准镜头，其视域角为 40° ～ 53°；90 ～ 135mm 的中焦为 27° ～ 18°；24 ～ 38mm 的普通广角为 84° ～ 60°；13 ～ 20mm 的超广角为 118° ～ 94°；鱼眼镜视域角将超过 135°。与摄像机镜头变焦效果一样，当视域角超过 60°（即进入广角段）时，相应的视觉效果就会出现反常或变形；当视域角小于 30°（即进入中长焦段）时，透视效果就会减弱。

3）设置多个视点

在虚拟建筑应用中，常常需要设置多个不同的视点，以便于让浏览者能迅速捕捉到创作者最希望展示的场景内容。在 VRML 中，可以运用 Viewpoint 节点创建多个视点来达到上述目的，但是，在同一时刻只可能有一个视点才是有效的。通常情况下，浏览器只会自动激活排在最前面的一个 Viewpoint 节点，浏览者也可以通过菜单、键盘，或者通过路由设计及交互操作，使场景在不同视点间切换。

4）视点移动与替身导航

浏览者在虚拟世界中漫游时，视点将被不断地被移动、改变，视点的这种移动变化实际上是通过替身的移动（即导航）来进行的。在虚拟现实技术中，替身是作为现实世界中的浏览者在虚拟世界中的代表或代理，视点如同安装在替身身上的相机或眼睛，替身的“身材”大小、移动的方式、速度，以及到达的空间位置等，决定了浏览者观察虚拟场景的方式和看到的内容。

在 VRML 中，确定替身的大小尺寸、移动方式及速度、视觉能力等相关参数的方法是应用 NavigationInfo（导航信息）节点。NavigationInfo 节点中的 avatarSize 域，可以设置替身身体的截面半径（width）、眼睛到脚底的高度（height）和可跨越地面障碍物的高度（step height）三个参数，这些参数将会影响替身行走时的视线高度，以及替身穿越各种障碍物的能力。通过 VRML 浏览器菜单，可以为替身指定一种造型，如一个面朝前方的人、车或飞机的驾驶舱等，但造型的有效尺寸将受到 NavigationInfo 节点的 avatarSize 域的约束。NavigationInfo 节点中的 type 域用来设置包括“WALK”（行走）、“FLY”（飞行）、“EXAMINE”（检视）和“NONE”（禁止菜单导航）四种标准的移动方式；speed 域说明了替身每秒移动的 VRML 单位长度（浏览器菜单中所提供的速度选项，都是以此为标准的加倍或减半）；visibilityLimit 域规定了替身能够见到的前方最远距离（即视限）。

5）设置多项导航信息

与背景、雾、视点一样，在同一个 VRML 文件中，可以创建多个 NavigationInfo 节点，但在同一时刻只可能有一个节点有效。当浏览器载入 VRML 场景时，会自动激活排在最前面的一个 NavigationInfo 节点。如果创作者在场景文件中有针对 NavigationInfo 节点的交互编程设计，那么就可以让浏览者在漫游过程中切换应用其他的 NavigationInfo 节点设置。

6）提供场景信息

在现实世界中，假如你准备参观某个地方，一般都希望事先就有关于该地方信息的一个基本了解。当浏览者进入一个未知的 VRML 空间时，首先容易想到的一些问题是：该虚拟空间描述的是什么地方？创作者建构这个虚拟空间的目的是什么？创作者是谁？等。在 VRML 中，则可利用的 WorldInfo 节点提供有关场景的基本信息。

3.5.2 创建视点：Viewpoint 节点

Viewpoint 节点用于在当前坐标系中创建视点。一个 VRML 场景通常至少需要预置一个 Viewpoint 节点以确定浏览场景时的一个初始方位。当 VRML 文件中缺少 Viewpoint 节点时，大多数浏览器通常也会参考 Viewpoint 节点的缺省值，在绝对坐标系下创建一个视点。当 Viewpoint 作为 Transform 编组的子节点时，Transform 将影响视点的空间位置和方向，但不会改变 Viewpoint 节点的其他域值设置。

Viewpoint 节点语法如下：

```
Viewpoint {
     position   0 0 10    # exposedField SFVec3f
   orientation  0 0 1 0   # exposedField SFRotation
   fieldOfView  0.785398  # exposedField SFFloat
   description    " "     # field SFStreing
         jump    TRUE     # exposedField SFBool
     set_bind             # eventln SFBool
     bindTime             # eventOut SFTime
      isBound             # eventOut SFBool
}
```

其中：

（1）position：指定视点（观察点）在当前坐标系中的三维坐标。

（2）orientation：用一个旋转值指定视点的空间朝向。视点的初始朝向是：视点形成的画面正前方指向 z 轴负方向，向上和向右分别指向 y、x 轴正方向。缺省值“0　0　1 0”意味着与初始朝向一致。

（3）fieldOfView：以 rad（弧度）为单位指定一个视域角。只能在 0～π 间取值。较小的视域角产生类似中长焦镜头效果；较大的角度产生广角镜头效果；缺省值 0.785398rad（即 45°）产生相当于标准镜头的效果。

（4）description：指定一行用于标识该视点的字符串。如果域值中包含字符串，浏览器菜单中将出现以该字符串为标识的视点选项，浏览时可通过浏览器菜单或换页键切换到该视点；否则，浏览器菜单中不会出现该视点项，也不可使用换页键切换到该视点。

（5）jump：指定视点是否为跳跃型视点。若为跳跃型视点（域值为 TRUE），则当视点切换到该视点时，浏览器画面立刻刷新为新视点的画面；若为非跳跃型视点（域值为 FALSE），则当视点切换到该视点时，产生两个视点间的快速移动的画面效果。不过，对于 BS Contact VRML 浏览器，则会忽略 jump 域的设置，而将所有的视点都当作非跳跃型视点来处理。

（6）set_bind：为事件入口。当外部对象向该域传入 TRUE 值时，可使该 Viewpoint 节点处于激活状态而成为当前视点；当外部对象向该域传入 FALSE 值时，可使该视点退出。

（7）bindTime：为事件出口。当视点被激活时，该域会向外输出视点被激活时间。

（8）isBound：为事件出口。当视点被激活时，该域向外输出布尔值 TRUE，否则输出布尔值 FALSE。

关于 Viewpoint 节点的应用，参见 3.5.5 节～ 3.5.11 节。

3.5.3 设置导航：NavigationInfo 节点

NavigationInfo 节点描述了浏览者替身及其在场景中的移动方式和速度等特征信息。如果在 VRML 文件中未出现 NavigationInfo 节点，多数浏览器会参考 NavigationInfo 节点的缺省值自动创建一个导航信息。

NavigationInfo 节点语法如下：

```
NavigationInfo {
        avatarSize  [0.25 1.6 0.75]  # exposedField MFFloat
              type       "WALK"      # exposedField MFString
             speed        1.0        # exposedField SFFloat
         headlight        TRUE       # exposedField SFBool
    visibilityLimit       0.0        # exposedField SFFloat
          set_bind                   # eventIn SFBool
           isBound                   # eventOut SFBool
}
```

其中：

（1）avatarSize：该域描述替身的大小特征，共包括三个参数：第一个参数为替身身体的截面半径，它限定了替身身体的垂直中轴线与障碍物之间的最小允许距离（这也意味着替身允许通过的最小空间宽度为该值的 2 倍）；第二个参数为视高，它是视点与地面间保持的高度，也是替身允许通过的最小空间高度；第三个参数是替身可跨越障碍物的最大高度。

（2）type：指定浏览者可使用的导航类型。可用的域值包括“WALK”、“EXAMINE”、“FLY”、和“NONE”。其中“WALK”是一种受重力影响的方式，在该方式下，浏览者的视线会随地面的起伏而变化。而“FLY”和“EXAMINE”则不会受重力影响。域值为“NONE”时，将浏览器将禁止任何导航。

（3）speed：设定替身在场景中移动的速度，单位为 VRML 单位 /s。

（4）headlight：用 TRUE 或 FALSE 值指定是否打开替身的头灯。缺省值 TRUE 为打开。

（5）visibilityLimit：设定替身能够看到的最远距离。浏览器会把最远距离以外的对象裁剪掉，而只显露出后面的背景。visibilityLimit 可以与 Fog 节点的 visibilityRange 配合起来使用，这样不仅能产生更好的大气效果，同时也可以提高浏览器的运行效率。visibilityLimit 的缺省值为“0.0”，表示可视距离为无限远。

（6）set_bind：该域为事件入口。当外部对象向该域传入 TRUE 值时，可使该 NavigationInfo 节点处于激活状态；当传入 FALSE 值时，可使该节点退出。

（7）isBound：该域为事件出口。当 NavigationInfo 节点被激活时，该域会向外输出 TRUE 值，否则输出 FALSE 值。

NavigationInfo 节点 avatarSize 域中指定的替身的大小、移动速度和视限，都会受到当前视点所在的局部坐标系的影响。如果视点所在的局部坐标系有平移、缩放和旋转上的变化，则当该视点被切换成为当前视点时，NavigationInfo 节点的这些设置也会按比例地变化。

关于 NavigationInfo 节点的应用，参见 3.5.5 节、3.5.8 节～3.5.11 节。

3.5.4 提供场景信息：WorldInfo 节点

WorldInfo 是一种提供有关场景的文本类信息的节点类型。WorldInfo 节点对于 VRML 场景的视觉效果和动作并不产生任何影响，它仅仅提供文本类型数据，这些文本信息可以被浏览器、VRML 脚本或其他基于 Web 应用的应用程序来提取。

WorldInfo 节点语法如下：

```
WorldInfo {
       title   " "   # field SFString
        info    []   # field MFString
}
```

其中：

（1）title：这是一个单值、字符串类型的域（SFString），按 VRML97/2.0 规范，title 的域值将作为网页浏览器（如 IE）标题栏中显示的文本内容。不过，网页浏览器标题栏中能否显示 title 信息，还要取决于 VRML 浏览器插件是否支持。

（2）info：在 VRML 浏览器对话框中显示的有关当前场景的一些文本信息，如场景介绍、创作者、版权等。这是一个多值、字符串类型的域（MFString），由每一对引号（" "）括起来的字符串即表示一行文字。

WorldInfo 节点中记录的信息以何种方式显示并加以应用，与具体的 VRML 浏览器以及脚本程序的设计有关。关于 WorldInfo 节点的应用，参见 3.5.5 节和 3.5.12 节。

3.5.5 视点与导航测试文件

下面我们准备两个测试视点和导航效果的场景文件例 3–17 和例 3–18。

在测试文件例 3–17（文件名为 3_17.wrl）中，创建了一组包括台阶、走廊、扶手和地面的造型，这些造型将作为例 3–6（3_06.wrl）中建筑物造型的补充。此外，该文件还包括一个待测试的 WorldInfo 节点。

在测试文件例 3–18 文件中，预置了待测试的 4 个 NavigationInfo 节点、7 个 Viewpoint 视点和 3 个连接视点与导航信息节点的路由，并通过 Inline 节点将例 3–17（3_17.wrl）、例 3–6（3_06.wrl）和例 3–10（3_10.wrl）中的造型插入到当前场景中。

例 3–18 文件中的第三个 Inline 节点（包含建筑物的造型）被置于一个 Anchor 节点 children 域中，该 Anchor 节点的 url 域值指定为“#V1”，即表示当浏览者在场景中点击建筑物造型后，视点将随即切换到当前场景中名称为 V1 的视点位置。例 3–18 中还包括了 3 个用 ROUTE TO 语句建立的路由，其功能是分别将 Viewpoint 节点 V2、V6 和 V7 的输出接口 isBound 域值（TRUE 或 FALSE）传递给 NavigationInfo 节点 Nav2、Nav3 和 Nav4 的 set_bind 输入接口，这样产生出来的效果就是：当某个 Viewpoint 节点被激活或退出时，相应地使另一个 NavigationInfo 节点被激活或退出，产生视点与导航信息的联动效应。关于路由设计，参见第 6 章。

[例 3-17]

```
#VRML V2.0 utf8

Transform { # 台阶
  translation 0 0.1 0
  children  [
    DEF step Shape {
      appearance Appearance {material Material {}}
      geometry Box {size 32 0.15 2.4}
    }
    Transform {
      translation 0 0.15 0 scale 0.98 1 1 children [USE step]
    }
    Transform {
      translation 0 0.3 0 scale 0.96 1 1 children [USE step]
    }
    Transform {
      translation 0 0.45 0 scale 0.94 1 1 children [USE step]
    }
    Transform {
      translation 0 0.6 0  scale 0.92 1 1 children [USE step]
    }
    Transform {
      translation 0 0.75 0 scale 0.9 1 1 children [USE step]
    }
  ]
}

Transform { # 扶手
  translation 0 1.5 1.1
  children  [
    Shape {
      appearance Appearance {
        material Material {
          diffuseColor 0.2 0.3 0.7  transparency 0.45
        }
      }
      geometry Box {size 28 1 0.05}
    }
    Transform {
      translation 0 0.1 -2.3  scale 0.96 22 0.1 children [USE step]
    }
  ]
}

Transform { # 地面
  translation 0 0 30
  children  [
    Shape {
      appearance Appearance {
        texture ImageTexture {url "sound_test2.png"}
      }
      geometry Box { size 140 0.1 140 }
    }
  ]
}

WorldInfo { # 场景信息
  title "替身与碰撞测试场景 "
  info ["内容: ","台阶、走廊、扶手和地面的造型","场景设计: ","晓琬",
        "制作时间: ","2006-12-26",]
}
```

[例 3-18]

```
#VRML V2.0 utf8

    # 预置 4 个导航信息
DEF Nav1 NavigationInfo {}
DEF Nav2 NavigationInfo {type ["FLY"] }
DEF Nav3 NavigationInfo {avatarSize [1.3, 1.6, 0.75] visibilityLimit 60}
DEF Nav4 NavigationInfo {avatarSize [0.25, 1.6, 0.1] speed 4 }

    # 预置 7 个视点
DEF V1 Viewpoint {
  position 51 25 123
  orientation 28 -96 -7 -0.5
  fieldOfView 0.314
}

DEF V2 Viewpoint {
  position 51 25 123
  orientation 28 -96 -7 -0.5
  description "View2"
}

DEF V3 Viewpoint {
  position 25 5 15
  orientation 0 1 0 0.6
  fieldOfView 1.571
  description "View3"
}

DEF V4 Viewpoint {
  position 25 5 15
  orientation 0 1 0 0.6
  description "View4"
}

DEF V5 Viewpoint {
  position -40 1.6 -40
  orientation 0 1 0 3.6
  description "View5"
}

DEF V6 Viewpoint {
  position -40 1.6 -40
  orientation 0 1 0 3.6
  description "View6"
}

DEF V7 Viewpoint {
  description "View7"
  position -42 1.6 45
  orientation 0 1 0 5.4
}

    # 视点-导航信息的路由连接
ROUTE V2.isBound TO Nav2.set_bind
ROUTE V5.isBound TO Nav3.set_bind
ROUTE V6.isBound TO Nav4.set_bind
ROUTE V7.isBound TO Nav4.set_bind

    # 背景设置
Background {
  skyColor [0.1 0.2 0.6, 0.9 0.8 1,]
```

```
    skyAngle 1.571
  }

     # 场景中的造型
  Inline { url ["3_17.wrl",] }              # 台阶及地面
  Inline { url ["3_10.wrl",] }              # 柱列
  Anchor {                                  # 建筑物
    children [Inline { url ["3_06.wrl",] }]
    description   "初始视点 (V1)"
    url    ["#V1",]
  }
```


3.5.6 视点切换测试

当浏览器载入测试文件例 3–18 后，将呈现出第一个 Viewpoint 视点节点 V1 所定义的画面，见图 3–29。现在你在浏览器窗口中单击一次鼠标左键，然后通过键盘上的 PgDn、PgUp 键，则可在视点 V2 ~ V7 之间正向或反向切换。

图 3–29 测试场景中预置的 7 个视点

视点切换也可以通过 BS Contact VRML 浏览器的右键菜单（图 3–30）中的“视点”选项来进行，该选项中的“上一视点”、“下一视点”分别与 PgUp、PgDn 键是等效的。

在图 3–30 所示菜单选项中，列出了从“View2”到“View7”的 6 个视点，这些视点名称都是由 Viewpoint 节点 description 域中指定的。你也许注意到该菜单中没有包括视点 V1，这是因为 V1 节点的 description 域未指定一个名称，所以它未被列入“视点”选项中，也不能通过“上一视点”、“下一视点”选项，或者通过 PgDn、PgUp 键使之返回。

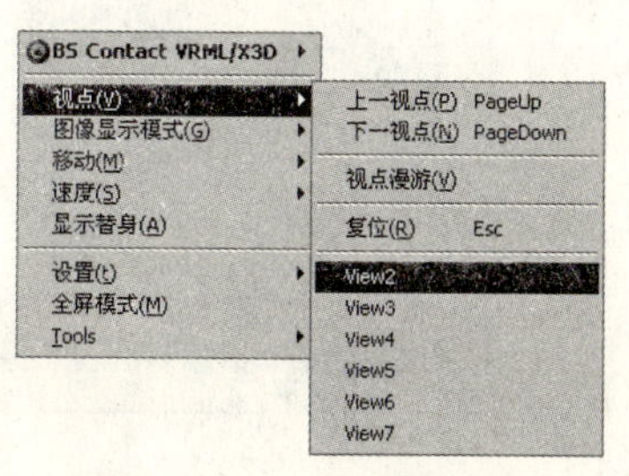

图 3–30 BS Contact 的右键菜单

对于本例中 V1 这样没有 description 域指定的视点，如果该视点为进入 VRML 场景时的初始视点（即排在最前面的视点，V1 即属于此种情形），那么可以通过图 3–30 所示菜单项中的“视点 / 复位”（或按 Esc 键）重新恢复到该视点位置；

如果该视点不是初始视点，则只有经过其他方式的 VRML 代码处理后，由场景中的交互事件（如鼠标点击）实现视点的切换。例如，本例中由于将建筑物造型被编入一个用来切换视点的 Anchor 节点中，所以当你在场景中任何位置点击建筑物时，视点就可以切换到图 3–29 所示的 V1 位置。

3.5.7 视域角效果测试

例 3–18 文件中的 V1 和 V2 这两个视点的位置和方向是完全相同的，其差别在于视域角 fieldOfView 域的指定。其中，视点 V1 的视域角为 0.314rad（即 18°），故产生相当于 135mm 中焦镜头效果（图 3–31）；视点 V2 使用缺省的视域角 0.785398rad（即 45°），故产生相当于一般标准镜头的效果。例 3–18 文件中另外两个视点 V3 和 V4 的差别也是在于 fieldOfView 域的指定。其中，视点 V3 的视域角为 1.571rad（即 90°），故产生超广角镜头效果；视点 V4 则使用缺省的视域角，所以产生一般标准镜头的效果。

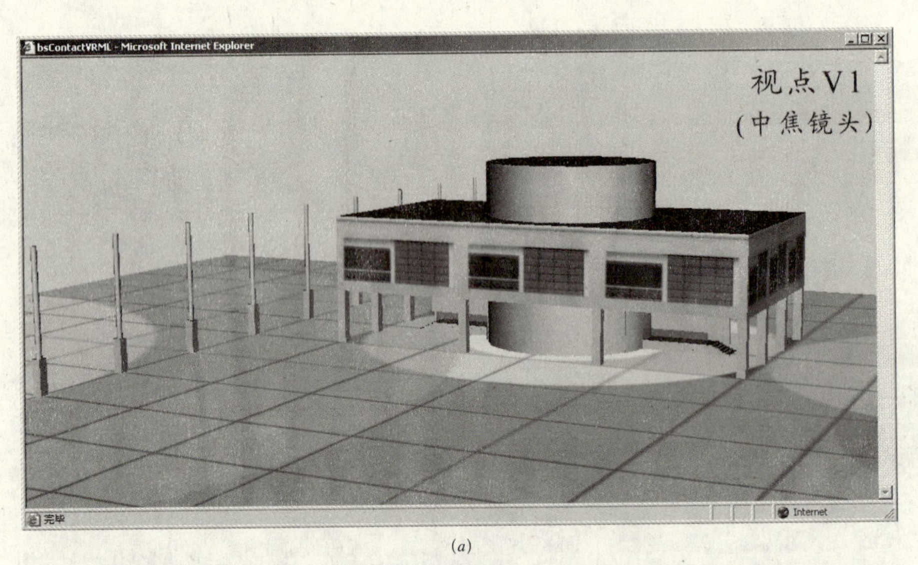

(a)

(b)

图 3–31 视域角测试效果（一）

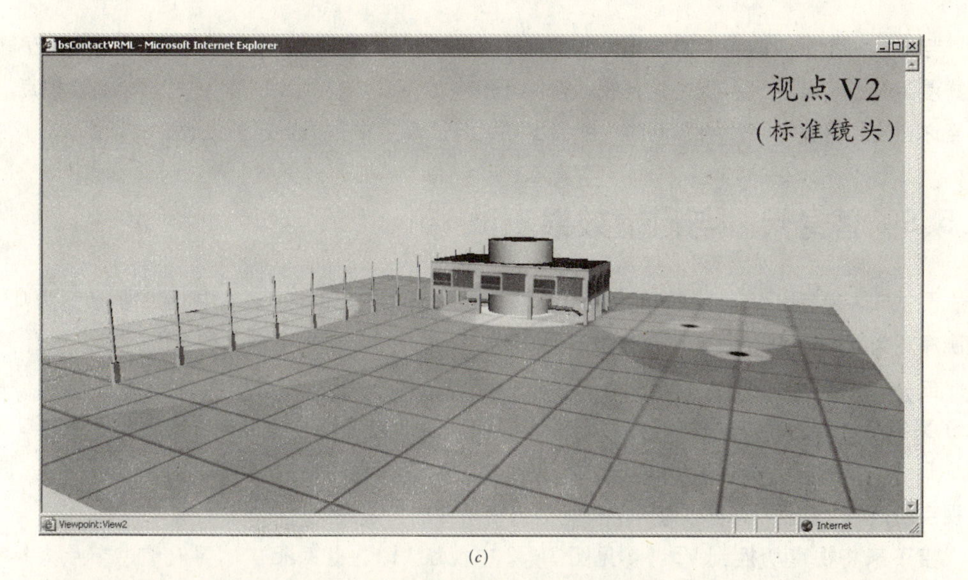

(*c*)

(*d*)

图 3–31　视域角测试效果（二）

3.5.8　视点与导航信息联动测试

当浏览器加载例 3–18 文件后，将首先激活排在最前面的视点 V1 和导航信息节点 Nav1。当视点切换到视点 V2 时，V2 通过路由连接同时激活 Nav2，此时的移动方式便改为“FLY”；而当视点 V2 退出时 Nav2 也跟着退出，导航信息随即恢复到最初 Nav1。本例中，视点 V1、V3、V4 对应的导航信息都是 Nav1，V2 对应 Nav2，V5 对应 Nav3，V6、V7 对应 Nav4。

视点与导航信息一般需要配合起来使用才能产生较好的效果。例如，V2 是一个鸟瞰视点，所以采用了 Nav2 节点中定义的“FLY”漫游方式更恰当；视点 V5、V6 和 V7 距地面的高度为 1.6，与同时被激活的信息节点中替身的视线高度是吻合的，故采用了更合适的“WALK”漫游方式。

与上述两个视点的漫游方式相比，视点 V1、V3、V4 对应的 Nav1 节点中，指定以“WALK”方式漫游并不十分恰当，因为这些视点都高于替身的视高，特别是 V1，更是一个鸟瞰视点，所以当你切换到这些视点后再移动时，就会出现替身从高空中坠下来这种较滑稽的场面。

3.5.9 替身尺寸与碰撞效果测试

测试文件例 3–17 在建筑物的首层增加了一组台阶和走廊的造型，其中，台阶的步高为 0.15，走廊净宽为 2.15。现在我们利用这组造型来测试替身尺寸及其对障碍物的反应。

先将视点切换到 V4（参见图 3–31 中视点 V4），此时相应的导航信息节点为 Nav1。由于 Nav1 采用了缺省的替身尺寸 [0.25，1.6，0.75]，这也就是说，替身允许通过的最小空间宽度为 0.5（0.25×2），高度为 1.6，允许跃上或跨过的最大障碍物高度（即步高）为 0.75。因此当视点切换到 V4 后，你可以毫无障碍地迈上台阶并进入走廊。

接下来将视点切换到 V5（参见图 3–32 中视点 V5），此时相应的导航信息节点为 Nav3。由于 Nav3 的 avatarSize 域值指定为 [1.3，1.6，0.75]，即：替身允许通过的最小空间宽度为 2.6（1.3×2），已经超出走廊的净宽。所以当视点切换到 V6 后，虽然可以跨上几步台阶，但无法进入走道。

接下来将视点切换到 V6（参见图 3–32 中视点 V6），此时相应的导航信息节点为 Nav4。在 Nav4 的 avatarSize 域中，替身的步高被改为 0.1，比台阶的步高低，因此无法跨上台阶。

3.5.10 替身视限测试

例 3–18 文件中的 V5、V6 两个视点除了 description 域不同之外，其他各域设置是完全一样的。但是，当 V5、V6 分别被激活时，同时也会相应地激活 Nav3 或 Nav4。在 Nav3 节点中，由于增加了视限域值的指定（visibilityLimit 60），因此当视点切换为 V5 时，便会发现柱列中远处的几个柱子消失了（参见图 3–32）；在 Nav4 节点中，视限域采用了缺省的无穷远设置（visibilityLimit 0），所以当视点切换为 V6 时，远处消失掉的柱子重新显示出来。

当视点切换为 V5 时，如果浏览者不断向远处的柱子靠近，则消失的柱子会随距离的接近而逐渐显

图 3–32 替身的视限测试效果

现出来；反过来，如果浏览者不断向后移动，并远离柱子、建筑物等对象，则这些场景物体将随距离的增加而逐渐消失。

THREE

3.5.11 漫游速度测试

例 3–18 文件中的 Nav3、Nav4 两个 NavigationInfo 节点分别指定了不同的漫游速度，其中，Nav3 中没有指定 speed 域（即使用缺省值 1），而 Nav4 中指定了 speed 域值为 4（即替身移动速度为每 1 秒 4 个 VRML 单位）。所以，当你将视点分别切换到 V5 和 V6 后再进行前、后、左、右的移动测试时，就会发现当视点为 V6 时，替身移动的速度要比视点 V5 时快了许多。

NavigationInfo 节点中指定的漫游速度还可以通过图 3–30 所示 BS Contact VRML 浏览器菜单中的“速度”选项进行加、减速的调节。“速度”选项中依次包括：最慢、慢、正常、快、最快 5 个选项，其实际速度分别为 NavigationInfo 节点 speed 域中指定速度的 1/4、1/2、2 和 4 倍。

3.5.12 场景信息测试

WorldInfo 节点中记录的信息以何种方式显示或进行其他处理，与具体的 VRML 浏览器以及脚本程序的设计有关。例如，在 BS Contact VRML 浏览器中，WorldInfo 节点的 title 和 info 域值将显示在由右键菜单“BS Contact VRML/虚拟场景信息”(图 3–33*a*)激活的“World Info”（图 3–33*b*）信息对话框中。而且这些信息的显示对 VRML 场景文件还有一个限制，就是 VRML 场景只能由单一文件构成，不允许有 Inline 节点插入的其他内容。这也就是为何将 WorldInfo 节点放在例 3–17 测试的一个原因。

现在你可以通过例 3–17 文件来测试 WorldInfo 节点，效果如图 3–33（*b*）所示。

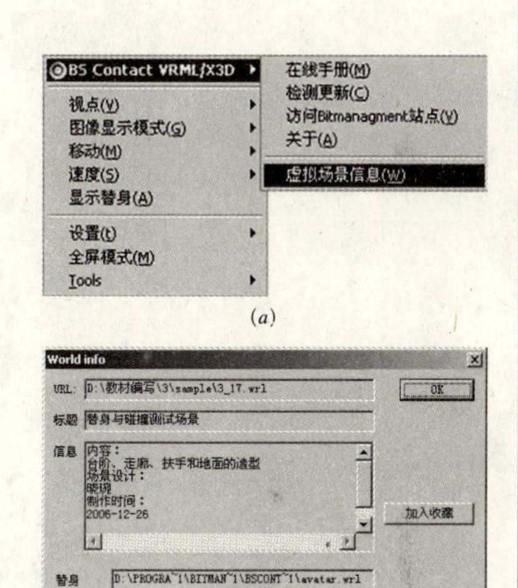

图 3–33 BS Contact VRML 浏览器中显示的 WorldInfo 信息

Modeling Tools and Methods
可视化建模

第4章 可视化建模

FOUR

本章概要

VRML虚拟建筑场景中的主体内容是大量的造型，而这些内容主要是通过各种可视化建模工具来完成的。在本章里，将讨论应用AutoCAD、SketchUp、3ds Max这些主流的可视化CAD建模软件，以及VrmlPad等辅助工具建构VRML虚拟建筑场景的方法。需要说明的是，上述主流CAD工具在建筑设计中应用已很普遍，且已有不少此类工具书的出版，因此，本章讨论的重点将集中于此类书籍中较少涉及到的VRML建模部分。

4.1 AutoCAD 建模工具

AutoCAD在国内建筑设计界可谓应用历史最长、用户最多的CAD软件。AutoCAD本身并不包含VRML功能，不过由于目前已有不少第三方软件商为之提供VRML输出器插件，使AutoCAD成为建构VRML虚拟建筑的一种可选择工具。在目前已出现的各种AutoCAD VRML输出器中，VRMLout for AutoCAD是性能最好的，本节将要讨论的AutoCAD VRML建模，主要是基于VRMLout功能的应用。

4.1.1 VRMLout for AutoCAD功能特点

VRMLout是由捷克AAC Solutions s.r.o.公司开发的一款基于AutoCAD13/14、AutoCAD2000～2006、Architectural Desktop和Mechanical Desktop的ARX应用程序。AAC Solutions s.r.o.公司官方网站（http://www.aac-solutions.cz/）目前还提供了该插件最新共享版本4.2.0的免费下载服务。

1）主要命令及功能

VRMLout 插件包括 5 个基本命令，其中：VRMLEXPORT 命令用于导出 VRML 模型文件；VRMLPROPS 命令用于补充定义 VRML 材料属性；VRMLOPTIONS 命令用于设置 VRML 坐标系、精度、缺省视点和背景等输出参数；VRMLHELP 命令用于显示 VRMLout 帮助信息；VRMLABOUT 命令用于显示 VRMLout 版权信息。在 4.1.3 节～4.1.5 节，将详细讨论其中最主要的 VRMLEXPORT、VRMLPROPS 和 VRMLOPTIONS 命令功能及操作方法。

2）实体的转换

测试表明，能被 VRMLout 正确导出为 VRML 模型的 AutoCAD 造型实体有以下类型：

（1）通过一定厚度或宽度设置即可产生 2D 面的效果的 2D 线型实体。测试表明：这类实体中除了圆弧工具产生的 ARC 实体不能被正确导出以外，其他工具，如直线、多段线、正多边形、矩形、圆、修订云线等工具创建的实体皆可被正确导出。

（2）具有 2D 面效果的 2D 实体。如二维填充工具（SOLID 命令）创建的 SOLID 实体；采用图案填充工具（HATCH 或 BHATCH 命令）并使用 SOLID 图案时产生的 HATCH 实体。

（3）REGION 实体以及基于 REGION 的 3DSOLID 实心体。创建此类实体的工具包括：面域、长方体、圆柱体、球体、楔体、圆锥体和圆环。此外，通过使用拉伸（extrude 命令）或旋转（revolve 命令）得到的也是 3DSOLID 实心体。

（4）3D FACE 实体以及基于 3D FACE 的各种曲面实体。创建此类实体的工具包括：三维面，长方体表面，楔体表面，棱柱面，圆锥面，球面，上、下半球面、圆环面，三维网格，旋转曲面，平移曲面，直纹曲面和边界曲面。

3）Shape 造型特性

AutoCAD 模型导出为 VRML 模型之后，原 AutoCAD 中每个独立的实体相应地转化为 VRML 中的 Shape 造型。Shape 造型的几何构造类型全部为 IndexedFaceSet 节点（面构造）形式；外观材料的漫反射颜色由 AutoCAD ACI 颜色（即 AutoCAD 索引颜色）指定，而材料的其他属性需要通过 VRMLout 提供的 VRMLPROPS 命令指定。VRMLout 不支持 AutoCAD 渲染菜单中提供的纹理和材料的转换。

4）造型编组处理

VRMLout 将 AutoCAD 图形实体转化为 VRML 的 Shape 造型之后，会通过 Transform 节点对这些 Shape 节点进行编组处理，并自动为这些 Transform 编组提供缺省命名。这些 Transform 编组形成三级嵌套的编组结构，它们是：

（1）位于造型编组最底层的是实体级编组。实体级编组以 AutoCAD 实体（包括块）为造型单位，每一个 AutoCAD 实体相应地转换为一个 Transform 编组以及包含在该编组中的 Shape 造型。实体级编组通常会按原 AutoCAD ObjectARX 实体类型名称来命名。

（2）位于造型编组中间层的是图层级编组。图层级编组以实体所在的图层为单位，将处于同一图层的所有实体级编组用 Transform 节点合编在一起。实体级编组通常会按原 AutoCAD 实体所在的图层名称来命名。

（3）位于造型编组最顶层的是模型级编组。模型级编组以所有导出的造型为单位，将全部的图层级编组用 Transform 节点合编在一起。模型级编组通常会按原 AutoCAD 图形文件名称来命名。

5）曲面造型的分面处理

AutoCAD 模型是精度很高的模型，当具有曲面效果的 3DSOLID、LWPOLYLINE 和 CIRCLE 实体导出为 VRML 模型时，VRMLout 会依据实体类型进行不同的分面处理：对于 3DSOLID 实体，导出后的表面分面数取决于 AutoCAD 系统变量 FACETRES 的设置（有效范围为 0.01 ～ 10，缺省值为 0.5），该值设置越小，分面数就越多，曲面越显光滑；对于具有厚度或宽度的多段线（LWPOLYLINE 实体），导出后的表面分面数取决于实体的绝对尺寸（例如半径分别为 10、30、50 的整圆弧，其分面数分别为 9、16 和 21）；对于具有厚度的圆（CIRCLE 实体），导出后的表面分面数总是保持 33。

4.1.2　VRMLout 的安装及加载

在 AAC Solutions s.r.o. 公司官方网站（http://www.aac-solutions.cz）中下载 VRMLout 插件，你会得到一个名为“vrmlexport.msi”的安装包文件，双击该文件并遵照向导提示即可顺利完成插件的安装。当插件安装完毕后，你可以启动 AutoCAD，这时你会发现绘图界面中会新增一个标题为“VRML”的浮动工具条（图 4-1）。

图 4-1　VRMLout 工具条

VRMLout 是 AutoCAD 的外部程序，只有当 AutoCAD 中加载了 VRMLout 的主程序文件 VrmlExportUi.arx 后，相关命令才会有效。主程序文件位于 VRMLout 插件安装文件夹中，安装文件夹的缺省名称为 VrmlExport2006。

启动 AutoCAD 之后，可按以下步骤完成 VRMLout 的加载：

（1）选择下拉菜单“工具 / 加载应用程序…”（或命令行：APPLOAD），打开“加载 / 卸载应用程序”对话框，见图 4-2（*a*）。

（2）在“查找范围”栏中，将路径选择为 VRMLout 的安装文件夹“VrmlExport2006”；在文件列表框中选择 VrmlExportUi.arx 文件，点击“加载”。

上述加载方法只能使 VRMLout 在当次 AutoCAD 启动中有效，如果希望以后每次启动 AutoCAD 时能自动完成插件的加载过程，则可继步骤（1）之后，接着进行下面的步骤。

（3）点击“加载 / 卸载应用程序”对话框右下方的“内容…”按钮，打开“启动组”对话框，见图 4-2（*b*）；再点击“添加…”，将打开一个文件选择对话框（图 4-2*c*）。

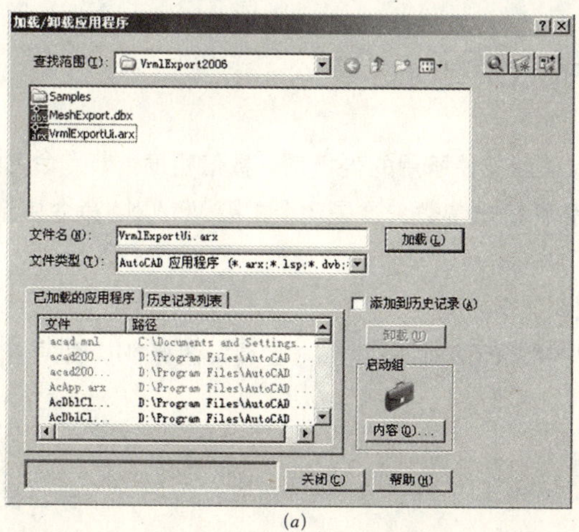

（*a*）

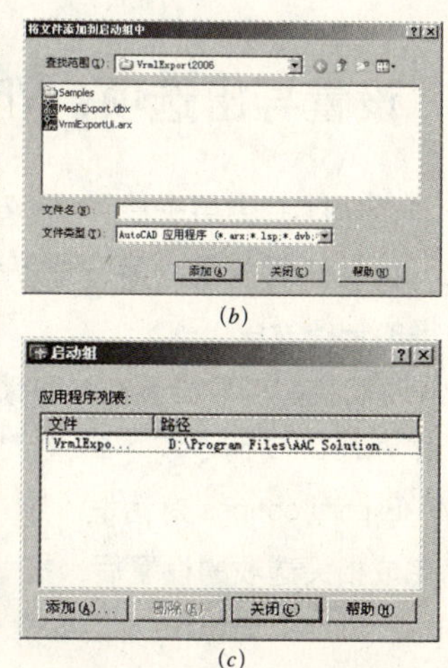

（*b*）

（*c*）

图 4-2　AutoCAD 加载 / 卸载应用程序对话框

（4）在“将文件添加到启动组中”对话框中（图 4-2c），选择 VrmlExportUi.arx 文件后，按“添加”按钮，则该文件会出现在“启动组”对话框的文件列表中。

（5）依次点击“启动组”和“加载/卸载应用程序”对话框中的“关闭”按钮，即完成自动加载 VRMLout 的设置。

4.1.3 设置材料属性：VRMLPROPS 命令

当你在 AutoCAD 中完成一般建模工作之后，就可以调用 VRMLout 的 VRMLPROPS 命令为 AutoCAD 造型实体添加一些 VRML 材料特性。该命令将按 AutoCAD 中 ACI 颜色指派的实体绘图颜色来导出 Shape 造型的材料漫反射颜色，如果 AutoCAD 实体采用真彩色绘制，则 VRMLout 会用一个与之最接近的 ACI 颜色替代。

为 AutoCAD 造型实体添加 VRML 材料特性，可采取以下步骤：

（1）在 AutoCAD 命令行中输入“VRMLPROPS”命令（或点击工具条图标），AutoCAD 即转为实体选择状态，此时你只能从视口中单选一个实体。

（2）当实体选择结束后，AutoCAD 随即打开如图 4-3 所示 VRML Material properties 对话框。你可以在该对话框中完成材料属性的设置，然后按“OK”退出 VRMLPROPS 命令。

下面简要说明图 4-3 所示材料属性对话框中各选项的功能：

（1）Specular：对应于 Material 节点的 specularColor 域，用于设置镜面反射颜色。点击左侧的颜色块，即可打开 Windows 的“颜色”选择对话框，从中可直观地选择需要的颜色。

（2）Emissive：对应于 Material 节点的 emissive-Color 域，用于设置自发光颜色。

（3）Ambient：对应于 Material 节点的 ambientInt-ensity 域，用于设置环境光强度。可通过右侧的滑标或中间的文本框输入环境光强度值。

（4）Shinines：对应于 Material 节点 shininess 域，用于设置光泽度。

（5）Transparency：对应与 Material 节点的 trans-parency 域，用于设置透明度。

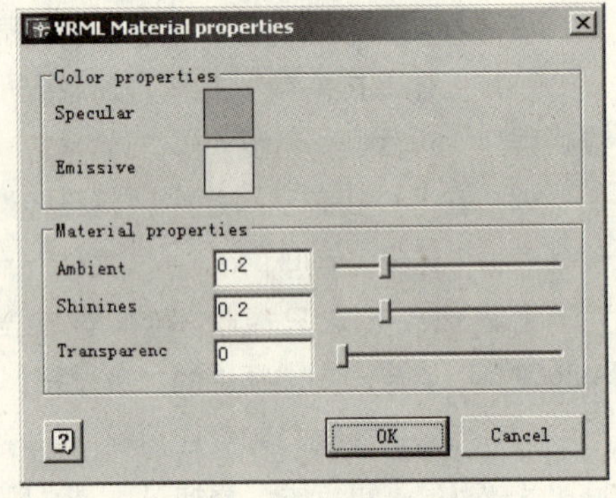

图 4-3 VRML 材料属性对话框

4.1.4 设置导出选项：VRMLOPTIONS 命令

VRMLOPTIONS 命令用于设置 VRML 模型文件所用的坐标系、数值精度、节点命名结构、文件的压缩，以及缺省的视点和背景等各种输出参数，这是 3 个主要 VRMLout 命令中选项最多，也是最关键的一条命令。

设置 VRML 模型的导出参数，可采取以下步骤：

（1）在 AutoCAD 命令行中输入“VRMLOPTIONS”（或点击工具条图标），即可打开图 4-4 所示 VRML Export options 对话框。

（2）完成相关选项的设置后，按“OK”退出 VRMLOPTIONS 命令。

在 VRML Export options 对话框中，包括 Geometry、Format 和 Advanced 三个标签栏。下面分别说明三个标签栏中的各种选项功能。

1）Geometry 标签栏

Geometry 标签栏（图 4–4）用来设置造型物体的输出参数。

（1）Crease：设置表面平滑处理的转折角。

（2）Flip YZ coordinates：若勾选，则互换 Y 和 Z 轴，使之符合 VRML 空间规则。

（3）Scale：为输出的场景设置比例因子。由于 VRML 更倾向于以 m（米）为单位，如果你在 AutoCAD 中使用 mm 单位建模，该选项就特别有用。

（4）No transformation：若选择此项，则不进行坐标变换，直接按世界坐标系输出造型。

（5）Transform to UCS coordinates：将当前的用户坐标系输出为 VRML 的世界坐标系。

（6）Center objects：创建一个以输出物体几何中心为原点且与世界坐标系相平行的新坐标系，并将该坐标系输出为 VRML 世界坐标系。

（7）Precision：设置 VRML 文件中数值须保留的小数点位数。

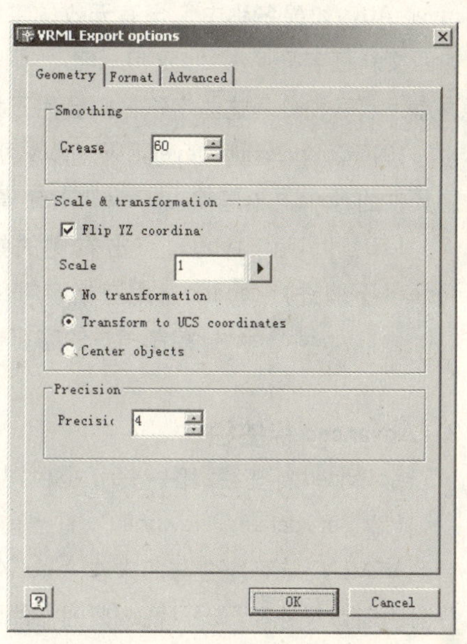

图 4–4　参数对话框的 Geometry 标签栏

2）Format 标签栏

Format 标签栏（图 4–5）用来设置造型编组的命名结构、文件压缩、代码缩排等参数。

（1）Entity prefix：预置实体级编组节点名的前缀。

（2）Include entity type：使实体级编组节点名中包含 AutoCAD 实体类型名称。

（3）Include entity handle：使实体级编组节点名中包括实体的句柄。

（4）Include entity layer：使实体级编组节点名中包括实体的图层名。

（5）Layer prefix：预置图层级编组节点名的前缀。

（6）Filename：以 AutoCAD 图形文件名作为顶层模型级编组节点名。

（7）Custom：使用自定义名称作为最顶层的模型级编组节点名。若选中该项，将使右边的“Custom name”输入框变为有效。

（8）Custom name：输入预置自定义模型级编组节点名。

如果 Entity name options 栏中的 4 个选项都已设置，则实体级编组的节点名称最终将按照“实体前缀_图层名_ObjectARX 类型_句柄”的格式排列，例如实体级编组节点“Entity_0_AcDbPolyline_B1”。如果图层前缀 Layer prefix 栏被指定，则图层级编组的节点名称最终将按照“图层前缀_图层名”格式排列。例如图层级编组节点 Layer_wall。

上述命名规则有一些例外：由于 VRML 中的节点名不允许以阿拉伯数字开始，如果 VRMLout 在输出过

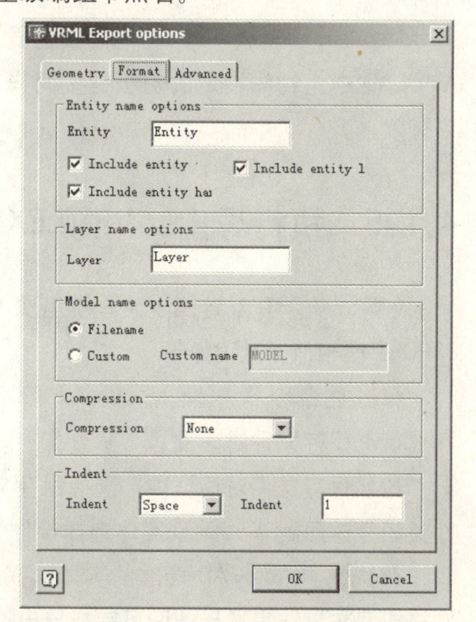

图 4–5　参数对话框的 Format 标签栏

程中检测出以数字开始的节点名称，则会自动在这些节点名之前加上前缀 A；对于图层级编组，如果图层名是阿拉伯数字开始的，则无论是否指定了图层前缀，图层名前都会加上前缀 A，如 Layer_A0；如果名称中包含有无效的字符或汉字，则会用该字符相应的十进制表示法代替，例如西文斜杠字符“/”和汉字“墙”，则分别用“47”和“199”取代；名称中若有空格或西文的逗点、点号和分号这些字符，则会用下划线字符“_”代替。

(9) Compression level：VRMLout 可用 GZIP 格式压缩 VRML 文件。点击右侧的按钮，可任选其中的 None（不压缩）、Default（缺省压缩）和 Maximum（最大压缩）。

(10) Indent type：点击右侧的按钮可选择 VRML 文件代码字符的缩进方式，包括 none（不缩进）、space（用空格字符缩进）和 tab（用制表符缩进）3 个选项。

(11) Indent size：控制缩进的字符数目。

3) Advanced 标签栏

Advanced 标签栏（图 4–6）提供视点、背景颜色、超级链接等附加选项。

(1) Set default viewpoint：按当前 AutoCAD 活动视口的方位设置 VRML 缺省的视点。转换后的 VRML 视点可能会与原来在 AutoCAD 活动视口中看到的有所不同，它主要取决于 AutoCAD 界面的窗口尺寸和 FOV（视域范围）的设置。

(2) Enable background：勾选该项，则基于天空和地面颜色的背景将会输出到 VRML 场景文件中。可分别点击 Sky 和 Ground 右侧的颜色块来指定天空和地面背景的颜色。

(3) Enable material reuse：启用该选项，可使 Shape 造型通过“USE”关键字引用前面具有相同材料定义的外观节点，这样可减少导出的 VRML 文件的长度。

(4) Include hyperlinks：启动该选项，可使原来在 AutoCAD 中为物体指定的超级链接同样在 VRML 场景中有效。

(5) Include hyperlinks：启动该选项，可使原来在 AutoCAD 中为物体指定的超级链接同样在 VRML 场景中有效。

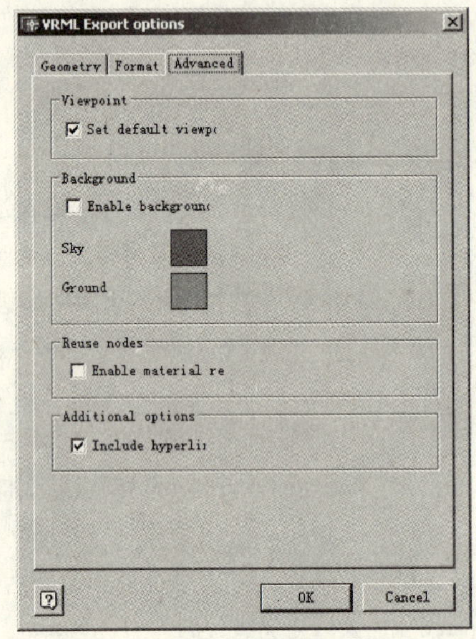

图 4–6 参数对话框的 Advanced 标签栏

4.1.5 执行导出：VRMLEXPORT 命令

VRMLEXPORT 为导出 VRML 模型文件的命令，命令的操作与 AutoCAD 标准的导出命令 EXPORT 很相似，过程如下：

(1) 在命令行中输入“VRMLEXPORT”（或者点击工具条图标），会打开一个典型的 Windows 保存文件对话框。

(2) 保存文件对话框中，选择保存文件的路径并输入文件名，然后按“保存”，对话框将随即关闭并返回到 AutoCAD 实体选择操作状态。

(3) 使用 AutoCAD 标准的实体选择方法，选择需要导出的 AutoCAD 实体；使用鼠标右键，空格或回车键结束选择，即可完成导出操作。

4.2 AutoCAD 建模实例

本节将通过一个建模实例来说明用 AutoCAD 和 VRMLout 插件建构 VRML 虚拟建筑模型的方法和特点。

4.2.1 AutoCAD 原始模型

图 4–7 显示了 AutoCAD 环境中的一个建筑模型（Drawing1.dwg 文件），该模型中造型对象的创建应用了 AutoCAD 中最典型的实体类型，其中：

（1）建筑及其室内部分：曲面墙体为基于 3D FACE 的直纹曲面（POLYLINE 实体）；屋顶玻璃面为 3D FACE；建筑的梁和柱，以及室内的展板隔断、座椅，均为具有厚度和宽度的多段线（LWPOLYLINE 实体）；轴线中心的背景墙为长方体（3DSOLID 实体），并进行了布尔差集运算；地面采用多段线绘制，然后通过面域工具装换成 REGION 实体。

（2）建筑室外部分：轴线采用了构造线（XLINE 实体），轴线上放置的圆锥体为 3DSOLID 实体；圆锥体旁边有一段半圆弧形矮墙为圆弧（ARC 实体）；环绕圆锥体造型及半圆弧形矮墙周围的曲线形地面装饰采用 0 厚度，但有宽度设置的多段线；轴线两侧的柱列为有厚度的圆（CIRCLE 实体），柱列后面的折形墙为有厚度的直线（LINE 实体）；不规则的地面采用多段线绘制，然后通过面域工具装换成 REGION 实体。

为方便造型实体颜色的指定和造型的自动编组，在 Drawing1.dwg 文件中设置若干个图层，并分别为这些图层指定了 ACI 颜色。其中：

（1）qiang 层：包括两个弧形墙面，采用 7 号白色；

（2）boli 层：为屋顶玻璃，采用 173 号蓝灰色；

（3）dimian_w 层：为室外地面，采用 83 号绿灰色；

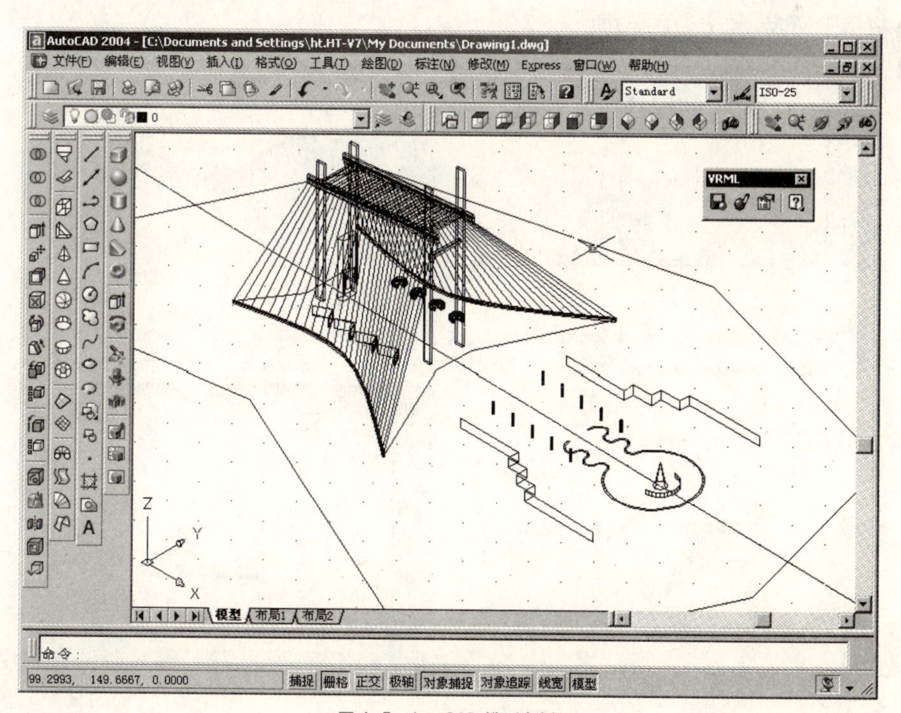

图 4–7 AutoCAD 模型实例

（4）dimian_n 层：为室内地面，采用 57 号深灰绿色；

（5）zuoyi 层：包括室内座椅，采用 41 号中黄色；

（6）zhanban 层：为室内展板隔断，171 号蓝色；

（7）0 层：包含其余实体，7 号白色。

4.2.2 添加 VRML 材料属性

现在我们通过 VRMLout 工具为 Drawing1.dwg 文件中的造型添加一些 VRML 材料属性，步骤如下：

（1）点击 VRMLout 工具栏按钮调用 VRMLPROPS 命令，并选择圆锥体；在打开的 VRML Material properties 对话框中点击 Emissive Color（自发光颜色）色块，打开 Windows 颜色对话框；将亮度设为 100 后按“确定”返回 VRML Material properties 对话框，然后再点击“OK”。

（2）重复 VRMLPROPS 命令，并选择曲线墙面；在打开的 VRML Material properties 对话框中点击 specular Color（高光颜色）色块，打开 Windows 颜色对话框；将亮度设为 240 后按“确定”返回，然后再点击“OK”。

（3）按步骤（2）同样的方法修改另一个曲线墙面的高光颜色。

（4）重复 VRMLPROPS 命令，选择屋顶面玻璃，将 Transparency 调为 0.3，然后按“OK”。

4.2.3 创建 AutoCAD 命名视口

创建 AutoCAD 命名视口有两个作用：一是为了产生缺省的 VRML 场景浏览视点；二是运用视点的坐标值布置 VRML 光源。现在按图 4–8 所示方位角度，用 AutoCAD 的 VPOINT 和 VIEW 命令分别创建 3 个命名视口，3 个视口分别保存为 Viewpoint、Light1 和 Light2。其中 Light1 和 Light2 将用于 VRML 点光源的定位。

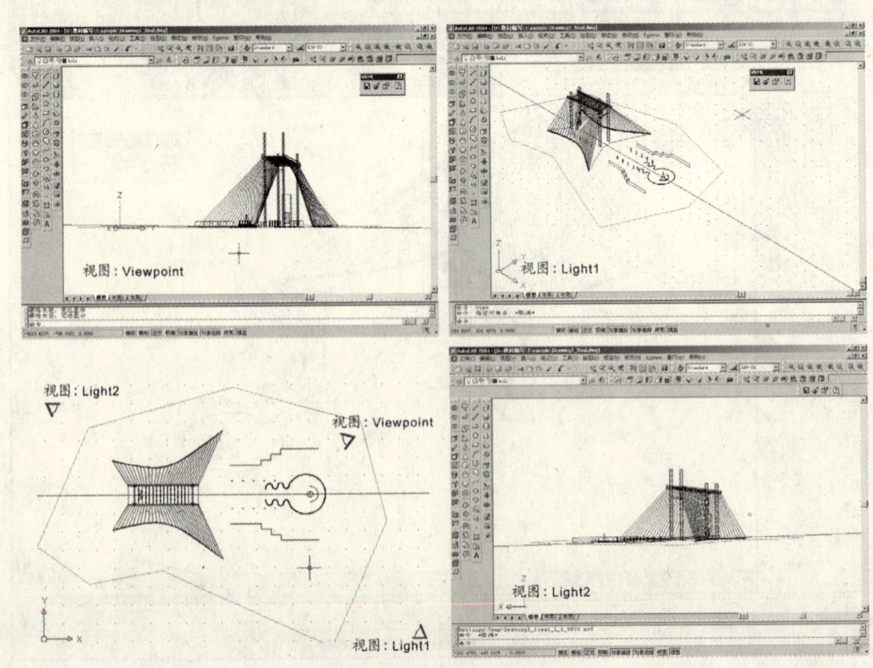

图 4–8　创建 AutoCAD 视口

4.2.4 设置 VRML 导出选项

接下来按以下步骤设置 VRML 导出选项：

(1) 点击按钮调用 VRMLOPTIONS 命令，打开 VRML Export options 对话框。

(2) 在 Geometry 标签栏，将 Crease 置为 60；勾选 Flip YZ coordinates 选项使之符合 VRML 空间规则；Scale 为 1 以保持比例不变；选择 No transformation 以保持与 AutoCAD 世界坐标系一致，Precision 设为 3 使数值保留三位小数。

(3) 在 Format 标签栏，将 Entity prefix（实体名前缀）预置为 Entity，并勾选 Include entity type、Include entity handle 和 Include entity layer；将图层名前缀预置为 Layer，其他采用缺省设置。

(4) 在 Advanced 标签栏，勾选 Set default viewpoint、Enable background、Enable material reuse 这 3 项；点击 Sky color 颜色块，在打开的 Windows 颜色对话框中，将颜色 RGB 值分别设为 106、160 和 234 后按"确定"返回，然后再按"OK"。

4.2.5 导出 VRML 文件

在前面的 VRML 导出选项设置步骤（4）中，由于勾选了 Advanced 标签栏中的 Set default viewpoint，此意味着让 VRMLout 以 AutoCAD 的当前视口为参考自动创建一个视点。为了在浏览时能迅速发现目标，当前视口最好是以相机动态视点、或者如图 4-8 中所示的三维轴测视口。当采用多视口方式绘图时，应确信上述视口保持活动状态。

接下来分别以 Viewpoint、Light1 和 Light2 作为当前视口，导出 3 个文件：

(1) 执行 VIEW 命令，将 Viewpoint 置为当前视口；点击按钮调用 VRMLEXPORT 命令；在保存文件对话框中，选择好保存路径并输入"Drawing1.wrl"文件名，然后按"保存"；在 AutoCAD 提示"选择对象"状态下，选择全部物体（在命令行输入"all"），然后按回车键（或鼠标右键、空格键），Drawing1.wrl 文件随即会被导出。

(2) 执行 VIEW 命令，将 Light1 置为当前视口；再次调用 VRMLEXPORT 命令，并以 Light1.wrl 为文件名保存文件；在对象选择状态下，可任选一个物体（如地面），然后再按回车键导出 Light1.wrl 文件。

(3) 按步骤（2）类似的方法，以 Light2 为当前视口导出 Light2.wrl 文件。

上述步骤中的（2）和（3），仅仅是为了获取这两个 VRML 文件中视点的坐标值。

4.2.6 浏览 VRML 代码及场景

现在我们可以先用 VrmlPad 打开刚刚导出的 Drawing1.wrl，以了解 VRMLout 导出 VRML 造型的代码结构，如图 4-9 所示。

在 VrmlPad 的代码编辑栏，你会看到在文件头之后增加了 3 行注释信息，说明了该 VRML 模型的生成工具、版本以及生成的时间；在 VrmlPad 的场景树中，你会看到一个视点节点、一个背景节点和一个名为 Drawing1 的 Transform 编组节点，从 AutoCAD 中导出的造型全部包含在 Drawing1 编组之中，Drawing1 代表了最顶层的模型级编组。现在点击场景树中 Drawing1 编组前的展开标记⊞，则可以逐级展开图层级编组。如原 AutoCAD 模型 0 图层中的实体编组 Layer_A0，boli（玻璃）图层编组 Layer_boli，qiang（曲面墙）图层 Layer_qiang 等。若继续点击这些图层级编组前面的折叠标记，则可进一步显示最底层的实体级编组。如 Layer_boli 编组中的实体级编组 Entity_boli_AcDbFace_1B1 等。可见，这些编组节点的命名结构完全遵循了在前面的导出选项中所作的名称前缀设置。

在 VrmlPad 代码编辑栏中，你还可以对照查看一下 VRMLout 导出选项中的精度、代码缩进、平滑角度等设置对 VRML 代码所产生的影响。

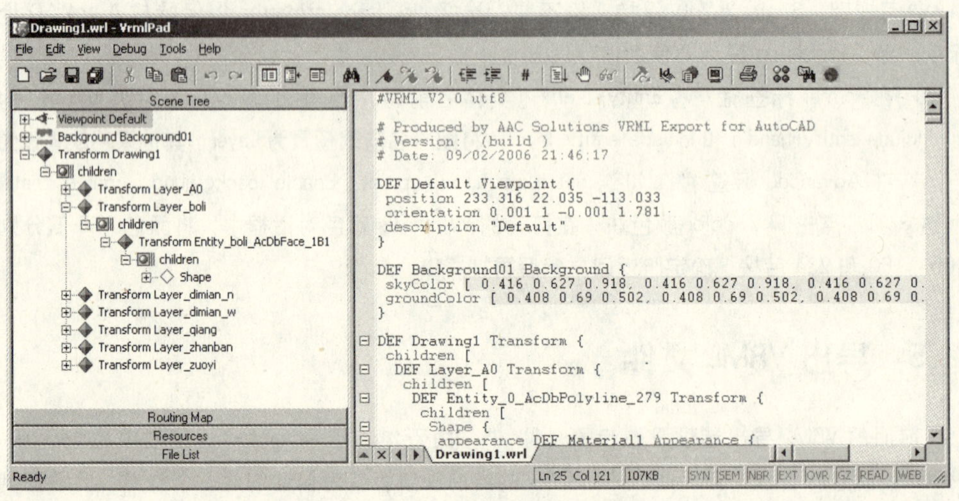

图 4–9 VrmlPad 中显示的代码结构

现在点击 VrmlPad 中的预览图标并选择其中的 bsCintactVRML 开始预览，场景效果如图 4–10 所示。

预览场景后你会发现：本例中除用了构造线（XLINE 实体）绘制的轴线以及用圆弧（ARC 实体）绘制的半圆弧形矮墙外，其他 AutoCAD 实体均被成功输出；在所有输出的造型中，原先在 AutoCAD 中用多段线（LWPOLYLINE 实体）绘制曲线造型，如弧形座椅、地面装饰等，在转换为 VRML 造型后会因为曲面分段数太少而显得极其粗糙，而采用 CIRCLE、3D FACE、3DSOLID 和 REGION 实体来构造曲线造型，则效果会较好。此外，由于 VRMLout 输出器不能支持 AutoCAD 渲染菜单中提供的光源对象，因此导出的 VRML 场景只能依靠浏览器提供的头灯来照明，而这种照明效果往往是不佳的。

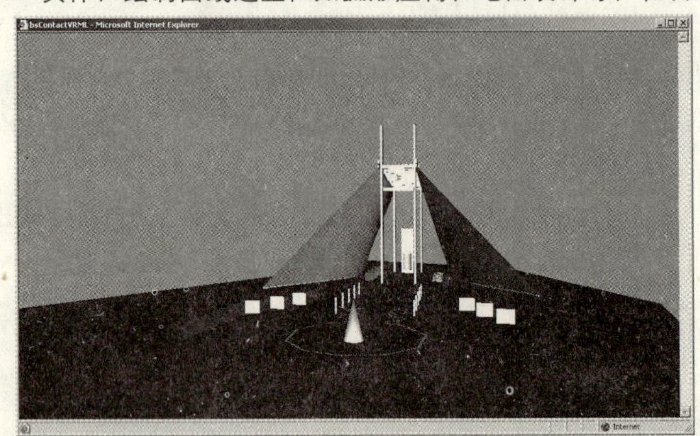
图 4–10 从 AutoCAD 中导出的 VRML 场景

4.2.7 添加场景照明

下面我们通过在 Drawing1.wrl 文件中添加光源节点的方法来改善场景照明效果，而其中的难点是如何确定光源的 3D 坐标值。在前面导出 VRML 文件的步骤中，我们曾另外导出了 Light1.wrl 和 Light2.wrl 两个文件，实际上我们仅仅需要利用这两个文件中的 Viewpoint 节点 position 域值来定位主、辅光源。由图 4–8 可知：视口 light1 位于建筑的前上方，视口 light2 位于建筑后方偏下的位置，所以可以用 light1 节点的 position 域值来定位主光源，light2 节点的 position 域值定位辅助光源。为了使添加和修改过程更有条理，我们将那些与修改有关的 VRML 对象放在一个新建的 VRML 文件中，然后再用行插入方法将其他的场景对象内联进来。

现在按下述步骤创建新文件：

（1）在 VrmlPad 中新建一个 VRML 文件；打开 Drawing1.wrl 文件，将该文件中的 Viewpoint、Background 两个节点拷贝出来，并粘贴到新建的 VRML 文件中。

（2）在新建的 VRML 文件中用 2 个 PointLight 节点（可先用缺省值）分别创建主、辅光源；添加 "NavigationInfo {headlight FALSE }" 代码，以关闭浏览器头灯。

（3）打开 Light1.wrl 和 Light2.wrl 文件，分别将两个文件中的 Viewpoint 节点 position 域值拷贝出来，然后依次粘贴到新建 VRML 文件新增的两个 PointLight 节点的 location 域中；将两个 PointLight 节点 radius 域值均指定为 400；在使用了 Light2.wrl 文件 position 域值的 PointLight 节点中，增加 "intensity 0.3" 域的指定以降低光照强度，使之作为辅助照明。

（4）添加 "Inline{url "Drawing1.wrl" }" 代码，将原场景 Drawing1.wrl 插入进来。

（5）将新文件存盘。（新文件将作为主场景文件，应注意将它放在与 Drawing1.wrl 文件一致的路径中）

按上述步骤编辑后的新建 VRML 文件代码如下面的例 4–1，相应的效果如图 4–11 所示。

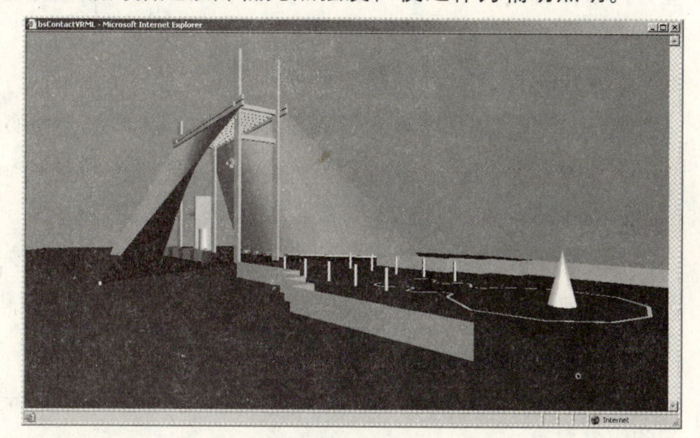

图 4–11　添加场景照明后的效果

[例 4–1]

```
#VRML V2.0 utf8

DEF Default Viewpoint {                 # 原“Drawing1.wrl”中视点
  position 233.316 22.035 -113.033
  orientation 0.001 1 -0.001 1.781
  description "Default"
}
DEF Background01 Background {          # 原“Drawing1.wrl”中背景
  skyColor [ 0.416 0.627 0.918, 0.416 0.627 0.918, 0.416 0.627 0.918]
  groundColor [ 0.408 0.69 0.502, 0.408 0.69 0.502, 0.408 0.69 0.502]
}

PointLight {                           # 主光源，用“Light1.wrl”中的视点定位
  location  331.734 86.031 64.648
  radius 400
}
PointLight {                           # 辅光源，用“Light2.wrl”中的视点定位
  location  -133.915 11.909 -339.649
  radius  400
  intensity  0.3
}
NavigationInfo { headlight FALSE }

Inline { url ["Drawing1.wrl",] }
```

4.3 SketchUp 建模工具

SketchUp 是一种操作简便，功能强大的建筑构思与表达的工具。值得注意的是，SketchUp 自带有 3D 模型输出器，不仅能将 SketchUp 模型导出为 DWG、DXF、3DS 等几种常规的 3D 格式，而且也能导出 VRML 模型（须注意：某些 SketchUp 汉化版本在转换 SketchUp 模型为 VRML 文件后一般都存在代码丢失的现象，因此建议使用英文版）。

4.3.1 SketchUp VRML Exporter 功能

SketchUp 的虚拟现实建模功能，取决于它自带的 VRML 输出器对 SketchUp 模型的转换处理能力。下面讨论 SketchUp VRML Exporter 处理 VRML 模型时的一些特点。

1）实体的转换

VRML Exporter 只能转换非隐藏状态下的 SketchUp 造型实体，包括以下类型：

（1）线实体，包括 Edge、Polygon、Circle、Arc 和 Curve。可通过输出器选项设置来决定是否导出这些线实体。

（2）面实体，包括 Face、Surface，以及通过 Import 命令从外部导入的 2D 图像 Image 对象。SketchUp 中的面具有内、外两层，导出后的造型同样包含有内、外两层面。

（3）组件和组。以上述线、面实体为基础，通过 Make Component 或 Make Group 命令编成的组件（Component）或组（Group）对象；通过 Import 命令或 Components 对话框从外部插入进来的组件对象。

2）Shape 造型特征

SketchUp 实体转换为 VRML 的 Shape 造型的几何构造有 IndexedLineSet（线构造）和 IndexedFaceSet（面构造）两种节点形式。对于诸如 Edge、Polygon、Circle、Arc 和 Curve 之类线型实体，转换后皆为 IndexedLineSet 类型；对于诸如 Face、Surface 和 Image 之类的面实体，转换后同时包含描述表面的 IndexedFaceSet 类型和描述线框的 IndexedLineSet 类型。

不同的 SketchUp 实体类型，在转换之后可能会产生数量不等的 Shape 造型。如果原始实体为 Polygon、Circle、Arc 和 Curve，转换后皆被分解为独立的直线段，每个直线段对应一个 Shape 造型；如果原始实体为 Face、Surface 和 Image，转换后会分割为若干独立的三角面或四角面，以及包围这些面的线框（也是被分解的）。与原始实体一样，转换后的面包含内外两层结构，每个独立三角面、四角面以及被分解的线框各自对应一个 Shape 造型。

至于外观，直至最新版本 SketchUp5 仍只包括材料漫反射颜色、透明度和纹理定义，SketchUp 自带的 VRML Exporter 可以将其中的材料漫反射颜色和纹理正确导出到 Shape 造型之中，但是输出器不能将 SketchUp 中定义的材料不透明性（Opacity）转换为 VRML 材料中的透明性（transparency）的指定，也不提供诸如光泽度、自发光、镜面反射等这些针对 VRML 材料的额外选项。在 SketchUp 中定义的材料名称在转换后会有所改变。如果原始材料仅由颜色构成，转换后的外观名称会加上前缀“COL_”；如果原始材料中包括纹理，则转换后的外观名称会加上前缀“TEX_”；如果原始材料名称中包括空格，则会用下划线替换。

3）造型编组处理

SketchUp VRML 输出器能根据原始模型的结构特点对 Shape 造型进行编组处理，其方式如下：

（1）如果 SketchUp 中的原始对象为 Component（组件）、Group（组）或 Image（2D 图像），则转换之后将分别对应一个 Transform 编组节点；在每个 Transform 的 children 域中，都只包括一个 Group 节点，而在 Group 节点 children 域中，才会包含组成 SketchUp 的组件、组或 Image 对象的多个 Shape 节点。

（2）如果原始的组件、组对象中还嵌套着子级的组件、组或 Image 成分，则这些成分也是按上述同样的方式形成子级 Transform 节点，这些 Transform 节点与其他的 Shape 节点将并列放置于父级 Group 编组节点的 children 域。

（3）如果 SketchUp 中的原始对象为独立的 Edge、Polygon、Circle、Arc、Curve、Face、Surface 成分，则 VRML 输出器直接以 Shape 节点的形式描述这些对象，而不提供额外的编组处理。但如果在导出 VRML 模型前勾选了输出器选项中的 Use VRML Standard Orientation（即互换 Y 和 Z 轴，使之符合 VRML 空间规则），则这些 Shape 节点会连同原始的组件、组或 Image 对象所对应的 Transform 节点一起放置于一个 Transform 节点的 children 域，形成一个模型级的编组；否则，这些 Shape 和 Transform 节点将直接放置于 VRML 场景树的根部。

（4）SketchUp VRML 输出器不会为原始的组件、组和 Image 对象所对应的 Transform 编组提供缺省名，但会为 Transform 的 children 域中这个唯一的 Group 节点提供缺省命名，其命名方式为：①如果原始对象为 Component，则 Group 节点名是以“CMP_”开头，以一个阿拉伯数字序列号结束，名称中间的主体部分则根据原始对象在 SketchUp 的 Entity Info 窗口 Definition 栏中定义（图 4-12）；②如果 Definition 栏定义的名称为 door，则 Group 节点名为 CMP_door1；如果 Definition 定义的名称中包含“#”字符（如 Component#1），则会用数字“1”代替“#”字符（如 CMP_Component11）；③如果原始对象为 Group 组对象，则相应 VRML Group 节点名是以“GRP_”开头，以“_序列号”结束，名称中间的主体部分皆为“Group”。例如在 SketchUp 中创建的第一个组对象，其相应 VRML Group 节点名称为 GRP_Group_1。Image 对象的命名方式与 Group 类似，不同点在于名称主体部分改为 Image。例如在 SketchUp 中的第一个 Image 对象，其相应 Group 节点名为 GRP_Image_1。

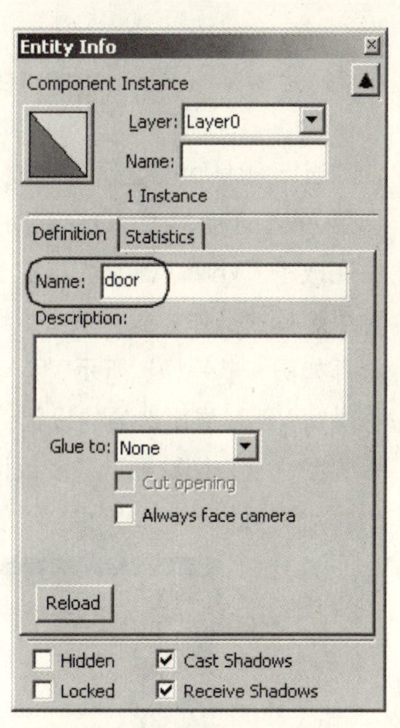

图 4-12 Entity Info 窗口

4）曲面造型的分面处理

SketchUp 中的曲面都是以 Circle、Arc 和 Curve 之类的曲线为基准创建的。由于 SketchUp 曲线实体在转换成 VRML 模型之后皆为折线，因此如果原始曲线的分段值 Segments 越高，则转换为 VRML 模型之后的曲线和曲面就越平滑。SketchUp 曲线的分段值，可通过如图 4-13 所示 Entity Info 窗口进行设置。

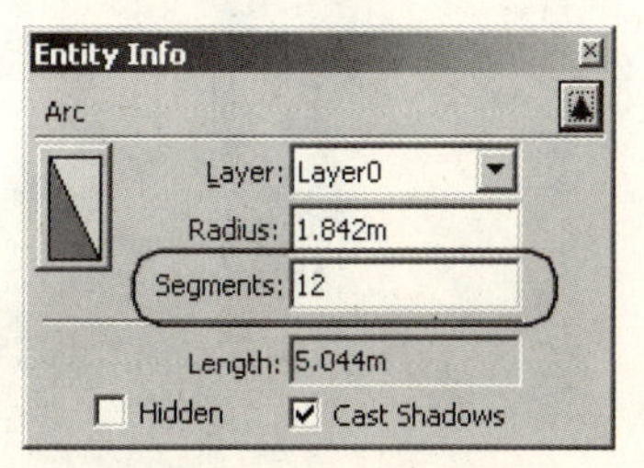

图 4-13 Entity Info 窗口

5）页面／视点的转换

SketchUp 中设置的页面（Pages）类似于保存的命名相机视口。当 SketchUp 模型导出为 VRML 文件时，VRML 输出器会将当前视口以及各页面视口全部转换为 VRML 文件的 Viewpoint 节点，并分别为每一个 Viewpoint 节点 description 域指定域值：第一个 Viewpoint 节点与导出 VRML 文件时的 SketchUp 视口相对应，其 description 域以“Default Camera”为域值；其他的 Viewpoint 节点分别与 SketchUp 各页面的视口对应，并分别以页面名称作为 Viewpoint 节点 description 域值。

6）单位数值的转换

与许多 3D 建模工具一样，在 SketchUp 中也可以进行单位的设置。SketchUp 中的单位有这样一个特点，即：当你先用一种长度单位创建对象之后再设置成其他长度单位时，长度数值会自动根据不同单位间的换算关系进行变换。例如，以 Meters 为单位绘制的 1m 长的直线，改换成 Inches 单位后的数值为 39.37"。而在 AutoCAD 中，如要进行这样的单位的变换，就只有依靠缩放模型来解决问题了。

SketchUp 中这种数值自动随单位转换的功能，应当说是 SketchUp 建模方面的一个优点。不过，SketchUp 自带的 VRML 输出器在将 SketchUp 模型转换成 VRML 文件时，并没有考虑以 m（米）为单位的 VRML 空间习惯，这就为 VRML 建模带来一些麻烦，即：无论你在 SketchUp 中使用何种单位（如 Inches、Feet、Millimeters、Centimeters 或 Meters）绘制一条相当于 1m 长的直线，VRML 输出器都会换算成以 Inches 为单位时的长度值 39.37 来输出。因此，如果希望得到比例正确的 VRML 的模型，则需要采用 VRML 中的 Transform 缩放编组方法，将导出的模型整体缩小到原来的 1/39.37（即 0.0254）。

4.3.2 VRML Exporter 选项设置

当 SketchUp 模型建构完成之后，可以通过选择下拉菜单“File/Export/3D Model...”命令调用 VRML Exporter。命令启动后会打开如图 4–14（*a*）所示 Windows 保存文件对话框，当你从中完成了“VRML（*.wrl）”文件类型的选择，并指定了文件保存路径和文件名之后，接着有两种可选择的操作方式：按 Export 按钮，即直接导出 VRML 文件；点击右下角的 Options 按钮，则打开如图 4–14（*b*）所示 VRML Export Options 对话框，可以在导出 VRML 文件之前通过该对话框进行 VRML 导出选项的设置。

图 4–14（*b*）显示了多数情况下 VRML Export Options 对话框中应勾选的项目，其中各选项的作用说明如下：

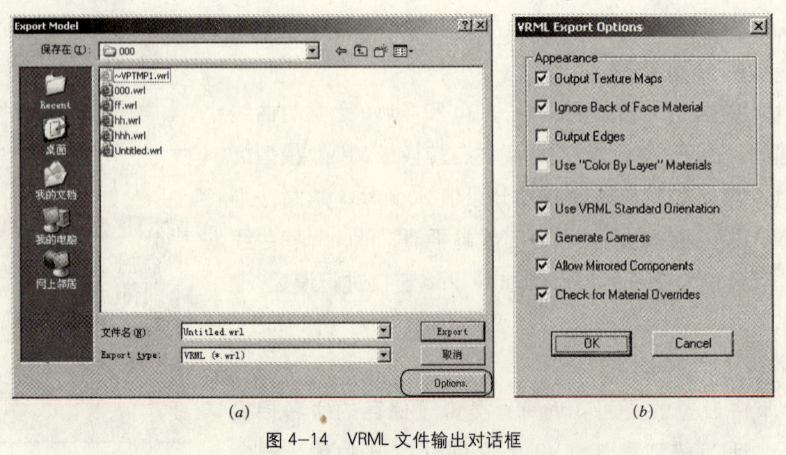

图 4–14 VRML 文件输出对话框

（*a*）Export Model 对话框　（*b*）VRML 选项对话框

(1) Output Texture Maps：如果勾选，SketchUp 将同时导出纹理，否则只导出颜色。

(2) Ignore Back of Face Materials：如果勾选，输出器将只导出正面模型，并使正、反两面使用相同的外观；反之，输出器分别导出正、反面模型，并使之具有不同的外观。

(3) Output Edges：如果勾选，SketchUp 将导出造型的可见边线。

(4) Use "Color by Layer" Materials：如果勾选，造型的外观将以 SketchUp 图层中所指定的颜色导出，纹理贴图将被忽略。

(5) Use VRML Standard Orientation：如果勾选，则可互换 Y 和 Z 轴，以符合 VRML 空间规则。

(6) Generate Cameras：如果勾选，则将 SketchUp 的当前视口导出为 VRML 第一个视点，并描述为 "Default Camera"；SketchUp 中定义的其他页面视口也将同时被导出，并按相应的页面名称来描述视点。如果未勾选该项，SketchUp 将不导出视点。

(7) Allow Mirrored Components：用于输出被 Scale 工具进行镜像或变比处理过的造型。

(8) Check for Material Overrides：用于检查组件成分中是否包含了缺省材料或缺省图层的颜色参考。

4.4 SketchUp 建模实例

本节将通过一个实例来说明 SketchUp VRML 建模的方法和特点。在用 SketchUp 建模之前，请先注意在 SketchUp 的 Model Info 对话框中，将长度单位设置为十进制(Decimal)和米制(Meters)，精度 (Precision) 设置为保留 3 位小数，其他项目可用缺省值（图 4–15）。

4.4.1 SketchUp 原始模型

图 4–16 ～图 4–18 较清楚地显示了 SketchUp 环境中一个虚拟办公室模型的创建过程。为了充分说明 SketchUp 在 VRML 建模方面的一些特点，虚拟办公室模型基本上应用了 SketchUp 中所有较典型的建模方法，包括：画线（多边形）、拉伸、挤压、使用组和组件等。

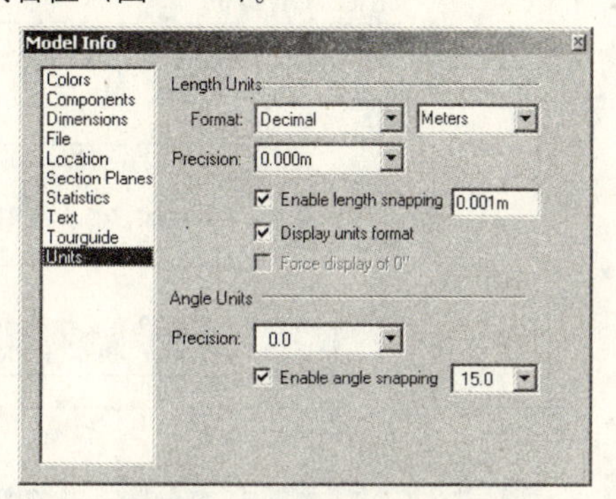

图 4–15 SketchUp 单位设置

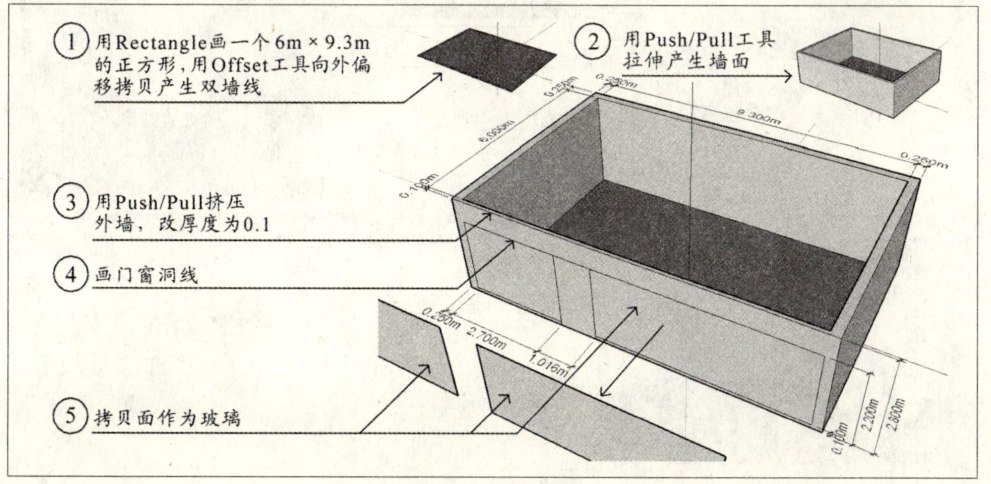

图 4–16 墙体建模

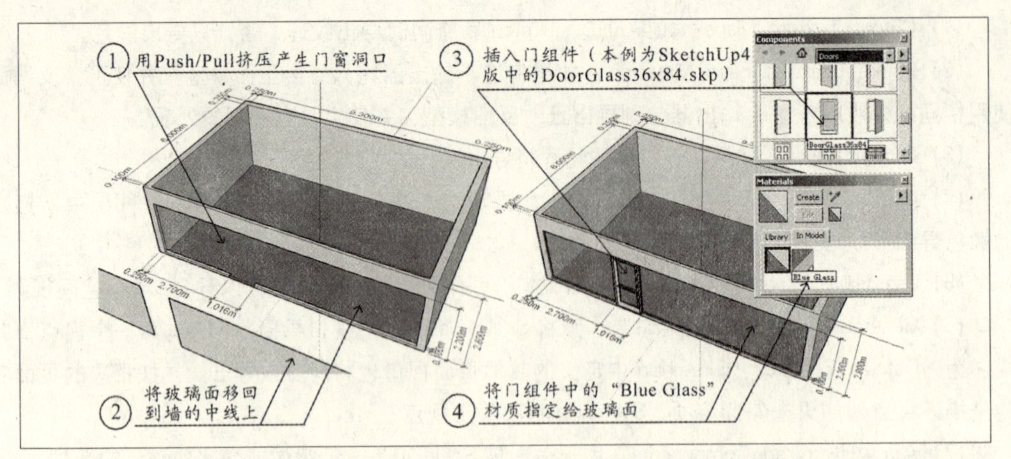

图 4–17　门窗建模

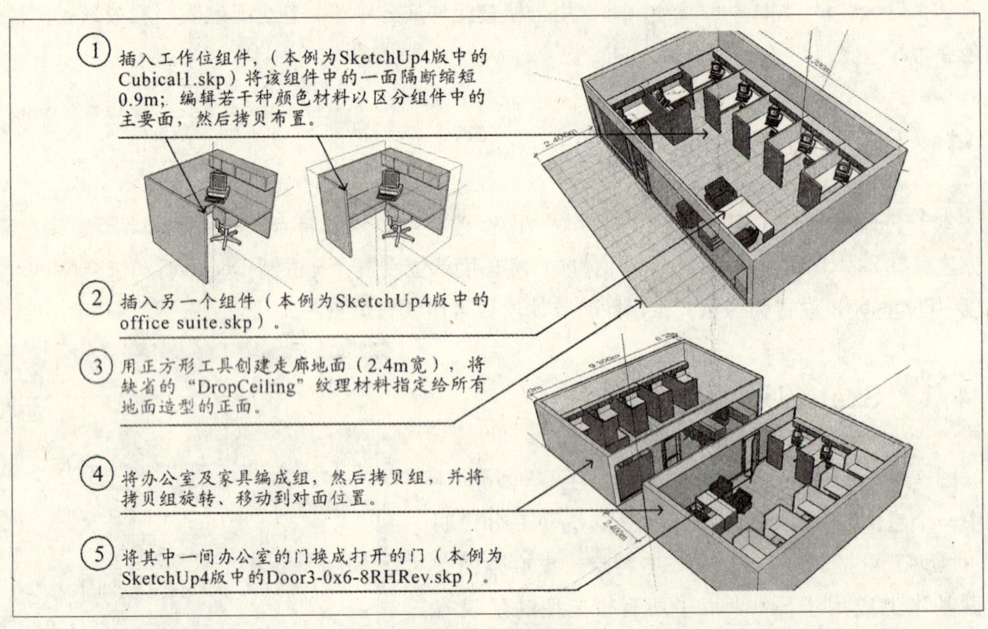

图 4–18　家具布置

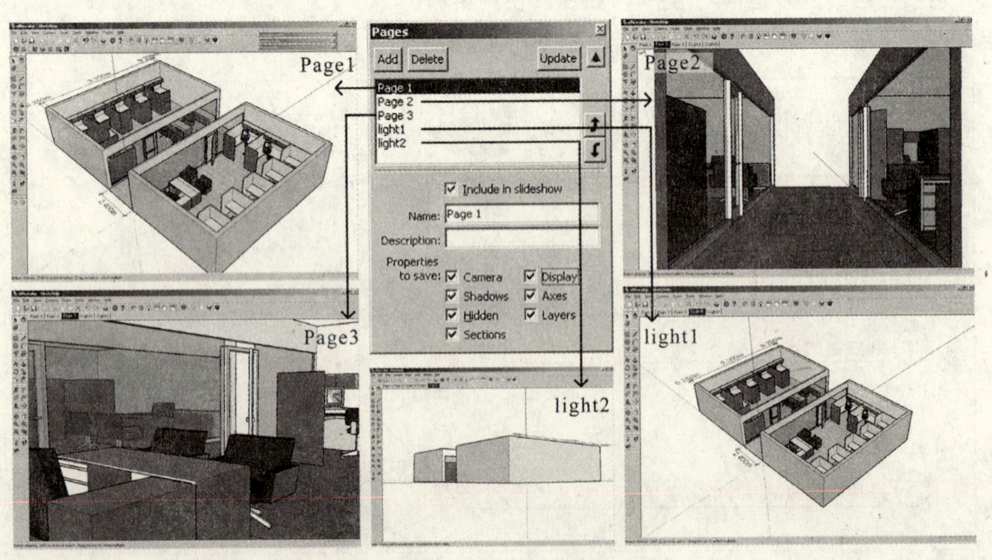

图 4–19　创建 SketchUp 页面

4.4.2 创建页面／视点

如前所述，SketchUp 中的页面（Pages）和缺省视口是与 VRML 模型中的 Viewpoint 节点对应的，所以，现在通过下拉菜单“Window/Pages”命令打开 Pages 对话框来创建 5 个页面，这样可以使导出的 VRML 模型自动生成 5 个对应的视点。5 个页面对应的 SketchUp 视口如图 4–19 所示，其中 light1 和 light2 是专门为定位 VRML 光源而设置的页面，两者按对角关系分别布置在场景的两端。

4.4.3 导出 VRML 文件

现在将完成了的 SketchUp 模型保存为 office.skp，然后按以下步骤导出 VRML 模型：

（1）点击下拉菜单“File/Export/3D Model...”命令项打开 Export Model 对话框；

（2）在 Export type 栏中选择 VRML（*.wrl）类型，然后点击右下角的 Options 按钮，打开 Export Model 对话框；

（3）按图 4–14 所示的设置项目进行勾选后，点击“OK”返回文件对话框；

（4）选择保存文件路径，文件名可使用缺省的 office.wrl，然后点击“Export”。

4.4.4 浏览 VRML 代码及场景

现在用 VrmlPad 打开刚刚导出的 office.wrl 文件，如图 4–20 所示。你可以结合 4.3.1 节中的讨论内容，对照查看一下导出的 VRML 文件代码结构特点。

在本例中，由于 office.wrl 文件在导出时使用了 Use VRML Standard Orientation 选项，所以在图 4–20 所示的 VrmlPad 场景树中，你可以看到导出后的造型全部包含在一个模型级的 Transform 编组节点中。现在点击 Transform 编组前面的展开标记⊞，你会看到其 children 域中共有 4 个对象，其中：两个 Shape 造型，它们分别对应走廊地面的正、反两个面；两个 Transform 编组，分别对应两间办公室编组造型。这 4 个对象正好与 SketchUp5 源文件中的对象是对应的。

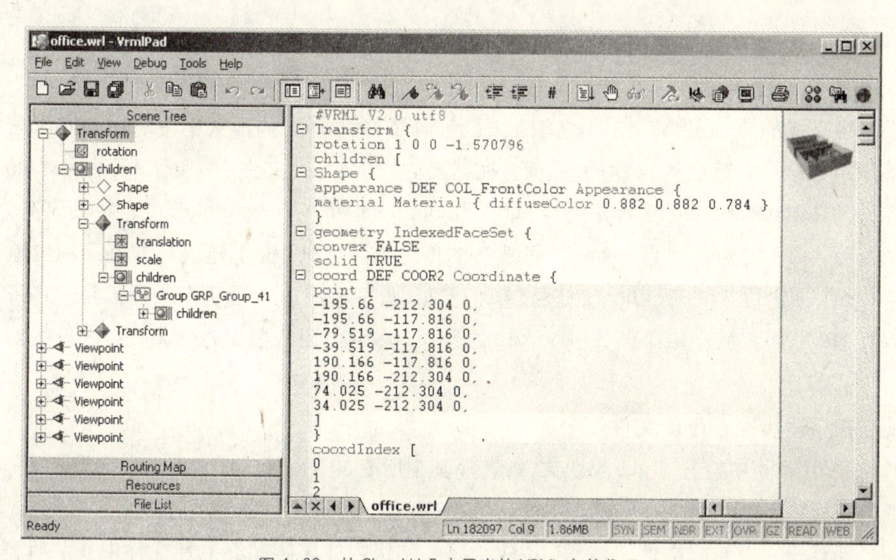

图 4–20 从 SketchUp5 中导出的 VRML 文件代码

在场景树中，你还会看到6个Viewpoint节点。其中，第一个Viewpoint节点，对应于SketchUp在导出VRML文件前所在的当前视口；第二到第六个Viewpoint节点，分别对应于SketchUp中的5个页面视口。

现在可以点击VrmlPad中的预览图标，并选择其中的bsCintactVRML开始预览，场景效果如图4-21中所示。你会发现除了尺寸标注、阴影等SketchUp中的特殊对象之外，所有的造型几何构造、材料颜色和纹理均被成功输出。不过，如果你仔细观察这个直接从SketchUp中导出的VRML场景效果后，也会发现其中存在一些不足，主要有如下几点：

(1) 场景只能通过头顶灯获得照明，导致某些角度无法看清造型对象，见图4-21 (*b*)；

(2) 玻璃材质的透明属性未能得到表现，见图4-21 (*a*)；

(3) 空间尺度被放大，标准替身（高度1.6m）在场景中显得十分矮小，见图4-21 (*c*)。

因此，要使从SketchUp中导出的VRML模型具有更好的浏览效果，接下来需要针对上述几个问题对VRML文件进行一些必要的修改。

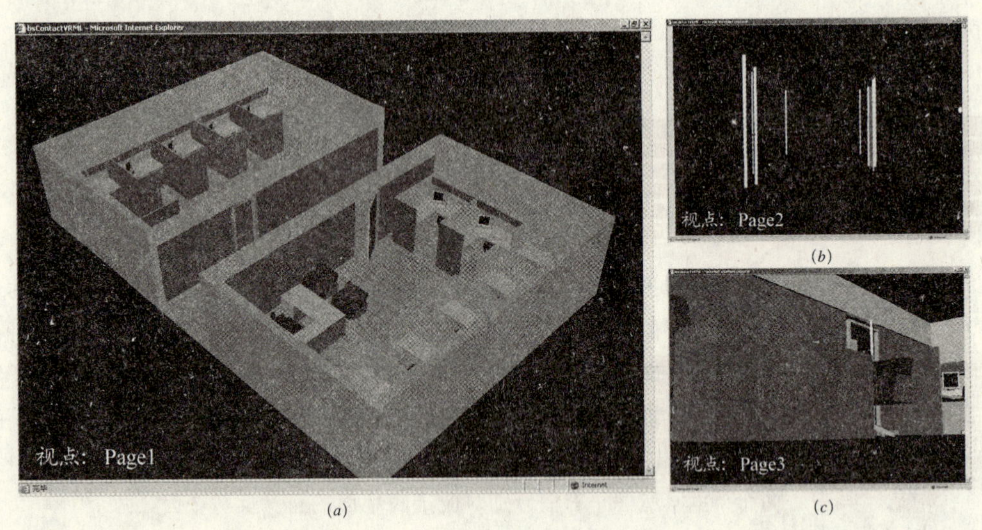

(*a*) (*b*) (*c*)

图4-21 从SketchUp中导出的VRML场景

4.4.5 添加场景照明

下面将采取的添加VRML光源的方法，是与前面AutoCAD建模实例中所用的方法完全一样的，即利用Viewpoint节点的position域值。在导出的office.wrl文件中，共有6个Viewpoint节点，我们将利用其中description域值分别为light1和light2的两个Viewpoint节点，将其改造为VRML光源。由图4-19可知：视点light1位于建筑的前上方，light2位于建筑后方偏下的位置，因此可以用light1来定位主光源，light2定位辅助光源。为了使修改过程更有条理，我们将那些与修改有关的VRML对象放在一个新建的VRML文件中，然后再用行插入方法将其他的场景对象内联进来。

现在按下述步骤创建新文件：

(1)在VrmlPad中打开office.wrl文件，选择其中所有的Viewpoint节点，按"Ctrl+X"将其剪切、拷贝到剪贴板中；按"Ctrl+S"将office.wrl文件存盘。

(2) 新建一个VRML文件，按"Ctrl+V"将剪贴板中的内容粘贴到新文件中，然后删除第一个 Viewpoint 节点（注：第一个 Viewpoint 节点的 description 域值为“Default Camera”，该节点通常会与后面某一个页面视点相重复）。

（3）在新文件中，添加 2 个 PointLight 节点分别创建主、辅光源；找到 description 域值分别为 light1 和 light2 的 2 个的 Viewpoint 节点，分别将其 position 域值拷贝、粘贴到新添加的 2 个 PointLight 节点 location 域中；将 2 个 PointLight 节点的 radius 域值皆指定为 2000；将辅光源（light2）的 PointLight 节点 intensity 域值指定为 0.3，以降低光照强度。

（4）在新文件中，添加“NavigationInfo {headlight FALSE }”代码，以关闭浏览器头灯；添加“Inline { url "office.wrl" }”代码，将场景中的造型插入进来。

（5）将新文件存盘（文件名可为 4_02.wrl，确信该文件与 office.wrl 位于相同路径）。

按上述步骤编辑后的新文件代码如下面的例 4-2，相应的照明效果参见图 4-22（*a*）、（*b*）。

[例 4-2]

```
#VRML V2.0 utf8

Viewpoint {
  position -542.871 637.152 760.758
  orientation -0.630068 -0.732942 -0.256535 1.014122
  fieldOfView 0.5236
  description "Page 1"
  jump FALSE
}
Viewpoint {
  position -320.454 43.019 166.904
  orientation -0.007654 -0.999943 -0.007504 1.551107
  fieldOfView 0.5236
  description "Page 2"
  jump FALSE
}
Viewpoint {
  position -185.193 54.808 372.034
  orientation -0.107268 -0.99297 -0.050035 0.878313
  fieldOfView 0.5236
  description "Page 3"
  jump FALSE
}
Viewpoint {
  position -721.055 840.648 943.3
  orientation -0.630068 -0.732942 -0.256535 1.014122
  fieldOfView 0.5236
  description "light1"
  jump FALSE
}
Viewpoint {
  position 617.904 11.65 -638.753
  orientation 0.008143 0.999688 -0.023622 2.477839
  fieldOfView 0.5236
  description "light2"
  jump FALSE
}

DEF light1 PointLight {
  location -721.055 840.648 943.3
  radius 2000
}
```

```
DEF light2 PointLight {
  location 617.904 11.65 -638.753
  radius 2000
  intensity 0.3
}

DEF Nav NavigationInfo { headlight FALSE }

Inline { url "office.wrl" }                                # 办公室模型
```

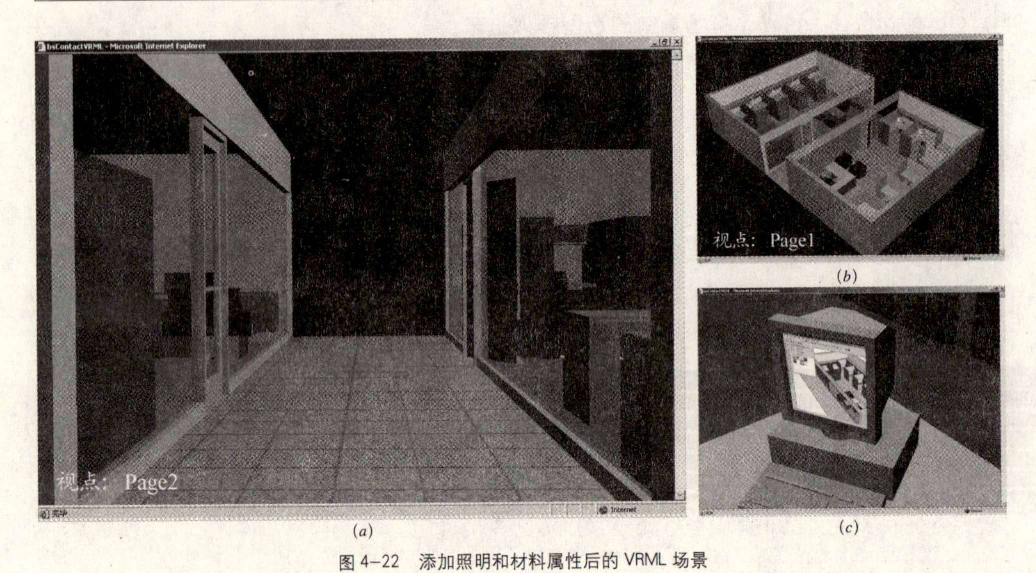

(a) (b) (c)

图 4-22 添加照明和材料属性后的 VRML 场景

4.4.6 添加材质属性

本例 SketchUp 原始模型文件 office.skp 中虽然包含有透明玻璃材质的指定，但由于 VRML 输出器不能将 SketchUp 定义的材料不透明性（opacity）转换为 VRML 材料透明性（transparency），所以只能通过代码编辑方法添加 VRML 透明材料属性。原始模型文件 office.skp 中的透明玻璃材质名称为 Blue Glass，按照 SketchUp VRML 输出器的转化规则，该材质在 office.wrl 文件中的相应的节点名称则为 COL_Blue_Glass。

现在通过 VrmlPad 修改 office.wrl 文件中的 COL_Blue_Glass 节点，步骤如下：

（1）将 VrmlPad 窗口切换到 office.wrl 文件；选择下拉菜单"Edit/Find"命令查找字符串"DEF COL_Blue_Glass"，即可以找到原始外观节点 COL_Blue_Glass，其代码如下：

```
……
appearance DEF COL_Blue_Glass Appearance {
  material Material { diffuseColor 0.49 0.486 0.659 }
}
……
```

（2）修改 COL_Blue_Glass 节点的 Material 子节点，在 Material 节点中增加一项"transparency 0.6"域值的指定。（可使用 VrmlPad 右键菜单中的 Complete Word 命令来自动完成 transparency 域名的输入，然后再手动输入域值）如下：

```
……
appearance DEF COL_Blue_Glass Appearance {
  material Material { diffuseColor 0.49 0.486 0.659 transparency 0.6 }
}
……
```

FOUR

(3)将修改后的office.wrl文件存盘，然后切换回到4_02.wrl文件再次预览，其效果如图4-22(*a*)、(*b*)所示。

在本例中，由于SketchUp' VRML输出器能识别SketchUp模型中的相同材料，并自动地用关键字DEF和USE处理为VRML的外观，所以你只需完成用DEF关键字定义的原始外观节点处的修改，场景中所有使用了该外观的造型都会得到透明处理。

SketchUp原始模型文件office.skp中还包含一种电脑屏幕纹理的指定，通常它应当是一种自发光材料。该纹理在SketchUp原始模型中的材料名称为sence，按输出器的转化规则，相应的VRML外观节点名称应为TEX_sence。你可以按前面所介绍的类似方法找到TEX_sence节点，并在相应的Material节点中增加一项"emissiveColor 1 1 1"域值的指定。图4-22(*c*)为按这样修改后得到的电脑屏幕自发光纹理效果。

4.4.7 调整空间比例

如前所述，在SketchUp中，无论你使用何种单位绘制一条相当于1m长的直线，SketchUp VRML输出器都会将它换算成以Inches为单位时的长度值39.37来输出。为了能与其他建模工具产生的VRML模型文件配合，因此需要通过Transform节点将场景的空间按1/39.37(0.0254)缩小。不过，采用这种方法时需要注意以下几个问题：

(1) 缩放对象除了应包括场景中的造型之外，还应当包括视点、点光源或聚光光源之类的三维对象，只有将这些三维对象整体地进行缩放，才能保持它们彼此之间正确的相对空间关系。

(2) 当视点被缩放之后，NavigationInfo节点avatarSize域所指定的替身尺寸也将随当前视点所在的Transform编组而缩放（参见3.5.4节）。所以，如果你希望在位于Transform编组中的某些视点中漫游时能有一个合适的替身尺寸，则需要将该尺寸除以Transform节点scale域值之后，再作为NavigationInfo节点avatarSize域的域值。

(3) 按上述方法设定的NavigationInfo节点，是为了满足位于特定Transform编组中的某些视点的观察需要而人为地加以缩放处理的，假如今后场景中又添加了其他视点，而这些视点又位于具有不同scale域值的Transform编组，则容易给场景浏览带来空间尺度感的混乱。所以，为了避免这种情况的发生，可以应用VRML97/2.0提供的ROUTE TO语句（参见第6章），将有关的NavigationInfo节点与Viewpoint节点连接起来，使这些特别指定的NavigationInfo节点只能在特定的视点中起作用。

下面的例4-3是例4-2基础上的修改，其要点是：将原场景中的全部造型、视点和光源对象放在一个Transform缩放编组之中，使这些对象的空间尺寸都缩小为原来的1/39.37；新增了一个NavigationInfo节点Nav2，其avatarSize域域值被指定为期望值"0.25 1.6 0.75"的39.37倍；所有的Viewpoint节点都用DEF定义了节点名称，并且都通过ROUTE TO语句将视点与导航信息节点Nav2联动起来。

[例 4–3]

```
#VRML V2.0 utf8

DEF Nav NavigationInfo {  headlight FALSE }
DEF Nav2 NavigationInfo {          # 与视点关联的导航信息节点
  headlight FALSE
  avatarSize  [9.843, 62.992, 29.528]
  speed 3
}

Transform {                        # 缩放编组
  scale 0.0254 0.0254 0.0254
  children [

    DEF V1 Viewpoint {
      position -542.871 637.152 760.758
      orientation -0.630068 -0.732942 -0.256535 1.014122
      fieldOfView 0.5236
      description "Page 1"
      jump FALSE
      ROUTE V1.isBound TO Nav2.set_bind
    }
    DEF V2 Viewpoint {
      position -320.454 43.019 166.904
      orientation -0.007654 -0.999943 -0.007504 1.551107
      fieldOfView 0.5236
      description "Page 2"
      jump FALSE
      ROUTE V2.isBound TO Nav2.set_bind
    }
    DEF V3 Viewpoint {
      position -185.193 54.808 372.034
      orientation -0.107268 -0.99297 -0.050035 0.878313
      fieldOfView 0.5236
      description "Page 3"
      jump FALSE
      ROUTE V3.isBound TO Nav2.set_bind
    }
    DEF V4 Viewpoint {
      position -721.055 840.648 943.3
      orientation -0.630068 -0.732942 -0.256535 1.014122
      fieldOfView 0.5236
      description "light1"
      jump FALSE
      ROUTE V4.isBound TO Nav2.set_bind
    }
    DEF V5 Viewpoint {
      position 617.904 11.65 -638.753
      orientation 0.008143 0.999688 -0.023622 2.477839
      fieldOfView 0.5236
      description "light2"
      jump FALSE
      ROUTE V5.isBound TO Nav2.set_bind
    }

    DEF light1 PointLight {
      location -721.055 840.648 943.3
      radius 2000
    }
    DEF light2 PointLight {
```

```
        location 617.904 11.65 -638.753
        radius 2000
        intensity 0.3
      }

      Inline { url "office.wrl" }
    ]
  }
```

留心一下例 4–3 中的 5 个 ROUTE TO 语句，它们分别位于 5 个 Viewpoint 节点内部，这样处理的好处在于：视点只会在被激活期间才会不断向外发送布尔值，这样就避免 NavigationInfo 节点因同时接收多个不同的布尔值而可能导致错误。

现在我们分别浏览一下例 4–2 和例 4–3 场景文件，图 4–23 显示了两个场景在视点 Page3 处移动一小段距离后看到情形，你可以看出由于替身高度的不同而产生的尺度感变化。

(*a*)

(*b*)

图 4–23　NavigationInfo 与 Viewpoint 节点的配合
(*a*) 修改前替身高度很小，尺度被夸大；(*b*) 修改后的替身高度使尺度感正常

4.5　3ds Max 建模工具

在目前流行的各种建筑 CAD 工具中，能最大限度地支持 VRML 建模功能的工具当属 3ds Max。3ds Max 在实现 VRML 几何造型、材料与纹理外观、场景照明、视点、背景以及交互等诸多 VRML 场景特性方面，都有十分卓越的表现，因此，可以将之作为 VRML 虚拟建筑建模的核心工具。

4.5.1　3ds Max VRML97 功能

3ds Max 在建构 VRML 虚拟建筑中的优越性，除了因为其建模工具的强大之外，拥有功能相对齐全的 VRML97 插件是其中一个关键。3ds Max 从 2.5 版开始就自带有 VRML97 插件，该插件包括两个部分：一个是用来创建 VRML97 对象的 VRML97 Helpers（图 4–24*a*）；一个是用来导出 VRML97 格式文件的 VRML97 Exporter（图 4–24*b*）。当基本模型的建模完成之后，可以用 VRML97 Helpers 工具向场景中添加 VRML97 对象，然后再通过 VRML97 Exporter，将 3ds Max 场景中的各种造型对象、光源对象、摄影机视点以及 VRML97 对象等，导出到 VRML 文件中。图 4–24 显示了上述 3ds Max VRML97 插件的两个主要界面，从 3ds Max 4 ~ 9 版，这两个界面几乎没有什么变化。

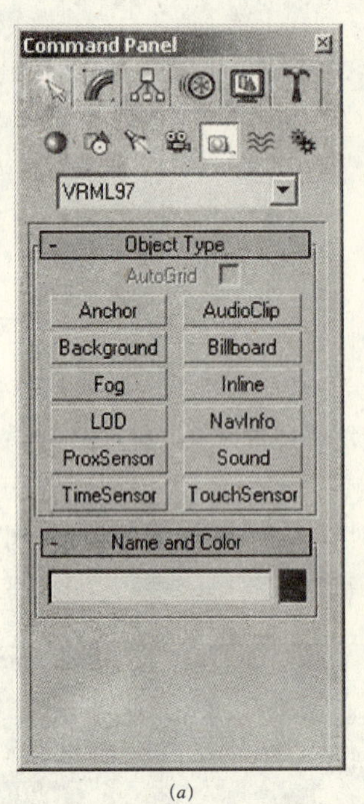

(a)

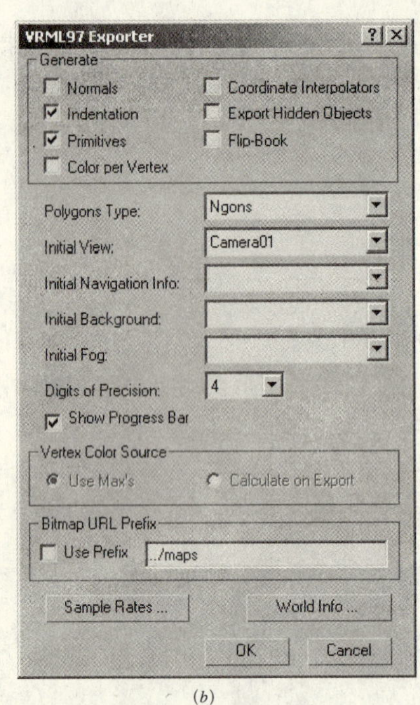

(b)

图 4–24　3ds Max 中自带的 VRML97 插件

(a) VRML97 Helpers 工具；(b) VRML97 Exporter 对话框

除 3ds Max 自带的 VRML97 插件外，不少第三方开发商也为 3ds Max 提供了功能类似的 VRML97 插件，且在性能上都比 3ds Max 自带插件有所增强。如 Blaxxun Interactive 提供的 Enhanced Exporter for 3ds Max 4 ~ 5（图 4–25）以及 Bitmanagement Software 公司提供的 BS Exporter for 3ds Max 5 ~ 6，不仅涵盖了 3ds Max 自带 VRML97 插件功能，而且还提供了两家公司共同研发的扩展 VRML 节点插入和导出支持。这些插件工具的出现，极大地提升了 3ds Max 在建构 VRML 虚拟建筑方面的能力。

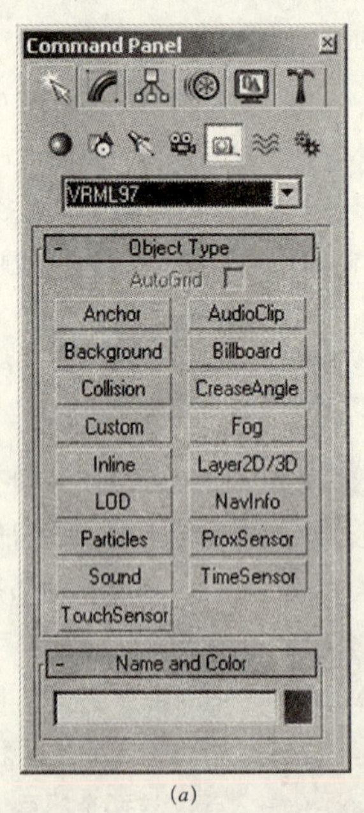

(a)

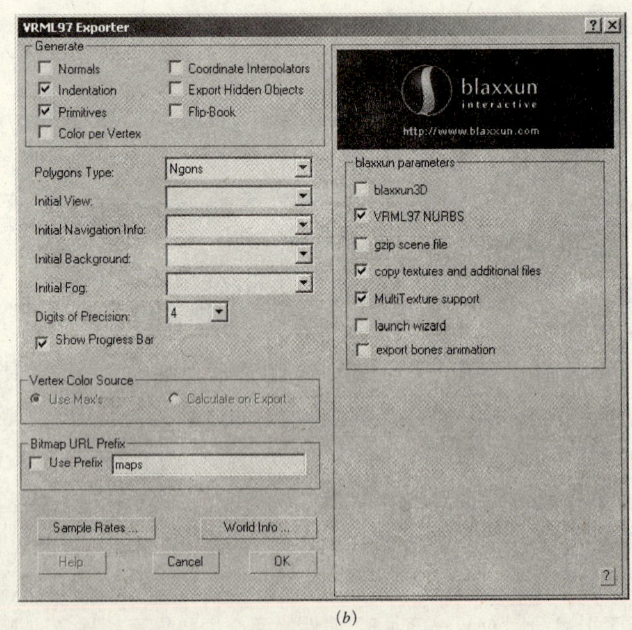

(b)

图 4–25　Blaxxun 提供的 3ds Max VRML97 插件

(a) VRML97 Helpers；(b) VRML97 Exporter

4.5.2 模型对象的转换

3ds Max 在 VRML 建模方面的性能，很大程度上取决于 VRML97 Exporter 对 3ds Max 中各种造型对象的转换处理能力。

1）实体的转换

在 3ds Max 中，创建各种三维对象主要有两种途径：一种是利用 Create 命令面板中 Geometry 工具集提供的工具直接创建；另一种是先利用 Create 命令面板中的 Shapes 工具集创建各种形，然后经过放样、连接等处理来产生造型物体。在上述各种建模工具和方法中，除了 Geometry 工具集中的粒子系统（Particle Systems）以外，其他工具和方法所创建造型皆可通过 VRML97 输出器导出为 VRML 造型。此外，通过 VRML97 输出器选项设置，还可以导出 3ds Max 中被隐藏物体对象；可以将 3ds Max 中创建的位移、缩放和变形动画，导出为 VRML 动画。

2）Shape 造型特征

VRML97 Exporter 转换处理 3ds Max 原始造型为 VRML 造型时，有以下特点：

（1）如果 3ds Max 造型通过 Box、Cone、Sphere 和 Cylinder 工具来创建，且这些对象未进行过次物体或者纹理坐标编辑，则几何构造相应地为 VRML 的 Box、Cone、Sphere、Cylinder 节点类型；否则，输出为 IndexedFaceSet 几何构造类型。

（2）用 Box、Cone、Sphere 和 Cylinder 之外的其他创建工具创建的造型，将全部输出为 IndexedFaceSet 节点类型。

（3）如果造型使用了线框（Wire）材质造型，则输出为 IndexedLineSet 节点类型。

（4）如果 3ds Max 原始造型进行过次物体材质（Multi/Sub-object）编辑，在转换之后，则会根据材质运用的多少而产生若干个 Shape 造型。这些 Shape 造型将位于同一个 Transform 编组之中，并使用完全一样的 IndexedFaceSet 几何构造，仅仅只存在外观上的差异，这样将容易导致 VRML 几何构造的重复和材质的重叠和混乱现象。因此，如果需要对 3ds Max 原始造型进行次物体材质编辑，最好方式是用 Detach 命令将使用不同材质的次物体分离开来。

（5）在 3ds Max 的材质编辑器中指定的漫反射、环境光、镜面反射、光泽度、透明度、自发光材料属性，以及漫反射通道上的 Bitmap 纹理贴图，皆能完整地导出到 VRML 的 Shape 造型中。但 3ds Max 原始模型中定义的材料名称，在 Shape 造型中将不能得到继承。

3）造型编组处理

从 3ds Max 中导出的 VRML 造型，将继承 3ds Max 原始造型的编组和命名结构。输出器在导出原始造型对象时，会根据它们在世界坐标系中的位置，自动计算出定位原始造型的局部坐标系并产生一个 Transform 编组。如果原始造型对象名称中不包括 VRML 非法字符，那么这个 Transform 编组节点名称就与原始对象一致；如果原始对象名称中包括 VRML 非法字符或汉字，输出器自动用两个下划线来替换非法字符；如果原始对象中有重名对象，输出器会依照创建的次序，在出现重名的对象名称中加上“_0”、“_1”等之类的后缀。

4）曲面造型的分面处理

从 3ds Max 中导出的 VRML 曲面造型，会完全遵循 3ds Max 原始造型中的分面结构。如果

3ds Max 中的原始曲面造型精度较高，那么转换为 VRML 的 Shape 曲面造型就越平滑，Shape 节点相应的代码量也就越高。对于 VRML 而言，过高的曲面精度意味着模型代码量急增，这对于 VRML 场景整体性能通常是不利的。因此，在转换前需要在 3ds Max 中对大型的曲面进行一些优化处理。

5）光源、视点的转换

在 3ds Max 中创建的各种标准光源，可由 VRML97 Exporter 导出为相应的 VRML 的光源节点：对于 3ds Max 中的 Target Spot 和 Free Spot 对象，相应的节点为 SpotLight；对于 Target Direct 和 Free Direct 对象，相应的节点为 DirectionalLight；对于 Omni 对象，相应的节点为 PointLight 节点。在 3ds Max 中创建的摄影机（camera）对象（包括 Target 和 Free），皆可导出为 VRML 的 Viewpoint 节点。从 3ds Max 中导出的 VRML 视点和光源，将继承原始模型中的对象命名。

6）其他对象

可以导出由 VRML97 Helpers 工具创建的 12 种 VRML 专用对象，具体参见 4.5.3 节。

4.5.3 VRML97 Helpers 工具简介

拥有创建 VRML97 特殊对象的专用工具 VRML97 Helpers 是 3ds Max VRML 建模的一个重要特色。当你在 3ds Max 中完成基本模型的建构之后，就可以运用该工具向 3ds Max 模型中补充 VRML97 特殊对象。

调用 VRML97 Helpers 工具的方法如下：

（1）点击创建面板中的 Helpers 图标；

（2）从下拉列表中选择 VRML97 类，如图 4-26（*a*）所示。

图 4-26（*b*）中显示了 3ds Max 中 12 种 VRML 对象创建工具，功能分别如下：

（1）Anchor：创建锚点对象。在 VRML 文件中，将相应地产生 Anchor 节点。

（2）AudioClip：创建 VRML 声源对象。在 VRML 文件中相应地产生 AudioClip 节点。

（3）Background：创建 VRML 背景对象。在 VRML 文件中相应地产生 Background 节点。

（4）Billboard：创建 VRML 布告栏对象。在 VRML 文件中相应地产生 Billboard 节点。

（5）Fog：创建 VRML 雾效果。在 VRML 文件中将相应地产生 Fog 节点。

（6）Inline：创建 VRML 行插入对象。在 VRML 文件中将相应地产生 Inline 节点。

（7）LOD：创建 VRML 细节层次对象。在 VRML 文件中将相应地产生 LOD 节点。

（8）NavInfo：创建 VRML 导航信息。在 VRML 文件中将相应地产生 NavigationInfo 节点。

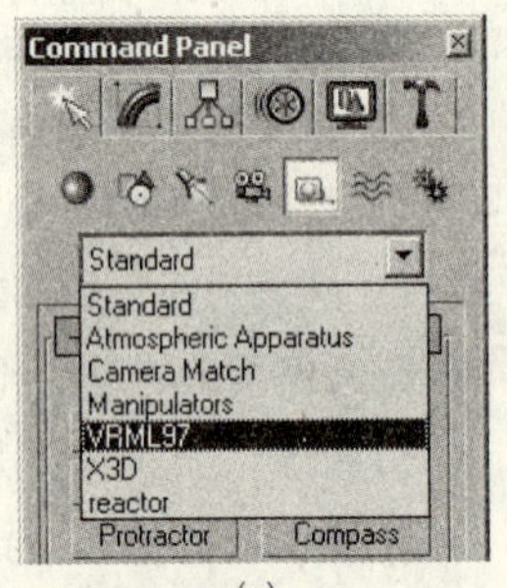

（*a*）

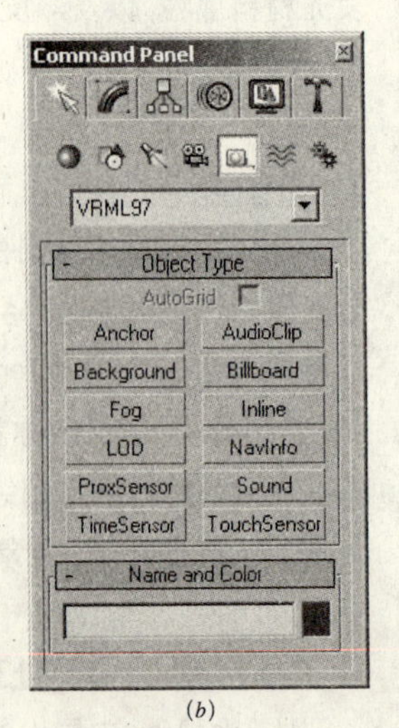

（*b*）

图 4-26 调用 VRML97 Helpers

(9) ProxSensor：创建 VRML 空间感应器对象。在 VRML 文件中将相应地产生 ProxSensor 节点。

(10) Sound：创建 VRML 声场对象。在 VRML 文件中，将相应地产生 Sound 节点。

(11) TimeSensor：创建 VRML 计时器对象。在 VRML 文件中，将相应地产生 TimeSensor 节点。

(12) TouchSensor：创建 VRML 接触感应器对象。在导出的 VRML 文件中，将相应地产生 TouchSensor 节点。

关于上述工具的具体应用方法，将在后续章节中结合实例来进行讨论。

4.5.4 VRML97 Exporter 选项设置

当完成了 3ds Max 场景中所有对象的建模之后，你就可以通过以下步骤调用 VRML97 Exporter，进行 VRML 文件的导出操作：

(1) 选择下拉菜单“File/Export...”命令，打开 Windows 保存文件对话框；

(2) 在保存文件对话框中选择了 VRML97 (*.wrl) 文件类型，指定保存的路径和文件名，按“保存”按钮，即可打开图 4-27 (*a*) 所示 VRML97 Exporter 对话框；

(3) 在 VRML97 Exporter 对话框中完成 VRML 文件导出选项设置后，按 OK 按钮即可导出 VRML 文件。

下面简单介绍 VRML97 Exporter 对话框中（图 4-27*a*）各选项的作用。

在 Generate 参数组中，包括以下选项：

(1) Normals：若勾选该项，则会在几何构造节点 IndexedFaceSet 中增加的法向量指定，使造型表面产生平滑和阴影效果。

(2) Indentation：若勾选该项，可使导出的 VRML 文件代码按缩进格式编排。

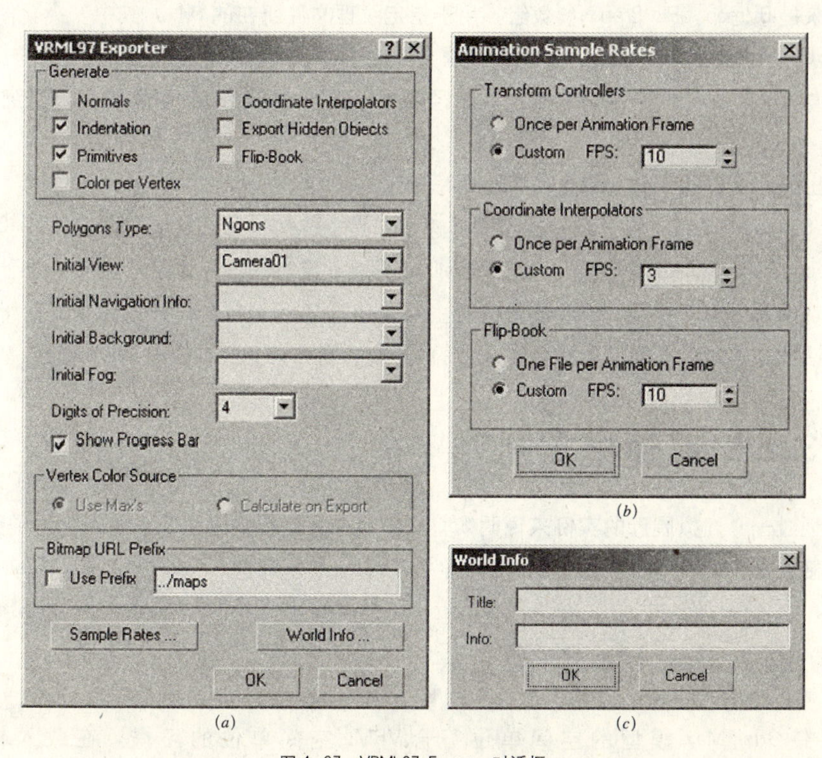

图 4-27 VRML97 Exporter 对话框

(*a*) 主对话框；(*b*) 设置动画采样速率；(*c*) 设置空间信息

(3) Primitives：若勾选该项，可使输出器尽量将造型导出为 VRML 的 Box、Sphere 等原始节点，这样可尽量减少 VRML 文件长度。

(4) Color per Vertex：若勾选该项，则会在造型几何构造节点中增加顶点的颜色指定。

(5) Coordinate Interpolators：若勾选该项，可输出坐标插值器。若要导出动画内容，则必须勾选该项。关于 VRML 动画，请参阅第 6 章。

(6) Export Hidden Objects：若勾选该项，则可导出在 3ds Max 中被隐藏的物体。

(7) Flip-Book：若勾选该项，则会按 Sample Rates 对话框（图 4-27*b*）中的设置帧数，逐帧导出一系列连续的 VRML 文件。

在中间的下拉式列表区，包括以下参数项设置：

(8) Polygons Type：指定 IndexedFaceSet 节点描述多边形表面的方式。包括 Ngons、Quads、Triangles 和 Visible Edges 四种可选类型。其中 Ngons 表示尽可能采用最大的多边形产生造型的表面；Quads 为尽量采用四边形；Triangles 为全部采用三角形；Visible Edges 为采用造型可见边所形成的多边形。

(9) Initial View：选择一个摄影机视口作为 VRML 场景初始的 Viewpoint 节点。

(10) Initial Navigation Info：选择一个用 NavInfo 工具创建的导航信息对象作为 VRML 场景初始的 NavigationInfo 节点。

(11) Initial Background：选择一个用 Background 工具创建的背景对象作为 VRML 场景初始的 Background 节点。

(12) Initial Fog：选择一个用 Fog 工具创建的雾效对象作为 VRML 场景初始 Fog 节点。

(13) Digits of Precision：指定 VRML 空间长度数值精度（保留的小数点位数）。

(14) Show Progress Bar：勾选该项，则在导出过程中将显示一个进度条。

接下来是 Bitmap URL Prefix 参数组，用于指定纹理文件所在的 URL，其中：

(15) Use Prefix：勾选该项，即表示纹理文件位于右边文本框中所指定的路径中；否则表示纹理文件与 VRML 文件位于相同的路径。路径书写应遵循 URL 格式，可采取相对或绝对路径表示法。

在输出器对话框的下方，包含两个对话框按钮。其中：

(16) Sample Rates：用于设置动画采样速率。点击该按钮后，将会打开如图 4-27（*b*）所示 Animation Sample Rates 对话框。关于 VRML 动画以及该对话框，将在第 6 章中讨论。

(17) World Info：设置 VRML 场景信息。点击该按钮后，将会打开如图 4-27（*c*）所示空间信息对话框，该对话框的设置将会使导出的 VRML 文件中产生一个 WorldInfo 节点。

4.6 3ds Max 建模实例

本节通过一个虚拟展厅的实例来说明 3ds Max VRML 建模的过程及其特点。为了突出重点，实例将直接以 3ds Max 5 版中自带的样例文件 radiosity.max 作为 VRML 建模的基础。

4.6.1 载入 3ds Max 样例文件

为了使 3ds Max 模型的空间单位符合 VRML 空间单位的习惯，在载入样例文件 radiosity.max 之前，先使用下拉菜单命令"Customize/Units Setup…"，打开 Units Setup 对话框（图

4–28*a*)；将其中 Display Unit Scale 栏设置为 Generic Units；Lighting Units 栏设置为 International。由于原始模型文件 radiosity.max 使用的是英尺单位，（即 1 个单位 =1 英尺）所以当文件载入时，3ds Max 会打开一个如图 4–28（*b*）所示单位匹配对话框，你可以从中选择 Rescale the File Object to the System Unit Scale 选项，使之与系统单位匹配。单位匹配设置完毕后，按 "OK" 打开 radiosity.max 文件。图 4–29 为在 3ds Max 9 中打开样例模型文件后看到的画面。

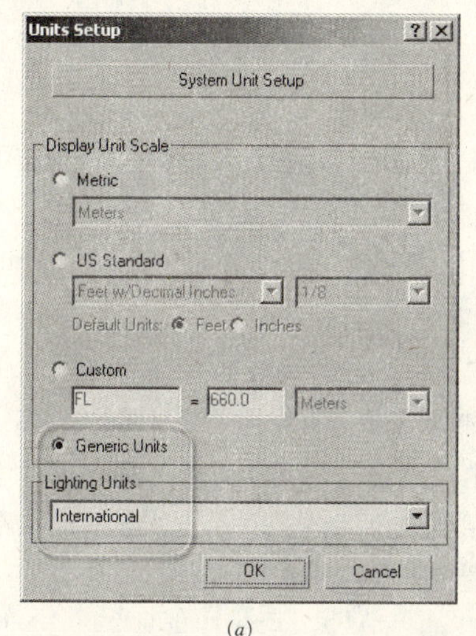

(*a*)

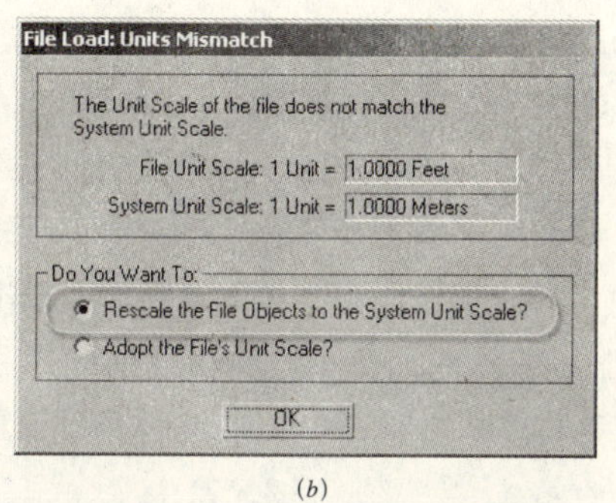

(*b*)

图 4–28　匹配空间单位

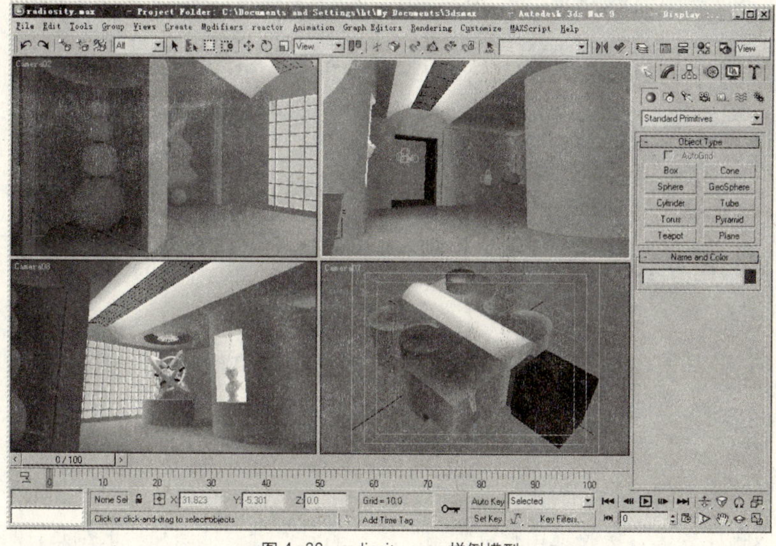

图 4–29　radiosity.max 样例模型

4.6.2　添加 3ds Max 标准光源

radiosity.max 文件是 3ds Max 5 版中用来示范光度学灯光（Photometric Lights）、高级照明覆盖材质（Advanced Lighting Override Material）和光能传递（Radiosity）照明效果的场景模型。由于 VRML97 Exporter 只能导出 3ds Max 中的 Target Spot、Free Spot、Target Direct、Free Direct 和 Omni 这 5 种标准光源，因此 radiosity.max 原始文件中的这些高级的照明设置不会在 VRML 文件中产生任何照明效果。

接下来我们为 radiosity.max 场景添加一个 3ds Max 标准光源：

(1) 点击创建面板中的图标，选择 Omni 工具按钮，在场景中创建一个光源；

(2) 保持 Omni 光源的被选择状态，使用移动工具将该光源置于房间的中央。也可直接通过 3ds Max 界面下方的 X、Y、Z 坐标栏，将该光源定位于 (1.0，−0.5，1.5) 位置；

(3) 将修改后的 3ds Max 文件另存为 radiosity_2.max。

4.6.3 调整造型材质

原始模型中不包括纹理材质，玻璃材料也不是透明的。现在先用材料编辑器编辑两个材质，然后再将它们指定给 radiosity_2.max 场景中的窗玻璃和地面物体，步骤如下：

(1) 修改场景中的 GR_window_glass 玻璃造型对象材质。将该材质由原来的 Lighting Override 类型改为 Standard 类型；重新调整 Diffuse 颜色，将它调整为亮度值为 230 的白色；勾选 Self-Illumination 颜色，并将颜色调整为亮度值为 100 的灰色；将 Opacity 值调整为 70（图 4-30*a*）。修改后的 GR_window_glass 材质不必重新指派即可影响场景中所有使用了该材质的造型对象。

(2) 激活另一个未使用的样本窗新增一个地面纹理材质 dimian。在 Maps 参数栏的 Diffuse 颜色通道上，选择前面 SketchUp 地面建模中用到文件 DropCeil.jpg 作为纹理；在 Bitmap 的 Coordinates 参数栏中，将 U 和 V 的 Tiling 值都设置为 8，见图 4-30（*b*）。

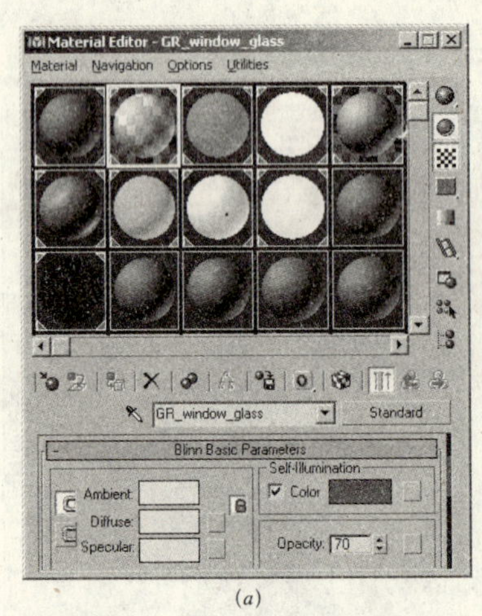

(*a*)

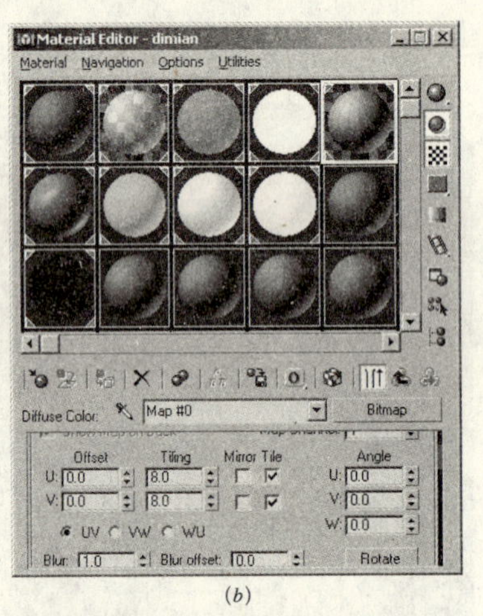

(*b*)

图 4-30　材质的编辑

(3) 分离出地面物体。由于原始模型中的地面、墙面和天花板是一个整体的网面造型，因此需要运用次物体编辑方法将地面物体分离出来，然后再进行地面材质的指定。首先选择场景中的 GR_room1 造型对象；在修改命令面板 Selection 参数栏中，选择 Polygon 工具■；选择场景中的地面物体后，再转回到修改命令面板 Edit Geometry 参数栏，点击 Detach；在打开的对话框 Detach as 栏中输入物体名称“dimian”，然后按“OK”。

(4) 将新建的纹理材质 dimian 指定给地面。选择刚刚分离出来的 dimian 地面物体；切换到材料编辑器，激活 dimian 材质样本后，再点击图标。

(5) 为地面物体指定 UVW 贴图坐标。保持地面物体的被选择状态，在修改命令面板中，打开 Modifier List 列表，从中选择 UVW Mapping 修改器。

(6) 将修改后的 radiosity_2.max 文件存盘。

4.6.4 添加 VRML NavigationInfo 对象

在通常情况下，如果一个 VRML 文件中已经包括了光源对象，那么，为了避免浏览器头灯对场景照明效果的影响，一般都会通过在 VRML 文件中添加“NavigationInfo{headlight FALSE}”代码的方法使浏览器头灯关闭。在前面的步骤中，我们已经在 3ds Max 模型中添加了一个标准光源，在这种情况下，即使不使用 VRML97 Helpers 中的 NavInfo 工具，3ds Max 的 VRML97 Exporter 也会自动向 VRML 文件中添加上述代码。

现在我们尝试一下运用 NavInfo 工具插入 NavigationInfo 对象的方法：

（1）单击创建面板中的 Helpers 图标，并在下拉式列表中选择 VRML97 类，VRML97 Helpers 工具集将出现在创建面板的下方，如图 4-31（*a*）所示。

（2）在 VRML97 Helpers 工具集中，选择 NavInfo 工具，参照图 4-31（*a*）中右侧参数部分设置 NavInfo 对象。

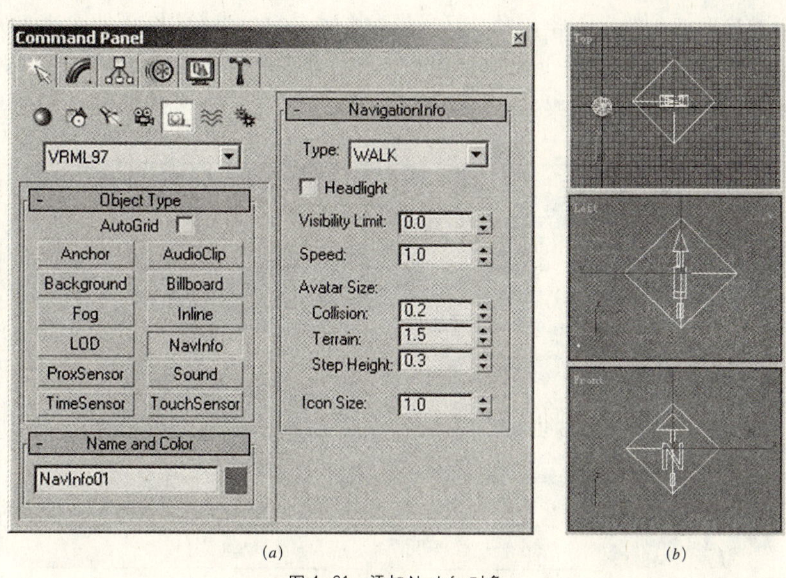

（*a*） （*b*）

图 4-31 添加 NavInfo 对象

（*a*）NavInfo 工具及参数；（*b*）NavInfo 对象图标

（3）在任意视口中，用拖曳的方法画出任意大小的 NavInfo 对象的图标。图 4-31（*b*）为在 Top 视口中绘制，并分别显示在 Top、Left 和 Front 视口中的 NavInfo01 对象的图标。

（4）将修改后的 radiosity_2.max 文件存盘。

需要说明的是，由 VRML97 Helpers 创建的各种 VRML 对象，都包含一个对象颜色（Name and Color 栏中对象名称旁边的颜色块）和一个 Icon Size 参数，这两个参数只是用来控制 VRML 对象图标在 3ds Max 环境中的显示，在不影响观察 3ds Max 视口的情况下，这些对象的绘制颜色和大小、位置都可以是任意的。

在图 4-31（*a*）中，除了 NavInfo01 对象颜色和 Icon Size 参数之外，其他的参数都是与 NavigationInfo 节点各个域的域值相对应的。与 3ds Max 中其他对象的创建和修改方式一样，NavInfo 对象的这些参数既可以在对象创建之前预先填入，也可以在创建之后在 Modify 命令面板中修改。

4.6.5 添加 VRML Background 对象

接下来尝试运用 VRML97 Helpers 插入 VRML 背景对象的方法。

(1) 选择 VRML97 Helpers 中的 Background 工具，在任意视口中，用拖曳的方法画出表示 Background 对象的图标。图 4–32 (*a*) 为在 Top 视口中绘制，并分别显示在 Top、Left 和 Front 视口中的 Background01 对象图标。

接下来，请确信新建的 Background01 对象图标处于选中状态，然后转到 Modify 命令面板进行 Background 对象相关参数的设置，见图 4–32 (*b*)。

(2) 设置 Sky Colors 参数。首先展开 Sky Colors 参数栏，在 Number Of Colors 选项中选择 Three；点击 Color One 中的颜色块，将第一个颜色 RGB 值设置为 0、13、191；用类似的方法将 Color Two 的 RGB 值设置为 102、97、194，Color Three 的 RGB 值设置为 233、229、243。

(3) 设置 Ground Colors 参数。展开 Ground Colors 参数栏并选择 Three；将 Color One 的 RGB 值设置为 58、126、54，"Color Two" 的 RGB 值设置为 152、178、129；用拖曳鼠标的方法，将 Sky Colors 参数栏中的 Color Three 颜色块拷贝到 Ground Colors 参数栏的 Color Three 颜色块中。

(4) 设置 Images 参数。展开 Images 参数栏，为纹理背景指定外部文件路径。本例使用了第 3 章中用到的 4 个 PNG 文件，可采用相对路径输入，如 "../../3/sample/b02.png"。

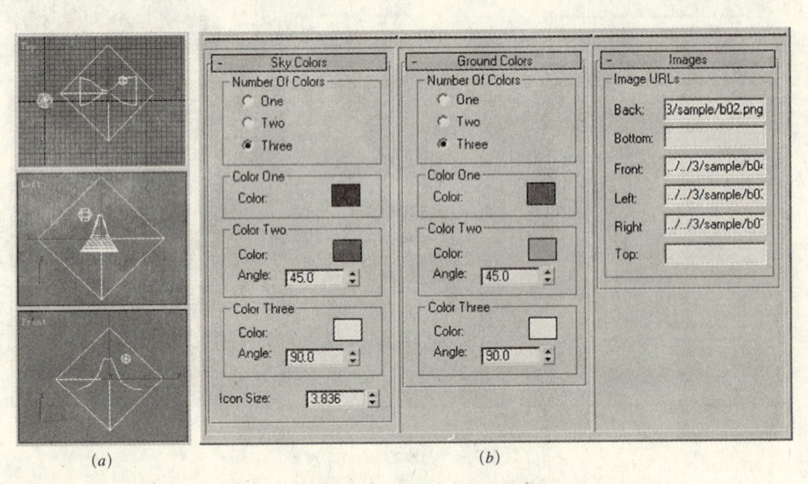

图 4–32 添加 VRML Background 对象
(*a*) 对象图标；(*b*) 对象参数

(5) 将修改后的 radiosity_2.max 文件存盘。

在图 4–32 (*b*) 所示 Background01 对象的参数栏中，Number Of Colors 选项控制着导出的 Background 节点中所包含的颜色数，其他参数都是与 VRML 文件中的 Background 节点中的各个域和域值对应的。与 3ds Max 中其他对象的创建和修改方式一样，Background 对象的参数既可以在对象创建之前预先填入，也可以在创建之后在 Modify 命令面板中修改。

4.6.6 添加 VRML Fog 对象

接下来尝试运用 VRML97 Helpers 插入 VRML Fog 对象的方法：

(1) 选择 VRML97 Helpers 中的 Fog 工具，按图 4–33 (*a*) 所示参数栏设置 Fog 对象的参数：将 Type 参数（雾类型）设置为 LINEAR，Visibility Range 设置为 80，Color 使用缺省的白色。

（2）在任意视口中，用拖曳的方法画出表示Fog对象的图标。图4–33（*b*）为在Top视口中绘制，并分别显示在Top、Left和Front视口中的Fog01对象图标。

（3）将修改后的radiosity_2.max文件存盘。

与3ds Max中其他对象的创建和修改方式一样，Fog对象的参数既可以在对象创建之前预先填入，也可以在创建之后在Modify命令面板中修改。

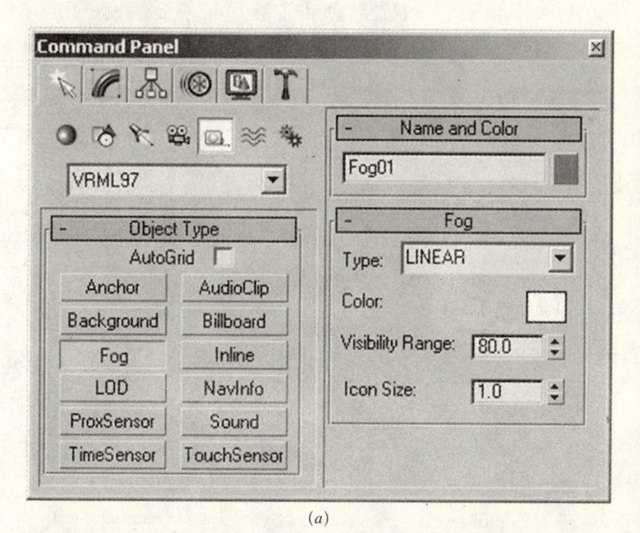

（*a*）

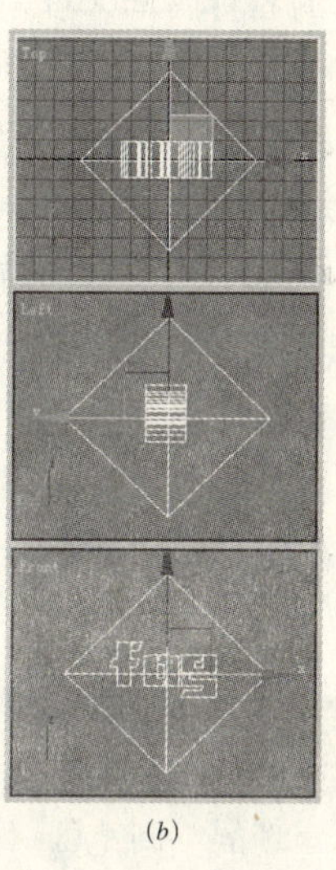

（*b*）

图4–33　添加VRML Fog对象

（*a*）对象工具及参数；（*b*）对象图标

4.6.7　添加VRML声音对象

在VRML场景中要产生声音效果，需要包含声源（AudioClip节点）和声场（Sound节点）两个对象。接下来尝试运用VRML97 Helpers插入VRML声音对象的方法。

（1）选择VRML97 Helpers中的AudioClip工具，按图4–34（*a*）右侧所示参数栏中设置AudioClip对象的参数：在URL栏指定一个外部声音剪辑文件的路径及文件名，如本例采用相对路径“../../3/sample/music.wav”指定第三章中曾运用过的WAV格式文件；description栏设置对应于AudioClip节点description域，可以为声音素材加一个简单的说明；Pitch使用缺省设置1.0，保持原始播放速度；勾选Loop和Start On World Load选项。

（2）在任意视口中，用拖曳的方法画出表示AudioClip对象的图标。图4–34（*b*）为在Top视口中绘制，并分别显示在Top、Left和Front视口中的AudioClip01对象图标。

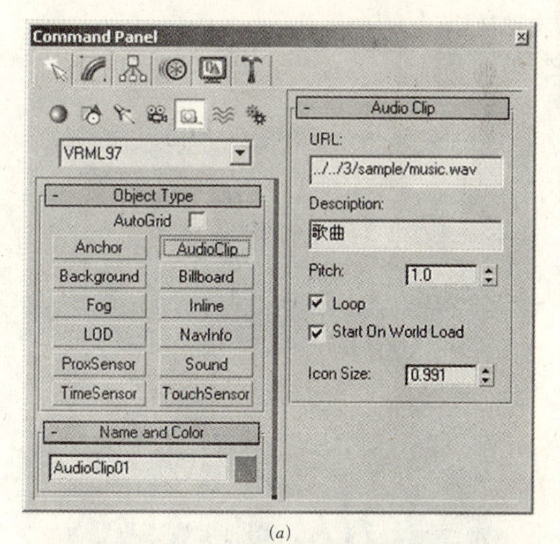

（*a*）

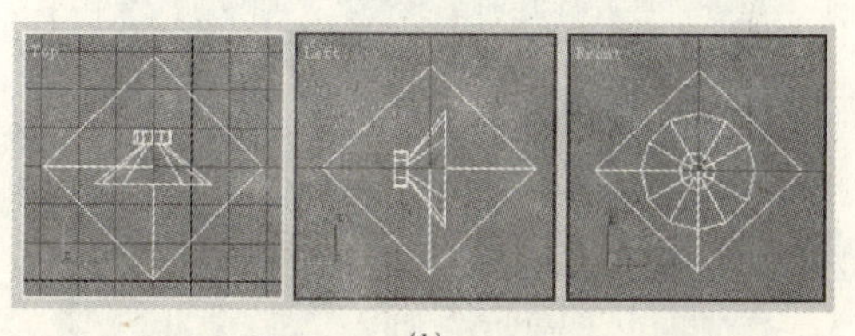

（*b*）

图4–34　添加VRML AudioClip对象

（*a*）对象工具及参数；（*b*）对象图标

（3）选择 VRML97 Helpers 中的 Sound 工具，按图 4–35（*a*）右侧所示参数栏中设置 Sound 对象的参数：Min Front、Min Back、Max Front、Max Back 分别指定为 1.6、1.0、5.5、1.2，其他参数使用缺省设置。

（4）点击 Sound 参数栏下方的 Pick Audio Clip 按钮，将光标移到 3ds Max 场景视口中，选择前面步骤（2）中绘出的 AudioClip01 对象的图标，此时 Pick Audio Clip 按钮上方会出现声音剪辑对象的名称 AudioClip01，如图 4–35（*a*）所示。

（5）在 Top 视口中，用拖曳的方法画出表示 Sound 对象的图标（Sound01），图 4–35（*b*）为在 Top 视口中绘制，并分别显示在 Top、Left 和 Front 视口中的 Sound01 对象图标。

（6）选择 Sound01 对象，使用旋转工具，在 Top 视口中将声场逆时针旋转 90°；使用移动工具和 3ds Max 界面下方的坐标栏，将声场定位于（–1.8，1.2，1.0），见图 4–36。

（7）将修改后的 radiosity_2.max 文件存盘。

当 Sound01 对象被选中时，将显示出大、小椭球形声场的空间范围（图 4–36），你可以更直观地布置声场的大小和方向。与 3ds Max 中其他对象的创建和修改方式一样，AudioClip 和 Sound 对象的参数既可以在对象创建之前预先填入，也可以在创建之后在 Modify 命令面板中修改。

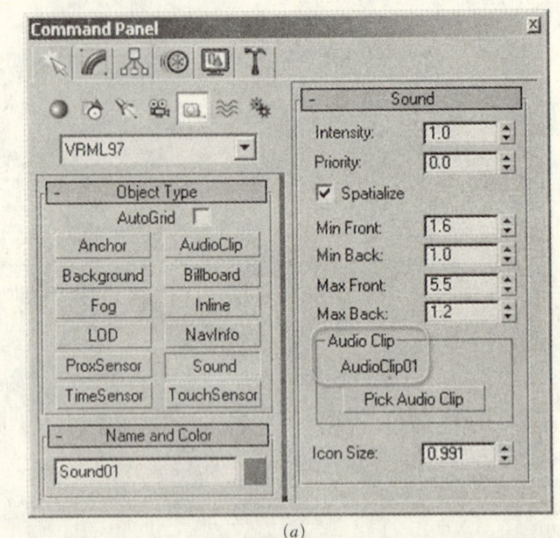

（*a*）

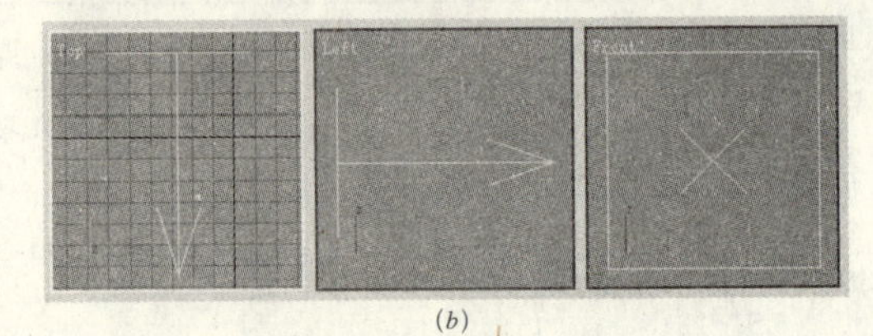

（*b*）

图 4–35 添加 VRML Sound 对象
（*a*）对象工具及参数；（*b*）对象图标

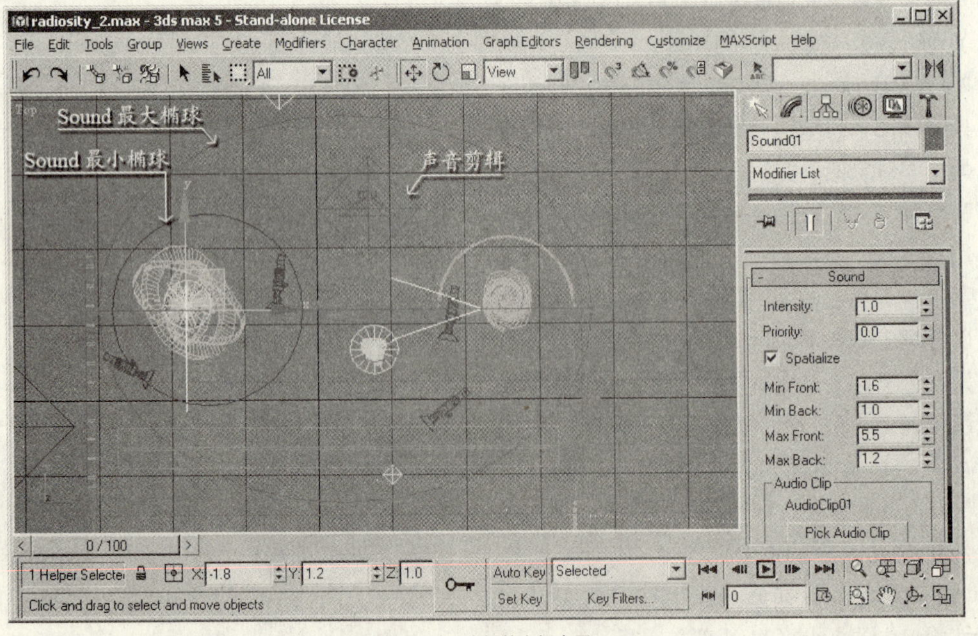

图 4–36 声场的空间布置

4.6.8 添加 VRML Billboard 编组对象

Billboard 节点最具吸引力的一个应用就是利用简单的面和 PNG 或 GIF 透明纹理生成一些很生动的场景造型，特别适合于表现场景中的树木、左右对称的灯具等配景。现在我们尝试一下 VRML97 Helpers 中的 Billboard 工具，用它生成一个能始终面向浏览者的灯具造型。

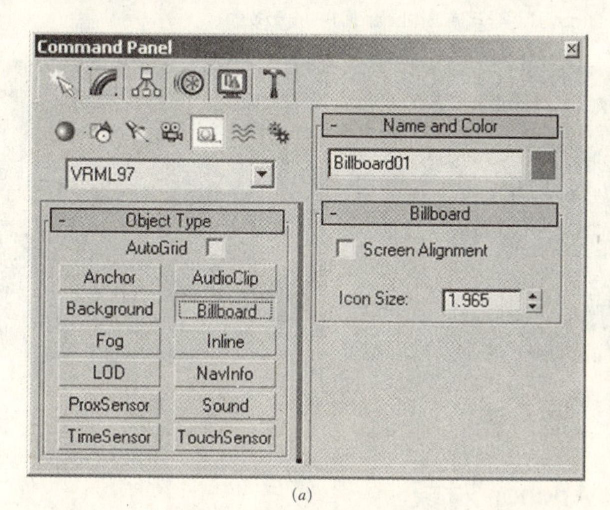

(a)

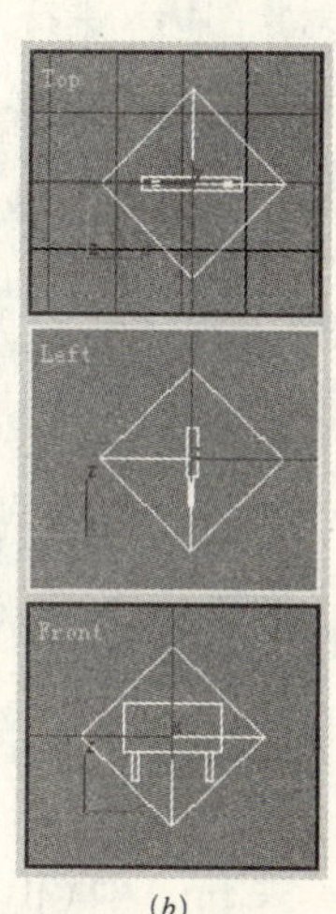

(b)

图 4–37 添加 VRML Billboard 对象
(a) 对象工具及参数；(b) 对象图标

(1) 选择 VRML97 Helpers 中的 Billboard 工具（图 4–37a），在任意视口中，用拖曳的方法画出表示 Billboard 对象的图标。图 4–37 (b) 为分别显示在 Top、Left 和 Front 视口中的 Billboard01 对象图标。

在图 4–37(a) 所示 Billboard01 参数栏中，只包括一个 Screen Alignment 选择项，若勾选该项，则导出的 Billboard 节点 axisOfRotation 域值将设为“0 0 0”，此意味着 Billboard 编组造型将绕局部坐标系原点自动旋转；否则，axisOfRotation 域值将设为“0 1 0”，此意味着 Billboard 编组造型将绕局部坐标系中的 Y 轴自动旋转。在此采用缺省设置（不勾选）。

(2) 点击 Create 面板中的将造型工具切换回到 Geometry 造型类；选择 Box 工具，在 Top 视口中创建一个长、宽、高分别为 0、0.4 和 1.6 的 Box 对象，并取名为 light01。

(3) 启动材质编辑器编辑一个自发光材质：在 Basic Parameters 展卷栏中，将材料的漫反射（Diffuse）和高光（Specular）颜色 RGB 值皆调整为 256，将自发光参数 Self–Illumination 中的颜色强度调整为 100（注意不要勾选 Color 前面的复选框）；在 Maps 展卷栏的 Diffuse Color 通道上，使用图 4–38 (a) 所示 PNG 灯具纹理（马赛克背景表示透明）；最后将编辑好的材质指定给 light01。

(4) 在 Top 视口中，使用移动工具和 3ds Max 界面下方的坐标栏，将 Billboard01 对象图标定位于（1.8，1.6，0.0）位置，同时也将 light01 移动到 Billboard01 的附近，如图 4–38 (b) 所示。

(5) 使用链接工具，在 Top 视口中，将光标移至 light01 之上按鼠标左键不放，然后拖曳至 Billboard01 上后释放，如图 4–38 (b) 所示。

(6) 使用移动工具和 3ds Max 界面下方的坐标栏，将 light01 定位于 Billboard01 对象图标相同的（1.8，1.6，0.0）位置，如图 4–38 (c) 所示。

（7）将修改后的 radiosity_2.max 文件存盘。

上述步骤中的（5）和（6）是Billboard 对象操作的一个关键：步骤（5）确定了 Billboard 编组的成员；步骤（6）是使 light01 和 Billboard01 的平面位置保持一致，如果两者的平面位置不一致，则你所看到的 Billboard 编组造型将不是绕原地垂直轴旋转，而是绕 light01 和 Billboard01 之间的中轴线旋转。在完成上述步骤之后，如果你想重新调整 light01 的空间位置，可以只选择 Billboard01 对象图标来进行，light01 将会随 Billboard01 一起移动。

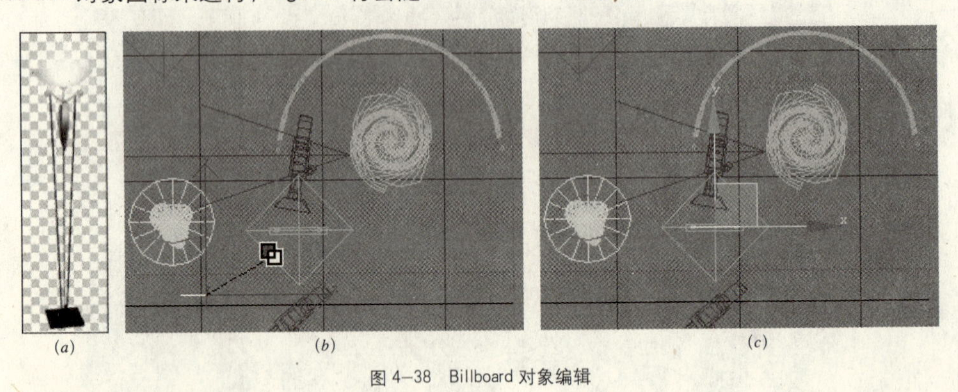

(*a*)　(*b*)　(*c*)

图 4–38　Billboard 对象编辑

4.6.9　添加 VRML Anchor 对象

VRML 场景中的超链接功能是通过锚点（Anchor 节点）方法实现的。现在我们尝试一下用 VRML97 Helpers 工具添加 3 个 Anchor 编组对象，分别用于切换到场景中的另一个视点，跳转至另一个 VRML 场景，以及链接至 Web 上的一个网站或网页。

（1）选择 VRML97 Helpers 中的 Anchor 工具，在任意视口中，用拖曳的方法画出 3 个 Anchor 对象图标（Anchor01、Anchor02 和 Anchor03）。图 4–39（*a*）为分别显示在 Top、Left 和 Front 视口中的 Anchor 对象图标。

（2）选择新建的 Anchor01 对象图标并转到 Modify 命令面板设置其相关参数，见图 4–39（*b*）。在 Anchor01 对象的参数栏中，点击 Pick Trigger Object 按钮，然后选择名称为 Shere03 的组对象（即5个叠起来的球体造型）。选择完成后，被选择的对象名称将出现在Pick Trigger Object 按钮的下方。Anchor01 对象其他相关参数设置参见图 4–39（*b*）。

（3）选择新建的 Anchor02 对象图标并转到 Modify 命令面板设置其相关参数，见图 4–39（*c*）。在 Anchor02 对象的参数栏中，点击 Pick Trigger Object 按钮后选择名称为 ianlogo 的组对象（即一个类似于天文测量仪器的造型）。选择完成后，被选择的 ianlogo 组对象名称将出现在 Pick Trigger Object 按钮的下方。Anchor02 对象其他相关参数设置参见图 4–39（*c*）。

（4）选择新建的 Anchor03 对象图标并转到 Modify 命令面板设置其相关参数，见图 4–39（*c*）。在 Anchor03 对象的参数栏中，点击 Pick Trigger Object 按钮后选择名称为 Shere03 的编组对象（即一个螺旋形曲面造型）。选择完成后，被选择的 Shere03 组对象名称将出现在 Pick Trigger Object 按钮的下方。Anchor03 对象其他相关参数设置参见图 4–39（*d*）。

（5）将修改后的 radiosity_2.max 文件存盘。

图 4–39 所示参数栏中的 Description、URL 和 Parameter 项目，都是与 Anchor 节点中的相关域对应的。当单选项 Hyperlink Jump 被选择时，表示此时的 Anchor 将链接到一个外部文件或网站，URL 和 Parameter 参数项成为可输入状态。如图 4–39（*b*）和图 4–39（*d*）所示，Anchor01

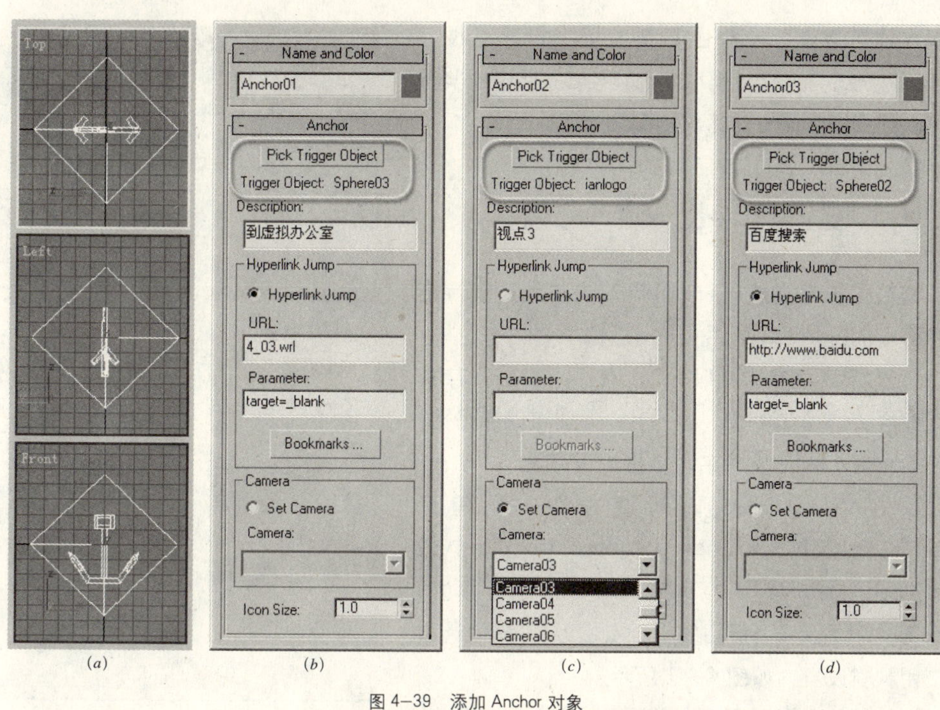

(*a*) (*b*) (*c*) (*d*)

图 4–39 添加 Anchor 对象

(*a*) Anchor 对象图标；(*b*)、(*c*)、(*d*) Anchor 对象参数

和 Anchor03 的参数栏，两个 Anchor 对象分别连接到本地磁盘文件 4_03.wrl 和百度网站，其 Parameter 参数项设置为 "target=_blank"，意味着从新浏览器窗口中打开链接地址。当单选项 Set camera 被选择时，表示此时的 Anchor 将链接到当前场景中的一个视点，Camera 列表框成为可选择状态，你可以从该列表中选择你想要的目标视点。假设你选择了 Camera03 视点，则此时就相当于在 URL 栏中输入 "#Camera03"，这两种结果都是一样的。

在 Anchor 对象 Hyperlink Jump 参数栏中，还包括一个 Bookmarks 按钮，点击该按钮可以打开图 4–40 所示 Bookmarks 对话框，当场景中的 Anchor 对象较多、链接的目标地址也较为繁琐时，Bookmarks 对话框就变得十分有用。

Bookmarks 对话框具有以下功能：

（1）预置多个链接目标记录。你可以利用 Bookmarks 对话框中的 URL 和 Description 输入栏输入你想链接的目标 URL 地址及说明，当你输入了一个超级链接目标记录之后接着按一次 Add 按钮，此时下方的列表框中就会增加一条新的链接目标记录。

（2）自动填入 Anchor 对象链接参数。你可以从下方的 URL 列表中选择一条你所需要的链接目标，然后按 OK 按钮，此时被选择项目的 URL 和 Description 信息就会自动地填入到 Anchor 对象的 Description 和 URL 参数栏中。

（3）删除无用的链接目标记录。当列表中的某些记录项目变得无用或无效时，你可以选择这些项目，然后按 Delete 按钮来删除它们。

（4）利用 IE 浏览器生成的 bookmark.htm 文件。Bookmarks 对话框中还包括一个 Import List 按钮，单击该按钮则会打开 Windows 文件选择

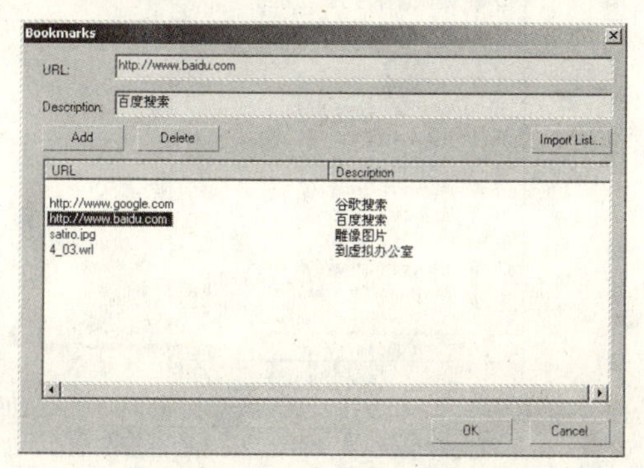

图 4–40 Bookmarks 对话框

对话框。你可以选择一个由 IE 浏览器执行导出收藏夹操作时生成的 bookmark.htm 文件，将其中的 URL 项目导入到 Bookmarks 对话框的列表中。

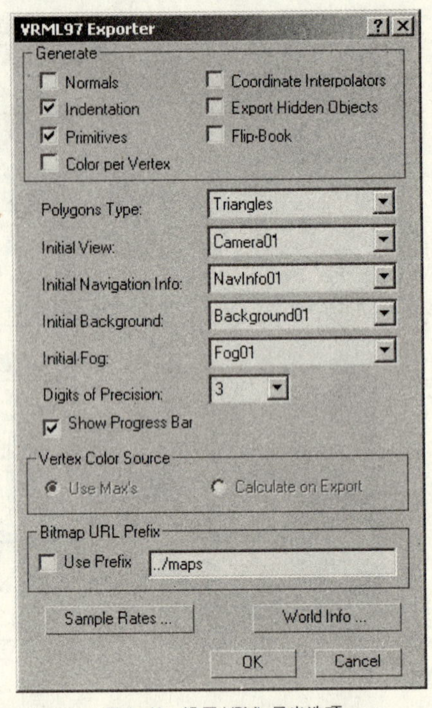

图 4-41　设置 VRML 导出选项

4.6.10　设置、导出 VRML 文件

前面我们已经完成了针对 VRML 内容的建模，接下来就可以执行 VRML 文件的导出操作了。

(1) 选择下拉菜单"File/Export..."，在保存文件对话框中，选择 VRML97 (*.wrl) 类型和保存路径，输入"radiosity.wrl"文件名后，按"保存"。

(2) 在 VRML97 Exporter 对话框中，先勾选 Indentation、Primitives 和 Show Progress Bar 这 3 个最常用的选项；将 Polygons Type 选择为 Triangles，Digits of Precision 设置为 3（保留的小数点位数）；其他选项直接使用缺省设置，如图 4-41 所示。

(3) 按"OK"按钮导出 radiosity.wrl 文件。

4.6.11　浏览 VRML 代码及场景

现在用 VrmlPad 打开导出的 radiosity.wrl 文件，先浏览一下 VrmlPad 场景树，你可以结合 4.5.1 节中的内容，对照查看一下导出的 VRML 文件代码结构特点。可以看出，从 3ds Max 中导出的 VRML 模型不仅较好地继承了原始模型中对象名称和层次结构，而且诸如视点、光源，以及背景、雾、锚点、导航信息等 VRML 空间中的特殊对象亦能正确地导出。

不过，在 VrmlPad 中打开的这个 radiosity.wrl 文件被提示存在 SEM 错误（即语义错误），当此类错误出现时，VrmlPad 状态栏中的 SEM 将会以蓝色底纹亮显，你可以双击亮显的 SEM，使光标迅速定位于出现错误的代码位置，VrmlPad 状态栏同时将出现关于该错误原因的简单说明，

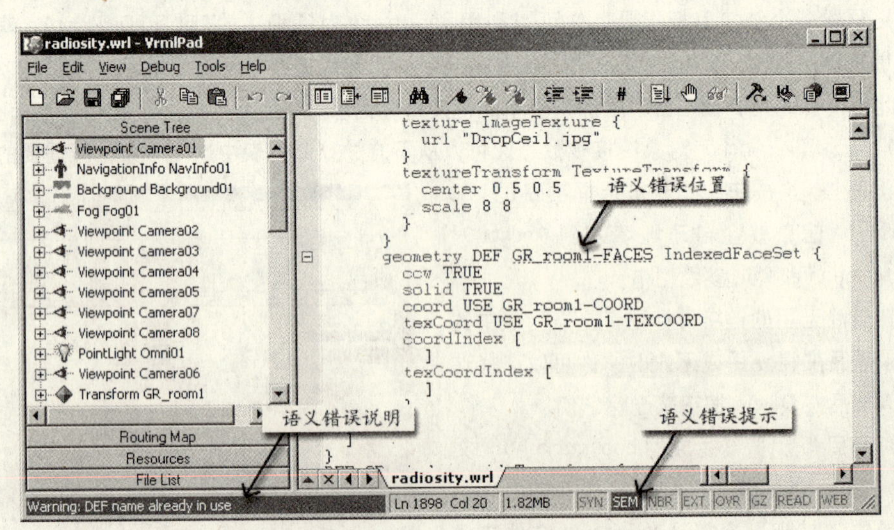

图 4-42　VrmlPad 中显示的代码错误

如图 4–42 所示。radiosity.wrl 文件中的这个 SEM 错误被 VrmlPad 解释为 “DEF name already in use”，即表示此处由 DEF 定义的节点名称在前面已经定义过了。你可以用 VrmlPad 的查找功能查找字符串 “DEF GR_room1–FACES”，就会发现该名称定义确实出现过两次，且都是用来命名 IndexedFaceSet 节点。

类似的错误还出现在 radiosity.wrl 文件中的 Billboard 节点处，该节点与它的 Transform 父节点都使用了同样的名称 Billboard01。对于 VRML 文件中出现的这种重复命名的语义错误，VRML 浏览器一般都是可以忽略的，假如这些名称定义并不涉及到场景中需要进行交互编程设计的节点对象，则可以不必修正。当需要修改时，也很简单，只须删除或修改另一个无用和重复的节点名称定义就可以了。

现在点击 VrmlPad 中的预览图标启动场景。如图 4–43 中显示了该场景中的 6 个视点画面，你可以用 PgDn 和 PgUp 键来切换这些视点并进行如下测试检验：

（1）将视点切换到 Camera01；当光标移到右前方螺旋面造型上时，将出现 “百度搜索” 的光标提示；点击该造型后，则会在新建窗口中打开百度网站的主页。

（2）回到 Camera01 视点；当光标移到左前方的天文仪器造型上时，将出现 “视点 3” 的光标提示；点击该造型后，则视点将转移至 Camera03。

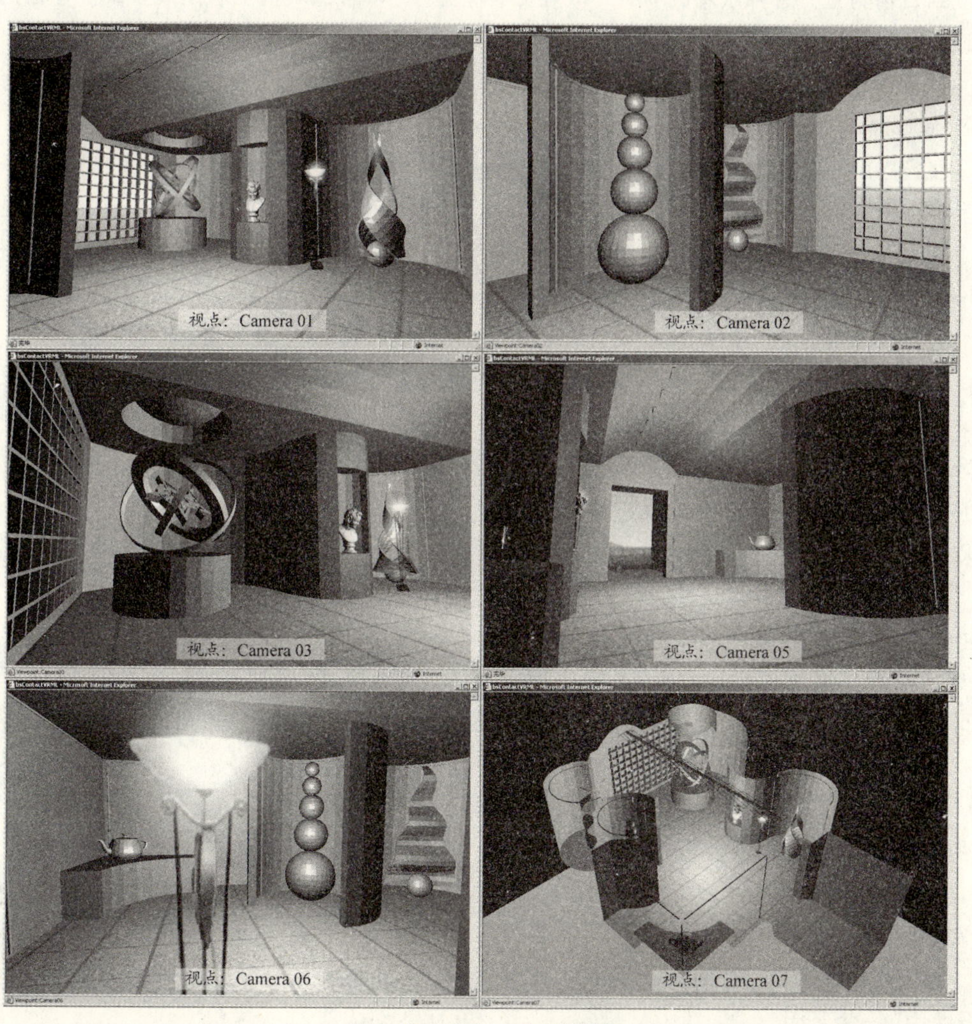

图 4–43　radiosity.wrl 场景效果

(3) 将视点切换到 Camera02；当光标移到 5 个球体组成的造型上时，将出现“到虚拟办公室”的光标提示；点击该造型后，则会在新建窗口中打开图 4-22（*b*）所示场景画面。

(4) 将视点切换回 Camera01 后朝左前方天文仪器造型处移动，可以听到歌曲声由小变大；将视点切换到 Camera05 后朝展厅大门方向移动，可以听到歌曲声将由大变小直至消失，你同时也可以观察到大门外的 VRML 背景效果。

(5) 从不同角度观察一下新添加的灯造型，看其是否始终以正面面对浏览者。

(6) 将视点切换到 Camera07，然后按下键盘上的向下方向键，使视点逐渐远离观察对象，此时可检验场景中的 Fog 效果。

浏览后你会发现，用 3ds Max 工具建构的 VRML 模型，在场景的整体效果和浏览性能方面都是很不错的。不过，这个导出的 radiosity.wrl 场景也存在一处明显不足，就是所有曲面都不能被 3ds Max VRML97 Exporter 自动进行光滑面的处理。因此，要使从 3ds Max 中导出的 VRML 模型具有更好的视觉效果，还需要在后期运用代码编辑方法对 radiosity.wrl 文件进行一些修改。

4.6.12 处理光滑曲面

到目前为止，各种版本的 3ds Max 在处理某些 VRML 节点域值上总是或多或少存在的一些遗漏，对于此类问题的一个较便捷的解决方式就是利用 VrmlPad 提供的查找、替换功能。例如，对于所有曲面造型都未进行光滑面处理的情形，你可以通过将 VRML 文件中的所有形如“IndexedFaceSet {”的代码全部替换为“IndexedFaceSet { creaseAngle 0.523”的方法来解决。

我们应用上述方法来处理 radiosity.wrl 模型中的光滑曲面问题，步骤如下：

(1) 在 VrmlPad 场景树中，选择任意一个 Transform 节点并逐级展开，直到出现一个 IndexedFaceSet 节点图标之后，再双击该图标，这时编辑栏光标将快速跳至一个 IndexedFaceSet 节点前。

(2) 在编辑栏中，选择代码“IndexedFaceSet {”，按“Ctrl+C”将其拷贝到剪贴板。

(3) 使用下拉菜单“Edit/Replace…”命令，打开图 4-44 所示 Replace 对话框；将光标移至 Find what 栏中，按“Ctrl+V”键将剪贴板内容粘贴进来。

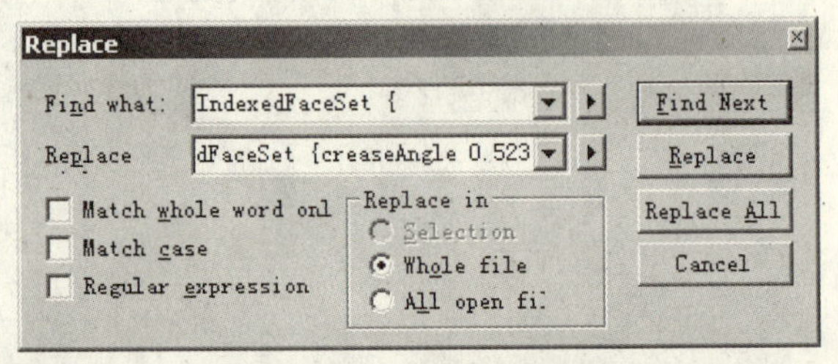

图 4-44 VrmlPad 替换对话框

(4) 将光标移至 Replace 栏中，按“Ctrl+V”键再次粘贴，然后在粘贴的内容后面，增加代码“creaseAngle 0.523”，如图 4-44 所示。

(5) 点击 Replace 对话框中的 Replace All 按钮执行替换，完成光滑面的处理。

(6) 按“Ctrl+S”键，将修改后的 radiosity.wrl 文件存盘。

按上述步骤修改后的 radiosity.wrl 场景如图 4-45 所示。

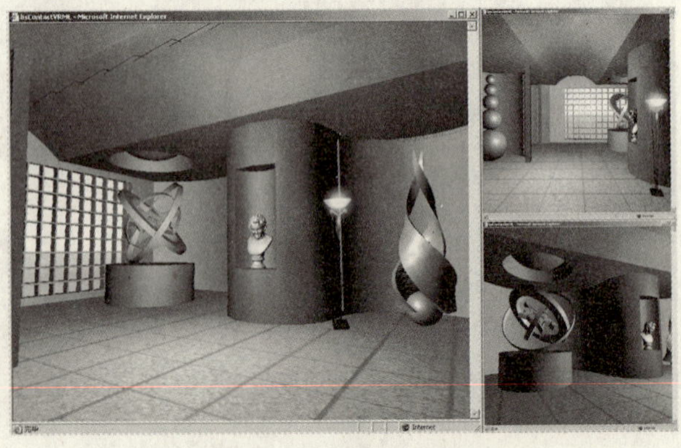

图 4-45 光滑面处理后的场景效果

4.7 VRML 优化建模

VRML 模型在建筑设计的不同阶段中具有不同应用目的和性能上的要求。如在方案设计初期，VRML 模型主要用于帮助建筑师观察、验证自己的概念设计，模型的精度细节等视觉要求不高，场景文件的总容量较小。随着方案设计进入到后期阶段，VRML 模型的应用将逐步转向面向业主、管理者、甚至同社会公众的交流及论证，相应地对模型的精度、细节等视觉性能要求会有较大的提高，VRML 文件的总容量也会随之增大。由于 VRML 文件总容量大小对于虚拟场景的可交互性能有较大的影响，因此，当 VRML 场景中的内容较复杂或者场景的规模较大时，需要在建模的各个环节中尽量采取一些优化处理的措施，以满足虚拟场景最基本的可交互性能要求。

4.7.1 面向方案演示的优化建模

随着方案设计进入后期阶段，VRML 模型的服务对象将逐步转向业主、管理者，甚至社会公众。作为一种方便于非建筑设计专业人员参与方案论证的辅助手段，VRML 模型需要同时能够满足逼真性和交互性的基本要求。其中，逼真性是强调 VRML 场景的视觉效果，而交互性是强调 VRML 场景的浏览性能。

然而，对于 VRML 模型而言，要同时满足逼真性和交互性两方面的要求可能会面临一种矛盾选择：一方面，为了达到视觉效果的逼真，场景中的各种视觉要素（包括建筑及其环境物体）必须十分丰富，主要的造型对象要具有足够的细节等。显然，满足这样的要求必然需要有较大的 VRML 文件容量作为保障。另一方面，为了满足 VRML 场景的可交互性，则必须将 VRML 文件的总容量控制在计算机软硬件系统可实时处理的范围之内。所谓交互性好，从场景的表现上看，意味着场景画面能对场景中发生的各种事件作出及时的响应，特别是当浏览者在虚拟场景中移动时，场景画面的变化均匀流畅，不产生停滞或跳跃的现象，而这样的交互性效果，只有当 VRML 文件的总量不超出计算机软硬件系统能力时才能达到。

鉴于逼真性和交互性两方面要求上存在的矛盾，面向方案演示的 VRML 建模应当采取的基本策略是：在满足交互性前提下尽量追求逼真性。具体可采取以下措施：

（1）通过测试，了解你的计算机系统性能和最佳 VRML 文件容量，并据此对整个场景所包含的 VRML 文件总容量进行预算和控制。

（2）对建立的 VRML 场景内容进行分析，并从总体上对主、分场景文件系统进行规划和控制。根据场景中造型的内容归属、复杂程度以及是否要进行后期特殊处理（如交互编程设计）等因素，将整个场景中的造型内容划分为独立的 VRML 分场景文件，以便对其单独进行编辑和优化处理；当优化后的分场景文件总容量不超过系统最佳容量时，可以通过主场景文件中的 Inline 节点将分场景文件内联起来；当优化后的 VRML 文件总容量仍然远远超过系统最佳容量时，则可以将全部内容划分为能各自独立演示的分场景，各分场景之间通过 Anchor 节点方法链接起来。

（3）确定场景中关键性的浏览区域及路径，建模时可根据各种模型对象在这些关键区域或路径上的细节可见性，分别采取适当的精度建模。对于非重点或非关键性区域，还可以配合设置透明遮挡物的方法来限定浏览者的可移动范围。

（4）对于已完成的较复杂的造型对象，要尽可能采取各种优化方式来削减 VRML 文件的容量，力求以最小的模型数据取得真实感较强的视觉效果。优化 VRML 模型的环节包括：3ds Max 模型的优化，VRML 文件导出时的优化，以及 VRML 文件代码的优化。

4.7.2 系统最佳 VRML 文件容量测试

特定的计算机硬件系统配置对 VRML 场景文件的总容量都有一定的限制。所谓最佳的 VRML 文件容量，是指保证 VRML 场景良好交互性前提下的 VRML 场景文件的总容量，这个容量是相对于特定的计算机系统而言的。例如，一台采用了 Intel Pentium M 1400MHz 处理器、512MB 内存、ATI Mobility Redeon 9600 Series 显示卡及 64MB 显示内存的笔记本电脑，测试后表明：当非压缩状态的 VRML 文件总容量能控制在 10MB 以下时，场景的交互效果都是较好的；总容量为 10～14MB 时，交互性虽受到一定影响，但仍然是可接受的；如果总容量达到 20MB 甚至更多，则可明显地感觉到系统的反应速度变慢，交互性变得较差。所以，据此可以确认该电脑系统的最大允许文件容量为 14MB，而最佳容量则在 10MB 以下。

从原则上讲，硬件配置越高，系统的最佳 VRML 文件容量就会越大。由于计算机硬件系统更新换代较快，因此如果你想得到一个可参考的最佳容量值，就只能通过在特定的计算机上进行一系列的测试后才能得到。

为了使你的虚拟建筑场景能在多数计算机系统中顺利地演示，通常你需要选择一台具有典型硬件配置的计算机来进行这项测试。在测试之前，你需要预先准备若干个非压缩的、不同容量的测试文件。在测试过程中，你还可以通过行插入（Inline 节点）方法，逐量加入其他的 VRML 场景，这样可以较精确地测量出你所感觉到的能满足基本交互性能要求的最大允许 VRML 总容量。在某些情况下，你的计算机系统并非总是处在最佳的状态，因此，当你确定了系统最大允许文件容量值之后，可以给该值一个适当的折扣，如采用最大允许文件容量的 60%～70%，作为 VRML 建模时的实际控制容量（即最佳容量），这样可以保证在绝大多数情况下演示 VRML 场景时的可靠性。

4.7.3 3ds Max 模型的优化

从 AutoCAD 和 SketchUp 模型中直接导出的 VRML 模型，主要是为方便建筑师在方案设计的初期快速了解自己的设计，当设计进入到后期阶段，事实上，这些 CAD 模型通常会被导入到 3ds Max 环境中进行再加工处理，这一方面是因为 3ds Max 具有更强的处理三维模型的能力，更主要的则是 3ds Max 模型可以面向更多的应用，如制作效果图、动画、VRML 或其他虚拟现实场景等。

当设计者为满足某一种特定方面的应用而使用 3ds Max 模型时，设计者一般都会根据特定应用方面的一些特点对 3ds Max 模型进行一些必要的优化和调整。例如，3ds Max 模型在建筑设计中一般都会用于大幅面效果图制作，所以建筑模型的设计制作一般都较精细复杂，而其他内容（如环境配景）则因为可以通过 Photoshop 进行后期处理，所以一般较为简化甚至会省略；但对于 VRML 应用而言，它更注重现场整体气氛和沉浸感的营造，场景中的对象不仅包括建筑，而且还包括大量的环境物体，而过于精细复杂的建筑模型将占用大量的系统资源，不仅无助于这种气氛和沉浸感的营造，反而会加重硬件实时处理数据的负担而降低场景的整体性能。

因此，这里需要注意的一个问题是，尽管 3ds Max 处理各类 CAD 模型的能力很强，导出的 VRML 场景效果也较好，但如果要将 3ds Max 模型应用于面向方案演示的 VRML 场景制作，则必

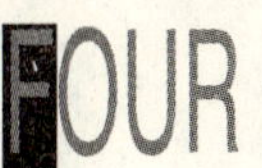

须通过各种优化措施尽量地控制和缩减 3ds Max 原始模型数据，使导出的 VRML 模型总容量能控制在大多数计算机软硬件系统可处理的范围以内。例如，前面我们在 4.6 节中完成的虚拟展厅场景文件 radiosity_2.wrl，其容量尽管只有 1.77MB，但是如果按照这样的规模与文件容量的比例推算一个包含复杂建筑造型及其环境内容的场景，则文件容量十分容易地达到几十甚至上百兆字节（MB），而这样大的容量一般都会严重降低场景的浏览性能。

要让 3ds Max 导出场景内容既丰富、文件容量又很轻巧的 VRML 模型，那就需要在建模的各个环节中，注意对文件容量的控制。下面简要介绍几种旨在削减 3ds Max/VRML 模型数据的建模方法。

1）使用简单几何形体拼接复杂造型

利用简单几何形体（如标准基本物体）拼接复杂造型，可以使 VRML 输出器尽可能多地使用 Box、Cone、Cylinder 和 Sphere 等节点描述复杂造型，从而有效减少文件代码量。例如，对于一个长方体，若用 IndexedFaceSet 节点描述，至少包括 8 个 3D 坐标点，以及 6 个面的索引顺序；而用 Box 节点，则只需要一个 3D 矢量值就可以了。

2）减少分段值

3ds Max 中的许多造型对象都有分段值（Segment）设置，可以用来控制造型的精度细节。在 3ds Max 中创建的某些造型对象，其默认的分段值设置往往会比需要的精度高，容易生成过多的面。如一个圆柱体对象的缺省高度分段值为 5，缺省边数为 18，将产生 216 个面；若将高度分段值改为 1 时，相应的面数缩小为 72；若再将边数改为 12，面数缩小到 48。可见，减少分段值是减少面数的有效方法（注意，标准基本物体若被指定了纹理材料，则几何构造将会转换为 IndexedFaceSet 节点类型）。

3）使用 Instance/Reference 复制

使用关联或者参考（Instance/Reference）复制方式产生的如各种网面造型（Mesh、Poly 和 Patch），VRML97 Exporter 会在 Shape 节点的 geometry 域中尽量用 DEF 和 USE 关键字的方法来进行处理，可在一定程度上减少重复性的代码。

4）慎用布尔运算

采用布尔运算方法处理造型，一般会带来文件数据量的急剧膨胀，所以只有在十分必要的情况下才会使用。如果造型的某一部分必须使用布尔运算处理，较好的处理办法是将该部分从总体分离出来单独建模，而其他部分仍采取拼接方法完成。当布尔运算处理完毕，可通过 EditMesh 修改器删除多余的面，而仅仅保留其他方法无法得到的造型部分。此外，经过布尔运算处理得到的面，也可以通过 Optimize 修改器进行一些优化处理。

5）使用 Optimize 修改器

地形、山体、雕塑等造型，一般都是由较复杂的网面构成。过于复杂密集的网面很容易增加模型文件的容量，可以使用 Optimize 修改器优化合并其中的一些空间点和面。Optimize 修改器可以通过 Modify 命令面板的下拉式列表中调用。一般来说，网面越复杂，可通过 Optimize 优化减少的面就越多。

6）使用 EditMesh 修改器

某些大型的复杂网面，其网格的疏密分布通常是不均匀的，有时我们只希望优化其中的某一部分。在这种情况下，可以通过 EditMesh 修改器以及 Detach 工具，将那些需要优化的部分从整体对象中分离出来成为一个单独对象，然后就可以方便地运用各种方法对这些对象进行优化处理了。

7）将网面转换为 Editable Poly 对象

3ds Max 中的各种网面对象，如 Editable Mesh、Editable Patch 和 Editable Poly，是可以相互转换的，但面的计算数目不同，其中 Editable Poly 的计算面数最小。经过 Optimize 处理后的网面，3ds Max 一般会默认它为 Editable Mesh 对象，如果你使用鼠标右键菜单中的“Convert To：/Convert to Editable Poly”命令将之转换为 Editable Poly 对象，其面的计算数目可以缩减到原来的 1/4 ~ 1/2 不等。

8）运用纹理增强细节

精细的建模对于制作建筑效果图是有利的，但对于 VRML 而言未必是好事情。在 VRML 场景中，某些尺度较小、或者不太重要的造型及其细节，如灯具、门窗框、墙体上微小的凸凹线条、栏杆等，若采用纹理方式往往比建模方式获得更具真实感的效果（如 4.6.8 节中添加的灯具造型）。运用纹理来增强细节的方法，可以减少大量的几何计算数据。

9）运用 LOD 处理复杂造型

运用 VRML 中的 LOD 节点处理某些容量较大，细节层次复杂但又难以割舍的造型是有一定帮助的。3ds Max VRML97 Helpers 中已经包含了创建 LOD 对象工具，关于它的使用，参见 4.8.8 节。

10）使用多边形计数器

在建模过程中，经常性地运用多边形计数器（Polygon counter）对造型的面数进行监控，这样可以让你在建模时始终注意将模型数据总量控制在预算水平之内。多边形计数器在 3ds Max 8 以及更早的版本，可以通过 Utilities 命令面板菜单调用（注意，被隐藏物体面数也在 Polygon counter 的计算之列），3ds Max 9 版则将这个功能放到视口显示控制中设置（参见 4.8.1 节）。

4.7.4 VRML 文件导出中的优化

优化后的 3ds Max 模型在导出为 VRML 模型过程中，如果通过合理地设置 VRML97 Exporter 选项，还可以使 VRML 模型数据进一步得到优化削减。为了更能清楚地说明这个问题，我们先以前面 4.6.9 节中最后保存的 radiosity_2.max 文件为例，分别导出 6 个 VRML 文件进行一些测试，其步骤如下：

（1）在 3ds Max 中打开 radiosity_2.max 文件；选择下拉菜单“File/Export...”打开保存文件对话框，输入“Ngons.wrl”文件名，然后按“保存”。

（2）在 VRML97 Exporter 对话框中，勾选 Indentation、Primitives 和 Show Progress Bar 这 3 个最常用的选项；将 Polygons Type 选择为 Ngons；指定 Digits of Precision 为 3，按 OK 按钮后完成导出。

（3）按上述类似方式，将 Polygons Type 选项依次设置为 Quads、Visible Edges 和 Triangles 类型，分别导出 Quads.wrl、VisibleEdges.wrl 和 Triangles.wrl 三个文件。

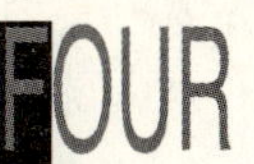

（4）在 Triangles.wrl 文件选项设置基础上，再增加 Normals 选项，导出 Triangles_N.wrl 文件；接着在 Triangles_N.wrl 文件选项设置基础上，再增加 Color per Vertex 和 Calculate on Export 选项，导出 Triangles_NC.wrl 文件。

现在分别浏览并对比一下刚刚导出的 6 个 VRML 文件的场景（图 4–46），你会发现以下几方面的规律和问题：

（1）当 Polygons Type（多边形模式）选项为 Ngons（最大多边形）模式时，将获得最小的 VRML 文件容量，如 Ngons.wrl 文件容量为 1.48MB；其次是 Visible Edges（可见边）模式，如 VisibleEdges.wrl 文件容量为 1.51MB；再次为 Quads 模式，如 Quads.wrl 文件为 1.61MB；采用 Triangles（三角面）模式时容量最大，如 Triangles.wrl 文件为 1.77MB。

（2）当多边形模式选择为 Ngons、Visible Edges 和 Quads 时，场景中的某些复杂的网面造型都容易产生不同程度的面的丢失问题。其中，采用 Quads 模式时丢失的面最少，见图 4–46（*b*）所示地面；采用 Ngons 模式时会丢失窗格造型中的某些面，见图 4–46（*a*）；采用 Visible Edges 模式时丢失面的问题最为严重，不仅包括窗格造型，而且地面造型上也会丢失大面积的面，见图 4–46(*c*)。由此可见，当多边形模式选择为 Triangles 模式时，造型的转换是最可靠的(图 4–46*d*、图 4–46*e*、图 4–46*f*)，其次是 Quads 和 Ngons，而 Visible Edges 模式最不可靠。

（3）当在 VRML97 Exporter 中增加 Normals 选项之后，所有的曲面都得到了光滑效果处理，但因此而增加近一倍之多的文件长度(如文件 Triangles.wrl 与 Triangles_N.wrl 的容量之比达到 1：1.89)；若在此基础上再增加一个 Color per Vertex 选项后，场景的光照效果得到明显的改善（如图 4–46*f* 所示，这是最接近 3ds Max 的一种渲染效果），然而 VRML 文件的容量因此又增加了近 1/3。

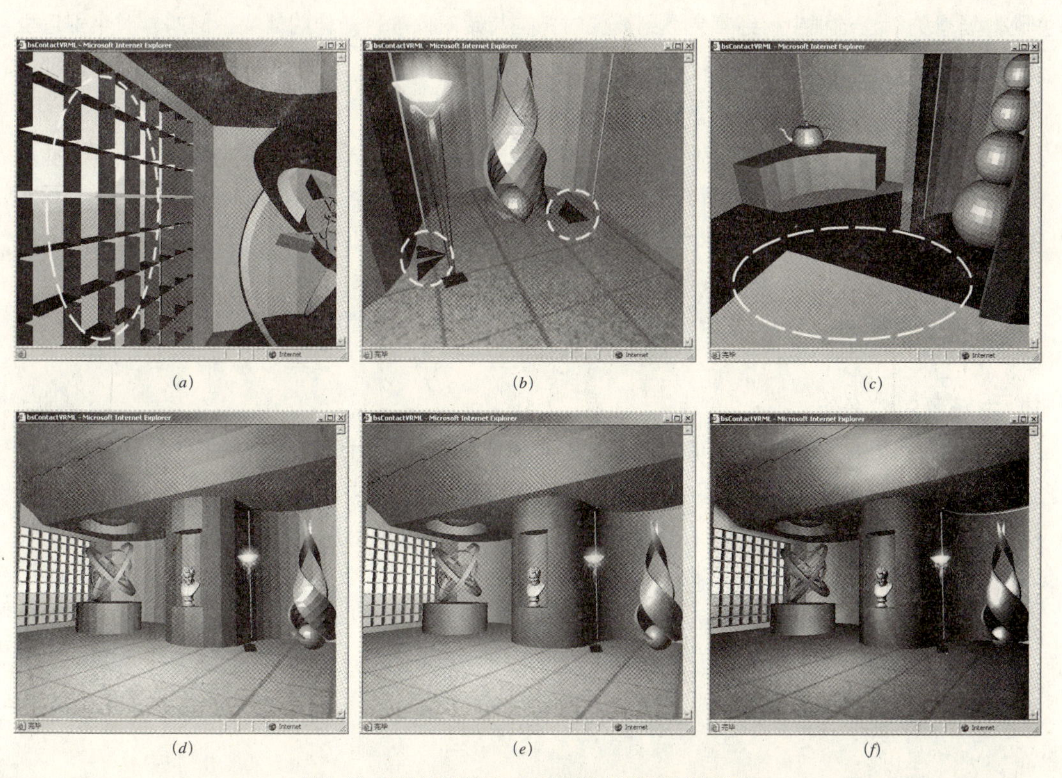

(*a*) (*b*) (*c*)

(*d*) (*e*) (*f*)

图 4–46 不同 VRML97 Exporter 选项导出的场景效果比较

（*a*）Ngons.wrl：1.48MB；（*b*）Quads.wrl：1.61MB；（*c*）VisibleEdges.wrl：1.51MB；
（*d*）Triangles.wrl：1.77MB；（*e*）Triangles_N.wrl：3.34MB；（*f*）Triangles_NC.wrl：5.15MB

从上述的测试比较中可以看出，在 3ds Max VRML97 Exporter 选项的具体运用中，存在着模型质量、效果与容量、性能间的选择矛盾。因此，面向方案演示的 VRML 模型的导出应当采取的策略是：在保证基本视觉质量的前提下尽量追求文件的小型化。具体可以采取以下措施：

(1) 预导出 VRML 文件。也就是在正式导出 VRML 文件之前，先分别按 Ngons、Quads 和 Triangles 的模式次序进行预导出，然后对导出的模型进行检查测试，将其中能够进行优化导出的造型对象与不能进行优化导出的造型对象区分开来。

(2) 分组导出 VRML 文件。也就是根据造型对象在不同优化模式下的测试结果进行分组，然后再按照分组分别导出独立的 VRML 文件。例如，将能在 Ngons 或 Quads 模式下正确导出的对象编为一个优化组，并采取 Ngons 或 Quads 模式导出；将其他对象编为非优化组，采取最可靠的 Triangles 模式导出。

(3) 慎用或最好不使用 Normals 和 Color per Vertex 选项。尽管这两个选项可以带来视觉效果的极大改善，但占用的资源也实在太多。事实上，这种视觉效果也可采用更经济的方法来实现。如光滑面效果可通过 4.6.12 节中介绍的增加 IndexedFaceSet 节点 creaseAngle 域值的方法来实现；Color per Vertex 选项获得的光影效果，则可以通过第 5 章介绍的高级纹理方法来实现。

4.7.5 VRML 场景文件的拆分

将一个 VRML 文件拆分为若干个分场景文件的方法，在前面章节的实例中已多次应用。拆分一个 VRML 本身并不能直接减少总体模型数据，但可以为其他方式的优化提供辅助手段。在 VRML 场景的创建过程中，经常会遇到需要对某些特定对象进行处理的情况。例如，对个别造型进行优化导出，为特定造型编组设计一个可交互的脚本程序等。当 3ds Max 建模过程已经完成，准备导出 VRML 文件时，可以结合模型优化和代码后期编辑处理的需要，将造型进行分组，然后分别将这些分组导出为若干 VRML 文件，最后再通过 Inline 节点将这些独立的 VRML 文件连接起来，这是处理 VRML 场景的常用方法。将场景中的内容进行拆分处理，特别是对于一个较大型的 VRML 场景而言，不仅方便于多人间的分工协作，同时也可以使你的工作过程变得很有条理和有效率。

将 3ds Max 模型中的对象进行分组，有以下几种可能的应用方式和应用目的：

1) 主场景对象分组

该分组将导出引导整个 VRML 场景的主场景文件，其作用是方便控制 VRML 场景的整体气氛以及管理场景中造型。主场景模型分组可包含的对象有：导航信息(NavigationInfo 节点)，摄影机视点 (Viewpoint 节点)，VRML 背景对象 (Background 节点)，VRML 雾对象 (Fog 节点)，场景主要光源 (DirectionalLight、PointLight、SpotLight 节点)，与上述对象有关的路由 (ROUTE…TO 关键字) 和脚本程序 (Script 节点)，以及若干 VRML 行插入对象 (Inline 节点)。此外，如果场景需要有背景音乐的衬托，也可以将 VRML 声场 (Sound) 和声源 (AudioClip) 对象包含进来。

2) 造型对象分组

这是为了方便大型 VRML 场景模型的组织管理而采取的分组方法。可以根据场景中造型的内容归属，划分为若干个造型分组。例如，你可以将一个大型场景的造型划分为地形、道路广场设施、主要建筑、周边陪衬的建筑等几个部分。各造型分组还可以根据其细节描述程度或其他因素（例如是否需要包含交互编程设计等）进一步划分子集分组。

3）代码编程对象分组

这是为了方便某些需要进行代码编辑处理的特殊造型对象（如交互编程设计等）而采取的分组方法。例如，如果你的场景中包含一个电梯，你希望点击电梯中的开关后，让电梯自动升起，那么就会涉及利用 Script 节点进行脚本设计编程的问题。为方便代码编辑和测试，你可以将电梯箱以及里面的开关从一个整体中分离出来，单独导出为一个 VRML 文件进行处理。代码编辑对象分组可以根据其内容的归属作为其他造型对象分组的子级分组。

4）优化文件导出对象分组

这也就是在 4.7.4 节中讨论的旨在优化 VRML 文件导出而进行的分组。通过对预导出 VRML 文件的浏览分析，将 Ngons 模式下能正确导出的对象编为一组，并采用 Ngons 模式导出；其他对象编为另一组，采用 Quads 或者 Triangles 模式导出。

4.7.6 VRML 文件代码的优化

当 VRML 场景内容（包括交互编程设计）全部建构完成之后，其文件容量通常还有一定、甚至较大的可削减空间，此时还可以借助于 VrmlPad 或其他文本编辑工具进行清理。

1）用多行文本替换工具处理重复代码

在建模过程中，虽然你可以采用 2.7.3 节中提到的 Instance 或 Reference 方法复制产生出大量重复形式的建筑构件或其他物体，VRML97 Exporter 能够将复制产生的造型以 USE 关键字形式来引用，但是，VRML97 Exporter 导出来的 USE 关键字的引用方式所产生的削减文件容量的效果远未达到最大，其原因在于这些 USE 关键字所引用的对象，并非为设计者在复制时以一个完整造型、或者编组为单位的选择对象，而是局限于 VRML 造型结构中非常底层的 Shape 节点 geometry 域值的指定（用来替代 IndexedFaceSet 节点），这样，在 Shape 节点的 appearance 域，以及 Shape 节点的外层父节点（如 Transform、Group 等编组节点）中，大量成块的相同的节点代码都没能包含在 USE 所引用的对象范围之内。

所以，如果你在 3ds Max 中大量地运用了复制对象（无论采用何种复制方式），那么都很有必要通过代码编辑方法对其进行优化处理，而进行这种处理的一个关键工具就是具有多行文本查找和替换功能的文本编辑器。此类工具与普通文本工具在“查找／替换”功能上的一个主要不同是，它可以在查找和替换文本框中一次输入多行文本，而普通文本工具，如记事本、MS Word、VrmlPad 等，一次只能输入一行（或一个段落）文本。目前较适合于清理 VRML 中多行重复代码的此类工具有英文软件 TextWiz（图 4–47*a*）和中文软件 Text Witch（图 4–47*b*）等。这两个工具都是免费的，都很容易从网上下载得到。

运用多行文本替换工具处理 VRML 代码时，有如下步骤或要点可供参考：

（1）以原始 VRML 文件的拷贝作为处理对象，原始文件作为备份以避免误操作。

（2）选择文件中重复率较高、代码量较大的 VRML 节点作为查找／替换处理的对象，并在

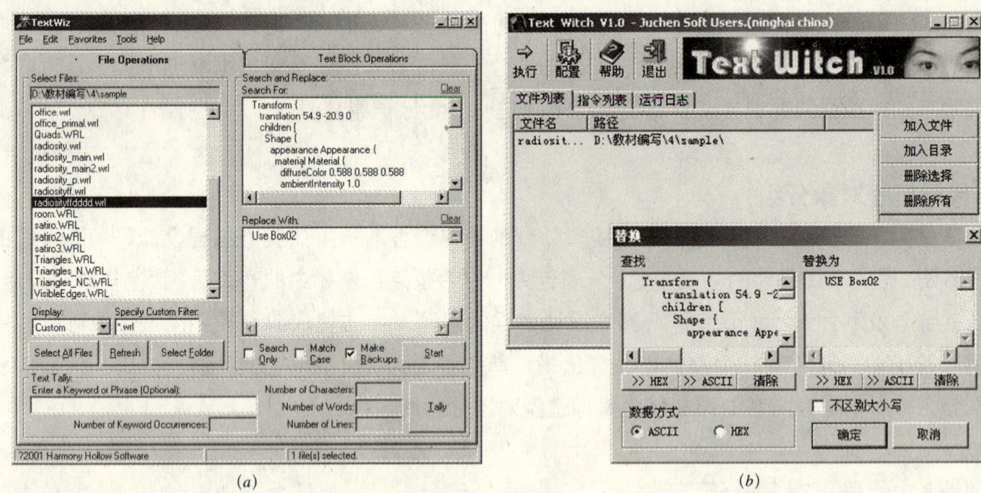

(a)　　　　(b)

图 4-47　多行文本替换工具

第一个这样的 VRML 节点前，以“DEF 节点名称”格式为节点命名，然后再存盘。

(3) 将这个节点的完整代码拷贝并粘贴到另一个新建 VRML 文件中，以备出错时检查。

(4) 在多行文本编辑器中，选择拟处理文件；在查找栏中，将拟处理的节点完整的代码粘贴进来；在替换栏中输入“USE 节点名称”代码；然后执行替换。

(5) 回到 VrmlPad 中，运用其查找功能找到步骤 (2) 中添加的“DEF 节点名称”代码（即第一个目标节点位置），删除后面已被修改为“USE 节点名称”的代码内容，然后再将以前有的节点完整代码重新粘贴回来。

2) 使用 VrmlPad 清理垃圾代码

当你完成了场景中的交互编程设计以及前面提到的所有优化清理工作之后，VRML 文件中仍会残留一些无用的垃圾代码，例如：多余的空格或缩进；无用的 DEF 节点定义（3ds Max 中导出的模型尤其多）；使用缺省域值指定的节点域；不再需要的注释文字等。对于这些无效的代码，你还可以用 VrmlPad 及其第三方提供的宏命令工具进行最后的清理。这里向读者推荐一个专门用来优化处理 VRML 代码的 VrmlPad 宏命令工具 FreeAddins 1.6，这是一个完全免费的软件，读者可以从网址 http://www.neeneenee.de/vrml/downloads/toolz/vpad.zip 中下载和使用它。你下载的 vpad.zip 文件解压之后，只需将这些文件存放在 VrmlPad 安装路径下 AddIns 文件夹中即可。

图 4-48 (a) 显示了安装 FreeAddins 1.6 之后 VrmlPad 下拉菜单 Tools 中新增加的 Commands/Code 子菜单中的命令条目，下面简要列举其中可用来清理 VRML 垃圾代码的命令功能：

(1) Remove Comments：删除 VRML 文件中所有注释文本。

(2) Optimize Code：优化代码。执行改命令后，将删除 VRML 文件中所有注释文本，缩进多余的空格，域值中无用的 0（如 0.550 改为 .55），无用的节点命名（DEF+ 节点名称）。

(3) Optimize Code, keeping comments and DEFs：删除缩进、多余的空格、域值中无用的 0，保留注释文本和所有的由 DEF 关键字定义的节点名称。

(4) Unindent Code：删除缩进。

(5) 3ds Max Cleanup：专门针对 3ds Max 中导出的 VRML 模型进行的清理，包括：删除无对象内容的 Transform 节点，无用的节点命名，未使用的 TimeSensors 节点。

(6) Remove unsed DEFs：删除无用的节点命名。

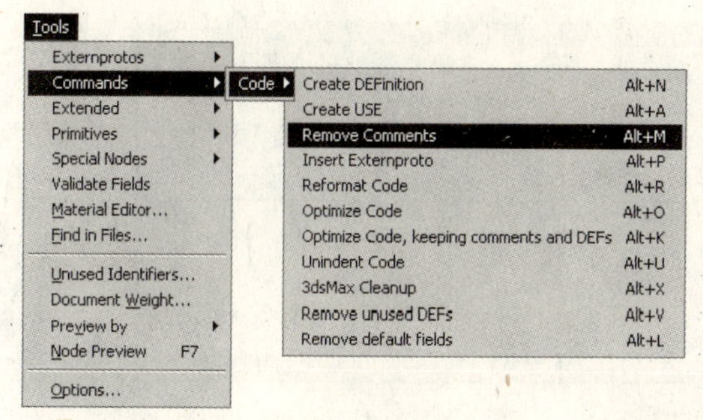

(*a*)

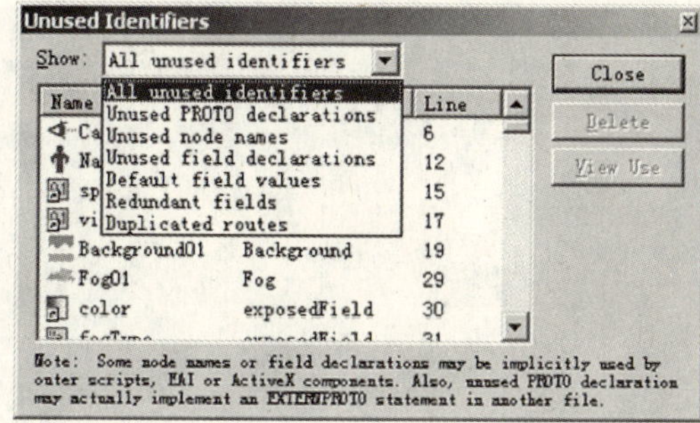

(*b*)

图 4-48　VrmlPad 中的代码清理工具

(7) Remove default fields：删除用缺省值指定的节点域，以及域值中无用的 0。

此外，VrmlPad 本身也带有一些类似的清理工具，你可以通过下拉菜单“Tools/Unused Identifiers…”命令打开图 4-48（*b*）所示 Unused Identifiers（未使用的标识）对话框。在对话框上方的 Show 栏中，你可以指定一种可清理对象的类型；在下方的列表中将显示出符合 Show 中类型条件的可清理对象。你可以运用单选或者多选（配合 Ctrl 或 Shift 键）方式选择列表中的可清理的对象，然后按右侧的 Delete 按钮将选择的对象进行清除。

下面简要说明图 4-48（*b*）所示对话框中可清理的对象类型：

(1) All unused identifiers：包括下面将要列举的所有可清理对象类型。

(2) Unused PROTO declarations：无用的原形声明。即由用户通过 PROTO 来定义，但在文件中未被使用的自定义节点。

(3) Unused node names：未被其他节点使用的节点命名。

(4) Unused field declarations：无用的域声明。一般出现在 Script 节点中。

(5) Default fields：使用缺省值的域。

(6) Redundant fields：一个节点中重复指定的域。删除时将只保留最后的一个。

(7) Duplicated routes：相同的路由连接，即两个完全相同的 ROUTE TO 语句。

运用 VrmlPad 清理垃圾代码时，也有一个值得注意的问题，就是确信场景中的对象不再需要进行编程或者其他方式的代码处理，这是因为节点的命名以及你所添加的注释一旦被删除，你就无法再通过查找工具找到这些对象所在的代码位置了。

4.8　VRML 优化建模实例

本节将通过一个实例来说明优化 VRML 建模的方法。为突出重点，实例直接以前面保存过的 radiosity_2.max 模型文件作为优化 VRML 建模的基础。

4.8.1　确定优化重点

radiosity_2.max 是一个已完成的 3ds Max 模型，场景内容已很完整，所以，为了保证工作效率，对于已经完成的模型所进行的优化，最好是选择其中的重点对象来进行。为了确定优化处理的重点对象，你可以先利用 3ds Max 中的 Summary Info 和 Polygon counter（多边形计数器）来进行分析，从中找出导致文件量剧增、可优化的空间又较大的造型对象，作为下一步优化处理的重点。

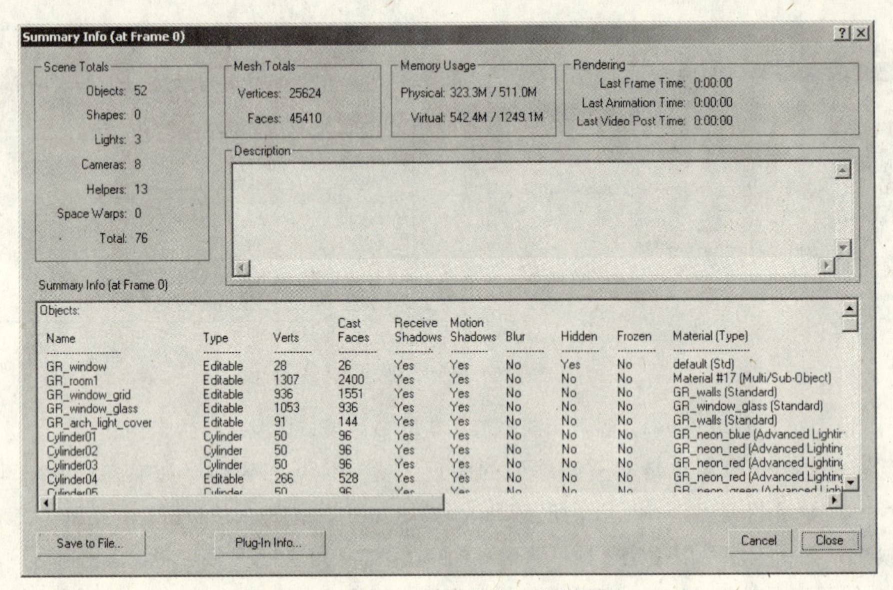

图 4—49 Summary Info 对话框中的对象信息

首先打开 radiosity_2.max 文件，将它另存为 radiosity_3.max；选择 3ds Max 下拉菜单“File/Summary Info”，打开图 4—49 所示 Summary Info 对话框。

Summary Info 对话框信息栏中列出了 3ds Max 场景中所有的对象的统计信息。你可以通过 Name 列中的列出的对象名称，以及 Cast Faces 列中对应的面统计数据了解到数据量较大的造型对象，下面列出其中面数最多的 5 个造型对象：

排序	对象名称	内容	面数
1	satiro	一座雕像	20598
2	HeadOutline	天文仪器造型 ianlogo 中的一部分	2604
3	Sphere03	5 个球体组成的雕塑	2560
4	GR_room1	建筑主体（墙、地面、吊顶）	2400
5	Teapot01	茶壶	2304

由此可见，satiro 对象作为建筑室内的陈设，其面数为建筑主体对象 GR_room1 的 8.6 倍之多，因此具有很大的可削减空间；HeadOutline、Sphere03 和 Teapot01 的容量与 GR_room1 相比虽然接近，但从重要性而言其比重仍然过大，故也有一定程度的优化空间。

Summary Info 提供的信息虽然全面细致，但是如果同时以多边形计数器工具来辅助分析，还可以得到一些从 Summary Info 中无法反映、但也许更有价值的信息或数据，这是因为 Summary Info 中的数据都是按最小的 3ds Max 实体单位来统计的，其中并不包含 Group 对象，而多边形计数器不仅可以提取最小实体单位的面的统计数据，也可以提取 Group 对象的面的统计数据。

调用多边形计数器（Polygon count）时，对于 3ds Max 8 及更早版本，可以通过点击 Utilities 命令面板中的按钮“More…”打开 Utilities 工具选择对话框，然后从中选择 Polygon counter 后按“OK”即可，如图 4—50（a）所示；对于 3ds Max 9 版本，多边形计数器被整合到视口显示控制功能之中，调用时，你可以先将光标移到视口名称处，然后选择鼠标右键菜单中的 Show Statistics 命令，则场景中造型的点、线、面的统计数据将直接在视口名称

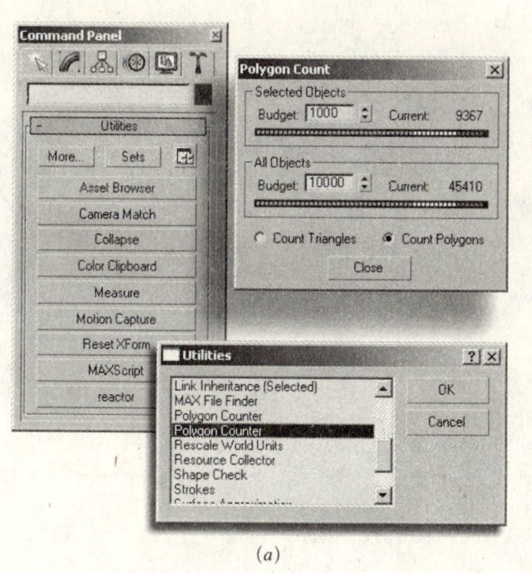

(*a*)

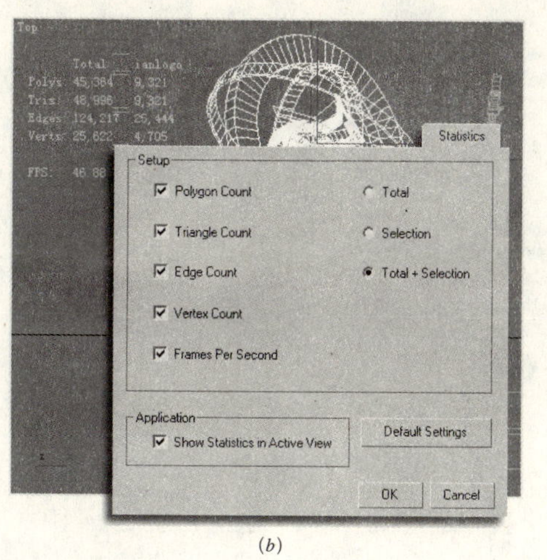

(*b*)

图 4–50　调用多边形计数器

（*a*）3ds Max 8 及以前版本；（*b*）3ds Max 9 版本

下方显示出来，如图 4–50（*b*）所示。此外，你还可以通过下拉菜单“Customize/Viewport Configuration…”命令打开视口配置对话框，切换到 Statistics 标签栏后，可以进一步设置视口统计信息显示的内容。

现在我们选中场景中的 ianlogo 组对象（即天文仪器造型），然后观察一下多边形计数器中的数据，可以发现 ianlogo 组对象居然包含高达 9 千余个多边形面，接近建筑造型 GR_room1 的 4 倍之多，因此，ianlogo 组对象也是一个具有很大可优化空间的重点对象。

通过上面的分析，我们可以将 radiosity_3.max 文件中的重点优化对象确定为 satiro、ianlogo（该编组中包含着 HeadOutline）、Sphere03 和 Teapot01。至于 GR_room1 对象，由于这是一个包括了墙面、吊顶等在内的整体网面造型，优化网面容易造成其基本形态的破坏，故不宜进行优化处理。

4.8.2　造型对象的优化

1）优化 satiro 对象

satiro 是 radiosity_3.max 文件中面使用量最大的对象，由于它是一个网面造型，所以适合于使用 Optimize 修改器对其进行优化，如下面的步骤：

（1）选择 satiro 对象，然后将命令面板切换到 Modify。此时你可以看到在 satiro 对象的堆栈栏中已经存在一个 Optimize 修改器，因此下面将要做的只是修改其中的参数。

（2）选择堆栈栏中的 Optimize 修改器，然后修改其 Face　thresh 参数，将原来的 4 调整为 14，如图 4–51 所示。

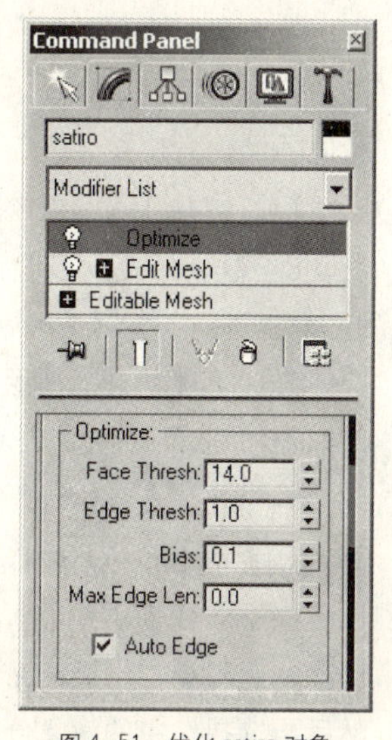

图 4–51　优化 satiro 对象

修改之后你再查看一下多边形计数器中的显示，将会发现 satiro 对象的面数由原来的 2 万多立即锐减至 2734。图 4–52 显示了 satiro 对象在优化前后分别以线框和平滑两种模式显示下看到的效果，可见优化后的线框要比原先简单多了。尽管优化后的雕像看上去比原来模糊一些，但由此而减少了将近 1.8 万个面，削减下来面数相当

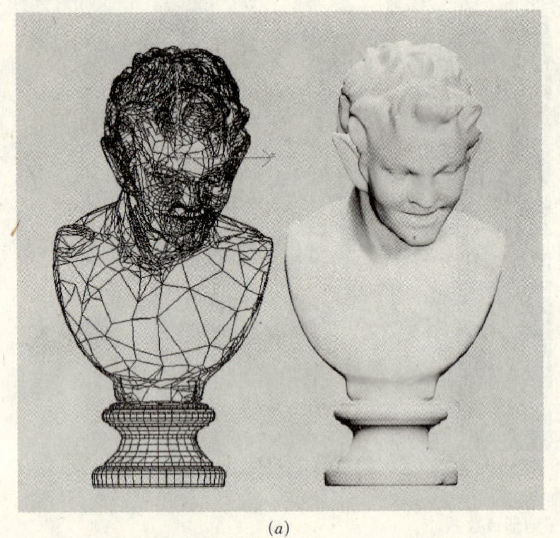

(a)

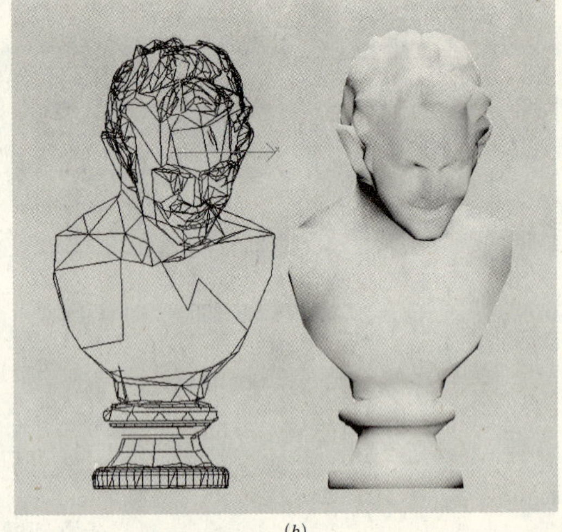

(b)

图 4–52　satiro 对象的优化前后对比

于建筑主体对象 GR_room1 的 3 倍容量之多，应当说还是相当可观和值得的。

现在如果参照 4.7.4 节中的 Triangles.wrl 文件的导出方法导出优化后的 radiosity_3.max 文件，则文件容量将被缩小为 1.16MB，该容量为 Triangles.wrl 文件的 65.5%。

2）优化 Sphere03 和 Teapot01 对象

接下来我们继续用 Optimize 优化 Sphere03 和 Teapot01 对象，其步骤如下：

（1）选择 Sphere03 对象，然后转到 Modify 面板；点击 Modifier List 栏弹出列表框，并从中选择 Optimize 修改器。此时你会看到 Sphere03 对象堆栈栏最上层会增加一个 Optimize 修改器。

（2）选择堆栈栏中新增加的 Optimize 修改器，然后将其 Face thresh 参数修改为 8，Bias 值设为 0.01。此时如果查看一下多边形计数器，可以发现 Sphere03 对象的面数由原来的 2560 锐减至 1310。

（3）保持 Sphere03 对象的被选择状态，并调用一次鼠标右键菜单中的“Convert To:/Convert to Editable Poly”命令，然后再查看一下多边形计数器，则又可以发现 Sphere03 对象面数进一步减至为 820。

经过前面过程处理后导出的 VRML 文件容量，将进一步减小为 1.02MB。接下来采用与上述类似的优化方法来处理 Teapot01 对象：

（4）选择 Teapot01 对象并为之增加一个 Optimize 修改器；在 Optimize 参数栏中，将 Face thresh 参数改为 8，此时你会在多边形计数器中看到 Teapot01 对象的面数削减为 836；接着再执行一次 Convert to Editable Poly 命令，则面数会进一步削减至 477。

经过上述优化处理后，如果参照 Triangles.wrl 文件进行导出，则导出的 VRML 文件容量为 0.97MB，此为 Triangles.wrl 文件的 54.8%。

3）优化 ianlogo 对象

接下来我们用 Optimize 修改器和原始造型参数来优化 ianlogo 对象。ianlogo 是一个包含 3 层嵌套的组对象，为了使优化不至于给整个 ianlogo 编组对象带来较大的变形，可以先将编组打开，然后再选择组中的对象分别进行优化，步骤如下：

（1）选择 ianlogo 对象，用下拉菜单“Group/Open”命令将该组打开；点击图标工具，从对象列表中选择 HeadAndStar 组对象，然后再打开它；再选择 HeadAndStar 组中嵌套的 HeadLines 组对象，这时在多边形计数器中将显示该对象的面数为 7396。

（2）转到 Modify 面板，通过 Modifier List 列表框为 HeadLines 组对象增加一个 Optimize 修改器；转到修改器参数栏，将 Bias 值设为 0.05。此时你会在多边形计数器中看到 HeadLines 对象的面数一下子锐减至 2016。

（3）分别选择 ianlogo 编组中的 3 个圆环造型，转到 Modify 面板中，将圆环的边数由原来的 64 改为 35。

（4）用下拉菜单“Group/Close”命令将打开的组全部关闭起来，然后将优化修改后的 radiosity_3.max 文件存盘。

经过上述优化处理后，如果参照 Triangles.wrl 文件进行导出，则导出的 VRML 文件容量为 732KB，此为 Triangles.wrl 文件的 40.4%。

4.8.3 预导出 VRML 文件

预导出 VRML 文件的目的是：确定造型对象的可优化多边形模式，以便在下一步分别采取最优化的模式导出这些对象的 VRML 文件。现在我们首先以最优化的 Ngons 模式从 radiosity_3.max 模型中预导出 VRML 文件，步骤如下：

（1）选择 3ds Max 下拉菜单“File/Export...”打开保存文件对话框，输入“radiosity_p.wrl”文件名，然后按“保存”；

（2）在 VRML97 Exporter 对话框中，勾选 Indentation、Primitives 和 Show Progress Bar 这 3 个最常用的选项；将 Polygons Type 选择为 Ngons；指定 Digits of Precision 为 3，按 OK 按钮后完成导出（在导出过程中，若出现“Warning—the software encountered problem”提示对话框，可通过重复按其中的 Retry 按钮解决问题）。

现在检查一下刚导出来的 radiosity_p.wrl 文件容量，它只有 571KB。接下来用 VRML 浏览器检查一下 radiosity_p.wrl 文件的场景，可以发现该场景与 4.7.4 节中导出的 Ngons.wrl 文件场景一样，主要问题出现在窗格造型面的丢失上，见图 4-47（*a*）。通过对 4.7.4 节中导出的 Quads.wrl 文件测试可知，当采用 Quads 模式导出 VRML 文件时，窗格造型显示为正常状态。因此，在下一步正式导出 VRML 文件时，可以单独将窗格子造型以较可靠的 Quads 模式导出来。

4.8.4 场景文件内容的划分与组织

在将场景中的对象进行分组导出之前，预先对主、分场景 VRML 文件及其包含的对象内容做一个计划是很有必要的，特别是对大型场景而言，合理的计划，可以有效地提高 VRML 场景后期调试和修改的效率。根据前面预导出的结果以及后期处理的需要，可以对主、分场景 VRML 文件及其内容的组织作如下安排：

（1）主场景文件 radiosity_main.wrl：在该文件中将包含导航信息（NavigationInfo 节点），全部的视点（Viewpoint 节点），背景（Background 节点），雾（Fog 节点），光源（PointLight 节点），声场（Sound）和声源（AudioClip），以及用来插入其他场景文件的 Inline 节点。

（2）分场景文件 grid.wrl：在该文件中将只包含窗格子造型，并采用 Quads 模式导出。

（3）分场景文件 satiro.wrl：在该文件中将只包含 satiro 雕像造型，并采用 Ngons 模式导出。将雕像造型处理为一个独立的文件，是为了方便后面将要进行的 LOD 造型处理。

（4）分场景文件 room.wrl：在该文件中，将包含除窗格子和雕像之外的其他的造型对象，该文件将采用最优化的 Ngons 模式导出。

4.8.5 添加 VRML Inline 对象

按照前面的安排计划，主场景文件 radiosity_main.wrl 中应包括 3 个 Inline 节点，分别将 grid.wrl、satiro.wrl 和 room.wrl 文件内联进来。现在我们回到 3ds Max 环境中，运用 VRML97 Helpers 工具为 radiosity_3.max 模型添加 VRML Inline 对象，步骤如下：

（1）点击创建命令面板中的 Helpers 图标；在下拉列表中选择 VRML97 类，然后选择 Inline 工具；在任意视口中，用拖曳方法画出 3 个 Inline 对象的图标 Inline01、Inline02 和 Inline03。图 4–53（*a*）为在 Top 视口中绘出，分别显示在 Top、Left 和 Front 视口中的 Inline 对象图标。

（2）选择 Inline01 并转到 Modify 命令面板；在 Inline01 对象的 Insert URL 参数项中填入分场景文件名“grid.wrl”；在 Bounding Box 选项组中，选择 Calculate in Browser，如图 4–53（*b*）所示。

（3）使用移动工具和 3ds Max 界面下方的坐标栏，将 Inline01 对象定位于（0，0，0）位置。

（4）按照步骤（2）和（3）类似的方法，分别将 Inline02、Inline03 的 URL 链接目标指定为 satiro.wrl 和 room.wrl 文件，然后再将这两个对象定位于（0，0，0）位置。

（5）将修改后的 radiosity_3.max 文件存盘。

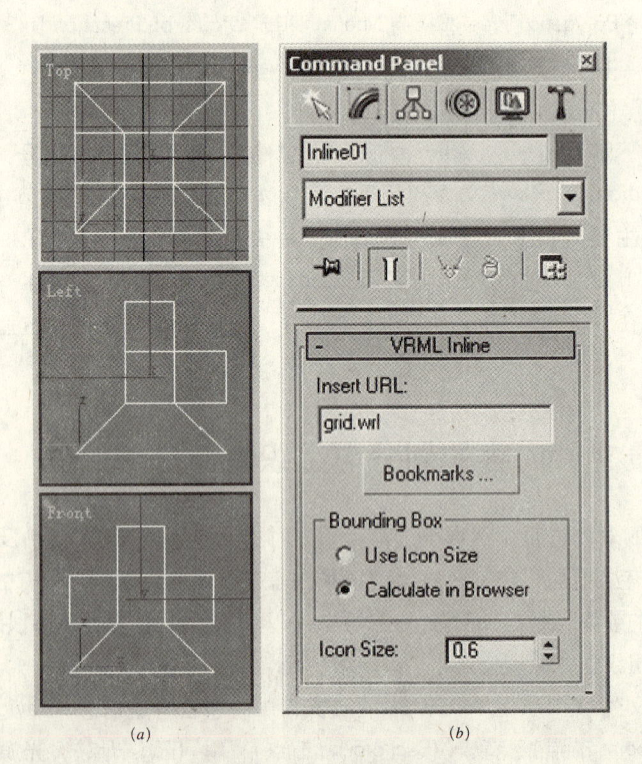

图 4–53 添加 VRML Inline 对象
（*a*）对象图标；（*b*）对象参数栏

图 4–53（b）所示 Inline 对象参数栏中的 Bookmarks 按钮，其功能与 Anchor 对象参数栏中的完全一样；Bounding Box 选项用于控制是否导出 Inline 节点的 bboxSize 域（即包围盒），如果选择 Use Icon Size，则导出的 Inline 节点中将包含一个 bboxSize 域的指定，并使用图标尺寸定义包围盒的长、宽、高；若选择 Calculate in Browser，则导出的 Inline 节点中将不指定 bboxSize 域。为保证 Inline 对象的可见性，最好选择 Calculate in Browser。

需要注意的是，Inline 对象图标必须定位于坐标系原点，否则会使行插入的分场景造型发生空间位置的偏移。

4.8.6 分组优化导出文件

在前面 4.5.4 节中，我们曾介绍过 VRML97 Exporter 对话框中的 Export Hidden Objects 选项，在导出 VRML 文件时若勾选了该选项，则可导出在 3ds Max 中被隐藏的对象。不过，这里有一个问题需要注意：该选项中所指的对象（Objects）主要是指造型对象，而不是诸如灯光、摄影机、VRML 辅助物体等对象，也就是说，无论灯光、摄影机、辅助物体等是否隐藏，VRML97 Exporter 都会将它们导出。因此，假如场景中包含了上述对象，为了避免这些对象的重复导出，建议不要使用隐藏，而采用“删除—导出—再恢复”的方法分组导出模型。当然，采用这种方法时，为防止意外，需要做好 3ds Max 原始模型文件的备份。

现在将上一个环节中修改并保存过的 radiosity_3.max 文件，另存为 radiosity_exp.max（原文件 radiosity_3.max 作为备份），在后面的操作步骤中，我们将利用 radiosity_exp.max 分别导出 radiosity_main.wrl、room.wrl、grid.wrl 和 satiro.wrl 四个 VRML 文件。

1）导出主场景文件 radiosity_main.wrl

步骤如下：

（1）点击工具条中的图标打开图 4–54（a）所示 Select Objects 对话框；在对话框右上方 Sort 栏中，选择排序方式为 By Type，使相似或相关的对象类型能集中一处显示；点击对话框右边 List Types 栏中的 All 按钮，使所有的对象类型全部显示于左边的列表框中。

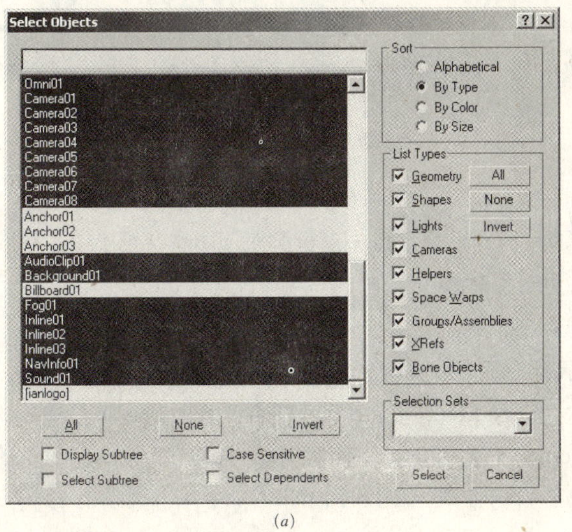

（a）

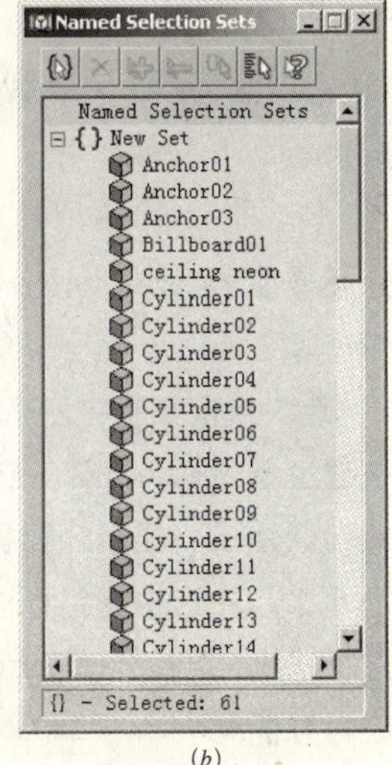

（b）

图 4–54　选择 3ds Max 场景中的对象

(2) 选择主场景文件中需要删除的对象。在 Select Objects 对话框左边的对象列表中，先依次选中 Omni01、Camera01 ～ Camera08、AudioClip01、Background01、Fog01、Inline01 ～ Inline03、NavInfo01、Sound01 共 17 个保留对象（图 4–54*a*），然后按列表框下方的 Invert 按钮，反向选择出拟删除对象，接着按右下角的 Select 按钮。

(3) 在删除已选择对象之前，为了方便下一个 VRML 文件导出前的对象选择，先为已选择的对象定义一个选择集：选择下拉菜单“Edit/Named Selection Sets”命令打开图 4–54（*b*）所示对话框，点击其中的 Create New Set 工具图标，使用缺省名称“New Set”创建一个选择集，New Set 选择集中将包含 61 个对象，如图 4–54（*b*）所示。

(4) 选择下拉菜单“Edit/Hold”命令将当前的编辑数据保存到缓存中，接着按键盘上的 Delete 键删除已选择对象。

(5) 选择下拉菜单“File/Export...”打开保存文件对话框，输入“radiosity_main.wrl”文件名后按保存按钮；在打开的 VRML97 Exporter 对话框中，勾选 Indentation、Primitives 和 Show Progress Bar 这 3 个最常用的选项，指定 Digits of Precision 为 3，其他选项可使用缺省值，按 OK 按钮后完成主场景文件的导出。

2）导出分场景文件 room.wrl

下面紧接前面的步骤，导出 room.wrl 分场景文件：

(1) 选择下拉菜单“Edit/Fetch”命令，返回到删除对象之前的状态；

(2) 在 Select Objects 对话框中（如果该对话框被关闭，可以点击工具再次打开它），单击右下方的 Selection Sets 栏列表框，从中选择 New Set 选择集；单击对象列表框下方的 Invert 按钮，反向选择出主场景文件中已经导出了的对象，然后按右下角的 Select 按钮；

(3) 按键盘上的 Delete 键，删除被选择的对象；

(4) 返回 Select Objects 对话框中，在对象列表中选择 GR_window_grid（窗格子）和 satiro（雕像）对象，然后按右下角的 Select 按钮；

(5) 转到 Display（显示）面板，在下方的 Hide 展卷栏中，点击 Hide Selected 按钮隐藏选择的物体，(由于这两个对象是与其他辅助物体无关的造型，所以可采用隐藏方式处理)；

(6) 选择下拉菜单“File/Export...”打开保存文件对话框，输入“room.wrl”文件名后按保存按钮；在打开的 VRML97 Exporter 对话框中，勾选 Indentation、Primitives 和 Show Progress Bar 这 3 个最常用的选项；将 Polygons Type 选择为 Ngons；指定 Digits of Precision 为 3，按 OK 按钮后完成 room.wrl 文件的导出。

3）导出分场景文件 grid.wrl

(1) 点击工具打开 Select Objects 对话框；点击对象列表下方的 All 按钮，再点击按右下角的 Select，选中当前场景中所有显示的对象；

(2) 按键盘上的 Delete 键，删除被选择的对象；

(3) 转到 Display（显示）面板，在下方的 Hide 展卷栏中，点击 Unhide by Name 打开 Unhide Objects 对话框，从中选中窗格子对象 GR_window_grid 后，按右下角的 Unhide 按钮；

(4) 选择下拉菜单“File/Export...”打开保存文件对话框，输入“grid.wrl”文件名后按保存按钮；在打开的 VRML97 Exporter 对话框中，将 Polygons Type 选择为 Quads 模式，其他选项与前一个文件相同；按 OK 按钮后完成 grid.wrl 文件的导出。

4）导出分场景文件 satiro.wrl

（1）选中当前场景中的窗格子对象 GR_window_grid，按键盘上的 Delete 键删除它；

（2）转到 Display（显示）面板，在下方的 Hide 展卷栏中，点击 Unhide by Name 打开 Unhide Objects 对话框，选中 satiro 对象后，按右下角的 Unhide 按钮；

（3）选择下拉菜单“File/Export...”打开保存文件对话框，输入“satiro.wrl”文件名后按保存按钮；在打开的 VRML97 Exporter 对话框中，按照导出 room.wrl 文件时的选项进行设置，然后按 OK 按钮后完成 satiro.wrl 文件的导出；

（4）将经过删除对象处理后的 radiosity_exp.max 文件另存为 satiro.Max，后续章节将会用到该文件。

现在你在文件夹中查看一下刚刚导出来的 radiosity_main.wrl、room.wrl、grid.wrl 和 satiro.wrl 这 4 个文件的总容量，只有 577KB。

4.8.7 完善、优化文件代码

现在我们运用 VrmlPad 对导出来的 VRML 文件进行最后一个环节的优化处理。

1）处理光滑曲面

按照 4.6.12 节中介绍的方法，调用 VrmlPad 的下拉菜单“Edit/Replace…”命令，分别将 room.wrl 和 satiro.wrl 文件中所有形如“IndexedFaceSet {”的代码，替换为“IndexedFaceSet {creaseAngle 0.523”的形式，以进行光滑曲面的处理。至于 radiosity_main.wrl 和 grid.wrl 文件，由于前者不包括 Shape 节点，后者为平直的窗格面，故不需要光滑处理。

2）清理垃圾代码

现在我们利用 FreeAddins 1.6 所提供的 VrmlPad 宏命令工具来清理 VRML 文件中的垃圾代码。之所以使用 FreeAddins 1.6 而不使用 VrmlPad 自带 Unused Identifiers 菜单命令，是因为 FreeAddins 1.6 可清理的项目更多一些，效果也能达到最好。

清理 VRML 文件中垃圾内容的操作过程其实非常简单，只需你在 VrmlPad 中打开这些文件，然后依序执行下拉菜单“Tools/Commands/Code”中的 Remove default fields、3dsMax Cleanup 和 Optimize Code 这 3 条命令就行了。为了使清理得到最佳结果，请注意一定要将 Optimize Code 命令操作放在最后执行。

进行上述最后一个优化环节之后，你可以再次检查一下 4 个文件的容量，可以发现 4 个文件合计容量为 434KB，与此前的 577KB 总容量相比较，又削减了 24.8% 容量。如果将这个经过多个优化环节得到的结果再与 4.6.10 节中导出来的 radiosity.wrl 文件（1.77MB）相比较，则更为可观，竟达到了削减 76% 文件容量的效果。

4.8.8 使用 LOD 对象

在前面 4.8.2 节中，我们仅仅通过对 satiro 这一个 3ds Max 对象模型的优化就削减 VRML 文件容量 744KB 之多，这的确是一个非常理想的结果。但是在某些情况下，当我们考虑削减文件容量的同时，又不得不照顾到某些模型的必要细节，在这种情况下，LOD（层次细节）是一个值得考虑的优化处理技术。

下面我们利用前面 4.8.6 节中保存的 satiro.Max 文件来生成一个含有层次细节 LOD 的雕像模型文件 satiro_LOD.wrl，然后在主场景文件 radiosity_main.wrl 中，用这个新文件取代前面 satiro.wrl 文件功能。步骤如下：

（1）在 3ds Max 中打开 satiro.Max 文件，然后将之另存为 satiro_LOD.Max。

（2）选择 satiro 对象，用 Copy 方法原地复制出另外两个雕像 satiro01 和 satiro02。

（3）分别选择并修改 satiro01、satiro02 对象的 Optimize 修改器参数。将 satiro01 的 Face thresh 参数修改为 10；satiro02 对象 Face thresh 参数修改为 8.6。

（4）将创建命令面板切换到 VRML97 类，然后选择 LOD 工具；在任意视口中，用拖曳方法画出 LOD 对象的图标 LOD01。图 4–55（*a*）为在 Top 视口中绘出，分别显示在 Top、Left 和 Front 视口中的 LOD 对象图标。

（5）选中 LOD01 对象并转到 Modify 命令面板（图 4–55*b*），点击下方参数栏中的 Pick Objects 按钮工具。

（6）点击图标工具打开 Select Objects 对话框；选中对象列表中的 satiro 后，按对话框右下方的 Pick 按钮，此时被选择的 satiro 将出现在 LOD01 对象参数栏列表中（图 4–55*b*）；按照相同的方法，依次将 satiro01 和 satiro02 对象加入到 LOD01 的参数栏列表中来。

（7）在 LOD01 对象参数栏列表中，分别选中 satiro、satiro01 和 satiro02 对象，通过 Distance 栏修改其距离参数，分别为 5、4 和 2.5。

（8）将修改后的 satiro_LOD.Max 文件存盘，然后按前面介绍的最优化方式（Ngons 模式）导出 satiro_LOD.wrl 文件。

（9）在 VrmlPad 中打开新导出来的 satiro_LOD.wrl 文件；调用 VrmlPad 下拉菜单“Edit/Replace…”命令，将文件中所有形如“IndexedFaceSet {”的代码，替换为“IndexedFaceSet {creaseAngle 0.523”的形式，以进行光滑曲面的处理。

（10）依次调用 VrmlPad 下拉菜单“Tools/Commands/Code”中的 Remove default fields、3dsMax Cleanup 和 Optimize Code 命令，清除 satiro_LOD.wrl 文件中的垃圾代码，然后将该文件存盘。

（11）用 VrmlPad 打开主场景文件 radiosity_main.wrl，使用下拉菜单“Edit/Replace…”命令，用新代码“url "satiro_LOD.wrl # url "satiro.wrl"”替换原来的代码“url "satiro.wrl"”；最后将 radiosity_main.wrl 文件存盘。

上述步骤完成之后，你有两种检验 LOD 效果的方式：一种是通过 radiosity_main.wrl 主场景文件来检验，另一种是直接通过 satiro_LOD.wrl 文件来进行检验，而采用后一种方法时，由于场景中只包括 satiro 这一个对象，因此更方便、清楚地了解 LOD 版本间的变化。此外你还可以在 VrmlPad 中将光标分别定位到 satiro_LOD.wrl 文件 LOD 节点 level 域中的 3 个 Transform 节点处，然后使用鼠标右键菜单中的 Preview Transform 命令来分别察看 3 个不同版本的模

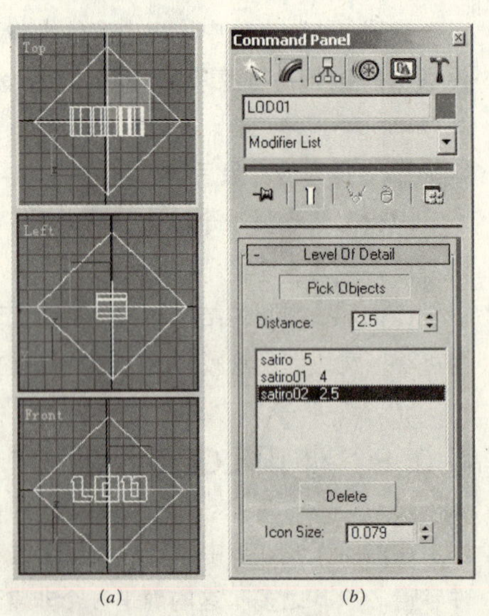

（*a*）（*b*）

图 4–55 添加 LOD 对象

（*a*）对象图标；（*b*）对象参数栏

型效果，如图 4–56 所示。

应用 LOD 方法时，有如下要点值得注意：

（1）不同版本的造型，其空间位置必须保持一致。

（2）最低级版本（如图 4–56c）的距离值虽然不会导出到 LOD 节点中，但它会影响 LOD 节点造型版本的排序，因此最低级版本要使用最大的距离值。

（3）使用 LOD 方法的一个关键是控制好版本切换的距离以及版本间的视觉差异，以尽可能保证版本的切换在浏览者不易察觉的时候进行。例如，从高级版本与中低级版本间的切换距离较近，对象目标相对较大，故版本间的视觉差异变化宜小不宜大；中低级版本与高级版本间切换的距离较远，对象目标相对较小，因此模型版本间差异可以大一些。

（a）

（b）

（c）

图 4–56　LOD 节点中的 3 个造型版本

（a）高级版本 satiro02；（b）中级版本 satiro01；（c）低级版本 satiro

Advanced Texture Application
高级纹理应用

第5章 高级纹理应用

FIVE

本章概要

纹理和光影是3D造型产生视觉真实感的重要手段。德国blaxxun和Bitmanagement公司面向VRML/X3D应用而研发的多重纹理技术，可以实现VRML造型的光照（阴影）贴图、环境（镜面）反射贴图以及凸凹纹理贴图等具有极强真实感的外观效果。在本章里，将系统介绍多重纹理技术以及它们在VRML虚拟建筑场景中的应用方法。

5.1 blaxxun/BS多重纹理技术

随着计算机图形技术的发展，目前一些3D图形API，如微软DirectX和OpenGL，都能支持硬件加速、多重纹理和其他更复杂、更具真实感的纹理效果。为了使VRML能用上这些高级的纹理技术，德国blaxxun interactive和Bitmanagement Software（以下简称blaxxun/BS）公司结合其VRML浏览器的研发，发展出一系列能支持多重复合纹理、环境反射纹理以及凸凹贴图等扩展VRML节点。在本节里，将先介绍blaxxun/BS多重纹理中的一些相关概念和节点。

5.1.1 多重纹理与VRML扩展节点

由VRML97标准节点描述的Shape造型，最多只允许使用一个纹理图像，因此所表现出来的造型外观总显得有些单调乏味。而多重纹理（Mutitexture）则允许创作者运用若干个尺寸较小的外部纹理文件以及多重纹理VRML扩展节点，使一个较大尺寸的造型表面产生非常丰富的纹理细节。图5–1（*a*）、（*b*）为两个尺寸较小的外部纹理，若采用多重纹理，则可以使基本纹理经过若干次重复回绕之后，再与光影纹理（lightmap）相混合，从而得到图5–1（*c*）所示具有光照效果的复合纹理。

运用多重纹理可以使VRML造型产生许多种非常吸引人的效果，图5–1（*c*）所示效果实际上是多重纹理中的一种光影贴图（light mapping）效果，除此之外，多重纹理还可以产生包括凸

图 5-1 用多重纹理产生的光照及阴影效果

凹贴图（bump mapping）、环境反射贴图（environment mapping）等各种复杂的视觉效果，这些效果对于表现虚拟建筑而言，毫无疑问是非常重要的。

VRML 中的多重纹理技术最先由 blaxxun 公司引入到 Contact VRML 5.0 浏览器中，并提供了相应的扩展 VRML 节点。后来的 Bitmanagement 则在其 BS Contact 6 浏览器开发中完全地继承了这些技术，并进一步扩展其功能。需要说明的是，多重纹理效果能否在你的计算机上呈现，首先取决于你是否使用上述公司的 VRML 浏览器，其次是你的硬件系统。根据用户计算机中的可用的软硬件配置，多重纹理可能会通过多进程（multi-stage）或多通道（multi-pass）技术来实现，因此，不同的软硬件配置对可混合的纹理数和性能有很大影响。

blaxxun/BS 提供的多重纹理 VRML 扩展节点主要包括如下类型：

（1）MultiTexture 节点。功能类似于 ImageTexture 等 VRML97 标准纹理节点，用于指定 Shape 节点 appearance 域域值。节点内允许同时指定多个 VRML 标准的纹理节点以产生复合纹理。

（2）MultiTextureCoordinate 节点。功能类似于 TextureCoordinate，用于指定 IndexedFaceSet 节点 texCoord 域域值。节点内允许同时指定多个 TextureCoordinate 节点，以分别指定各纹理的贴图坐标。

（3）TextureCoordGen 节点。类似于 TextureCoordinate 或 MultiTextureCoordinate，用于指定 IndexedFaceSet 节点 texCoord 域域值。该节点可按其 mode 域指定计算模式来自动生成纹理坐标，可以产生镜面环境反射、铬合金效果。

（4）BumpTransform。当应用 MultiTexture 节点产生凸凹纹理效果时，可用该节点指定 MultiTexture 节点 bumpTransform 域的域值，以进一步调整控制凸凹环境反射的偏移量。

（5）CompositeTexture3D。用于指定 Shape 节点的 appearance 域域值，CompositeTexture3D 允许将子场景动态地渲染成一个纹理，可满足某些特殊应用需求。

5.1.2 多重纹理 Shape 造型的组织结构

回顾一下第 2 章中曾经讨论过 Shape 造型的一般结构，对于一个 Shape 造型，其纹理映射的影响因素除了有 Shape 节点的 appearance 域值的指定之外，如果几何构造由 IndexedFaceSet 节

单纹理 Shape 造型

```
Shape    {
  appearance Appearance {
    texture  ImageTexture {}
    textureTransform TextureTransform {}
  }
  geometry IndexedFaceSet {
    texCoord  TextureCoordinate {}
    coord  Coordinate {}
  }
}
```

texture：为标准VRML节点中的单值域。使用标准节点 ImageTexture 时为单纹理；使用扩展节点 MultiTexture 时为多纹理。

texture：为MultiTexture扩展节点中的多值域，可放置多个标准纹理节点。textureTransform：为MultiTexture扩展节点中的多值域，可使用多个标准的纹理坐标系节点TextureTransform。

textureTransform：为标准VRML节点中的单值域。只能使用一个VRML标准的纹理坐标系节点TextureTransform。

texCoord：为标准VRML节点中的单值域，使用标准节点TextureCoordinate 时为单纹理；使用扩展节点MultiTextureCoordinate 时为多纹理。

coord：为MultiTextureCoordinate扩展节点中的多值域，可放置多个标准的TextureCoordinate 2D坐标节点。

coord：为标准VRML节点中的单值域，只能用来放置一个标准的3D坐标节点。

多纹理 Shape 造型

```
Shape  {
  appearance  Appearance  {
    texture  MultiTexture  {
      texture [
        ImageTexture {}
        ImageTexture {}
        # ...
      ]
      textureTransform [
        TextureTransform {}
        TextureTransform {}
        # ... ]
      mode ["","",]
    }
    textureTransform TextureTransform {}
  }
  geometry IndexedFaceSet {
    texCoord  MultiTextureCoordinate {
      coord  [
        TextureCoordinate {}
        TextureCoordinate {}
        # ...
      ]
    }
    coord  Coordinate {}
  }
}
```

图 5–2　单纹理与多重纹理 Shape 造型结构比较

点来构成，则该节点中的 texCoord 域值也会影响到纹理的映射效果。这个特征在多重纹理 Shape 造型中也是一样，图 5–2 中显示了用 VRML97 标准节点描述的单纹理与运用 MultiTexture 等 VRML 扩展节点描述的多重纹理在 Shape 造型代码格式上的差异。

需要注意的是，在多重纹理 Shape 造型的代码结构中，Appearance 节点和 MultiTexture 节点都有 textureTransform 域，且都是用 TextureTransform 节点指定域值，两者的区别在于：MultiTexture 节点 textureTransform 域是多值类型域（MFNode），可以使用多个 TextureTransform 节点分别为不同纹理指定局部坐标系；Appearance 节点 textureTransform 域是单值类型域（SFNode），只能使用一个 TextureTransform 节点，其创建的局部坐标系将作为所有子纹理的父坐标系，一般在指定了子纹理局部坐标系情况下不必再指定该父坐标系。

此外，IndexedFaceSet 节点和 MultiTextureCoordinate 节点中都有 coord 域，两者的区别在于：IndexedFaceSet 节点 coord 域是单值域类型（SFNode），只能使用一个 Coordinate 节点用来确定几何构造中的全部 3D 坐标点；MultiTextureCoordinate 节点的 coord 域是多值域类型（MFNode），它使用多个 TextureCoordinate 节点用来确定几何构造纹理的 2D 坐标点。

5.1.3　多重纹理的指定：MultiTexture 节点

MultiTexture 是产生多重纹理效果的最关键的节点，可以将若干个单独的纹理合成为一种复合型纹理。在 Shape 造型中，MultiTexture 用于指定 Appearance 节点 texture 域的域值。

MultiTexture 节点语法如下：

```
MultiTexture {
    materialColor  FALSE  # exposedField SFBool
    materialAlpha  FALSE  # exposedField SFBool
      transparent  FALSE  # exposedField SFBool
         nomipmap  FALSE  # exposedField SFBool
          texture    []   # exposedField MFNode
             mode    []   # exposedField MFString
 textureTransform    []   # exposedField MFNode
    bumpTransform    []   # exposedField MFNode
            color  1 1 1  # exposedField SFColor
            alpha    1    # exposedField SFFloat
}
```

其中：

（1）materialColor：如果 TRUE，用材料漫反射颜色、或者采用物体顶点颜色（假如已经指定）来混合 RGB、RGBA 图像的纹理颜色，并忽略具体的 VRML 照明。

（2）materialAlpha：如果为 TRUE，用材料的透明 alpha 值调节 RGBA、GRAY-A 图像，并忽略具体的 VRML 照明。

（3）transparent：如果为 TRUE，图像纹理的 alpha 值将参与混合计算。

（4）nomipmap：如果为 TRUE，则关闭该纹理的 mip-mapping 功能。mip-mapping 是一种纹理预处理技术，它可以根据物体在景深方向的位置变化，预先在内存中保存不同分辨率和尺寸的纹理图像。当视线移近物体时，就以较高细节的图像显示，反之就以较低细节的图像显示，并保证不同分辨率纹理间的平滑过渡。

（5）texture：指定子纹理，域值为多个标准的 VRML97 纹理节点（如 ImageTexture 等）组成的列表，列表中域值的个数决定纹理通道或进程的数量。

（6）mode：是一个关键性的域，用来指定纹理颜色混合计算方式，域值为 MFString 类型数据组成的模式列表。通常情况下，mode 域列表中的域值个数与 texture 域中指定的子纹理数是对应的。域值“["MODULATE"，"ADD"]”表示第一层纹理（Layer1）采用 MODULATE 模式，第二层纹理（Layer2）采用 ADD 模式。关于模式的进一步讨论，详见第 5.1.5 节。

（7）textureTransform：指定各子纹理的局部坐标系，域值为多个 TextureTransform 节点组成的列表。列表中指定的域值个数和顺序是与 texture 域中指定的纹理节点相对应的。

（8）bumpTransform：指定凸凹贴图中环境反射纹理的偏移量，域值为多个 BumpTransform 节点组成的列表。关于凸凹贴图以及 BumpTransform 节点的讨论，参见 5.5 节。

（9）color：指定采用 FACTOR 合成模式时的颜色计算参量。

（10）alpha：指定采用 FACTOR 合成模式时的 alpha 计算参量。alpha 参量在 0 ~ 1 间取值，0 表示第一层纹理（Layer1）。

MultiTexture 节点的 texture、mode 和 textureTransform 是其中最关键的域，读者需要重点地掌握这些域的意义及使用。下面的例 5-1 应用了 MultiTexture 节点创建了一个简单多重纹理造型，相应的效果如图 5-3（c）所示。

[例 5-1]

```
#VRML V2.0 utf8

Background {
  skyColor [0.1 0.15 0.45, 0.15 0.21 0.54, 1 0.97 0.94,]
```

```
  groundColor [ 0.11 0.22 0.05, 0.23 0.34 0.06, 0.6 0.6 0.5, ]
  skyAngle [1.25, 1.571,]
  groundAngle [1.48, 1.571, ]
}
DirectionalLight{direction -1 -1 -1}
Shape{
  appearance Appearance {
    material Material {}
    texture MultiTexture {
      texture [
        ImageTexture {url "yellobrk.jpg"}
        ImageTexture {url "apban.jpg" repeatS FALSE repeatT FALSE }
      ]
      textureTransform [
        TextureTransform {scale  3 3 }
        TextureTransform {scale  2 2 center -0.5 -0.7}
      ]
    }
  }
  geometry  Box {}
}
```

本例中的MultiTexture节点只指定了texture和textureTransform两个域。texture域中包括两个ImageTexture节点，并分别以图5-3（*a*）、（*b*）所示两个JPG文件为纹理，由此确定了两个纹理通道。在第二个ImageTexture节点中，增加了“repeatS FALSE repeatT FALSE”的指定，使“UNITED STATES”标志在同一个表面中只出现一次。与texture域中的两个ImageTexture节点相对应，textureTransform中包括两个TextureTransform节点，并分别指定了不同的缩放值（scale域）和缩放中心（center域）。这样得到的效果是，砖和标志这两种纹理分别以不同大小、位置和重复次数的纹理合成效果。

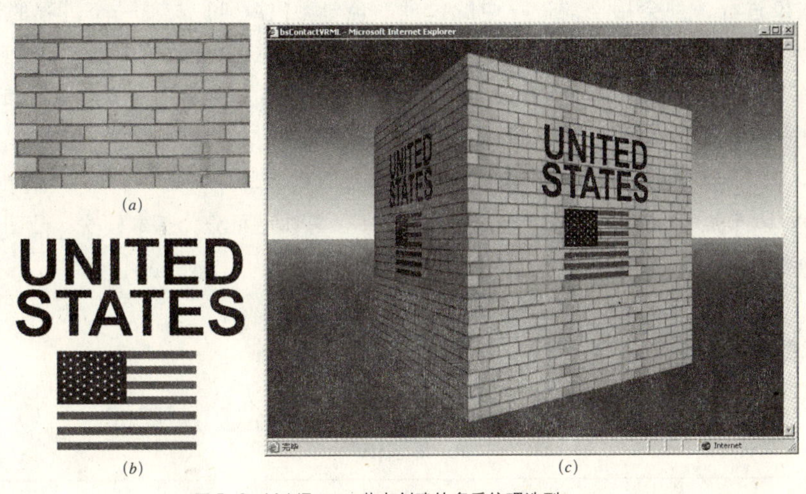

图5-3 MultiTexture节点创建的多重纹理造型
（*a*）yellobrk.jpg文件；（*b*）apban.jpg文件；（*c*）纹理混合效果

5.1.4 多重纹理坐标控制：MultiTextureCoordinate节点

MultiTexture节点同样需要有2D纹理坐标的指定。在应用MultiTexture节点指定了多个纹理通道之后，MultiTextureCoordinate节点就可以分别为这些不同的纹理通道指定纹理坐标。MultiTextureCoordinate节点功能类似于单纹理造型中用到的TextureCoordinate节点，两者都可以作为 IndexedFaceSet 节点 texCoord 域的域值。区别在于 TextureCoordinate 节点只能指定单纹理造型的纹理坐标，而 MultiTextureCoordinate 节点的 coord 域中可以包含多个 TextureCoordinate 或 TextureCoordGen 节点。

MultiTextureCoordinate 节点语法如下：

```
MultiTextureCoordinate {
   coord    []    # exposedField MFNode
}
```

MultiTextureCoordinate 节点只有一个 coord 域，域值为若干 TextureCoordinate 节点或 TextureCoordGen 节点组成的列表。coord 域值列表中的节点个数通常是与 MultiTexture 节点 texture 域中指定的纹理节点数是对应的。在缺省情况下，如果一个 IndexedFaceSet 几何构造使用 MultiTexture 节点而不指定 MultiTextureCoordinate 节点 coord 域，则第一个纹理通道所使用的纹理坐标将被应用到其他通道。

人工指定 MultiTextureCoordinate 节点 coord 域值是一件繁琐的工作，一般需要通过可视化工具辅助完成，具体参见 5.2.4 节中的内容。

5.1.5 多重纹理的混合模式

MultiTexture 节点将若干个单独的纹理合成为一种复合型纹理时，都有一定的合成顺序和计算方法。在合成次序上，浏览器会根据 MultiTexture 节点 texture 域中指定的纹理节点来安排渲染的进程：首先由 material 域指定的材料颜色将作为第一个渲染进程；由 texture 域中指定的第一个纹理将作为第二个渲染进程；第二个纹理作为第三个渲染进程……依此类推。每执行一个渲染进程，都会用当前进程中的纹理颜色参数（Arg1）与前一个进程的计算结果(Arg2)进行一次混合计算处理。多重纹理的混合计算的方式依据 mode 域中指定。如例 5-1 中，MultiTexture 节点 texture 域中指定了两个纹理节点，这就意味着共有 3 个渲染进程和 2 次纹理混合计算过程；MultiTexture 节点 mode 域没有指定，即表示 2 次纹理混合计算过程全部使用缺省的 MODULATE 模式，也就是相当于指定“mode ["MODULATE"，"MODULATE"]”。

MultiTexture 节点 mode 域可以指定的模式非常多，总体上可分为基本模式，凸凹模式，复合模式 3 个类别。

1）基本模式

下面的表 5-1 列举了可在 mode 域中指定的基本模式。

mode 域值　　表 5-1

mode	描　述
MODULATE	将颜色参数分量分别相乘。计算方式可表示为：Arg1 × Arg2
REPLACE	用当前纹理颜色参数替换前一进程。可表示为：Arg1
MODULATE2X	将颜色参数分量分别相乘，并将乘积左移 1 比特位（相当于乘以 2）可产生高对比度
MODULATE4X	将颜色参数分量分别相乘，并把乘积左移 2 比特（相当于乘以 4）可产生更高对比度
ADD	将颜色参数分量相加。计算方式可表示为：Arg1+Arg2

续表

mode	描 述
ADDSIGNED	先将颜色参数分量作 -0.5 的偏移后再相加，这样使和的有效范围在 -0.5 与 0.5 之间
ADDSIGNED2X	先将颜色参数分量作 -0.5 的偏移后再相加，再将结果左移 1 比特位
SUBTRACT	用当前纹理颜色参数分量，减去前一个进程颜色参数分量。计算方式可表示为：Arg1−Arg2
ADDSMOOTH	用两个颜色参数分量之和，减去两个参数分量之积。计算方式可表示为：Arg1+Arg2−Arg1×Arg2=Arg1+(1−Arg1)×Arg2
BLENDDIFFUSEALPHA	用各顶点插值得到的 alpha 值，线性地混合纹理进程。计算方式可表示为：Arg1×(Alpha)+Arg2×(1−Alpha)
BLENDTEXTUREALPHA	用纹理进程的 alpha 值，线性地混合纹理进程。计算方式可表示为：Arg1×(Alpha)+Arg2×(1−Alpha)
BLENDFACTORALPHA	用 MultiTexture 节点中的 alpha 参数，线性地混合纹理进程。计算方式可表示为：Arg1×(Alpha)+Arg2×(1−Alpha)
BLENDCURRENTALPHA	用前一纹理进程中的 alpha 值，线性地混合此纹理进程。计算方式可表示为：Arg1×(Alpha)+Arg2×(1−Alpha)
MODULATEALPHA_ADDCOLOR	用当前纹理颜色参数中的 alpha 值调节前一个进程颜色，然后再与当前纹理颜色参数分量相加。计算方式可表示为：Arg1.A×Arg2.RGB+Arg1.RGB
MODULATEINVALPHA_ADDCOLOR	与 MODULATEALPHA_ADDCOLOR 相似，但使用当前纹理颜色参数中的 alpha 的反转值。计算方式可表示为：(1−Arg1.A)×Arg2.RGB+Arg1.RGB
MODULATECOLOR_ADDALPHA	将当前纹理颜色分量与前一进程的颜色分量相乘，再加上当前纹理的 alpha 值。计算方式可表示为：Arg1.RGB×Arg2.RGB+Arg1.A
MODULATEINVCOLOR_ADDALPHA	与 MODULATECOLOR_ADDALPHA 相似，但使用当前纹理颜色分量的反转值。计算方式可表示为：(1−Arg1.RGB)×Arg2.RGB+Arg1.A
OFF	关闭纹理单位
SELECTARG1	使用当前进程的颜色参数。计算方式可表示为：Arg1
SELECTARG2	使用前一进程的颜色参数。计算方式可表示为：Arg2
DOTPRODUCT3	将执行函数 function（Arg1.R×Arg2.R+Arg1.G×Arg2.G+Arg1.B×Arg2.B)，其中每个分量已经过缩放和偏移以使其带正负符号，这个结果将被应用于 R、G、B、A 四个通道上。这种模式可以用来制作漫反射凸凹贴图或高光凸凹贴图

2）凸凹模式

下面表 5-2 中列举了专门用于凸凹（bump）贴图。

bump 贴图专用 mode 域值 表 5-2

mode	描 述
BUMPENVMAP	在下一个纹理进程中，使用环境贴图完成各像素的凸凹贴图，不包括亮度调节（只对颜色处理）
BUMPENVMAPLUMINANCE	在下一个纹理进程中，使用环境贴图完成各像素的凸凹贴图，包括亮度调节（只对颜色处理）

3）复合模式

在基本模式之前，如果加上表 5-3 中自变量操作符作为前缀，则得到复合型的模式。

mode 域值第一个前缀 **表 5-3**

操作符（mode 前缀 1）	描 述
缺省时	以前一个渲染进程颜色（第一个进程为 DIFFUSE）作为第二个自变量的颜色（arg2）
DIFFUSE_	纹理颜色参数为 Gouraud 明暗处理后顶点插值得到的漫反射颜色
SPECULAR_	纹理颜色参数为 Gouraud 明暗处理后顶点插值得到的高光颜色
FACTOR_	纹理颜色参数为 MultiTexture 节点中的要素（color、alpha）

在上述第一个前缀之后，还可以使用下面表 5-4 所示修改操作符一起作为 mode 的前缀。

mode 域值第二个前缀 **表 5-4**

操作符（mode 前缀 2）	描 述
COMPLEMENT_	如果参数结果涉及变量 x，则将当前进程的颜色参数翻转处理
COMPLEMENT2_	如果参数结果涉及变量 x，则将前一进程的颜色参数进行翻转处理
ALPHAREPLICATE_	在操作完成前，将当前进程的 alpha 信息复制到所有的颜色通道
ALPHAREPLICATE2_	在操作完成前，将前一进程的 alpha 信息复制到所有的颜色通道

模式中还可以包含另外一个用于 alpha 通道的混合模式，例如“MODULATE，REPLACE”（注意，一对引号所包括的内容只表示一种模式），将指定 Color ＝（Arg1.color × Arg2.color，Arg1.alpha）。

在 MultiTexture 节点纹理混合计算中，第一个纹理总是与第一个渲染进程——即材料漫反射颜色混合，其模式的选择一般为 MODULATE 或 REPLACE。两者的区别在于：MODULATE 模式下的颜色会受照明光线的影响；REPLACE 模式不受照明光线影响，此时相当于材料完全自发光时的纹理效果。

5.1.6 典型混合模式效果对比

MultiTexture 节点 mode 域可选的域值多且复杂，虽然表 5-1 ～表 5-4 中描述了不同模式的混合算法，但这些还不能形象地说明视觉效果的变化规律。为了方便读者在应用中测试不同混合模式下的效果，笔者提供了一个用 HTML 和 javascript 语言编写的“多重纹理混合效果器”程序（图 5-4），你可以通过附赠光盘中的 multitexture.htm 文件来启动该程序。

下面通过例 5-2 文件以及图 5-5（*a*）和（*b*）这两个纹理的混合为例，对比说明不同混合模式的效果。为方便观察和对比，第一个纹理皆采用 MODULATE 模式混合；第二个纹理采用了只包含灰度和透明变化的 32 位 PNG 图像（其中马赛克图案为背景），这样可以减少因过多的颜色变化造成的视觉干扰。在第二个纹理中，图像被分为上下两个区域：上方为完全不透明区域（alpha 值为 1），亮度从左边最暗的黑色（RGB 分量皆为 0）变化到右边最亮的白色（RGB 分量皆为 1）；下方为透明变化区域，从最左至中间，最暗的黑色由完全不透明（alpha 值为 1）变化到完全透明（alpha 值为 0）；从中间至最右边，最亮的白色由完全透明变化到完全不透明。图 5-5（*c*）至图 5-5（*t*）显示了采用几种典型混合模式时的效果（注：本测试所用 VRML 浏览器渲染引擎为 Direct）。

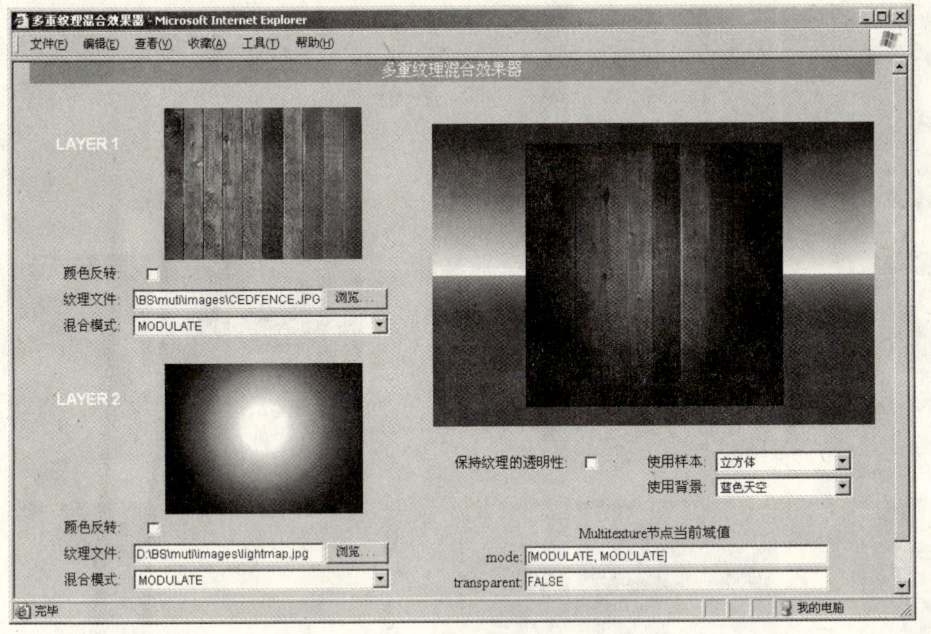

图 5-4 多重纹理混合效果器

[例 5-2]

```
#VRML V2.0 utf8

Background {frontUrl ["back.jpg",]}
Shape{
  appearance Appearance {
   material Material {}
   texture MultiTexture {
     texture [
       ImageTexture {url "CEDFENCE.JPG "}    # 第一个纹理通道
       ImageTexture {url "LIGHTMAP.PNG " }   # 第二个纹理通道
     ]
     Mode ["MODULATE","MODULATE",]
     transparent TRUE
   }
  }
  geometry  Box {}
}
```

现在将图 5-5（*c*）～（*t*）中所示效果与表 5-1 ～表 5-4 中所描述混合算法进行对照，可以发现它们是吻合的。从这些效果的对比分析中，我们还可以总结出下面一些比较有用的规律。

1）加亮效果

当后一个纹理进程为一个灰度图，且采用 ADD、MODULATEALPHA_ADDCOLOR 模式时，则可产生表面整体加亮的合成效果，如图 5-5（*e*）、（*m*）所示。由于两种模式采用颜色分量相加的方式计算各像素点的颜色，其结果必然只可能增加，而不会降低各像素点的亮度。

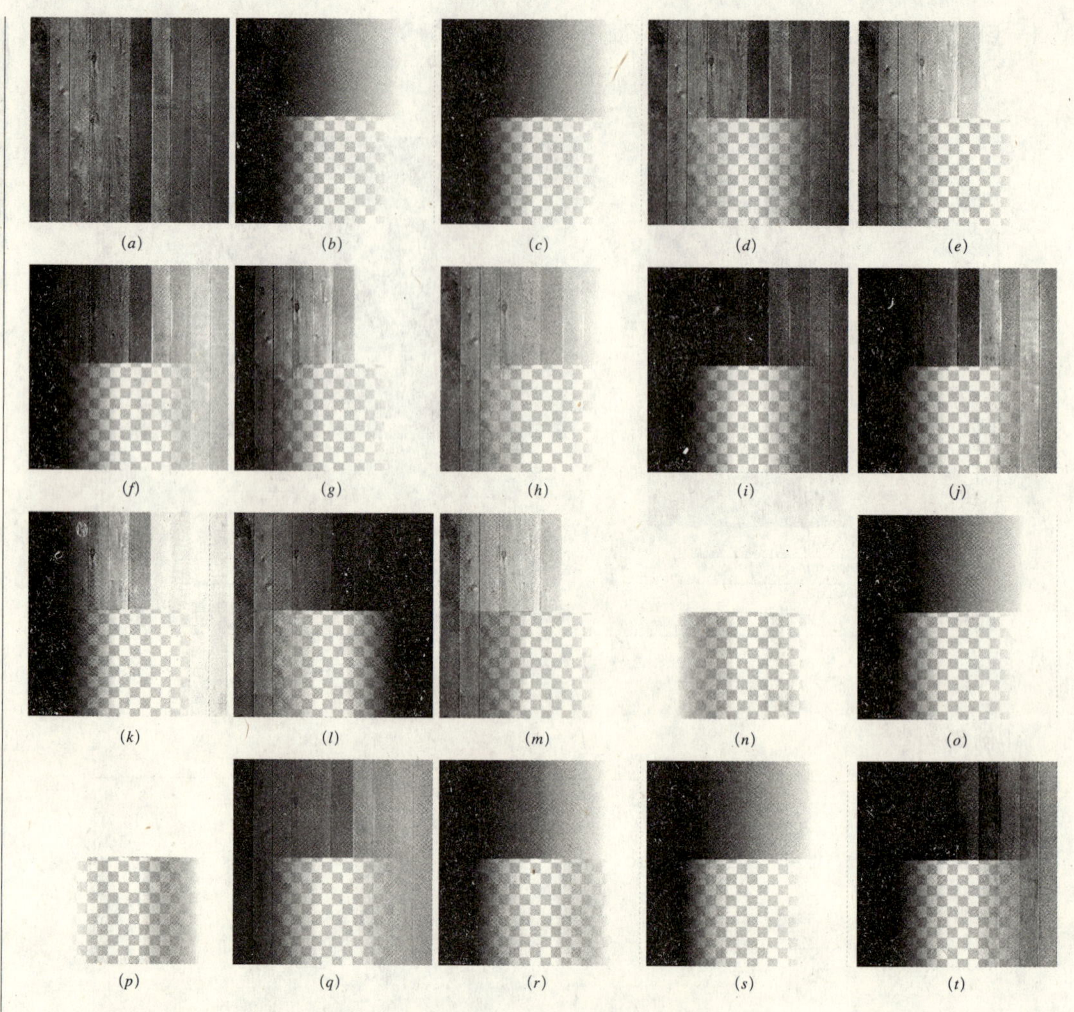

图 5–5　典型模式混合效果对比

(a) 第一层纹理 cedfence.jpg；(b) 第二层纹理 lightmap.png；
(c) MODULATE，SELECTARG1/REPLACE；(d) MODULATE，SELECTARG2；
(e) MODULATE，ADD；(f) MODULATE，ADDSIGNED；(g) MODULATE，ADDSIGNED2X；(h) MODULATE，ADDSMOOTH；
(i) MODULATE，MODULATE；(j) MODULATE，MODULATE2X；
(k) MODULATE，MODULATE4X；(l) MODULATE，COMPLEMENT_MODULATE；
(m) MODULATE，MODULATEALPHA_ADDCOLOR；(n) MODULATE，MODULATECOLOR_ADDALPHA；
(o) MODULATE，MODULATEINVALPHA_ADDCOLOR；(p) MODULATE，MODULATEINVCOLOR_ADDALPHA；
(q) MODULATE，BLENDFACTORALPHA；(r) MODULATE，BLENDTEXTUREALPHA；
(s) MODULATE，BLENDTEXTUREALPHAPM；(t) MODULATE，SUBTRACT

2) 光线衰减效果

当后一个纹理进程为一个灰度图，且采用 MODULATE 模式时，则可使第一个纹理的亮度随灰度图变化而衰减，见图 5–5（i）和（f）。由于该模式采用颜色分量相乘的方式计算各像素点的颜色（值在 0 到 1 之间），所以相乘的结果必然只可能降低，而不会增加各像素点的亮度。

3) 加亮及阴影效果

当后一个纹理进程为一个灰度图，且采用 ADDSIGNED 和 MODULATE2X 模式时，则可产生中等对比度效果，如图 5–5（f）、（j）所示。与 ADD、MODULATE 效果不同的是，这两种模式可以同时使最亮和最暗的程度加深。

4）强光照明及阴影效果

当后一个纹理进程为一个灰度图，且采用 ADDSIGNED2X 和 MODULATE4X 模式时，则可产生高对比度效果，可模拟强光源的照明和阴影，如图 5–5（*j*）、（*k*）所示。

5）晕化调和效果

当后一个纹理进程为一个灰度图，且采用 ADDSMOOTH 和 BLENDFACTORALPHA 模式时，则会降低色彩和明暗的对比度，可产生晕化调和效果，如图 5–5（*h*）、（*q*）所示。

6）透明效果

当纹理中包含 alpha 变化值时，可产生透明效果，如图 5–5（*c*）至图 5–5（*t*）所示；纹理的颜色值不会影响到透明度变化，但在某些模式下（如图 5–5（*m*）至图 5–5（*s*）中所采用的模式），alpha 值可以影响颜色的合成效果（alpha 值为 1 和 0 的像素区域除外）。

7）RGB 纹理混合

上述效果虽然是在 RGB 纹理与灰度纹理的合成测试中得出的，但仍然可以在混合两个 RGB 纹理时作为参考，当然这需要借助一点想象力。在为两个 RGB 纹理选择模式时，需要考虑到纹理本身的色彩、明暗度变化特点。图 5–6 中的两个 RGB 纹理的混合，由于第二层纹理（Layer2）既有明暗度上的反差，也有较大的色调变化，所以第一层岩石纹理（Layer2）与之合成后，岩石纹理的色调及明暗也随之变化，所产生的效果不是一种光照或阴影，而是岩石上长了一些青苔或遭某种物质的侵蚀、染色后的产生的效果。

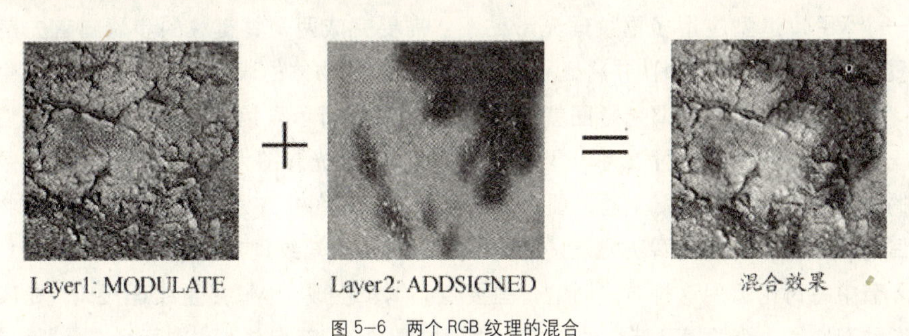

图 5–6　两个 RGB 纹理的混合

5.2　多重纹理建模工具与方法

多重纹理节点在 VRML 虚拟建筑场景中最典型、也最为重要的一种应用就是实现造型的光照阴影贴图。在本节里，将主要讨论利用 3ds Max 烘焙纹理功能以及 VrmlPad 编辑工具进行多重光影纹理建模的一般方法。

5.2.1　光影贴图及其实现

光照与阴影通常表现为一对孪生姊妹，建筑师在绘制建筑画时经常会有意识地运用阴影，就是因为阴影在表达建筑空间视觉特性和空间关系上具有非常显著的表现力。与之相类似，在 VRML 场景中则可以利用多重纹理节点以及光影贴图（light mapping）使虚拟建筑外观在表现出细腻的纹理质感的同时，又能表现丰富微妙的光线及阴影变化，从而摆脱了一般工程类虚拟现实应用中那种因场景无法表现阴影而带来的场景气氛沉闷、缺乏生气的困扰。

所谓光影贴图，是一种将包含有照明、阴影以及表面基本材质等颜色信息的特殊位图映射到造型物体表面，从而使造型产生具有真实环境光照效果的一种贴图方法。由于光影贴图能更真实地模拟现实世界中被各种复杂光线照亮的物体，且省略了非常复杂的照明和阴影计算，因此在实时渲染要求较高的虚拟现实游戏场景中，这种方法被广泛地采用。

要使一个VRML造型物体同时表现出光照、阴影和基本材质的外观效果，从目前的技术上来说主要有两种途径：一种为单纹理方法，另一种为多纹理方法。所谓单纹理方法，即直接以如图5-1（*c*）所示本身含有照明、阴影以及基本材质信息的位图文件作为纹理，将之映射于造型物体的表面。单纹理方法的特点是：造型物体表面的色彩信息全部记录于一个位图文件之中，所以对于位图的尺寸一般要求较大，否则容易丢失造型物体表面基本材质的细节。所谓多纹理方法，是将表现基本材质与表现光影的纹理图分开（图5-1*a*、*b*），然后通过多重纹理节点分别进行纹理映射和颜色合成的处理，从而产生出复合型的光影贴图效果。多纹理方法的特点是：可以通过单独控制基本纹理的重复回绕次数以保证表面细腻的质感，多纹理对位图的尺寸要求不大，但是得到的细节效果远比单纹理方法丰富。当然，相对于单纹理方法而言，多纹理方法建模操作的过程也相应地复杂一点。

上述两种方法在VRML虚拟建筑场景中都有选择应有的必要。例如，对于场景中那些数量不多、尺度较小、不太容易引起浏览者注意的造型对象而言，使用单纹理是一种提高建模速度的方法；而对于场景中那些有一定数量、且尺度（或面积）较大、极容易引起浏览者注意的造型对象来说，选择多纹理则是一种提高VRML场景性能和视觉效果的方法。

在一个VRML造型应用多重纹理光影贴图，需要完成两个关键性的步骤：首先是如何获得高质量的光影图（lightmap）并将之正确地映射到造型物体的表面上；其次是如何生成、编辑VRML多重纹理代码。所谓光影图就是如图5-1（*b*）所示只包含照明、阴影颜色信息的位图，它既可以为灰度图，也可以为RGB位图。事实上，当光影图为RGB位图时，多重纹理合成后得到的光影纹理会更加细腻生动。要获得高质量的光影图并将之正确地映射到造型物体的表面上，目前最便捷、有效的解决方法是运用3ds Max的烘焙纹理功能（Render to texture），本章5.2.2节中将讨论运用这种方法时的一些要点。编辑生成VRML多重纹理代码，是实现多重纹理光影贴图的另一个关键环节。由于多重纹理扩展VRML节点并非为国际标准，所以包括3ds Max在内的主流三维软件目前都还不能提供导出这些扩展VRML节点的技术支持。此外，尽管blaxxun/BS公司也提供了从3ds Max中导出blaxxun/BS扩展VRML节点的专用插件，但可支持的3ds Max版本较低，而且插件更新的速度相对于3ds Max的版本更新显得过于缓慢。因此在这种情况下，若要在VRML场景中应用多重纹理效果，则需要在3ds Max建模、烘焙、导出VRML文件的基础上，再借助于VrmlPad编辑工具来完成多重纹理代码的处理工作。本章5.2.3节中将讨论运用这种方法时的一些要点。

5.2.2 3ds Max烘焙功能的应用

在VRML建模中使用3ds Max烘焙纹理功能，主要是为了实现多重纹理光影贴图的第一步，即：获取具有照明、阴影特性的纹理图，并使之正确地映射、导出到VRML造型物体的表面上。3ds Max的烘焙纹理功能可以通过点击3ds Max下拉菜单“Rendering/Render to texture…”命令来启动，该命令将打开 Render to texture 对话框。关于该对话框各选项的功能，在此我们不一一列举。下面主要是针对 VRML 中多重纹理光影贴图的应用，并以 3ds Max 9 版中的 Render to texture 对话框为例，说明烘焙纹理操作中的一些要点。

1）General Setting 展卷栏

用 3ds Max 烘焙得到的纹理位图，最后都会以外部文件的形式保存并由 VRML 文件中的纹理节点所引用，因此烘焙渲染之前，需要为这些纹理文件设置好保存文件路径，此可以通过在 Render to texture 对话框 General Setting 展卷栏中来完成。

在 General Setting 展卷栏中（图 5-7），你可以直接向 Path 文本框中输入保存文件的路径，也可以通过点击该选项右边的按钮...，以浏览文件夹的方式进行设置。需要注意的是，当你最后导出 VRML 文件时，你在 VRML97 Exporter 对话框 Bitmap URL Prefix 选项栏中所指定的纹理文件路径，应当与这里的设置相吻合。

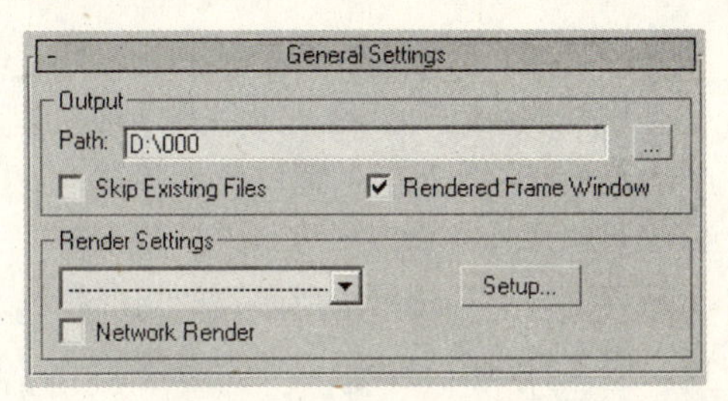

图 5-7　General Setting 展卷栏设置

2）Output 展卷栏

在该展卷栏中，主要是要考虑烘焙纹理元素的选择（Add 按钮）、烘焙纹理文件格式（File Name and Type 选项）、烘焙贴图目标位置（Target Map Slot 选项）和纹理尺寸的设置，其他选项采用默认值。

当你选择了一个需要进行烘焙处理的物体后，你必须至少为之选择一种烘焙纹理元素（Baked Texture Elements）之后，才能进一步完成其他相关项目的设置。烘焙纹理元素的选择决定烘焙输出的位图文件所表现的纹理内容，其设置可以通过点击 Render to texture 对话框 Output 展卷栏中的 Add 按钮（图 5-8）来进行。3ds Max 提供的常规元素包括：CompleteMap（完整贴图）、SpecularMap（高光贴图）、DiffuseMap（漫反射贴图）、ShadowsMap（阴影贴图）、LightingMap（照明贴图）、NormalsMap（法线贴图）、BlendMap（混合贴图）、AlphaMap（Alpha 贴图）和 HeightMap（高度贴图）。对于 VRML 光影贴图应用而言，只需要应用上述烘焙纹理元素中的 CompleteMap、BlendMap 和 LightingMap 这 3 种元素。其中，CompleteMap 或 BlendMap 主要用于单纹理贴图；LightingMap 主要用于多纹理贴图。

通过 Output 展卷栏中的 File Name and Type 选项（图 5-8），你可以为烘焙输出的位图设置文件名以及位图文件格式。在默认情况下，当你为选中的烘焙物体对象指定了烘焙纹理元素之后，File Name and Type 选项栏会自动地为每一个选中的物体对象设置一个缺省的文件名，并使用 TGA 格式。由于 VRML 模型并不支持 TGA 格式文件，因此你必须对这个默认格式进行修改。修改时，你可以先单选一个造型物体，然后直接在 File Name and Type 栏中将文件扩展名修改为 JPG 格式（注意：如果你在场景中一次选中了多个物体，则 File Name and Type 选项栏会变成不可用状态）。此外，你还可以通过 File Name and Type 选项栏右边的按钮...以浏览文件夹方式设置 JPG 文件的保存路径、文件名及格式、压缩率等输出参数。一旦你某一个造型物体指定了一次 JPG 格式，则后续选择的烘焙物体（包括一次多选的物体）都会以 JPG 格式作为默认设置。

Output 展卷栏中的 Target Map Slot 选项，用于指定烘焙纹理图将应用于材质编辑器 Maps 卷展栏中的哪一个目标贴图位置（Slot），默认的目标位置为Diffuse Color。对于该选项设置，如果烘焙之前默认的目标位置上已经有了一个纹理图指定，为了避免原始材质被重写，最好选择另一个空闲的位置作为目标，在烘焙渲染完成之后，再用Swap方法将它从其他位置上换回到Diffuse Color位置上来。

在Output展卷栏的下方包括烘焙纹理文件输出尺寸的选项设置。对于VRML多重纹理光影贴图应用而言，选择512×512左右的尺寸，基本上能满足大多数情况下的视觉要求。当然，在个别情况下你也可以为某些特别重要的造型对象设置稍大一些的尺寸（如1024×1024），但大尺寸切忌使用过多（如3个左右），这样才能确保VRML场景的浏览性能。纹理尺寸最好按正方形设置，如果你设置一个长宽不等的矩形，则实际结果相当于以较长的边作为正方形边长，烘焙渲染之后再进行不等比缩放所得到的矩形效果，因此使用矩形并不能达到有效利用纹理面积和节省系统资源的目的。此外，勾选Use Automatic Map Size选项虽然可以简化纹理尺寸的设置过程，但其结果往往不尽如人意，故一般不要使用。

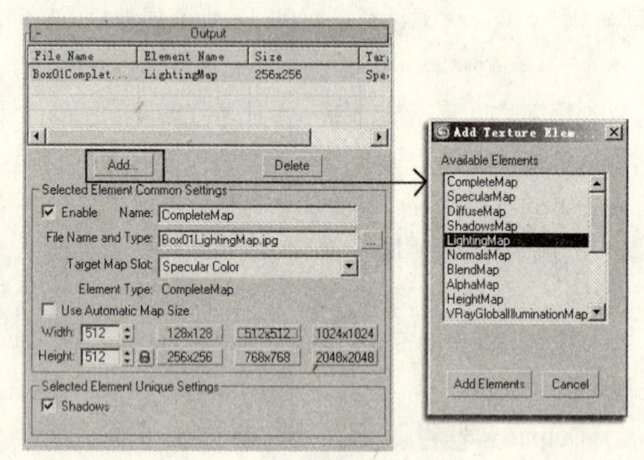

图5-8 Output展卷栏设置

3) Objects to Bake展卷栏

该展卷栏主要是要考虑Channel和Padding选项的设置，其他选项采用默认值。

在默认情况下，Objects to Bake展卷栏中的Mapping Coordinates选项栏，指定贴图坐标为Use Automatic Unwrap（使用自动展平纹理坐标），Channel指定为3，如图5-9所示。由于烘焙渲染得到的纹理位图是一个3D造型表面的纹理展开图，所以为了保证它正确地附着于造型的表面，应该使用Use Automatic Unwrap这个默认设置。但是对于纹理通道（Channel）的选择，则需要考虑到3ds Max中的VRML97 Exporter和Render to texture命令的一些限制：

首先是VRML97 Exporter的限制。3ds Max中的VRML97 Exporter只能导出Channel 1中保存的纹理数据，因此，如果将Channel设置为1，则烘焙后的材质可以直接、正确地导出到VRML模型之中；如果将Channel设置为其他通道，则需要在烘焙完成之后，通过编辑造型对象堆栈中的UVW修改器的方法（参见5.2.3节），将烘焙纹理的通道转移到Channel 1上，然后再进行VRML文件的导出，否则VRML97 Exporter会按现有默认的Channel 1中的纹理数据导出VRML造型，这样就会导致烘焙纹理贴图的混乱。

其次是Render to texture命令的限制。当某个纹理通道已经被其他纹理贴图占用时，Objects to Bake展卷栏中Channel选项只有选择了其他未占用的通道后，才能使Render to texture执行烘焙渲染。由于你在3ds Max中为某个物体首次指定一个纹理材质时，你所使用的贴图通道通常为1，因此在这种情况下，你就只能暂时先在Objects to Bake展卷栏中的Channel值选择为非1的其他通道值。

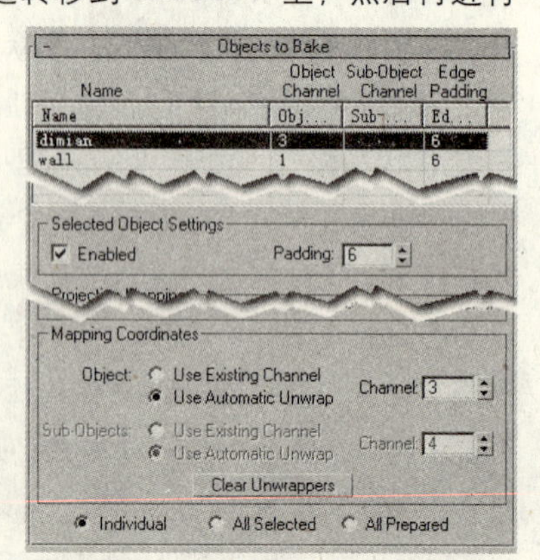

图5-9 Objects to Bake展卷栏设置

Objects to Bake 展卷栏中的 Padding（填充）选项，控制烘焙纹理图中每个簇的边缘向外扩展的像素，默认值为 2。为了避免烘焙纹理造型的边缘出现接缝，可以适当增加这个值。

4）Baked Material 展卷栏

在默认情况下，Baked Material 展卷栏中的 Baked Material Setting 选项指定为 Save Source（即保留原材质并创建 Shell 材质），由于 3ds Max VRML97 Exporter 只能导出标准材质，所以为了避免后续不必要的额外处理环节，可以将它指定为 Output Into Source，如图 5–10 所示，这样，烘焙渲染之后得到的新纹理材质，将仍然属于 3ds Max 标准材质类型。

5）Automatic Mapping 展卷栏

Automatic Mapping 展卷栏中的 Spacing 选项可用来调整烘焙纹理图中簇与簇之间的间距，默认设置为 0.02（图 5–11*a*）。为了使有限的位图空间尽可能多地表现纹理，可设置较小的间距值以增加更多可用的纹理面积。图 5–11（*b*）、（*c*）分别为将 Spacing 设置为 0.02 和 0.002 时得到的 512×512 尺寸的烘焙纹理图。

5.2.3 烘焙造型材质的处理

如前所述，在 VRML 建模中使用 3ds Max 烘焙纹理功能，其最主要的目的是为了获取具有照明、阴影特性的纹理图并使之正确地映射、导出到 VRML 造型物体的表面上。由于烘焙纹理材质是一种自动生成的材质，对其进行重新编辑将十分困难麻烦，加之 3ds Max VRML97 Exporter 和 Render to texture 功能上的一些限制，所以当你在 3ds Max 中对烘焙造型对象材质进行各种编辑处理时，应该以能直接、方便、正确地导出自动生成的烘焙纹理 VRML 造型为原则。下面讨论几个值得注意的操作事项。

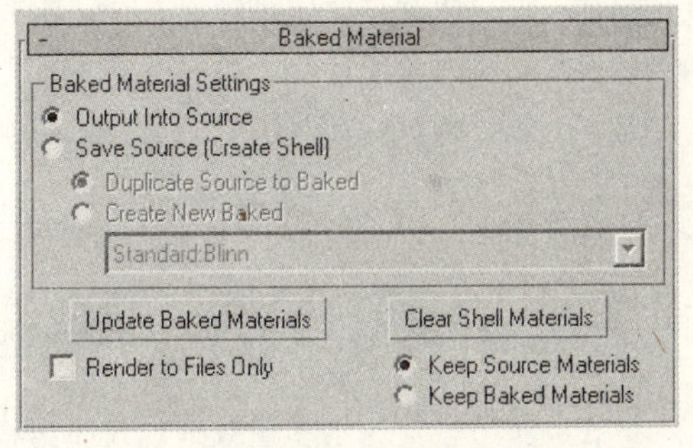

图 5–10 Baked Material 展卷栏设置

1）合理运用纹理通道和位置

前面 5.2.2 节中曾提及过 3ds Max VRML97 Exporter 和 Render to texture 功能上的一些限制，归结起来有两条：VRML97 Exporter 只能导出 Channel 1 通道和 Diffuse Color 位置（Slot）上保存的纹理数据；执行烘焙渲染时，指定的通道（Channel）上不能被其他纹理材质占用。鉴于这些限制，为了避免后续繁琐的 UVW 修改器编辑过程，最好先将 Channel 1 预留作为烘焙纹理的通道，而将原始材质中的纹理指定到非 Channel 1 的其他通道上。此外，原始材质通常会占用 Diffuse Color 位置，因此只能先将烘焙纹理设置到其他任何空闲的位置上，待烘焙渲染完成之后，再用 Swap 方法将它改换到 Diffuse Color 位置上。

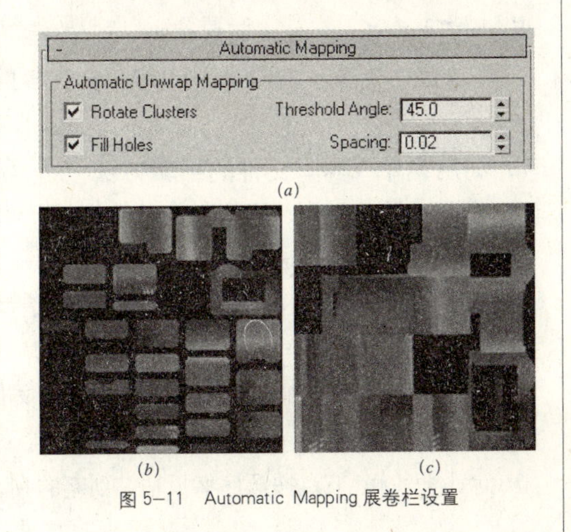

图 5–11 Automatic Mapping 展卷栏设置

2）纹理通道的转移

如果你在烘焙设置中指定的目标通道 Channel 1 在烘焙渲染之前已经被其他纹理材质占用，那么你有两种可选择的处理方法使最终的烘焙纹理放置在 Channel 1 通道上：一种是先将现有 Channel 1 通道上的材质转移到其他通道，从而使通道 Channel 1 空闲出来用于烘焙纹理材质；另一种是在其他通道上设置烘焙纹理，待烘焙渲染完成之后再将之转移回到 Channel 1 通道。无论你采取何种处理措施，都会涉及造型对象纹理通道转移的操作。

要转移一个造型的纹理通道，首先需要在材质编辑器中修改纹理贴图的通道值，此可以直接通过修改 Coordinates 展卷栏中的 Map Channel 值来完成；其次是修改造型对象的 UVW 修改器，此项修改的方法则取决于 UVW 修改器的类型。如果造型对象使用的是 UVW Mapping 修改器，那么你可以直接通过改变 Map Channel 值的方法完成纹理通道的转移（注意保持材质编辑器和 UVW 修改器中的 Map Channel 值的一致）。如果造型对象应用了 Automatic Flatten UVs 或者 Unwrap UVW 之类的 UVW 修改器，则需要先通过 UVW 修改器参数栏中的 Save 按钮，将贴图坐标数据通过 *.uvw 格式文件保存起来，然后删除原 UVW 修改器并添加一个新的 Unwrap UVW 修改器，在新的修改器参数栏中设置好目标通道（Map Channel 选项）之后，再通过 Load 按钮载入此前保存在 *.uvw 文件中的坐标数据即可完成通道的转移。

3）为烘焙造型对象单独指定材质

经过烘焙渲染后得到的材质，一般只能应用于一个特定的造型对象（除非两个造型对象完全相同），因此，如果你将 Baked Material 展卷栏中的 Baked Material Setting 选项指定为 Output Into Source，那么在执行烘焙渲染之前，一定要检查一下每个烘焙对象是否都分别使用各自不同的材质，此可以通过材质编辑器中的工具来进行检查。如果某个材质被包括烘焙造型对象在内的多个造型对象所使用，则一定要该材质拷贝出来并重新命名之后，再重新指定给准备烘焙的造型对象，否则，其他使用了同名材质的造型纹理将会随着烘焙渲染一起被修改或遭到反复重写。

5.2.4 多重纹理 VRML 代码编辑方法

在 5.1 节曾讨论了多重纹理的代码结构及其相关节点，从图 5-2 中可以看出，编辑一个多重纹理 Shape 造型代码，主要涉及 MultiTexture 节点 texture、mode、textureTransform 域、以及 MultiTextureCoordinate 节点 coord 域值的指定，这些域值基本上都可以从 3ds Max 中导出来的 VRML 文件中获取。以下介绍几种编辑处理多重纹理造型代码的方法。

1）利用两个 VRML 文件的编辑方法

下面介绍一种利用两个（或者多个）VRML 文件编辑多重纹理造型代码的方法。图 5-12 更直观地显示了这种方法，其过程大致如下：

（1）从 3D 建模环境中分别导出同一个造型对象的两个单纹理 VRML 文件，两次导出前的造型对象分别应用了不同的纹理材质。

（2）在 VrmlPad 中修改其中一个 VRML 文件。在该文件中，将 Appearance 节点 texture 域值由原来的 ImageTexture 改为 MultiTexture 节点，然后将原来两个 VRML 文件中的 ImageTexture 和 TextureTransform 节点按顺序拷贝粘贴到新的 MultiTexture 节点中。

（3）修改原 VRML 文件中的 IndexedFaceSet 节点 texCoord 域值。将原来由 TextureCoordinate 节点指定的 texCoord 域值，改成由 MultiTextureCoordinate 节点来指定，然后将原来两个 VRML 文件中的 TextureCoordinate 节点按顺序拷贝、粘贴到新的 MultiTextureCoordinate 节点中。

图 5–12 所示方法是一种完整体现 MultiTexture 节点功能的编辑处理方法，其特点是通过配合使用 MultiTextureCoordinate 节点，能够满足分别对两个（或者更多）纹理贴图坐标的精确控制。不过，这种方法对于导出来两个（或者多个）VRML 文件有这样一些限制要求，即：同一个造型对象的 IndexedFaceSet 节点 coord、coordIndex 和 texCoordIndex 三个域值，在两个（或多个）文件中必须是完全相同的，否则必然造成其中某些纹理贴图坐标的不正确。

上述限制自然就会涉及 3D 建模环境中你对原始造型对象的处理。如果你使用 3ds Max 建模，则要求在两次（或多次）导出 VRML 文件期间，要尽量避免针对造型对象堆栈栏的修改，且两次导出文件时所用的选项设置要求一致，否则十分容易造成多个 VRML 造型中的 IndexedFaceSet 节点 coord、coordIndex 和 texCoordIndex 域值的变化。

2）利用一个 VRML 文件的编辑方法

图 5–12 所示方法中的一些限制，特别是对于处理多重光影纹理 VRML 造型有较大影响。在 3ds Max 环境中，如果你要应用烘焙渲染功能处理 3ds Max/VRML 造型，那么造型上的烘焙光影纹理贴图和原始基本纹理贴图，只有在分别使用两个不同通道的 UVW 修改器的情况下才能达到分别精确地控制两个纹理贴图坐标的目的，但是因为又存在 VRML97 Exporter 的限制，所以如果希望分别导出贴图坐标正确的两个 VRML 文件，就不可避免地涉及针对造型对象堆栈栏中 UVW 修改器的修改。

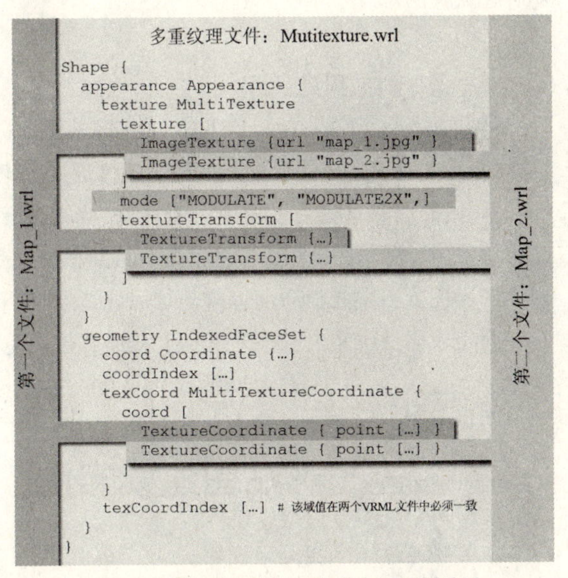

图 5–12　利用两个 VRML 文件合成多重纹理造型

鉴于目前 3ds Max 建模环境存在上述无法克服的矛盾，当你利用 VrmlPad 工具编辑多重光影纹理 VRML 造型时，可以只用包含了烘焙光影纹理的 VRML 造型文件为蓝本进行编辑和修改，这种修改将只涉及 MultiTexture 节点中的 texture、mode 和 textureTransform 域，而对 IndexedFaceSet 节点 texCoord 域值将予以忽略。图 5–13 中直观地显示了这种编辑合成多重纹理的方法。

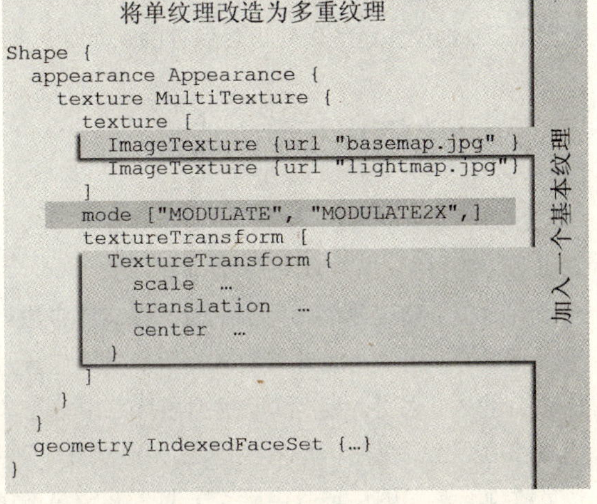

图 5–13　利用一个 VRML 文件编辑合成多重纹理造型

图 5–13 所示方法是一种为了让 VRML 造型取得光影多重纹理效果、同时又考虑到 3ds Max 中的一些功能限

制而采取的折中处理方法，其特点是让 VRML 造型中的基本纹理顺应烘焙光影纹理的贴图坐标，通过 TextureTransform 节点中的域值控制，使基本纹理尽可能地表现正常的比例和方向（由于烘焙光影纹理贴图使用自动展平 UVW 坐标，故导出来的 VRML 文件中将不包含该纹理的 TextureTransform 节点）。

与图 5-12 所示方法相比，图 5-13 所示方法虽然不能满足分别对两个纹理贴图坐标的精确控制，但因此也大大简化了 3ds Max 建模、以及 VrmlPad 编辑处理的过程。譬如：当你在 3ds Max 中执行烘焙渲染之前，基本上不用过多考虑基本纹理的设置和调整，而只需要注意将烘焙纹理通道指定到 Channel 1 通道上就可以了；当烘焙渲染完成之后，可以直接在材质编辑器中将基本纹理的通道改换到 Channel 1 上，然后修改其 Coordinates 展卷栏中的 Tiling、Offset、Rotate 等参数项，使基本纹理在烘焙渲染自动产生 UVW 贴图坐标下能尽量表现出正常的比例和方向；在两次导出 VRML 文件期间，只需在 Maps 展卷栏中交换一下基本纹理和烘焙光影纹理的位置（Slot）；最后运用 VrmlPad 进行多重纹理编辑时，只需要处理 MultiTexture 节点中的 texture、mode 和 textureTransform 三个域。由于这三个域的代码量都很少，因此即使完全采用手工编辑也不存在太大困难。

3）自发光材料效果的运用

需要留心一下的是，上述两种方法（图 5-12、图 5-13）都没有提及 Appearance 节点 material 域的指定，如果你希望用烘焙纹理贴图表现光影效果，那么在 VrmlPad 中通过删除 material 域的指定（在场景树中选中 material 域图标后，按键盘 Delete 键）是非常有必要的，这是因为使用光影贴图的目的是为了表现最终的光照效果，删除 material 域的指定意味着造型将表现为一种完全自发光材质，这样处理后的造型将不会因为观察者角度的改变、或者其他光源的存在而使表面呈现较大的明暗变化，从而有效避免了光影纹理产生一种被人为地贴上去的虚假感觉。

5.3 多重光影贴图建模实例

本节将通过一个实例来说明实现 VRML 造型多重光影贴图的完整过程。通过这个实例，读者可以了解到如何利用多重纹理节点和 3ds Max 纹理烘焙功能，将 3ds Max 中不断扩充、发展的高级照明及渲染效果引入到 VRML 虚拟空间中来。为了突出重点，本节的讨论直接以第 4 章 4.8.5 节中经过模型优化处理后保存的 radiosity_3.max 文件作为多重光影贴图建模的基础。

5.3.1 建模目标和计划

在第 4 章中保存的 radiosity_3.max 文件，原本包括了光度学灯光（Photometric Lights）、高级照明覆盖材质（Advanced Lighting Override Material）和光能传递（Radiosity）照明设置，本例进行的多重纹理建模目标，就是将该文件中原有的这些高级照明设置效果、以及另外附加的平行光源（使用了光线追踪阴影）所产生的综合照明效果，通过 3ds Max 纹理烘焙、以及多重纹理编辑，将之引入到 VRML 虚拟展厅之中。在本例中，多重纹理的应用将放在虚拟展厅室内墙面和地面上，采用"基本纹理图 + 光影图（使用 LightingMap 烘焙纹理元素）"的方法实现其多重纹理光影贴图；场景中除荧光灯具、窗户玻璃之外的其他部分，将利用烘焙得到的完成图

（使用 CompleteMap 烘焙纹理元素）产生单纹理的光影贴图效果；荧光灯灯具造型以及窗户玻璃将不使用纹理，这些对象将利用自发光、透明性等属性来定义外观。

5.3.2 造型对象的调整

按照上述建模目标和计划，先对原始文件 radiosity_3.max 中的对象进行一些调整。

1）清理（删除）无关对象

先将 radiosity_3.max 模型中一些无关紧要、且有可能妨碍场景编辑和场景效果的对象删除掉，这些对象包括：点光源 Omni01，VRML 行插入对象 Inline01、Inline02 和 Inline03，灯具造型 light01 以及与之链接的 VRML 布告栏对象 Billboard01。此外，原始文件中被隐藏的 GR_window 对象基本不起作用，也可一并删除。清理处理完毕后，将 radiosity_3.max 文件另存为 radiosity_4.max 作为后续建模处理的基础。

2）造型对象的拆分

模型文件 radiosity_4.max 中的建筑墙体与顶棚是一个连在一起的整体（GR_room1 对象），并使用了 GR_walls 材质。按照本例建模目标，建筑的墙面将采用多重纹理材质，而建筑的顶棚等其他部分将采用单纹理材质，因此，为便于后续处理，应当将使用不同材质的造型分开来。你可以通过次物体编辑方法选中除了 satiro 雕像所在的凹龛面之外的所有墙面，用 Detach 命令将它们从 GR_room1 对象分离出来，然后将分离出来的墙面命名为“qiang”。

3）造型对象的合并

与上述对象的处理方式相反，原模型中位于室内中央穹顶下的 GR_arch_light_cover 对象（遮光板），则可以通过次物体编辑方法将之合并（Attach 命令）到包括顶棚等建筑的其他部分的 GR_room1 对象之中，合并一些材质相同、且关系紧凑的造型物体可以简化不少烘焙处理的过程。与此类似，原 ianlogo 编组对象中的物体也很有必要合并到一起。由于 ianlogo 编组对象的成分较复杂，合并前可先将场景中的其他对象隐藏起来后再进行处理。合并时，先用 Explode 命令将编组炸开，然后任选其中一个对象并将它转换成 Editable Mesh（可编辑网面）或 Editable Poly（可编辑多边形），再使用 Modify 命令面板 Edit Geometry 展卷栏 Attach 按钮旁边的 Attach List 工具 ▣，可以一次性地将原 ianlogo 编组中的所有对象合并在一起。合并后造型可重新命名为 ianlogo 对象。

5.3.3 烘焙前材质的调整

在 radiosity_4.max 文件中计划要进行烘焙处理的对象，许多都应用了相同的材质。如 dimian（地面）、qiang（墙面）、GR_room1（顶棚及建筑其他部分）和 GR_window_grid（窗格子）这 4 个造型对象都使用了 GR_walls 材质；Sphere01、Sphere02、Sphere03 和 Teapot01 这 4 个展品都使用了 Sculptures 材质。为了避免烘焙渲染过程中这些造型对象所用材质被反复重写，则先应该分别为这些造型定义并指定专用的材质。

现在按以下步骤重新定义并指定烘焙造型对象的材质：

(1) 使用拷贝方法创建新材质。将 GR_walls 材质拷贝到 3 个未使用的示例窗中，并分别更名为 wall、flooring 和 other，然后分别将新材质指定给 qiang、dimian 和 GR_room1 对象（这样只有剩下的 GR_window_grid 对象继续使用原来的 GR_walls 材质）；将 Sculptures 材质拷贝到另外 3 个未使用的示例窗中，并分别更名为 Sculptures-1、Sculptures-2 和 Sculptures-3，然后分别将新材质指定给 Sphere01、Sphere02 和 Sphere03（这样只有剩下的 Teapot01 对象继续使用原来的 Sculptures 材质）。

(2) 为 wall、flooring 材质添加基本纹理贴图。首先选择 wall 材质示例窗，在该材质 Maps 展卷栏 Diffuse Color 位置上添加图 5-14（*a*）所示混凝土纹理；进入贴图子材质 Coordinates 展卷栏中，将 Map Channel 设置为 2，同时也可简单设置一下 UV Tiling 和 Offset 值。按上述同样方法为 flooring 材质添加图 5-14（*b*）所示地毯纹理。

(3) 为 qiang、dimian 造型分别指定贴图坐标。先选中 qiang（墙）对象，然后转到 Modify 命令面板；从 Modifier List 中选择 UVW Mapping 修改器加入到 qiang 对象堆栈栏中；在 UVW Mapping 修改器参数栏中，将贴图方式（Mapping）指定为 Box；指定 Map Channel 通道为 2。按上述同样方法为 dimian（地面）对象添加一个 UVW Mapping 修改器。

(4) 调整 other 材质。该材质将应用于顶棚等建筑物上其他部分的 GR_room1 对象上，由于该对象在烘焙之前不应用纹理，所以，为了使烘焙纹理达到最佳的视觉效果，需要对原材质进行调整。你可以将 other 材质的 Ambient 和 Diffuse 颜色锁定起来，分别将其颜色的 RGB 值设置为 182、175 和 165；Specular 颜色的 RGB 值设置为 255、255 和 255。

(*a*) (*b*)

图 5-14 墙面和地面造型所用的基本纹理

(*a*) concrete.jpg；(*b*) flooring.jpg

5.3.4 场景照明的调整

这个处理环节是为了模拟阳光从窗外照射到室内所产生的光线追踪阴影效果。为此，首先需要向场景中添加一个新的平行光源，然后再调整其他光源的参数，使整个场景照明气氛协调。如以下步骤：

(1) 使用光源创建工具 Target Direct 创建一个目标平行光源 Direct01；使用移动工具✣将光源定位于（-6.149，1.515，3.878），目标点定位于（0.316，-0.994，-0.084）。

(2) 转到 Modify 命令面板，在平行光源 General Parameter 展卷栏中，将 Shadows 选项置为 On，并选择 Ray Traced Shadow 阴影类型；在 Directional Parameter 展卷栏中，选择将光锥形式置为 Rectangle，设置 Hotspot/Beam 值为 1.5，Falloff/Field 值为 3.5；在 Ray Traced Shadow Params 展卷栏中，勾选 2 Sided Shadows 选项。

(3) 调整 FPoint01 和 FPoint02 的照明强度和阴影。这两个光度学自由点灯光分别布置在 ianlogo 和 satiro 造型的上方，为了能与白天的照明气氛协调，需要降低它们的照明强度；其次，当使用 3ds Max 默认扫描线渲染器时，这两个灯光原来设置的区域阴影（Area Shadows）虽然可以输出到渲染帧窗口，但由于无法输出到烘焙纹理之中，故也需要修改其阴影类型及参数：依次选中这两个光源，然后转到 Modify 命令面板 General Parameter 展卷栏，将阴影由原来的 Area Shadows 改为 Shadow Map；在 Intensity/Color/Distribution 展卷栏中，勾选 Multiplier 选项，将值调整为50%；在Shadow Map Params展卷栏中，将Size值改为128。

（4）添加光线遮挡物。当室外新添加了一个平行光源Direct01之后，在建筑室内的墙体与屋顶、以及墙体与地板面的结合处可能会出现漏光的情况。作为室外Direct01照明的一种配合，可以在建筑外部窗口的四周，用4个Box造型构成一个光线遮挡物（见图5–15）。为方便对象管理，可以用Group命令将这4个Box编成一个cover组对象。

（5）隐藏窗玻璃对象。为了让Direct01的太阳光线通过窗户充分地照射到室内，将GR_window_glass对象暂时隐藏起来。

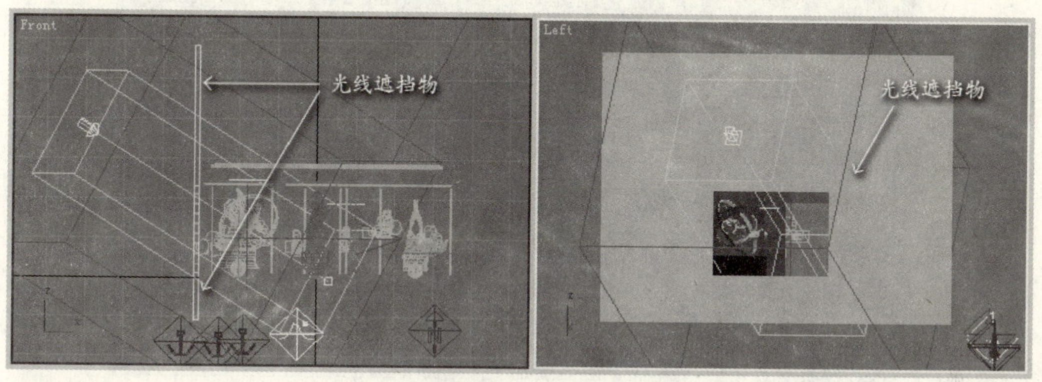

图5–15 墙面和地面造型所用的基本纹理

5.3.5 光能传递处理

当你对radiosity_4.max文件中的造型进行过修改，特别是对建筑造型进行了拆分、合并处理之后，原模型中的光能传递计算结果大部分将会失效，必须重新进行一次Radiosity处理。如以下步骤：

（1）点击工具条中的Render Scene Dialog按钮打开Render Scene对话框，然后切换至Advanced Lighting标签栏，如图5–16所示。

（2）点击Radiosity Processing Parameters展卷栏中的Reset All按钮，当出现重置提示框时，可以选择其中的Yes按钮，此时Render Scene对话框Advanced Lighting标签栏中的Continue按钮将会转变为Start按钮。

（3）点击Start按钮，即开始进行重置光能传递的计算处理。重新进行光能传递处理之后的模型，在3ds Max视口中将重新恢复成先前原始模型在"Smooth+Highlights"显示模式下所显示的效果（参见图4–29）。

（4）将修改后的radiosity_4.max文件存盘。

接下来你可以通过采用默认扫描线渲染器渲染radiosity_4.max场景视口，测试一下经过前面建模处理步骤之后的效果，如图5–17所示。这些变化丰富的光影效果，也正是多重纹理VRML建模所要追求的目标。

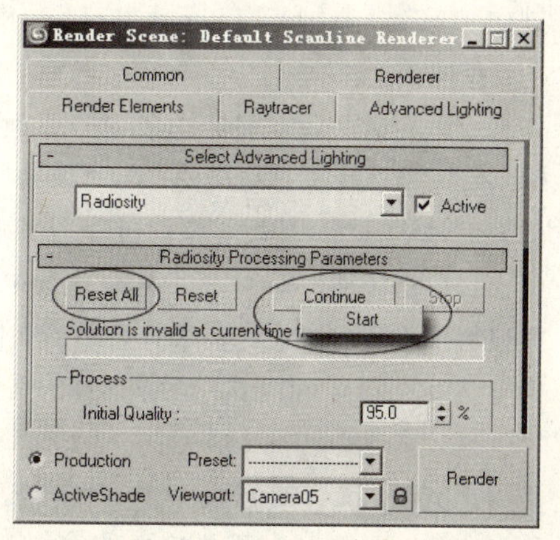

图5–16 重新处理光能传递

图 5–17　3ds Max 场景渲染效果

5.3.6　烘焙多重光影纹理造型

radiosity_4.max 文件中需要进行后续多重光影纹理编辑处理的造型对象是 qiang（墙）和 dimian（地面）对象。现在按以下步骤进行烘焙设置和渲染处理：

（1）选择下拉菜单“Rendering/Render to texture…”命令打开 Render to texture 对话框；在 General Setting 展卷栏中填入烘焙纹理图的保存路径（注意：一旦你打开文件后设置了路径，后续选择的其他烘焙对象会自动以此为默认设置）。

烘焙纹理图的保存路径通常应该与 VRML 模型的纹理路径设置一致。由于本例创建的 VRML 模型会应用较多的外部纹理文件，为了方便文件的管理，你可以在 VRML 文件的保存路径下新建一个 maps 文件夹，并将该文件夹指定为烘焙纹理图的保存路径；最后导出 VRML 模型时，在 VRML97 Exporter 对话框 Bitmap URL Prefix 选项栏中，也将该文件夹指定为 VRML 模型外部引用的纹理的路径。

（2）先选中 3ds Max 场景中的 qiang 对象（可通过 Select by Name 工具），然后回到 Render to texture 对话框中的 Output 展卷栏；单击 Add 按钮，在打开的对话框中选择 LightingMap 元素后，单击 Add Elements 按钮后返回到 Output 展卷栏。

（3）查看 File Name and Type 选项中自动产生的文件名称，如果是以 *.tga 为扩展名，则可直接将扩展名修改为 *.jpg，修改后的文件名形如 qiangLightingMap.jpg（注意：一旦你打开文件后首次设置了 *.jpg 格式，后续选择的其他烘焙对象会自动以此为默认设置）。

（4）查看 Output 展卷栏中的 Target Map Slot 选项，如果默认设置为 Diffuse Color，则需要改换到其他位置，如 Specular Color（注意：由于 Diffuse Color 位置已经被混凝土纹理占用，若再指定 Diffuse Color，则烘焙纹理将替代原来的混凝土而导致基本纹理的丢失）。

（5）单击 Output 展卷栏中的“768×768”按钮设置 qiangLightingMap.jpg 文件的尺寸。

（6）转到 Objects to Bake 展卷栏，将烘焙贴图纹理通道 Channel 值设置为 1；将 Padding（填充）选项设置为 4 个像素（注意：一旦你打开文件后首次设置了 Channel 和 Padding 选项，后续选择的其他烘焙对象会自动以此为默认设置）。

（7）转到 Baked Material 展卷栏，将 Baked Material Setting 选项的默认设置修改为 Output Into Source（注意：一旦你打开文件后首次设置了该选项，后续选择的其他烘焙对象会自动以此为默认设置）。

（8）转到 Automatic Mapping 展卷栏，修改 Spacing 选项的默认设置为 0.002（注意：一旦你打开文件后首次设置了该选项，后续选择的其他烘焙对象会自动以此为默认设置）。

（9）单击 Render to texture 对话框下方的 Render 按钮即开始对 qiang 对象进行烘焙渲染。

（10）选中 3ds Max 场景中的 dimian 对象，并按上述步骤中的（2）、（4）进行设置；在步骤（5）中，可以将烘焙纹理尺寸设置为 512×512（dimian 较 qiang 表面积小）；单击 Render to texture 对话框下方的 Render 按钮即开始对 dimian 对象进行烘焙渲染。

完成上述步骤之后，你可以分别查看一下 qiang 和 dimian 所使用的材质 wall 和 flooring，在这两个材质的 Maps 展卷栏中 Specular Color 位置上，都分别自动地增加了 qiangLightingMap.jpg 和 dimianLightingMap.jpg 纹理文件。通过烘焙得到的两个纹理图如图 5−18 所示。

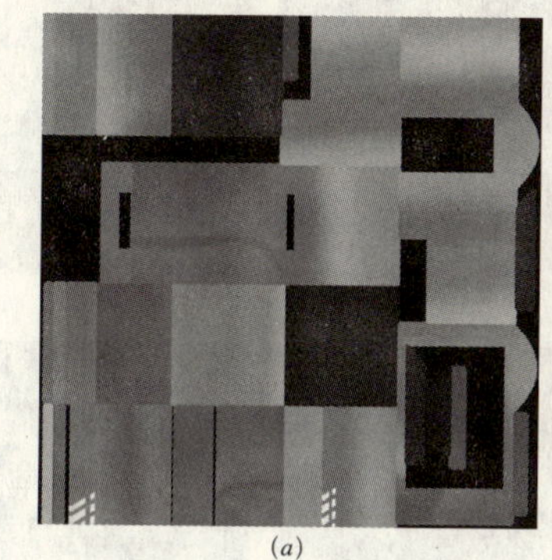

(*a*)

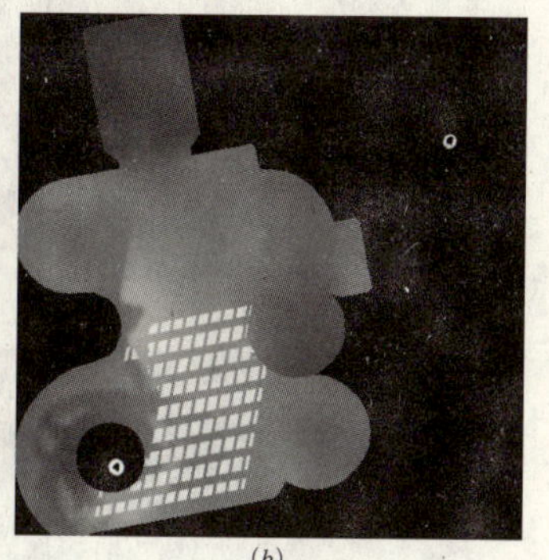

(*b*)

图 5−18 烘焙得到的 LightingMap 纹理图
(*a*) 墙面：qiangLightingMap.jpg；(*b*) 地面：dimianLightingMap.jpg

5.3.7 批量烘焙单纹理造型

radiosity_4.max 文件中需要进行单纹理光影贴图处理的造型对象有 GR_room1、satiro、GR_window_grid、ianlogo、Sphere01、Sphere02、Sphere03 和 Teapot01。现在我们采取批量设置和烘焙渲染的方法对这些对象进行处理，步骤如下：

（1）使用 Select by Name 工具一次选中 GR_room1、satiro、GR_window_grid、ianlogo、Sphere01、Sphere02、Sphere03 和 Teapot01 对象；转到 Render to texture 对话框 Output 展卷栏中，单击 Add 按钮，在打开的对话框中选择 CompleteMap 元素后，单击 Add Elements 按钮后返回到 Output 展卷栏；将 Target Map Slot 选项先暂时全部设置为 Diffuse Color，纹理尺寸设置为 350×350。

（2）上移到 Objects to Bake 展卷栏中，将最下方默认的 All Selected 选项改为 Individual（单个），这样，你可以先通过先单选该展卷栏上方的列表中的对象，再在 Output 展卷栏中分别对选定的单个对象进行烘焙设置。

为避免设置上的遗漏，进行本步骤之后，你可以尝试先在 Objects to Bake 展卷栏中依次单选每个对象，然后下移到 Output 展卷栏中，查看是否每个对象都已自动设置了 CompleteMap 元素，纹理文件名称、目标位置及纹理的尺寸是否正确等。

(3) 在 Objects to Bake 展卷栏列表框中，选中 GR_room1 对象，然后下移到 Output 展卷栏中，将其纹理尺寸修改为 768×768（GR_room1 对象包括顶棚等建筑物其他部分，其造型表面积较大，故选择相对大一些的纹理尺寸）；用上述同样的方法选中 GR_window_grid 对象，将其烘焙纹理尺寸也调整为 768×768 大小（该对象表面积虽然不算大，但包括了大量的阴影细节，所以在系统允许的情况下，也可设置稍大一点的尺寸）。

(4) 在 Objects to Bake 展卷栏列表框中选中 satiro（雕像）对象，然后下移到 Output 展卷栏中，将其目标位置（Target Map Slot 选项）修改为 Specular Color（注：satiro 对象使用的 SATSTONE 材质，其 Diffuse Color、Bump 位置上已被 Mix 混合贴图占用）。

(5) 回到 Objects to Bake 展卷栏中，将最下方 Individual 选项改回到 All Selected，然后单击 Render to texture 对话框下方的 Render 按钮，即开始执行批量烘焙渲染。

通过烘焙得到的 8 个造型对象的纹理图如图 5–19 所示。

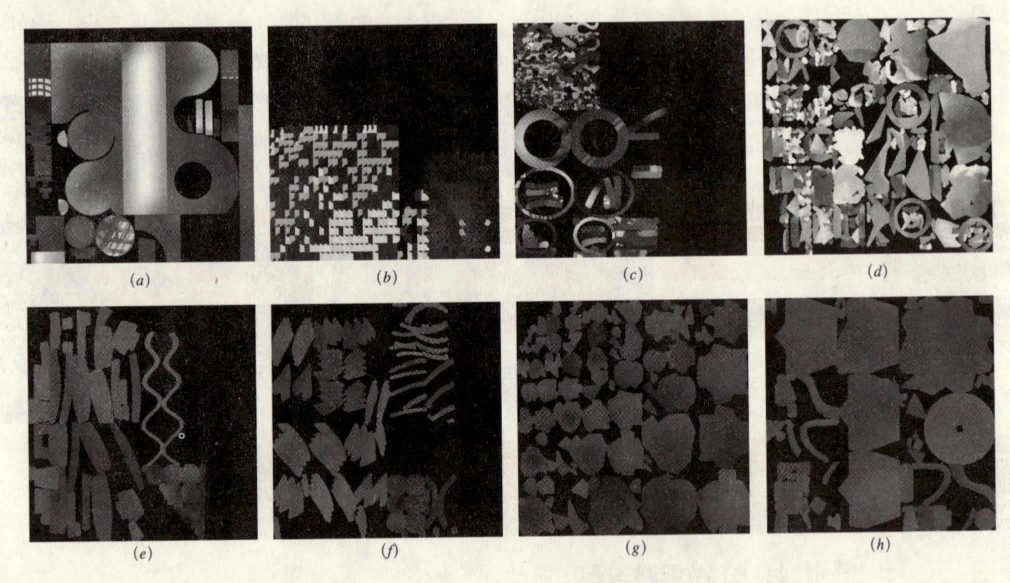

图 5–19 烘焙得到的 CompleteMap 纹理图

(*a*) GR_room1CompleteMap.jpg；(*b*) GR_window_gridCompleteMap.jpg；
(*c*) ianlogoCompleteMap.jpg；(*d*) satiroCompleteMap.jpg；
(*e*) Sphere01CompleteMap.jpg；(*f*) Sphere02CompleteMap.jpg；
(*g*) Sphere03CompleteMap.jpg；(*h*) Teapot01CompleteMap.jpg

5.3.8 烘焙后材质的调整

经过前面的烘焙处理步骤之后，radiosity_4.max 文件中的大多数造型对象现在基本上都可以正确地导出它们的材质，但也有一些造型的材质则必须在烘焙处理之后再经过一些调整才能导出，这些材质包括：所有荧光灯所使用的高级照明覆盖类型的材质（需要转化为标准类型材质）；satiro 对象所用的 SATSTONE 材质（需要将 Specular Color 位置上的烘焙纹理调换到 Diffuse Color 位置上）；qiang 和 dimian 对象所用的 wall、flooring 材质（需要修改基本纹理的贴图通道和比例）。此外，为了配合白天的光照环境，原来窗户玻璃所用的 GR_window_glass 材质也需要进行一些调整。处理步骤如下：

(1) 在材质编辑器中选择 GR_neon_red 材质（红色荧光灯），单击材质/贴图浏览器工具按钮打开 Material/Map Navigator 对话框；选择 GR_neon_red 中的 GR_red 子材质，并将之拖曳回到材质编辑器 GR_neon_red 材质示例窗中释放，当出现拷贝方法提示时，选择其中的 Instance 方法；接着转到 GR_red 材质的 Anisotropic Basic Parameter 展卷栏中，去掉 Self-Illumination 选项栏中 Color 前的勾选，将自发光强度值调整至 100。执行该处理步骤后，原先使用 GR_neon_red 材质的荧光灯，将全部改用自发光的 GR_red 材质。

（2）采用步骤（1）同样方法，将蓝色荧光灯材质 GR_neon_blue 替换为它的子材质 GR_blue；绿色荧光灯材质 GR_neon_green 替换为它的子材质 GR_ green；黄色荧光灯材质 GR_neon_yellow 替换为它的子材质 GR_yellow；并将这些材质的自发光强度都调整至 100。

（3）在材质编辑器中选中 satiro 对象所用的 SATSTONE 材质，然后转到该材质的 Maps 展卷栏；将 Specular Color 位置上的烘焙纹理拖曳到 Diffuse Color 位置上释放，当出现拷贝方法提示时，选择其中的 Swap 方法。

（4）修改墙造型所使用 wall 材质。单击 wall 材质 Maps 展卷栏 Diffuse Color 位置上的贴图按钮（混凝土纹理 concrete.jpg）进入贴图子材质 Coordinates 展卷栏；将 Map Channel 由 2 改为 1，U、V Tiling 值分别设为 8 和 14，U、V Offset 值为 0 和 0.305。

（5）修改地面造型所使用 flooring 材质。单击 flooring 材质 Maps 展卷栏 Diffuse Color 位置上的贴图按钮（地毯纹理 flooring.jpg）进入贴图子材质 Coordinates 展卷栏；将 Map Channel 由 2 改为 1，U、V Tiling 值分别设为 20 和 22，U、V、W Angle 值为 −11、0、−11。

（6）在材质编辑器中选中 GR_window_glass（窗玻璃）对象所使用的 GR_window_glass 材质（窗玻璃对象此前是被隐藏的，烘焙渲染完成之后可以将之显示出来），然后转到该材质的 Blinn Basic Parameters 展卷栏，去掉 Self-Illumination 选项栏中 Color 前的勾选，将自发光强度值调整至 100；将 Opacity 值改为 80。

（7）将修改后的 radiosity_4.max 文件存盘，然后再将之另存为 radiosity_4exp.max 文件，专用于 VRML 文件的导出。

5.3.9 导出 VRML 文件

在第 4 章我们从 radiosity_3.max 模型中导出 VRML 模型时，主要是从优化模型的角度来考虑 VRML 主、分场景的划分。本例对 VRML 文件所进行的内容划分，主要是从方便多重纹理代码编辑的角度来考虑。我们将从 radiosity_4exp.max 场景中导出 3 个 VRML 文件，分别为：以基本纹理为外观的墙、地面造型文件 qiang_dimian_1.wrl；以烘焙光影纹理为外观的墙、地面造型文件 qiang_dimian_2.wrl；除了墙、地面、以及在 5.3.4 节中添加的光线遮挡物（cover 编组造型）以外的其他对象组成的场景文件 MultiTexture.wrl。前两个 VRML 文件将通过多重纹理代码编辑合成为一个分场景文件 qiang_dimian.wrl，MultiTexture.wrl 文件将经过简单处理后作为浏览完整场景的主场景文件。

1）导出主场景文件 MultiTexture.wrl

按照导出计划，该文件中将包括除 qiang、dimian、cover 编组对象之外的其他所有对象。步骤如下：

（1）使用下拉菜单“Edit/Hold”命令，将当前场景保存在缓存中；单击 Select by Name 工具，在打开的 Select Objects 对话框中选中 qiang、dimian 和 cover 编组对象，按 Select 按钮；按键盘上的 Delete 键将选中的对象删除。

（2）转到 Display 命令面板，在下方的 Hide 展卷栏中，点击 Unhide All 按钮，将先前隐藏的窗户玻璃（GR_window_glass 对象）显示出来。

（3）使用下拉菜单"File/Export..."命令打开保存文件对话框，输入文件名和存盘路径之后按保存按钮；在打开的 VRML97 Exporter 对话框中，勾选 Indentation、Primitives 和 Show Progress Bar 这 3 个最常用的选项；指定 Polygon Type 为 Triangles，Digits of Precision 为 3；在 Bitmap URL Prefix 选项栏中，勾选 Use Prefix，并将路径设置为"./maps"；其他选项可使用缺省值。设置完毕后，按 OK 按钮执行 MultiTexture.wrl 文件的导出。

2）导出单纹理 qiang_dimian_1.wrl 文件

按照导出计划，该文件中将包括以基本纹理为材质的 qiang 和 dimian 对象。目前这两个对象所用的基本纹理材质（混凝土和地毯）正好位于 Diffuse Color 位置，故可直接进行导出。步骤如下：

（1）使用下拉菜单"Edit/Fetch"命令，将场景数据恢复从缓存中恢复出来。

（2）单击 Select by Name 工具，在打开的对话框中选中 qiang 和 dimian 对象，然后依次按下方的 Invert、Select 按钮；按键盘 Delete 键删除被选中的对象。

（3）执行下拉菜单"File/Export..."命令，并按照导出 radiosity_MultiTexture.wrl 文件时的类似设置，导出 qiang_dimian_1.wrl 文件。

3）导出单纹理 qiang_dimian_2.wrl 文件

按照导出计划，该文件中将包括以烘焙光影纹理为材质的 qiang 和 dimian 对象。目前这两个对象所用的烘焙光影纹理材质位于 Specular Color 位置上，导出之前需要将它们换到 Diffuse Color 位置。步骤如下：

（1）在材质编辑器中选择 qiang 对象所使用的 wall 材质，然后转到该材质的 Maps 展卷栏；将 Specular Color 位置上的烘焙纹理拖曳到 Diffuse Color 位置上释放，当出现拷贝方法提示时，选择其中的 Swap 方法。

（2）用上述同样的方法修改 dimian 对象所使用的 flooring 材质，将 Specular Color 和 Diffuse Color 位置上的纹理进行互换。

（3）按照 qiang_dimian_1.wrl 文件相同的设置导出 qiang_dimian2.wrl 文件。

5.3.10 编辑分场景文件

经过前面的步骤，现在我们已经有了 qiang_dimian_1.wrl 和 qiang_dimian_2.wrl 这两个表现墙、地面造型的单纹理 VRML 文件，两个文件的差异在于其场景造型分别使用了基本纹理和烘焙光影纹理，且具有不同的纹理坐标系。接下来要做的是运用 VrmlPad 工具将上述两个 VRML 文件编辑为一个多重纹理 VRML 分场景文件 qiang_dimian.wrl，这个编辑过程将以使用了烘焙光影纹理的 qiang_dimian_2.wrl 文件为蓝本进行。处理步骤如下：

（1）在 VrmlPad 中打开 qiang_dimian_2.wrl 文件，然后另存为 qiang_dimian.wrl。

（2）在 VrmlPad 场景树中，依次展开"Transform dimian\children\Shape\Appearance"；单击选中其中的 material 域图标（见图 5-20），按键盘 Delete 键，则 material 域及其域值（Material 节点）将一并删除（此步骤可取得自发光材料效果）；接着再选中 ImageTexture 节点图标，按

“Ctrl+X”键将其剪切（此步骤可将 ImageTexture 节点代码保存在剪贴板中），则编辑栏中对应的 texture 域值将自动以 NULL 值替代。如图 5-20 显示了执行本步骤处理前后 Appearance 节点代码的变化。

（3）删除 texture 域后面的域值 NULL，并添加图 5-21 中所示 MultiTexture 节点及其域的代码；将光标定位到编辑栏中新添加的 MultiTexture 节点 texture 域值方括号之内，按“Ctrl+V”键将步骤（2）中剪切掉的 ImageTexture 节点代码重新粘贴进来。

（4）打开 qiang_dimian_1.wrl 文件；在场景树中，依次展开“Transform dimian\children\Shape\Appearance”，然后单击选择其中的 ImageTexture 节点图标，按“Ctrl+C”键将该节点代码拷贝到剪贴板中。

（5）切换到 qiang_dimian.wrl 文件编辑栏，将光标定位于步骤（3）中粘贴进来的 ImageTexture 节点之前，按“Ctrl+V”键，将 qiang_dimian_1.wrl 文件中拷贝出来的另一个 ImageTexture 节点代码粘贴进来（注意：使用基本纹理的 ImageTexture 节点一定要放在烘焙光影纹理的 ImageTexture 节点之前）。

（6）切换到 qiang_dimian_1.wrl 文件，在场景树“Transform dimian\children\Shape\Appearance”中，单击选中 TextureTransform 节点图标，按“Ctrl+C”键将该节点代码拷贝到剪贴板中。

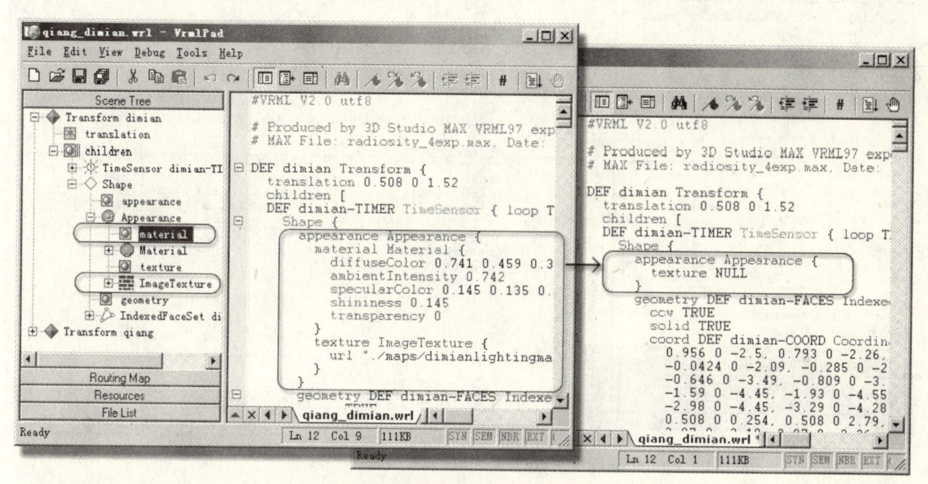

图 5-20　清理 Appearance 节点代码

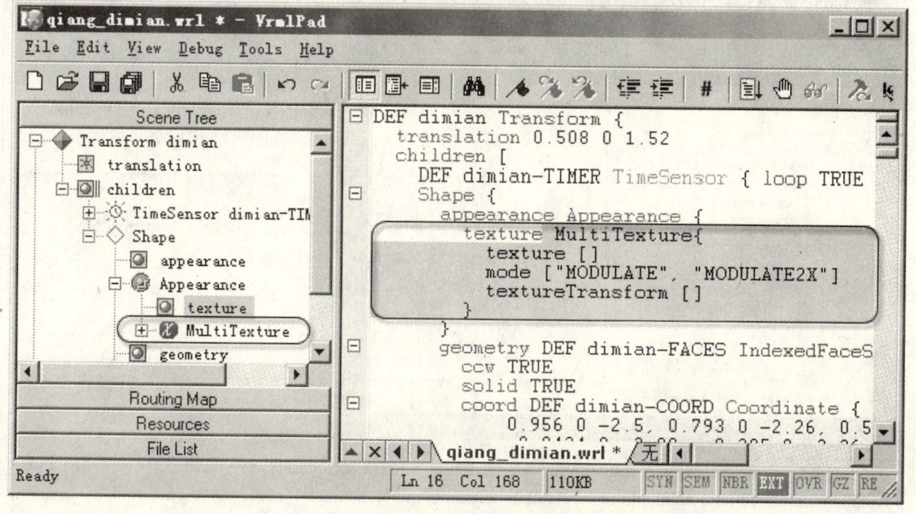

图 5-21　添加 MultiTexture 节点及其域代码

（7）切换到 qiang_dimian.wrl 文件编辑栏，将光标定位于 MultiTexture 节点 textureTransform 域值方括号之内，按“Ctrl+V”键将步骤（6）中拷贝得到的 TextureTransform 节点代码粘贴进来。至此，dimian（地面）编组造型的 MultiTexture 节点编辑已经完成，如图 5–22 中所示。

（8）按前面步骤（2）～（7）中类似方法修改另一个编组造型 qiang（墙）的 Appearance 节点 texture 域值。编辑完成后的 qiang 造型 MultiTexture 节点如图 5–23 所示。

（9）接下来对曲面墙体进行光滑效果处理。依序展开场景树“Transform qiang\children\Shape”，双击其中的 IndexedFaceSet qiang–FACES 图标，使编辑栏光标快速定位到 IndexedFaceSet 节点处，在该节点中增加一行“creaseAngle 0.523”代码。

（10）依序执行下拉菜单“Tools/Commands/Code”中的 Remove default fields、3dsMax Cleanup 和 Optimize Code 命令，清除文件中的垃圾代码。

（11）将编辑修改后的 qiang_dimian.wrl 文件存盘。

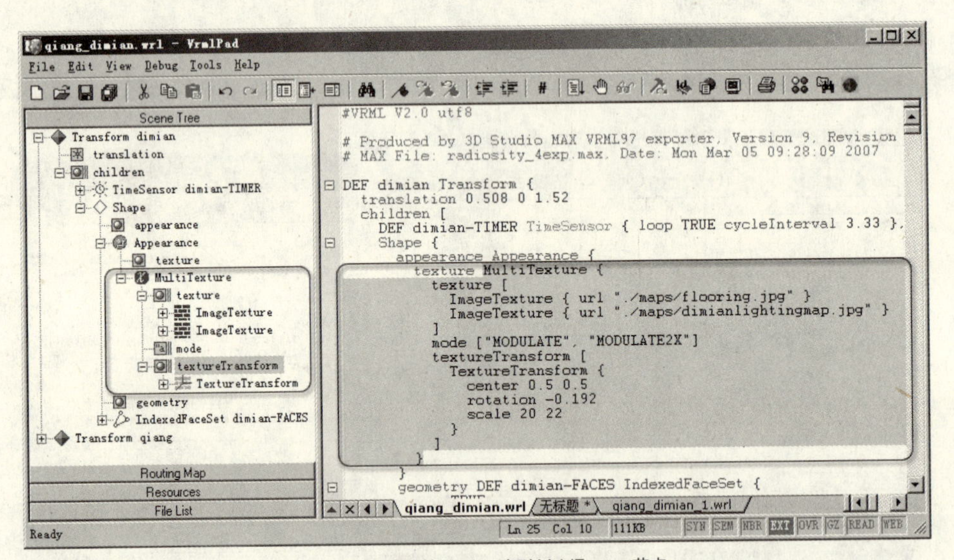

图 5–22 完成后的 dimian 造型 MultiTexture 节点

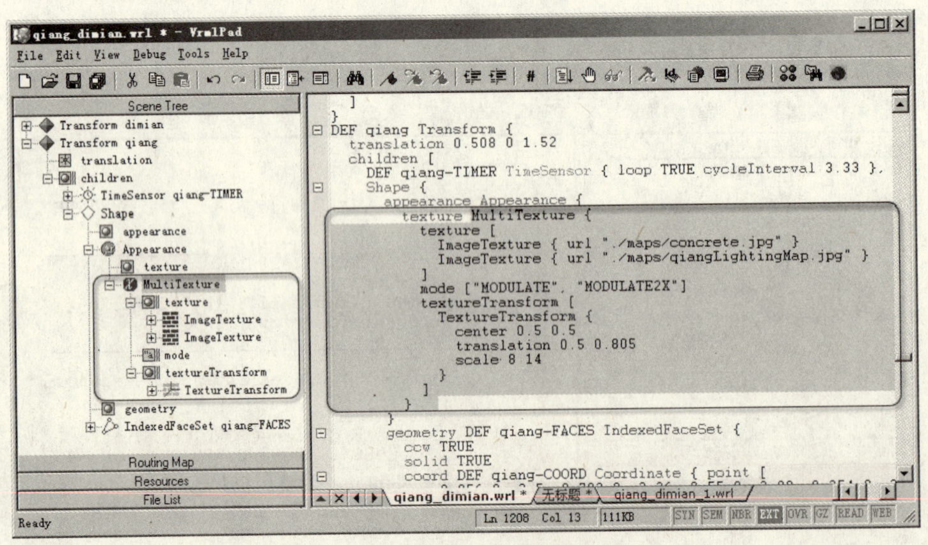

图 5–23 完成后的 qiang 造型 MultiTexture 节点

5.3.11 编辑主场景文件

FIVE

这个环节主要是编辑处理主场景文件 MultiTexture.wrl，内容包括：向该文件中添加 Inline 节点以插入分场景文件 qiang_dimian.wrl；对烘焙纹理造型对象使用完全自发光材料；光滑处理曲面造型；清理文件中的垃圾代码。具体步骤如下：

（1）在 VrmlPad 中打开 MultiTexture.wrl 文件；在场景树中双击第一个 Transform 编组节点（GR_room1）图标，使编辑栏光标快速定位于节点附近；将光标移动到 Transform 节点之前，增加代码 "Inline { url "qiang_dimian.wrl" }" 插入分场景造型文件。

（2）展开场景树 "Transform GR_room1\children\Shape\Appearance"；选中其中的 material 域图标，按键盘 Delete 键删除 material 域的指定；按此类似方法，分别编辑 Transform 编组造型 Sphere01、Sphere02、Sphere03、satiro、Teapot01 和 GR_window_grid 对象，删除 Appearance 节点中的 material 域的指定（注：Sphere02、Sphere03 对象分别包含在两个 Anchor 节点的 children 域中）。

（3）使用下拉菜单 "Edit/Replace…" 命令，将文件中所有形如 "IndexedFaceSet {" 的代码，替换为 "IndexedFaceSet { creaseAngle 0.523" 的形式，使曲面得到光滑处理。

（4）依序执行下拉菜单 "Tools/Commands/Code" 中的 Remove default fields、3dsMax Cleanup 和 Optimize Code 命令，清除文件中的垃圾代码。

（5）将编辑修改后的 MultiTexture.wrl 文件存盘。

5.3.12 场景测试与光影图调整

经过前面各环节处理，以多重光影纹理效果为目标的 VRML 场景建模现在基本上已大功告成。接下来可以通过预览主场景文件 MultiTexture.wrl 测试一下多重光影纹理建模所取得的效果。测试时，先在 VrmlPad 中将主场景文件 MultiTexture.wrl 切换到当前状态，然后点击工具栏预览图标▣并选择其中的 bsCintactVRML 开始预览。

图 5–24 中显示了启动 MultiTexture.wrl 场景后的第一个视点画面，通过键盘 PgDn 和 PgUp 键，你还可以切换到其他视点进行观察。现在你将这些视点的画面与图 5–17 中所示 3ds Max 渲染画面作一些对比，可以发现： MultiTexture.wrl 场景中的光影效果除了在整体上要比 3ds Max 中的渲染画面显得更明亮一些之外，其他皆能较好地继承原始 3ds Max 模型中的渲染特性。

为了使 MultiTexture.wrl 场景中的画面与 3ds Max 中的渲染画面更接近一些，当 VRML 场景建模完成之后，你还可以通过编辑烘焙光影图的方法使场景中的光影效果进一步得到增强。在本实例中，你可以利用 Photoshop 工具将建筑物的墙面、地面、顶棚和窗格子造型所用光影图的进行如下亮度、对比度的调整，具体数值如下：

图 5–24　MultiTexture.wrl 场景中的第一个视点

光影纹理图	应用对象	亮度	对比度
qiangLightingMap.jpg	地面	−50	+20
dimianLightingMap.jpg	墙面	−50	+20
GR_room1CompleteMap.jpg	顶棚等其他部位	−20	0
GR_window_gridCompleteMap.jpg	窗格子	+30	0

现在重新测试一下场景。图 5–25 中显示了经过光影图调整处理后 MultiTexture.wrl 场景中的 4 个视点画面，现在如果再将这些画面与图 5–17 中所示 3ds Max 渲染画面进行比较，可以发现两者之间已经非常接近。

图 5–25　多重光影纹理 VRML 场景效果

5.4　环境反射贴图应用

环境反射贴图是一种利用纹理图或环境照片来模拟造型表面反射外部环境景物的贴图方法。如果 VRML 场景中的造型应用了环境反射贴图，则造型表面所反射出来的环境景物将随着浏览者的观察角度而改变，因而也就更能体现造型材料的真实性。在 blaxxun/BS 提供的多重纹理扩展节点中，TextureCoordGen 是一个产生反射贴图效果的关键节点，本节将讨论该节点在产生环境镜面反射、铬合金反射等典型效果中的一些具体方法。

5.4.1 自动生成纹理坐标：TextureCoordGen 节点

首先我们了解一下 TextureCoodGen 节点。TextureCoodGen 节点功能与 TextureCoordinate 节点相似，不同点在于 TextureCoodGen 节点允许按指定计算模式实时地生成纹理坐标，可用来模拟镜面环境反射或铬合金纹理效果。TextureCoodGen 节点既可以在多重纹理中指定 TextureCoordinate 节点的 coord 域，也可以在单纹理应用中指定 IndexedFaceSet 节点的 texCoord 域。

TextureCoodGen 节点语法如下：

```
TextureCoordGen {
      mode   "SPHERE"    # exposedField SFString
  parameter     []       # exposedField MFFloat
}
```

其中：

（1）mode：用于指定生成纹理坐标的算法。可用的域值请参见表 5–5 中说明。

（2）parameter：指定与 mode 域指定的坐标算法有关的参数项（表 5–5）。

mode 域值　　表 5–5

mode	描述
SPHERE	用来建立基于随摄影机空间而变换的顶点法向量球型环境反射贴图或“铬合金”反射贴图的纹理坐标
CAMERASPACENORMAL	使用转换到摄影机空间的顶点法向量作为输入纹理坐标，坐标值计算结果将在 -1 ~ 1 之间
CAMERASPACEPOSITION	使用转换到摄影机空间的顶点位置作为输入纹理坐标
CAMERASPACEREFLECTI-ONVECTOR	使用转换到摄影机空间的反射向量作为输入纹理坐标，反射向量由输入顶点位置和法向量计算，坐标值计算结果将在 -1 ~ 1 之间
SPHERE-LOCAL	使用局部坐标中的 SPHERE 球形贴图坐标
COORD	使用顶点坐标
COORD-EYE	使用转换到摄像机空间的顶点坐标
NOISE	使用 Perlin 实心体噪声函数计算顶点坐标
NOISE-EYE	和前面 NOISE 相似，但先把顶点坐标转换到摄像机空间
SPHERE-REFLECT	和前面 CAMERASPACEREFLECTIONVECTOR 相似，但附带一个可选的折射率，折射率由 parameter 域中的第一个参数（即 parameter [0]）提供。坐标值计算结果将在 -1 ~ 1 之间
SPHERE-REFLECT-LOCAL	和前面的“SPHERE-REFLECT”相似，由 parameter[0] 提供折射率，parameter [1 ~ 3] 提供局部坐标中的视点位置。通过激活参数 parameter [1 ~ 3]，反射将随着视点而改变。坐标值计算结果将在 -1 ~ 1 之间

普通用户对于表 5–5 中关于 TextureCoodGen 节点生成纹理坐标不同算法的描述可能不太容易理解，因此，在本章后面 5.4.2 节～ 5.4.7 节中，将通过实例说明其中的 SPHERE、SPHERE-REFLECT、CAMERASPACENORMAL 及 CAMERASPACEREFLECTIONVECTOR 模式在镜面反射、铬合金反射等典型环境反射中的应用方法。

5.4.2 实例：SPHERE 模式平面镜反射

先看下面的实例。

[例 5-3]

```
#VRML V2.0 utf8

Shape {
  appearance Appearance {
    material Material { }
    texture ImageTexture { url "shan.jpg"   }
  }
  geometry IndexedFaceSet {
    texCoord TextureCoordGen {mode "SPHERE"}
    coord Coordinate {
      point [-0.5 -0.5 0, 0.5 -0.5 0, 0.5 0.5 0, -0.5 0.5 0,]
    }
    coordIndex [0, 1, 2, 3, -1 ]
    normal Normal{
      vector [-0.5 -0.5 1, 0.5 -0.5 1,  0.5 0.5 1, -0.5 0.5 1,]
    }
  }
}
```

(*a*) (*b*)

图 5-26　SPHERE 模式平面镜反射效果

(*a*) 环境照片 shan.jpg；(*b*) 分别从左、中、右方向观察到的镜面

例 5-3 是一个用 TextureCoodGen 节点 SPHERE 计算模式产生平面镜反射贴图效果的例子。在本例中，环境反射图像（图 5-26*a*）以中间局部放大、且左右反转的方式映射到镜子的表面，当你改变观察镜面的角度时，镜面中的景物会随之移动变化，如图 5-26（*b*）所示。

例 5-3 中所示镜面反射贴图效果实际上也可以用到多重纹理造型之中，而产生镜面反射的原理方法是完全一样的。如下面的例 5-4 就是在例 5-3 基础上的修改，相应的效果如图 5-27(*c*) 所示。

[例 5-4]

```
#VRML V2.0 utf8

Shape {
  appearance Appearance {
    material Material { }
    texture  MultiTexture {
      Texture [
```

```
        ImageTexture { url "bolige.jpg" }
        ImageTexture { url "shan.jpg"    }
      ]
      mode [ "MODULATE", "ADD" ]
    }
  }
  geometry IndexedFaceSet {
    texCoord MultiTextureCoordinate {
      coord  [
        TextureCoordinate { point [0 0, 1 0, 1 1, 0 1,] }
        TextureCoordGen {mode "SPHERE"}
      ]
    }
    coord Coordinate {
      point [-0.5 -0.5 0, 0.5 -0.5 0, 0.5 0.5 0, -0.5 0.5 0,]
    }
    coordIndex [0, 1, 2, 3, -1 ]
    normal Normal{
      vector [-0.5 -0.5 1, 0.5 -0.5 1,  0.5 0.5 1, -0.5 0.5 1,]
    }
  }
}
```


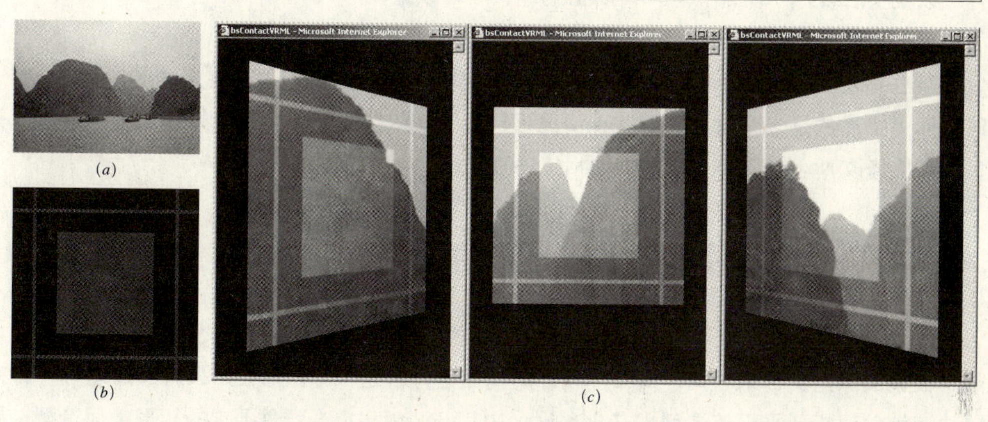

(*a*)　(*b*)　(*c*)

图 5–27　SPHERE 模式多纹理平面镜反射效果

(*a*) 环境照片 shan.jpg；(*b*) 基本纹理 bolige.jpg；(*c*) 分别从左、中、右方向观察到的镜面

5.4.3　平面镜反射建模要点

例 5–3 和例 5–4 中产生平面镜反射效果的方法原理，实际上不仅适合于矩形镜面，它同样适合于任意多边形的 2D 镜面。下面总结应用这种方法时在建模中的一些要点：

(1) 任意多边形 2D 平面造型，都可以采用图 5–28 所示基本纹理结构产生平面镜反射效果，其要点之一，是以代码“TextureCoordGen {mode "SPHERE"}”作为 IndexedFaceSet 节点 texCoord 域的域值，或者当采用多重纹理时，则以上述代码作为 MultiTextureCoordinate 节点 coord 域中与环境反射纹理相对应的纹理坐标节点；要点之二，是在 IndexedFaceSet 节点中运用 normal 域和 Normal 节点来控制镜面反射景物的变化范围。

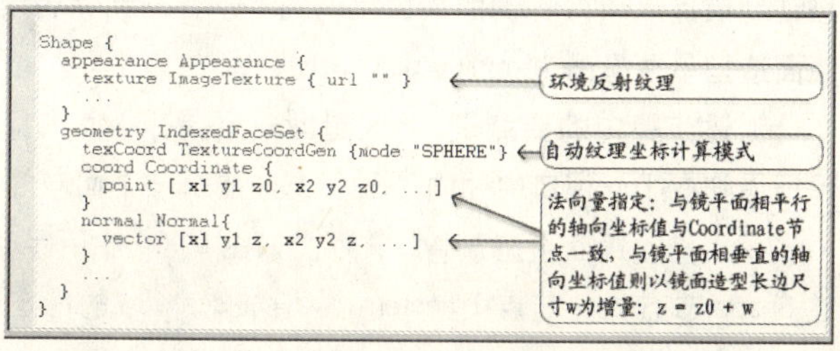

```
Shape {
  appearance Appearance {
    texture ImageTexture { url "" }          ← 环境反射纹理
    ...
  }
  geometry IndexedFaceSet {
    texCoord TextureCoordGen {mode "SPHERE"}  ← 自动纹理坐标计算模式
    coord Coordinate {
      point [ x1 y1 z0, x2 y2 z0, ...]
    }
    normal Normal{
      vector [x1 y1 z, x2 y2 z, ...]
    }
    ...
  }
}
```

法向量指定：与镜平面相平行的轴向坐标值与Coordinate节点一致，与镜平面相垂直的轴向坐标值则以镜面造型长边尺寸w为增量：z = z0 + w

图 5–28　平面镜 Shape 造型基本纹理结构

（2）Normal 节点 vector 域的域值，可以先从 Coordinate 节点 point 域中拷贝得到，然后修改点集合中所有与镜平面相垂直的那一维坐标值（注：点集合中的所有点在该轴向上的坐标值都应该是相同的），修改的方法是：以镜面造型的长边尺寸（大约值）作为增量，将原坐标值与该增量相加。

Normal 节点中与镜平面相垂直的轴向坐标值修改增量，对于镜面景物的移动变化范围和可见度有较大的影响。一般规律是：应用较大的增量将产生较小的初始可见范围，相应地增大了镜面景物随视角而移动变化的幅度；应用较小的增量将产生较大的初始范围，但同时相应地缩小了镜面景物可移动变化的幅度。例 5–3 和例 5–4 中都是以镜面造型的长边尺寸为增量，是一个较为适中的设置。

（3）由于 TextureCoordGen 节点只能在 texCoord 域中使用，因此当你在 3ds Max 中创建镜面原始造型时，最好采用网面（Mesh）、多边形（Ploy）或面片（Patch）的形式来创建，如果使用原始几何体（其中长、宽、高中至少有一项为 0）来创建镜面，则可在导出 VRML 文件之前先为镜面造型指定一种纹理材质，这样可以确保 VRML 造型的几何构造为具有 texCoord 域的 IndexedFaceSet 节点。

（4）确保镜面造型为一个平整的 2D 面，在导出 VRML 文件时，尽可能选择 Ngons 或 Quads，这样可以减少后续 Normal 节点 vector 域值的编辑处理数量。

提示：

在某些情况下，IndexedFaceSet 节点 coordIndex 域中面的索引顺序可能采用了顺时针方向，此时实际上描述的是一个背面。在这种情况下，若要让这些面产生镜面反射纹理效果，则需要用负增量值修改 Normal 节点 vector 域中相应的法向量。

5.4.4 实例：利用实例创建矩形镜面造型

例 5–3 和例 5–4 都是描述了一个 1×1 单位尺寸的矩形镜面，因此，它实际上可作为一个矩形平面镜的原型实例来使用。假如你设计的镜面恰好就是一个矩形，那么就通过这样一种方法较快速地创建矩形平面镜造型：在 3ds Max 中用 Box 创建符合场景要求的矩形镜面造型，导出为 VRML 文件后，使用该文件中镜面造型 Shape 节点所在的局部坐标系、以及 Box 节点 size 域值来定位、缩放原型实例文件（例 5–3、例 5–4）中的镜面造型。

下面通过一个建模实例说明这种方法。本例将以 5.3.9 节保存的 radiosity_4exp.max 模型以及 5.3.12 节中完成的 MultiTexture.wrl 场景为基础建模，新创建的矩形镜面造型将布置在展厅入口处一侧墙上（图 5–29），矩形镜面实例文件采用例 5–3，环境反射纹理图则通过在 MultiTexture.wrl 场景中截取屏幕图获得。建模步骤如下：

（1）创建镜面造型 VRML 文件。在 3ds Max 中打开 radiosity_4exp.max 文件；在 Top 视口中，用 Box 创建一个长宽高分别为 0.0、2.0、1.2 的长方体作为镜面；将造型绕 Z 轴旋转 –90 度后，移动到展厅入口处一侧的墙面上（图 5–29）；删除场景中除镜面造型以外的其他对象，然后将镜面造型单独导出为 mirror_box.wrl 文件。

上述步骤中的要点是：Box 造型一定要在 Top 视口中创建，且移动、旋转镜面造型时，应保证最初在 Top 视口中朝向 Y 轴负方向的那一个面向外。

（2）修改镜面造型 VRML 文件。如图 5–30 中所示，在 VrmlPad 中打开 mirror_box.wrl 文件；在 Shape 节点的父节点 Transform 中增加 scale 域的指定，拷贝 Box 节点 size 域中 x、y 轴向尺寸作为 scale 域 x、y 轴向缩放值，将 z 轴向缩放值设为 1；拷贝例 5–3 中的 Shape 节点代码，用之

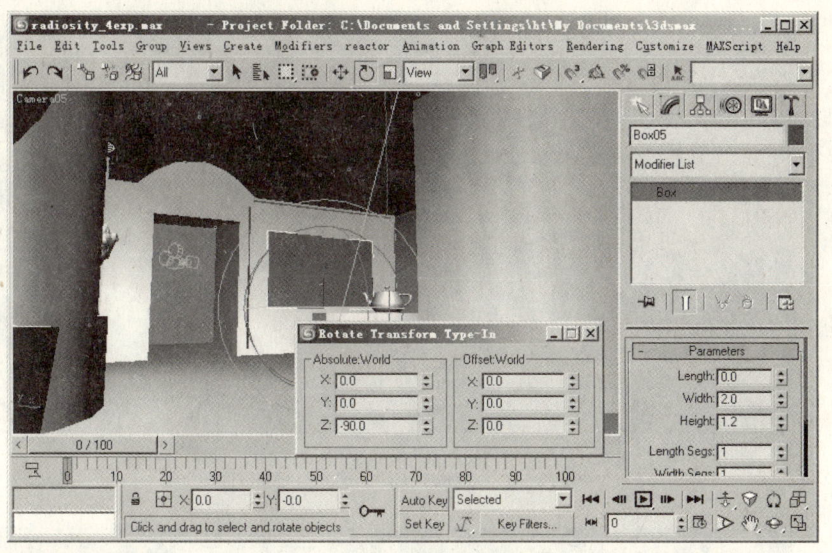

图 5–29 在 3ds Max 中用 Box 创建矩形镜面

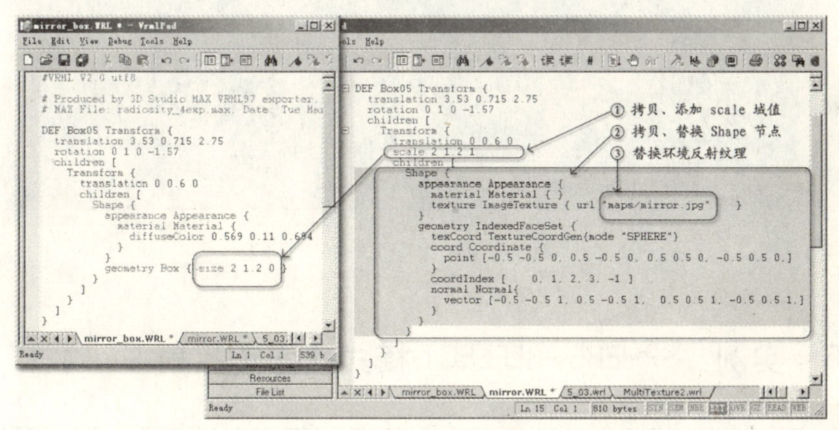

图 5–30 在 VrmlPad 中修改矩形镜面造型 VRML 文件

替换 mirror_box.wrl 文件中原来的 Shape 节点；使用新的环境反射图（"maps/mirror.jpg"）替换原来的纹理；最后将修改后的文件另存为 mirror.wrl。

（3）在 VRML 场景中抓取屏幕图像作为环境反射纹理。先在 VrmlPad 中打开 MultiTexture.wrl 文件，将第一个 Viewpoint 节点 fieldOfView 域值改为 1.8，然后预览场景，此时你将看到第一个视点所产生的广角镜效果画面；将观察角度和浏览器窗口调整至如图 5–31 所示位置和比例后，按“Alt+PrtSc”键，将屏幕画面抓拍到剪贴板中；在图像处理软件（如 Photoshop）中新建一个文件，按“Ctrl+V”将剪贴板中保存的屏幕截图粘贴进来，裁减画面中的边框部分之后，将图像文件保存为 mirror.jpg。

（4）修改主场景文件 MultiTexture.wrl。先将步骤（3）中修改过的 Viewpoint 节点 fieldOfView 域值还原成原来的 1.02；在文件中增加代码“Inline { url "mirror.wrl" }”以插入步骤（2）中完成的镜面造型分场景文件 mirror.wrl；最后将修改后的主场景文件另存为 MultiTexture2.wrl。

现在浏览测试一下 MultiTexture2.wrl 场景，如图 5–32 中显示了从左右两个不同角度观察到的矩形平面镜反射效果。

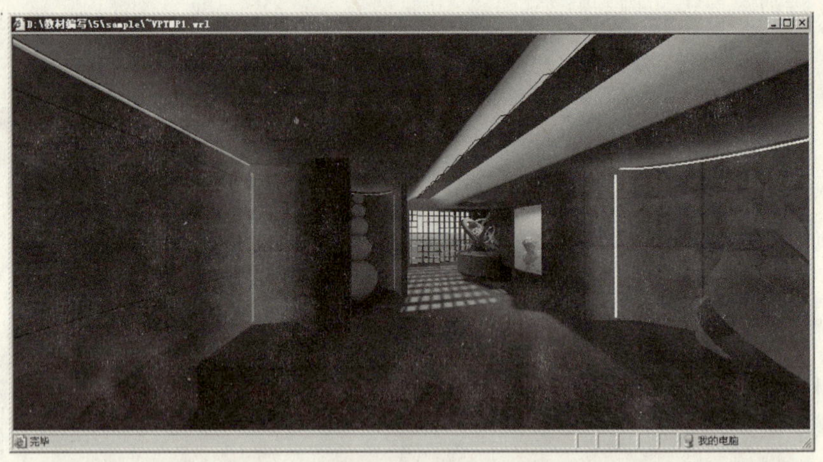

图 5-31　采用广角镜头抓拍 VRML 场景画面

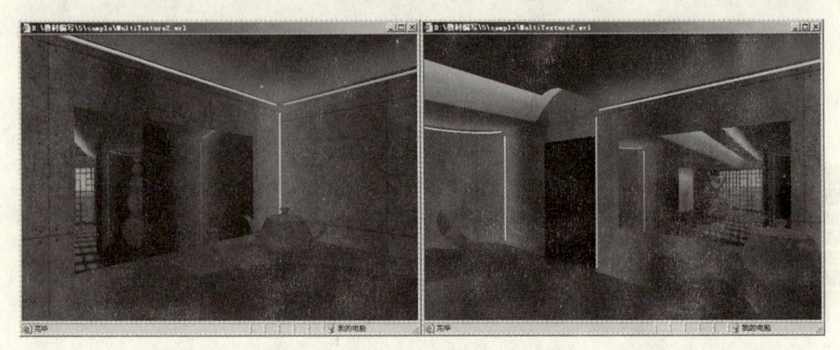

图 5-32　矩形平面镜反射室内景物效果

5.4.5　实例：SPHERE-REFLECT 模式曲面镜反射

镜面反射也可以采用 TextureCoodGen 节点 SPHERE-REFLECT 计算模式来产生，该模式特别适合于在曲面造型上实现镜面反射效果。

图 5-33 中显示了在 3ds Max 中创建的实例模型（building.max 文件）。其中，建筑造型由 3 个长方体（Box01 ~ 03 对象）和一个曲面体（Line01 对象）所组成，镜面反射贴图效果即应用于该曲面体上。曲面体是通过先画折线、局部编辑为曲线、最后使用 Extrude 修改器挤出等步骤创建而成。镜面造型、以及它后面的墙体造型在 3ds Max 中已分别添加了图 5-34（*a*）、图 5-34（*b*）所示基本纹理。此外，场景中还包括主、辅两个 Omni 类型光源和一个摄影机视点。

现在我们先将图 5-33 所示 3ds Max 模型导出为 building_Ref.wrl 文件（导出时注意将多边形模式选择为 Quads），在随后的编辑处理环节中，我们将以 building_Ref.wrl 作为基础，将图 5-34（*c*）所示环境反射纹理通过多重纹理节点应用在曲面体造型上。

现在开始对 building_Ref.wrl 文件的编辑步骤：

（1）清理、优化 building_Ref.wrl 文件代码。在 VrmlPad 中打开 building_Ref.wrl 文件，分别执行下拉菜单“Tools/Commands/Code”中的 Remove default fields、3dsMax Cleanup 和 Reformat Code 命令，清除一些垃圾代码并重新排布代码格式（此时未使用的节点命名仍需暂时保留）；在 VrmlPad 场景树中依次展开“Transform Line01\children\Shape\IndexedFaceSet”，在该节点中添加“creaseAngle 0.571”代码，使镜面造型得到光滑处理。

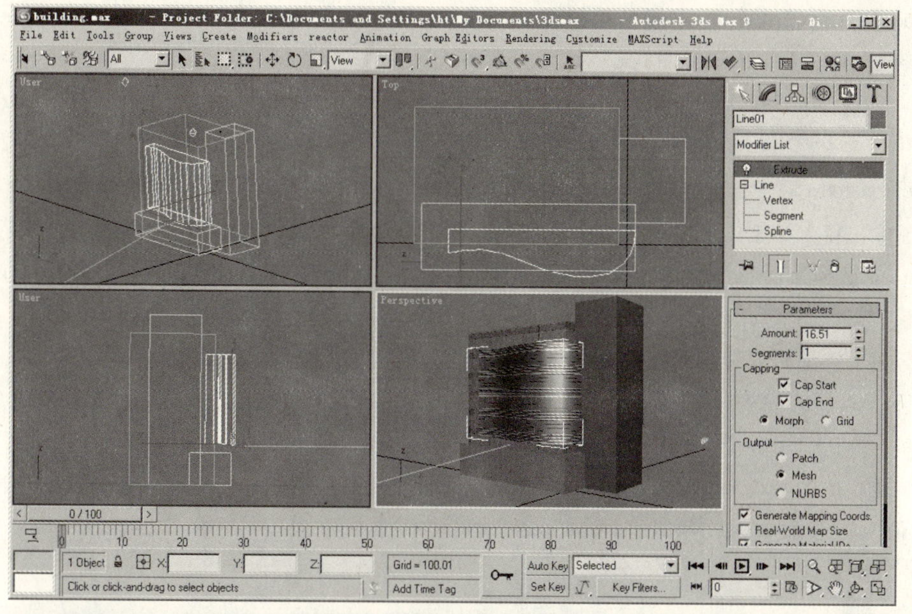

图 5-33　在 3ds Max 中创建的实例模型

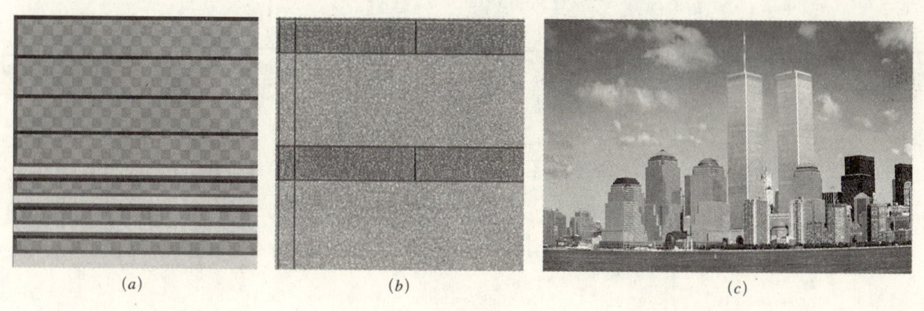

(*a*)　(*b*)　(*c*)

图 5-34　曲面玻璃幕墙纹理

(*a*) 镜面纹理 bolige.png；(*b*) 墙面纹理 w05.jpg；(*c*) 环境反射照片 NewYork.jpg

(2) 添加多重纹理节点代码。在 VrmlPad 场景树中依次展开“Transform Line01\children\Shape\Appearance”，单击选中 ImageTexture 节点图标，按“Ctrl+X”键将其剪切，此时编辑栏中的 texture 域值将自动以 NULL 值替代；接着删除编辑栏中 texture 域后面的域值 NULL 值，然后添加如下 MultiTexture 节点及其域的代码：

```
texture  MultiTexture {
  texture []
  mode [ "MODULATE", " MODULATE2X" ]
  textureTransform []
# transparent TRUE
}
```

(注：如果你想通过拷贝其他 VRML 文件中的 MultiTexture 节点方法添加上述代码，则可以先在 VrmlPad 中创建一个新文件，并将前面经过剪切、并保存在剪贴板中的 ImageTexture 节点代码粘贴到该文件中暂时保存起来)

(3) 在 MultiTexture 节点 texture 域中添加 ImageTexture 节点。先将光标定位到编辑栏中新添加的 MultiTexture 节点 texture 域值方括号之内，按“Ctrl+V”键将步骤 (2) 中剪切掉的 ImageTexture 节点代码重新粘贴进来；接着在其后面增加一个镜面反射纹理的节点代码 "ImageTexture { url "NewYork.jpg" }"。

(4) 在 MultiTexture 节点 textureTransform 域中添加 TextureTransform 节点。先在场景树中选中已有的 TextureTransform 节点图标，按 "Ctrl+C" 键将其拷贝到剪贴板中；接着选中 textureTransform 域图标，按键盘 Delete 键，将 textureTransform 域及其域值（TextureTransform 节点）一并删除；将光标定位于编辑栏中新添加的 MultiTexture 节点 textureTransform 域值方括号内，按 "Ctrl+V" 键将第一个 TextureTransform 节点代码重新粘贴进来；接着在其后面增加镜面反射纹理坐标系节点代码 "TextureTransform {translation 0.5 0.8}"。

经过上述编辑处理之后的镜面造型（Line01 对象）MultiTexture 节点如图 5-35 所示。

(5) 添加多重纹理坐标节点代码。在 VrmlPad 场景树中依次展开 "Transform Line01\children\Shape\IndexedFaceSet"，单击选中 TextureCoordinate 节点图标，按 "Ctrl+X" 键将其剪切，此时编辑栏中的 texCoord 域值将自动以 NULL 值替代；接着删除编辑栏中 texCoord 域后面的域值 NULL 值，然后添加代码 "MultiTextureCoordinate{coord [ ]}"。

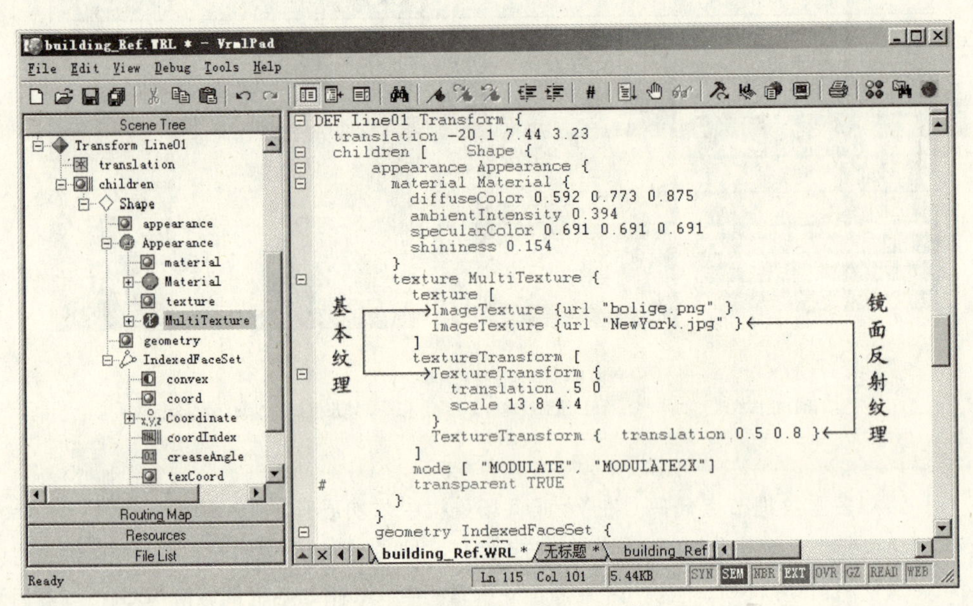

图 5-35 完成后的镜面造型 MultiTexture 节点

(6) 在 MultiTextureCoordinate 节点 coord 域中添加纹理坐标节点。先将光标定位到编辑栏中新添加的 MultiTextureCoordinate 节点 coord 域值方括号之内，按 "Ctrl+V" 键将上一个步骤中剪切掉的 TextureCoordinate 节点代码重新粘贴进来；接着在其后面增加镜面自动纹理坐标节点代码 "TextureCoordGen { mode "SPHERE-REFLECT" parameter [150,] }"。

经过上述编辑处理之后的镜面造型 MultiTextureCoordinate 节点如图 5-36 所示。

(7) 将修改后的 building_Ref.wrl 文件保存起来。

现在我们预览测试一下 building_Ref.wrl 场景。图 5-37（*a*）显示了进入 building_Ref.wrl 场景后看到的初始画面，当你采用检视浏览方式改变观察角度时，玻璃幕墙中反射的景物也会随之左右移动（图 5-37*b*）。此外，如果你接近或远离玻璃幕墙造型时，反射的景物范围还会随之增大或缩小（图 5-37*c*），可见，这是一种比 SPHERE 模式更贴近真实的反射效果。

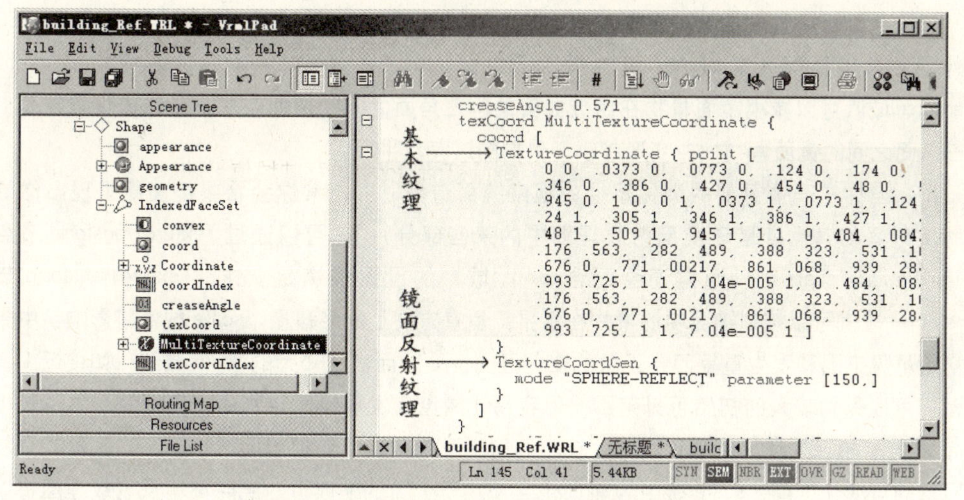

图 5–36　完成后的镜面造型 MultiTextureCoordinate 节点

图 5–37（*a*）、（*b*）是 MultiTexture 节点 transparent 域采用缺省值 FALSE 时产生的效果，由于此时玻璃幕墙基本纹理图 bolige.png 中包含的透明 alpha 值不能参与多重纹理混合计算，因此也就体现不出玻璃的透明特性。现在将步骤（2）中加入进来的代码“# transparent TRUE”中的注释符“#”去掉，则会看到如 5–37（*c*）所示具有透明特性的多重纹理镜面反射效果。

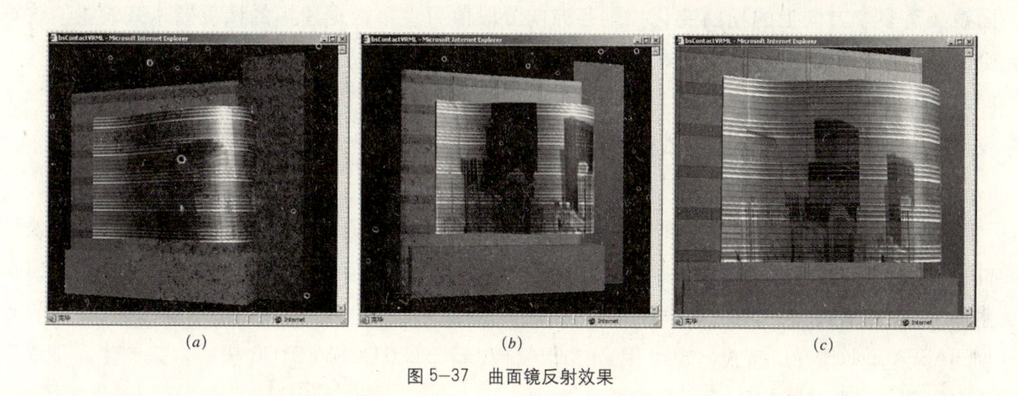

（*a*）　　（*b*）　　（*c*）

图 5–37　曲面镜反射效果

5.4.6　曲面镜反射建模要点

下面总结曲面镜反射建模中需要掌握的一些要点：

（1）任意形式的曲面造型，都可以采用图 5–38 中所示基本纹理结构产生曲面镜反射效果，其要点之一，是以代码“TextureCoordGen {mode " SPHERESPHERE–REFLECT " parameter [ ] }”作为 IndexedFaceSet 节点 texCoord 域的域值，或者当采用多重纹理时，则以上述代码作为 MultiTextureCoordinate 节点 coord 域中与环境反射纹理相对应的纹理坐标节点；要点之二，是利用 TextureTransform 节点控制镜面反射景物的位置、大小和范围。

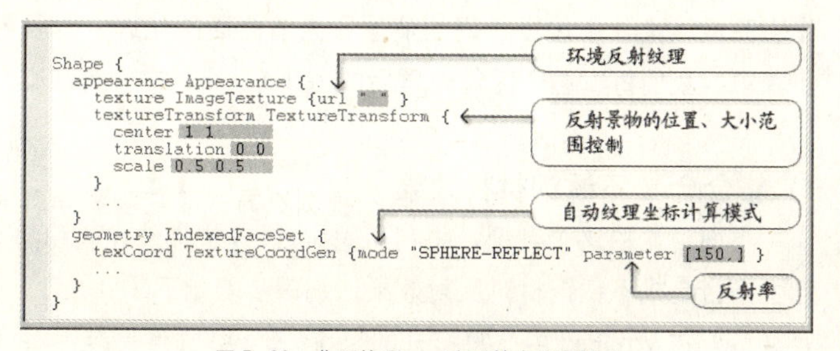

图 5–38　曲面镜 Shape 造型基本纹理结构

（2）曲面镜反射效果除了需要将 TextureCoordGen 节点 mode 域值指定为 "SPHERE-REFLECT" 之外，通常需要配合 parameter 域的指定（如 building_Ref.wrl 文件中将该域值指定为 150）。parameter 域值可以减小镜面景物在组成曲面的小三角面之间的扭曲变形，该域值设置越高；则小三角面之间的镜面景物扭曲变形越小，景物的过渡越平滑。

（3）当你在一些重要的浏览路径中观察镜面造型时，通常你会希望镜面能呈现出你想看到的反射景物（也就是环境反射纹理图中的某些部分），这可以通过 TextureTransform 节点中的 translation、scale 域（通常还会配合 center 域）的设置来满足要求。TextureTransform 节点 translation 域值可以控制镜面中的景物在水平、垂直方向上的平移量；scale 域值将影响镜中景物的初始可见范围和发生重复回绕现象的变化区间。一般而言，较大的 scale 域值（如接近 1 甚至更大）可以得到较大的初始可见范围，但容易让浏览者发现镜面景物的重复回绕现象；较小的 scale 域值（如 0.5 甚至更小）则产生较小的初始可见范围，但相应地增加了不产生景物重复回绕现象的可变化区间。scale 域中 X 轴向也可使用一个负的缩放值，此时环境反射纹理图将以左右反转的方式呈现在镜面造型中。

（4）建筑上采用的曲面玻璃幕墙一般以沿水平方向产生曲面变化的居多，在这种情况下，曲面镜中反射的景物将主要是沿着水平、而不是垂直方向产生不均匀扭曲变形。因此，如果你在 3ds Max 中创建的曲面镜造型符合上述条件，则应当将曲面镜垂直方向的分段值（Segments）设为 1，这样可以避免镜面反射景物沿垂直方向产生不均匀扭曲变形。当然，如果你创建的是曲面镜具有多个方向上的扭曲变化，则各方向分段值可直接根据建模的精度要求来设置，这样无论是沿水平方向还是沿垂直方向产生的反射景物不均匀扭曲变形，都可认为是合理的。

5.4.7 实例：CAMERASPACENORMAL 模式模糊镜面反射

现实中许多光滑的物体表面，如镀铬处理后的金属表面，油漆过物体表面，抛光处理后的石材等，一般都反射出一种变形、或较模糊的环境景象。这里要讨论的所谓模糊镜面反射，就是针对此种情形的环境反射模拟。模糊镜面反射可以通过 TextureCoordGen 节点 CAMERASPACENORMAL 模式（也可用 CAMERASPACEREFLECTIONVECTOR 模式）来产生。下面通过几个实例来说明模糊镜面反射的建模方法。

图 5-39 中显示了 3ds Max 环境中的实例模型，该模型是在第 4 章（4.8.6 节）中保存的 satiro.max 文件基础上进行了一些修改：在材质编辑器中，将雕像造型材质 Blinn Basic Parameters 展卷栏中的 Specular Level 和 Glossiness 参数分别修改为 48 和 8；在 Maps 展卷栏 Diffuse 位置上添加了图 5-40（*a*）所示纹理（marble.jpg）；在 3ds Max 场景中添加了一个 Omni 类型光源，并将其定位于（1.4，-0.2，1.4）位置。

现在将图 5-39 所示模型导出为 satiro_0.wrl 文件，并参照前面的实例做法，在 VrmlPad 中依次完成该文件中垃圾代码的清理和光滑曲面的处理，然后再将文件存盘。在随后进行的处理步骤中，我们将以这个优化处理后的 satiro_0.wrl 文件为基础。

1）铬合金/不锈钢材料效果

下面讨论的这个实例，将利用 satiro_0.wrl 文件代码和图 5-40（*b*）所示纹理，使雕像造型产生铬合金或不锈钢材料反射效果。编辑步骤如下：

（1）在 VrmlPad 中，将打开的 satiro_0.wrl 文件另存为 satiro_chrome.wrl。

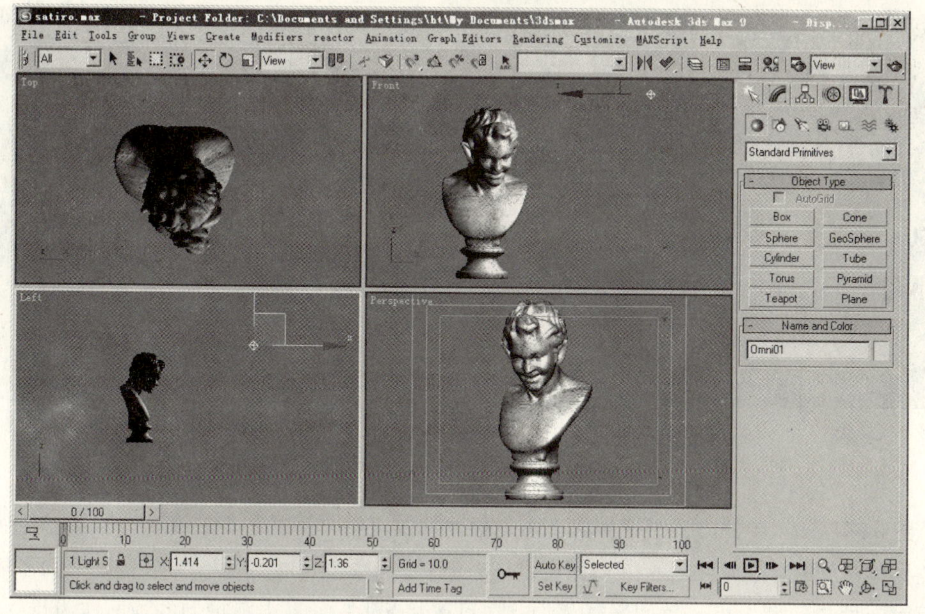
图 5-39　实例所采用的 3ds Max 原始模型

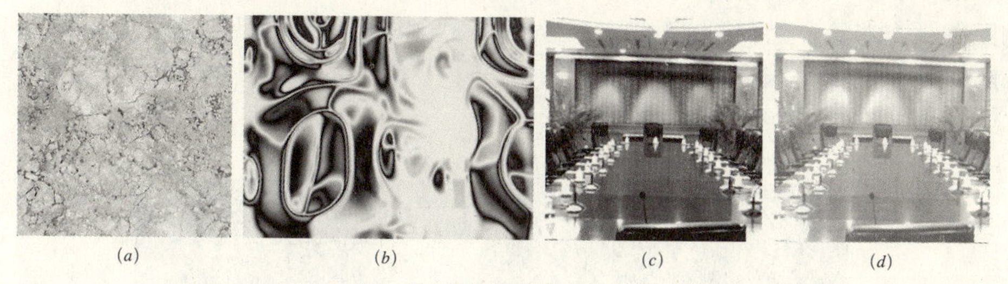
图 5-40　实例中用到的纹理图

(2) 用环境反射纹理替换大理石纹理。在场景树中依次展开“Transform satiro\children\Shape\Appearance”，双击 ImageTexture 节点后转到代码编辑栏中；将 ImageTexture 节点 url 域中指定的大理石纹理文件 marble.jpg 替换为图 5-40（*b*）所示环境反射纹理图。

(3) 修改 IndexedFaceSet 节点 texCoord 域值。在场景树中依次展开“Transform satiro\children\Shape\IndexedFaceSet”，选中其中的 TextureCoordinate 节点图标，按键盘 Delete 键将该节点删除；双击场景树中的 texCoord 域图标，然后转到代码编辑栏中；删除 texCoord 域后面的 NULL 值，添加代码“TextureCoordGen{ mode "CAMERASPACENORMAL"}”以替换原来的 TextureCoordinate 节点。

进行上述修改后你可以预览测试一下场景造型，如图 5-41（*a*）所示。你会发现：尽管雕像造型现在已经产生了铬合金或不锈钢材料反射环境的感觉，但反射纹理从整体上看显得过于凌乱复杂，因此接下来还需要继续下面的修改步骤：

(4) 修改 TextureTransform 节点中的域值。在场景树中依次展开“Transform satiro\children\Shape\Appearance”，双击其中的 TextureTransform 节点图标后转到编辑栏；将 TextureTransform 节点 scale 域值由原来的“3　3”改为“0.3　0.3”；将 center 域值由原来的“0.5　0.5”改为“0.5　−0.5”。

进行上述修改后，你所测试到的效果将如图 5-41（*b*）中所示。

(*a*)

(*b*)

图 5-41　铬合金材料反射效果

图 5-41（*b*）中的效果是采用没有色彩倾向的灰度图产生的，而在现实世界中，像铬合金之类材料在反射环境景物时，其表面色调应当与环境中的光影色调相一致。因此，为了能让镜面反射产生与环境中相一致的光影色调，你可以将 VRML 场景中抓拍到的画面作为反射纹理，当然，你也可以挑选一幅与场景色彩基本一致的现成图片作为纹理。图 5-40（*c*）为一个会议室的图片，假如将铬合金雕像造型放在与之类似的环境中，那么就可以用该图片替换图 5-40（*b*）作为雕像造型的环境反射纹理来使用，其相应的反射效果将如图 5-42 中所示。

图 5-42　使用现场照片作为铬合金材料反射纹理

2）抛光大理石材料效果

下面讨论的这个抛光大理石材料效果实例，在镜面反射产生的基本方法原理上与前面的铬合金反射并没有本质的不同，只是采用了多重纹理而已。编辑步骤如下：

（1）在 VrmlPad 中重新打开 satiro_0.wrl 文件，然后将之另存为 satiro_chrome.wrl。

（2）按照前面实例中类似的编辑方法，用 MultiTexture 节点取代原文件中的 ImageTexture 节点功能：MultiTexture 节点 texture 域中的第一个 ImageTexture 节点仍然使用原来的大理石纹理（marble.jpg 文件），第二个 ImageTexture 节点采用如图 5-40（*d*）所示环境反射纹理（ref03.jpg 文件）；MultiTexture 节点 textureTransform 域中第一个 TextureTransform 节点仍然使用原文件中的大理石纹理坐标系，第二个 TextureTransform 节点使用该节点的缺省值；MultiTexture 节点 mode 域中的两个计算模式全部指定为MODULATE。如图 5-43 中显示了编辑完成后的MultiTexture节点。

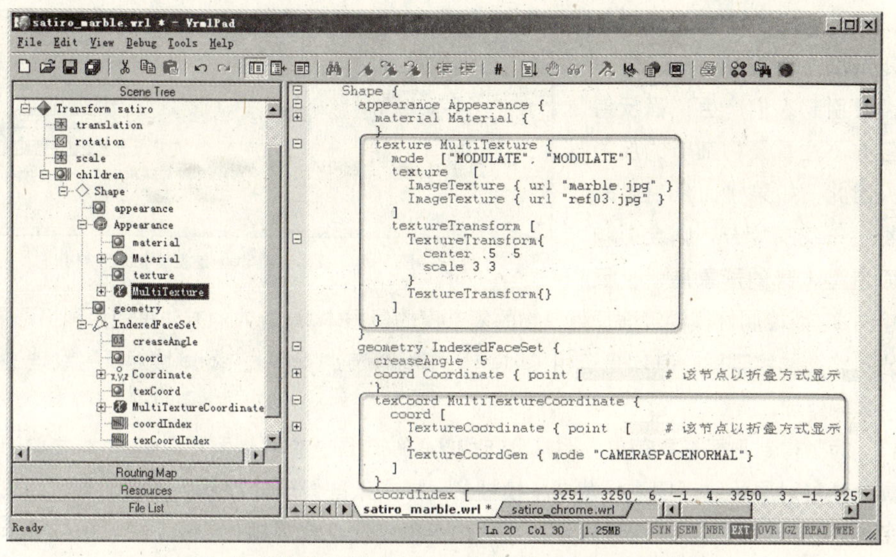

图 5–43 编辑完成后的 MultiTexture 和 MultiTextureCoordinate 节点

(3) 按照前面实例中类似的编辑方法，用 MultiTextureCoordinate 节点取代原文件中的 TextureCoordinate 节点功能：MultiTextureCoordinate 节点 coord 域中的第一个纹理坐标节点使用原来的 TextureCoordinate，第二个纹理坐标节点使用代码 "TextureCoordGen{ mode "CAMERASPACENORMAL"}"。编辑完成后的 MultiTextureCoordinate 节点如图 5–43 中所示。

现在可以预览测试一下 satiro_chrome.wrl 场景，其效果如图 5–44 所示。

图 5–44 抛光大理石反射效果

5.4.8 模糊镜面反射建模要点

下面总结模糊镜面反射建模中需要掌握的一些要点：

(1) 任意形式的曲面造型，都可以采用图 5–45 中所示基本纹理结构产生模糊镜面反射效果，其要点之一，是以代码 "TextureCoordGen{ mode "CAMERASPACENORMAL"}" 作为 IndexedFaceSet 节点 texCoord 域的域值，或者当采用多重纹理时，则以上述代码作为 MultiTextureCoordinate 节点 coord 域中与环境反射纹理相对应的纹理坐标节点；要点之二，是选择、编辑合适的反射纹理图，以控制镜面反射的感觉效果（必要的话还可以配合使用 TextureTransform 节点）。

(2) 控制好模糊镜面反射景物的复杂度。模糊镜面反射是一种只需要引起人们产生镜面反射感觉但并不注重景物细节的反射模拟，因此，如果镜面反射出来的景物过于花哨复杂，则会影响到镜面造型本身的形象展示，反而引起失真。而控制好模糊镜面反射景物的复杂度的最根本、最有效的方法是使用画面形象简单、明暗分布均衡的纹理图；其次是运用 TextureTransform 节点 center、scale 域对反射纹理进行局部放大、裁减处理。

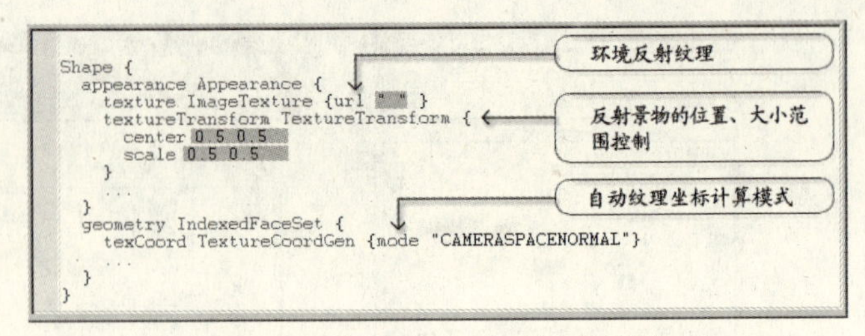

图 5-45 模糊镜面 Shape 造型基本纹理结构

(3) 为了得到画面形象简单、明暗分布均衡的纹理图，你可以利用 Photoshop 之类的图像处理工具，通过对原始纹理图进行裁减、模糊化、抹去某些繁琐的细节、降低分辨率、减小对比度等多种方法的处理，使反射纹理中描绘的内容得到简化或模糊化。图 5-40 (*d*) 所示环境反射纹理图是在图 5-40 (*c*) 基础上进行了对比度和亮度的调整，这样处理的目的就是为了尽量减弱原来的反射纹理图中过于清晰、丰富的细节影响到大理石纹理自身纹理的表现效果，而它的原始纹理图（图 5-40*c*）本身，也是通过裁减方法去掉了原始照片中大量细节后得到的。

(4) 使用 TextureTransform 节点中的 center、scale 域对反射纹理进行局部放大处理，是控制模糊镜面反射景物的复杂度的一个辅助方法（注：TextureTransform 节点的 translation 域在模糊镜面反射模式下不起作用）。例如图 5-41 (*a*) 中所示的铬合金反射效果，由于它所使用的环境反射纹理（图 5-40*b*）本身较复杂，加上其 TextureTransform 节点 scale 域值设置较大（scale33），这样就会导致反射景物的进一步复杂化从而使整个反射效果变得十分凌乱；而图 5-41 (*b*) 中所示的铬合金反射效果，则因为采用了较小的缩放值 0.3，此意味着仅仅将原纹理图中的 9% 的面积应用在造型表面上，其作用也就等同于对反射纹理进行了裁减处理，从而降低了反射景物的复杂度。

5.5 凸凹贴图应用

凸凹贴图是一种利用纹理图将一个平坦的几何表面模拟成一种高低起伏不平的复杂构造面的贴图方法。blaxxun/BS 的凸凹贴图技术，是在其多重纹理框架基础上，结合微软 Direct3D 技术发展而来的。

5.5.1 理解凸凹贴图

在微软 Direct3D 中，凸凹贴图被描述成一种逐像素纹理坐标偏移的镜面及漫反射环境贴图，图 5-46 所示的地球模型就是最经典的一个凸凹贴图例子。凸凹贴图一般包括 3 个纹理进程：第一个进程采用基本纹理图，见图 5-46 (*a*)，由它产生造型表面的基本质感；第二个进程采用凸凹图，见图 5-46 (*b*)，由它提供逐像素点表面倾斜或凸凹信息，在具有倾斜或凸凹变化的表面区域，都有可能产生环境反射效果；第三个进程采用光照图，见图 5-46 (*c*)，其作用一方面为环境反射提供虚拟光源和反射纹理，另一方面是为整个造型表面提供光影纹理。

下面简要介绍一下有关凹凸贴图中的几个常用概念：

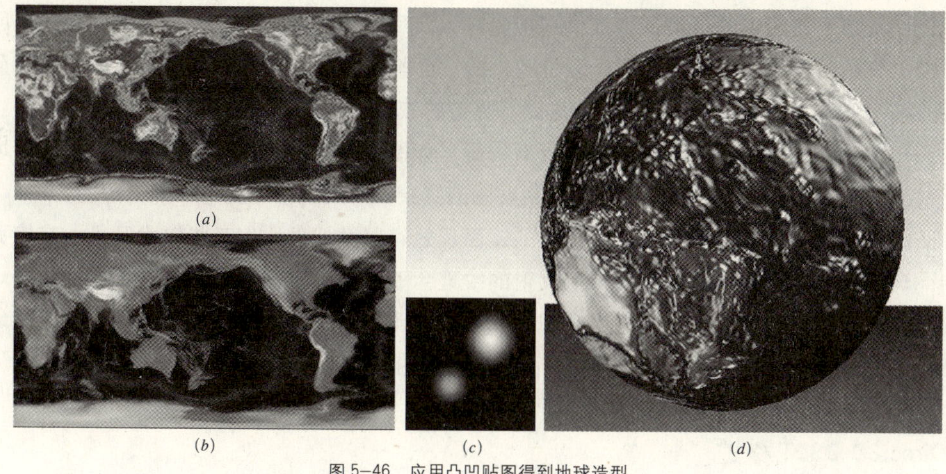

图 5-46　应用凸凹贴图得到地球造型

(*a*) 基本纹理图；(*b*) 凸凹图；(*c*) 光照图；(*d*) 凸凹贴图效果

1）凸凹图

所谓凸凹图，实际上是一种普通位图，通常为一种灰度图。在画面轮廓上，凸凹图一般与基本纹理图存在一些相似，如图 5-46 中的（*a*）与（*b*）所示，但是凸凹图中描述的明暗关系与基本纹理图中的关系并不一致，所表示的含义也与基本纹理图不同。在微软 Direct3D 凸凹贴图技术中，凸凹图被当作一种进行表面高差计算的依据，颜色较亮的像素所对应的表面区域表现出凸起的外观，而较暗的像素则与之正好相反。

将凸凹图中的黑白信息转换成高度矢量信息，需要采取一定的数学算法。目前有许多将颜色转换为矢量数据的计算方法，只是精确度有所不同而已，其中最通常的方法是根据凸凹图中每个像素点与周围像素点的相对高度，分别计算每个像素点 U、V 偏移矢量或倾斜度。

图 5-47（*a*）为一幅放大的凸凹图，每一个方格表示一个像素，其中较亮的像素点将被看成比那些较暗的像素点更高。图 5-47（*b*）为按“高差”关系计算偏移量后得到的矢量，其中：零长度的矢量说明这些地方保持水平；较短的矢量意味着与这些像素点对应的表面区域有较小的倾斜，而较长的矢量则意味着倾斜程度更大。

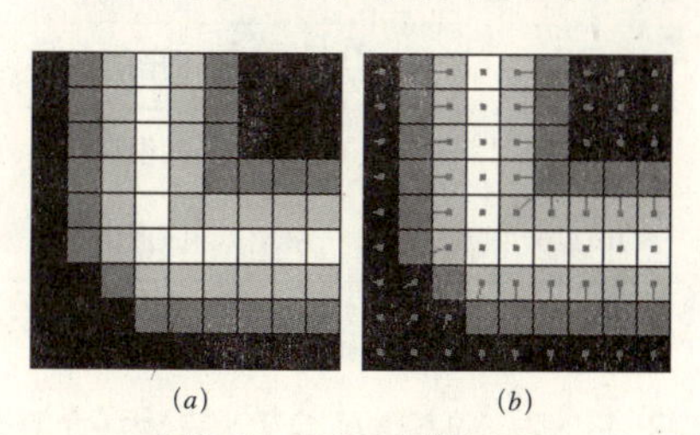

图 5-47　凸凹图转换为向量

(*a*) 一幅放大的凸凹图；(*b*) 逐像素偏移向量

凸凹图所描述的这些不同倾斜方向和程度的矢量，将使造型表面形成不同的环境反射区域，而在下一个纹理进程中，通过向这些区域中加入环境反射纹理，表面凸凹起伏的视觉效果就会呈现出来。

2）光照图与环境反射

要产生凸凹纹理效果，除了需要凸凹图外，还需要配合光照图形成环境反射效果。如图 5-46(*c*) 为一个较典型的环境光照图，其特点是以完全的黑色为背景，包括了两个（或者多个）大小、明暗及色彩上都存在一定差异的明亮区域，通常一个用来模拟直射光，另一个用来模拟环境反射光。

环境光照图在凸凹贴图中有以下作用：

(1) 充当多重纹理中的光影图。当它与基本纹理混合后，表面将产生具有明暗差异的漫反射照明效果。如图 5-46（*d*）中的地球造型的右上方和左下方产生的照明感觉，正是因环境光照图被充当为光影图而产生的。

（2）为凸凹贴图中的环境反射提供虚拟光源以及反射方向的参考。如图 5–46（d）中所有面向右上方白色照明区域（即虚拟光源位置）的坡面都反射出白色的光，而所有面向黄色照明区域的坡面则反射出黄色的光，而背向这两个光源的坡面将不产生反射光。

（3）作为凸凹贴图环境反射区中的反射纹理。如图 5–46（d）中所有面向虚拟光源的坡面所反射出来的光线，其实都是应用环境反射贴图的结果，而反射纹理正是环境光照图。

凸凹贴图中的环境反射，与前面介绍的镜面反射有些类似，但也有些较大区别：在镜面反射中，环境反射区是整个造型表面，且反射的纹理会随视点而变化；在凸凹环境反射中，环境反射产生的区域、形状大小等，则由凸凹图和环境光照图共同决定，较典型的环境反射区域是因凸凹而形成的、面向虚拟光源方向的坡面，且反射的纹理不会随视点而变化。

3）Direct3D DSDT 格式

在 blaxxun/BS 的凸凹贴图应用中，选择一种将凸凹图中的黑白信息转换成高度矢量信息具体算法，是通过在其扩展的纹理节点 ImageTexture 或 PixelTexture 中指定一种微软 Direct3D DSDT 格式来完成的（参见 5.4.2 节）。DSDT 格式是微软 Direct3D 凸凹纹理技术中所采用的一种特殊纹理格式，共有十几种类型，表 5–6 中列举了其中能被 BS Contact 支持的几种类型。由于 blaxxun/BS 的凸凹贴图实际上是利用了微软 Direct3D 技术，所以，在你的计算机系统中能否显示 VRML 凸凹贴图效果，首先取决于你的系统是否支持 Direct3D 及其 DSDT 纹理格式。Matrox 最先将 DSDT 纹理格式引入到它的 G400 图形卡中，后来的 Nvidia 的 Geforce 3 图形卡及以上版本、ATI Radeon 图形卡等，也都能支持这种格式。不过，对于一些较老的图形卡（如 Geforce 2），则不能产生相应的凸凹贴图效果。

BS Contact 中支持的凸凹图 DSDT 格式 表 5–6

DSDT 格式	描 述
V8U8	16 位凸凹图格式，两个 8 位数据分别描述 U、V 偏移分量
L6V5U5	16 位凸凹图格式，包括 6 位照明，两个 5 位分别描述 U、V 偏移分量
X8L8V8U8	32 位凸凹图格式，分别用三个 8 位数据描述照明和 U、V 偏移分量
V16U16	32 位凸凹图格式，分别用两个 16 位数据描述 U、V 偏移分量

5.5.2 VRML97 标准纹理节点的扩展

为了配合浏览器产生凸凹纹理效果，BS Contact 6 结合微软 Direct3D 技术特点，对 VRML97 标准中的 ImageTexture、PixelTexture 纹理节点的域进行了扩展。扩展后的 ImageTexture 节点新增了以下域的设置：

```
ImageTexture {
   # ……
     isLoaded              # eventOut SFBool
   set_unload              # eventIn SFBool
    parameter       []     # exposedField MFString
}
```

其中：

（1）isLoaded：事件出口，说明图像是否被载入。如果图像被载入，发出 TRUE 值，否则发出 FALSE 值。

（2）set_unload：当接收到 TRUE 值时，则将纹理从内存中卸载。

（3）parameter：设置 Direct3D 中的 DSDT 纹理格式转换参数。

扩展后的 PixelTexture 节点只新增加了 parameter 域，其意义与 ImageTexture 节点中的 parameter 域相同。

上述新增加的域中，与凸凹纹理计算有关的就是 parameter 域，该域的域值类型为多字符串组成的列表，可以使用表 5-6 中列举的几种 DSDT 格式类型以及其他相关参数。当指定某种 DSDT 格式类型时，需要遵循 "["format=DSDT 格式类型 "]" 的书写格式。例如 "parameter ["format=V8U8"]"，即表示将 DSDT 格式指定为包括两个 8 位 U、V 偏移分量的 16 位凸凹图格式。

5.5.3 凸凹贴图 VRML 代码编辑要点

blaxxun/BS 的凸凹贴图，仍属于多重纹理（MultiTexture 节点）框架下的纹理映射，因此在 VRML 代码结构上，它与前面介绍的 MultiTexture 节点应用实例有一些相似之处。如例 5-5 显示了一个产生凸凹贴图效果的 Shape 造型所具有的一般结构，本例中所使用的纹理图、以及相应的贴图效果如图 5-48 所示。

[例 5-5]

```
#VRML V2.0 utf8

Background {                          # … 此处代码省略
}

Shape {
  appearance Appearance {
    material Material {}
    texture MultiTexture {
      texture [
        ImageTexture{ url "GRYDIRT.jpg" }    # 基本纹理
        ImageTexture{                        # 凸凹图
          url "GRYDIRT_bump.jpg"
          parameter  ["format=V8U8" ]        # Direct3D DSDT 格式
        }
        ImageTexture { url "envmap.bmp" }    # 光照图
      ]
      mode [
        "MODULATE"
        "BUMPENVMAP"                         # 凸凹纹理混合模式
        "ADD"
      ]
    }
  }
  geometry Box { size 100 100 1 }
}
```

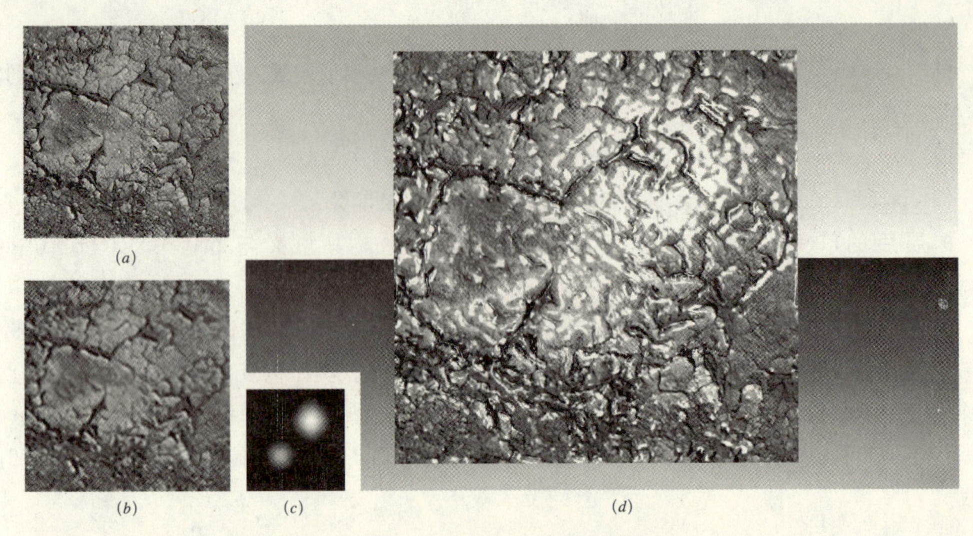

图 5-48 MultiTexture 节点产生的凸凹贴图效果
(*a*) 400×400 像素基本纹理图 grydirt.jpg；(*b*) 100×100 像素凸凹图 grydirt_bump.jpg；
(*c*) 16×16 像素光照图 envmap.bmp；(*d*) VRML 场景效果

要产生凸凹贴图效果，需要在 MultiTexture 节点编辑中注意以下要点：

(1) MultiTexture 节点 texture 域中，要指定 3 个 ImageTexture 节点：第 1 个 ImageTexture 节点使用基本纹理形成造型表面的基本质感；第 2 个 ImageTexture 节点采用凸凹图以提供造型表面的高度信息，并通过增加 parameter 域来指定一种 Direct3D 的 DSDT 格式；第 3 个 ImageTexture 节点采用光照图，同时提供环境反射纹理和光影纹理。

(2) 在 MultiTexture 节点 mode 域中，与第 2 个纹理进程（凸凹图）相对应的混合模式，必须选择表 5-2 中列举的 BUMPENVMAP 或 BUMPENVMAPLUMINANCE，其中以前者效果最为显著。

5.5.4 凸凹质感控制

凸凹贴图造型对于 VRML 文件代码编辑处理方面的要求其实并不复杂，而影响凸凹贴图效果的最关键因素在于凸凹图的选择和处理，其次为使用合适的光照图。在实际建模过程中，也许你能较容易得到一幅符合应用需要的基本纹理图，但是要同时找到另一个与之匹配的凸凹图，则并不是一件容易的事情，因此在多数情况下，你只能通过编辑修改原始纹理图像的方法来得到凸凹图。

如前所述，凸凹图是一种与基本纹理图存在一定相似、但内容及功能上又存在差异的特殊位图。理想的凸凹图，其画面灰度层次应当是与造型表面的实际凸凹状态一致而不是与表面纹理的明暗关系一致，如图 5-46 (*b*) 所示这幅表示地球表面高差关系的凸凹图就是如此。显然，如果你试图通过图像编辑工具将一个原始纹理图片处理成这种理想的凸凹图，毫无疑问是非常困难的。实际上，在虚拟建筑空间中应用凸凹贴图，主要是为了使造型表面产生一种凸凹不平的质感，而并非为了表现其真实的高差。所以，如果能用最简单的修改方式得到凸凹图并获得明显的凸凹质感效果，就已经能够满足虚拟建筑中的应用要求了。

下面主要介绍 Photoshop 中几种较简单的处理凸凹图的方法。

1）缩小分辨率

图 5-48（b）所示这幅凸凹图，实际上就是将基本纹理图 5-48（a）的尺寸缩小到原来的 1/16 后得到的；图 5-49（a）、（b），分别显示了将基本纹理图直接作为凸凹图，以及将基本纹理像素尺寸缩小 1/16 后作为凸凹图所产生的两种凸凹贴图局部效果的对比。显然，将缩小分辨率之后的纹理图代替凸凹图的方法能够产生十分明显的凸凹质感效果，之所以如此，其原因在于原基本纹理图中原本用 4×4 个像素描述的某个区域，在凸凹图中则被合并为 1 个像素；而当凸凹图中的这 1 个像素所表达的高度信息反过来作用于造型表面时，将影响到基本纹理中 4×4 个像素所对应的区域。因此，这种方法的实质，其实就是通过合并一定的单位数量的像素颜色（即亮度）使造型表面的高度信息得到合并、简化或概括化处理，从而形成较大而明显的凸起块面。

2）模糊化处理

与上述方法原理相类似，利用图像工具对基本纹理进行模糊化处理（如利用 Photoshop 中的模糊滤镜）后再作为凸凹图，同样也能起到合并、平均化处理一定单位数量像素所对应的造型表面高度的作用。图 5-50（a）所示凸凹贴图效果，其所用的凸凹图是将图 5-48（a）所示基本纹理图在 Photoshop 中经过一次 Blur More 滤镜处理后得到的；而图 5-50（b）所示效果，其凸凹图则经过了两次 Blur More 滤镜处理。比较这两个效果可知：凸凹图越清晰，形成的凸凹质感越细腻；反之，原来较小的那些凸起面会随凸凹图模糊程度的加深而消失。

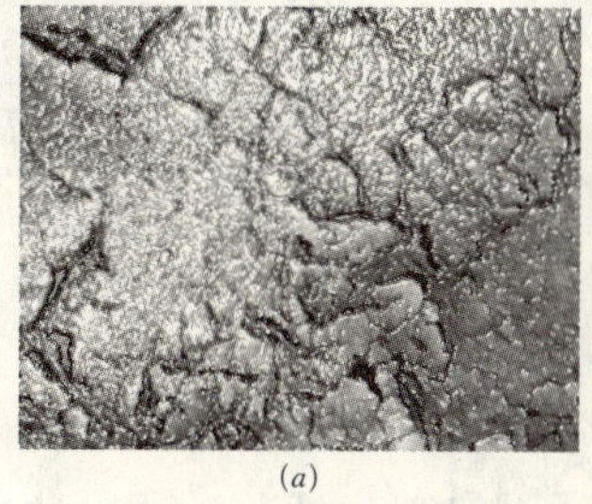
（a）

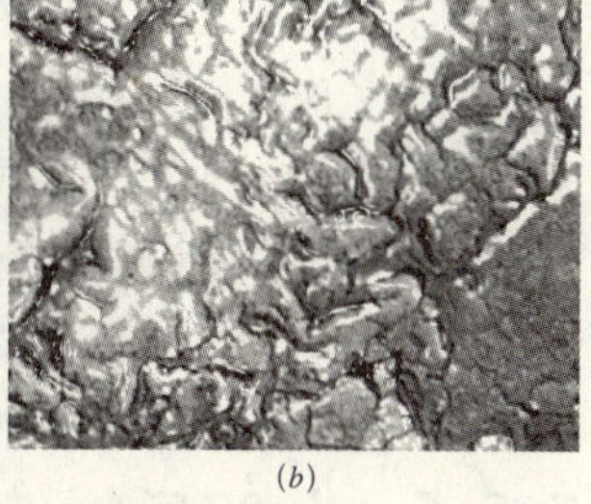
（b）

图 5-49　凸凹图分辨率对凸凹贴图效果的影响
（a）凸凹图与基本纹理图完全相同；
（b）凸凹图为基本纹理像素尺寸的 1/16

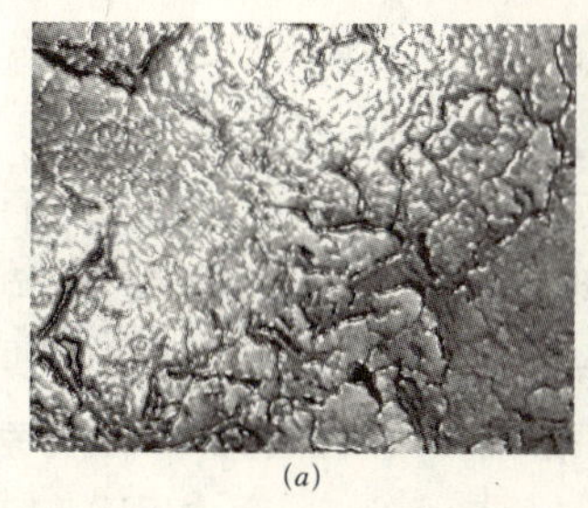
（a）

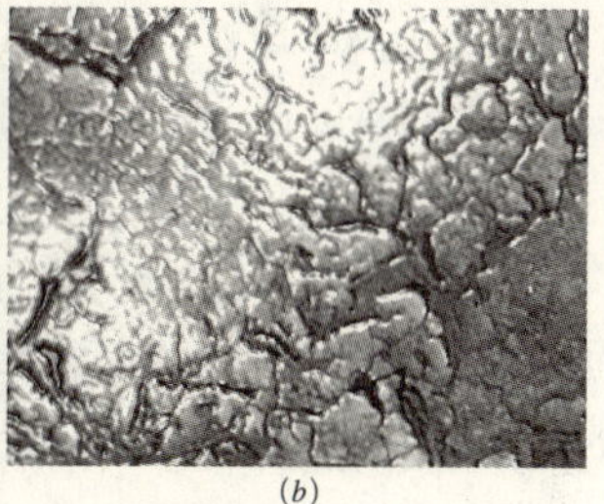
（b）

图 5-50　凸凹图清晰度对凸凹贴图效果的影响
（a）将基本纹理 Blur More 处理一次后作为凸凹图；
（b）将基本纹理 Blur More 处理两次后作为凸凹图

3）调整对比度／亮度

在进行分辨率或模糊化处理基础上，如果再配合各种方式的对比度／亮度的调整，还可以进一步改变凸凹图中的灰度层次以及不同灰度区域的大小，因而最终也影响到合成后的凸凹纹理效果。如图 5-51 中的两种效果，其凸凹图是在对基本纹理图进行两次 Blur More 处理后，再进行了对比度／亮度的调整。比较两种效果可知：

（1）如果同时增加凸凹图的对比度和亮度，则凸凹图中的明亮区域面积将会扩大而细节层次将被减

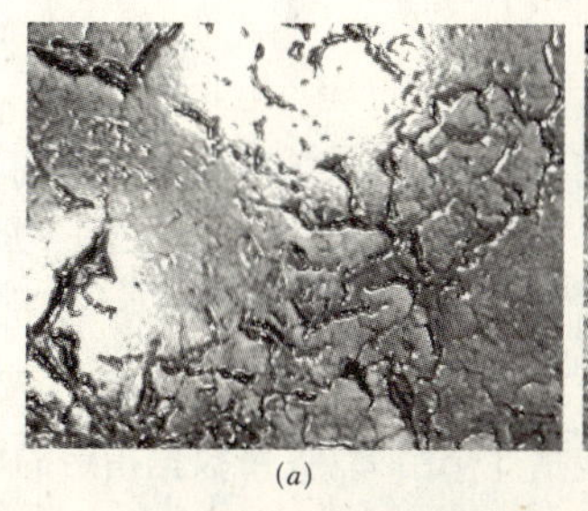
（a）

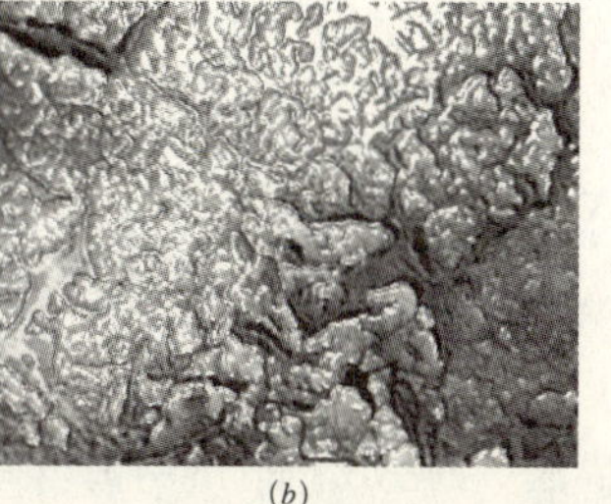
（b）

图 5-51　凸凹图对比度／亮度对凸凹贴图的影响
（a）将凸凹图对比度、亮度均增加 50%；
（b）将凸凹图对比度增加 60%，亮度降低 60%

弱，阴暗区域面积会相对缩小而细节层次相对增强。相应的纹理效果是：凸起区域被扩大，且该区域凸凹变化减弱；凹陷区域则相对缩小，但凸凹变化反而增强，如图 5-51（*a*）所示。

（2）如果增加凸凹图对比度并降低其亮度，则凸凹图中的明亮区域面积将会缩小而细节层次将被增强，阴暗区域面积会相对扩大而细节层次相对减弱。相应的纹理效果是：凸起区域被缩小，但该区域凸凹变化更丰富；凹陷区域相对扩大，但凸凹变化反被减弱，如图 5-51（*b*）所示。

4）像素位移

在进行分辨率或模糊化处理基础上，如果再将凸凹图中的像素朝某个方向进行一定距离的位移处理，还可以进一步产生一些特殊的凸凹贴图效果。如图 5-52（*a*）所示的沟壑效果，其凸凹图是在对基本纹理图进行两次 Blur More 处理后，再将全部像素分别向右、下两个方向各移动了 5 个像素；而图 5-52（*b*）所示山脉隆起的效果，其凸凹图中的像素移动方向则正好与前者是相反的。

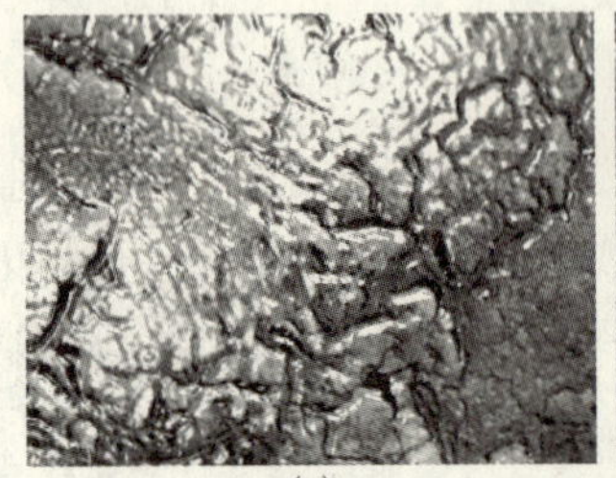

（*a*）

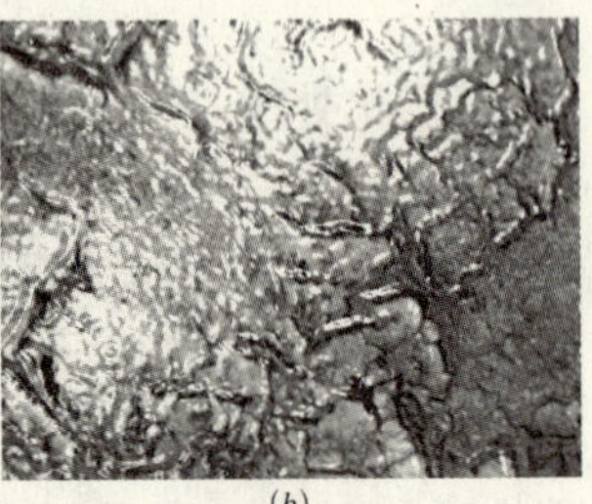

（*b*）

图 5-52　凸凹图像素位移对凸凹贴图的影响

（*a*）将凸凹图像素向右、下方向位移；

（*b*）将凸凹图像素向左、上方向位移

除了凸凹图之外，光照图中的光斑颜色、形状、大小及位置，也是一个影响凸凹贴图效果的因素，不过，由于光照图的编辑处理较为简单，在此不作更深入的讨论。

5.5.5　凸凹反射偏移控制：BumpTransform 节点

在 MultiTexture 节点中，与凸凹贴图有关的除了有 texture 域和 mode 域之外，还有一个 bumpTransform 域专门用于凸凹贴图中环境反射的产生方向、反射纹理的复杂度等控制，其域值的指定则通过 BumpTransform 节点来完成。

BumpTransform 是一个与 TextureTransform 节点功能有几分相似的新扩展节点，不同的是 TextureTransform 控制的是纹理图在整个造型表面上的分布，而 BumpTransform 节点只是控制凸凹贴图中环境反射区所呈现的纹理。BumpTransform 节点中提供的 s、t 两个域，允许用户为环境反射纹理自行定义一组 s（水平方向）、t（垂直方向）坐标系，环境反射纹理（即光照图）经过该坐标系的缩放、旋转、倾斜等偏移处理后，再应用于凸凹贴图中的环境反射区域。因此，通过该节点可以对凸凹贴图中环境反射的方向和反射纹理的细节进行更细微的调整。

BumpTransform 节点语法如下：

```
BumpTransform {
        s   1 0   # exposedField SFVec2f
        t   0 1   # exposedField SFVec2f
        l   1 0   # exposedField SFVec2f
}
```

BumpTransform 节点中包括 3 个由 2D 矢量数据指定的域，其中：

（1）s：指定环境反射纹理的 s（水平）方向坐标轴。缺省域值“1　0”表示从原点（0，0）到右下角的（1，0）。

(2) t：指定环境反射纹理的 t（垂直）方向坐标轴。缺省域值"0 1"表示从原点（0，0）到左上角的（0，1）。

(3) l：用 SFVec2f 类型数据表示的 s、t 两个方向环境反射的强度（亮度）。该域值设置只在凸凹纹理模式被指定为 BUMPENVMAPLUMINANCE 才会有效。

在通常情况下，s、t 两个域的域值应当指定为长度相等且相互垂直的矢量（注：矢量的长度为从原点到该域指定点间的距离），这样就会得到一种方向均衡、没有倾斜变形的环境反射。s、t 矢量长度对于产生的凸凹效果有较大影响：长度大于 1 的矢量，意味着从大于原始纹理（即环境光照图）的面积范围中截取反射纹理样本，从而形成纹理的重复回绕，相应的效果则是凸起面增多，凸凹感更细腻丰富；长度在 0～1 之间的矢量，从小于原始纹理的面积范围中截取反射纹理样本，相应的效果则是凸起面数量减少，凸凹感相应减弱；如果两个矢量的长度都为 0，则意味没有截取到任何纹理样本，凸凹反射区将不会出现环境反射，其效果将等同于基本纹理与环境光照纹理的合成效果。

BumpTransform 节点 s、t 域的缺省值（2D 矢量）指定了一对与原始纹理方向完全一致的坐标系，且矢量长度也与单幅环境光照图长度相同，因此，以 BumpTransform 节点缺省值控制的凸凹贴图环境反射，将自动依照环境光照图所提供的"照明"方向而形成相应的环境反射。

5.5.6 凸凹反射偏移效果测试

下面通过例 5–6 所示 VRML 文件来说明 BumpTransform 节点的应用方法以及它在凸凹贴图中对于环境反射偏移的控制效果。

[例 5–6]

```
#VRML V2.0 utf8

Background {                                          # … 此处代码省略
}

Shape {
  appearance Appearance {
    material Material {}
    texture MultiTexture {
      texture [
        ImageTexture{ url "GRYDIRT.jpg" }           # 基本纹理
        ImageTexture{
          url "GRYDIRT_bump.jpg"                     # 凸凹图
          parameter  ["format=V8U8" ]
        }
        ImageTexture { url "envmap.bmp" }           # 环境光照图
      ]
      mode [
         "MODULATE"
         "BUMPENVMAP"                                 # 凸凹纹理混合模式
         "ADD"
      ]
      bumpTransform [
        NULL
        BumpTransform {                               # 凸凹反射偏移
          s 1      0     t 0       1       # 1: 使用缺省值
```

```
#        s  0.5    0     t 0      0.5    # 2: 坐标轴矢量长度 0.5
#        s  1.5    0     t 0      1.5    # 3: 坐标轴矢量长度 1.5
#        s  0.707 0.707 t -0.707 0.707   # 4: 坐标轴逆时针旋转 45°
#        s  0     1     t -1     0       # 5: 坐标轴逆时针旋转 90°
#        s -0.707 0.707 t -0.707 -0.707 # 6: 坐标轴逆时针旋转 135°
#        s -1     0     t 0      -1      # 7: 坐标轴逆时针旋转 180°
       }
      ]
    }
  }
  geometry Box { size 100 100 1 }
}
```

例 5-6 是例 5-5 基础上的修改，其要点是在 MultiTexture 节点中增加了 bumpTransform 域以及 BumpTransform 节点的指定。由于 MultiTexture 节点 bumpTransform 域是一个多值域，其方括号中的域值排列顺序是与 MultiTexture 节点 texture 域中指定的纹理通道相对应的，因此，为了使 BumpTransform 节点作用于第 2 个凸凹纹理通道，本例在 BumpTransform 节点的前面增加了一个 NULL 值。

此外，本例在 BumpTransform 节点中共预置了 7 组用于测试环境反射偏移控制效果的 s、t 域值，除了第 1 组之外，其他 6 组设置都已经用“#”号注释，故暂不起作用。第 1 组 s、t 域值采用了缺省值来指定，这就意味着造型表面将完全依照原始的环境光照图中“光源”的分布而形成环境反射区，不会产生额外的反射偏移。图 5-53（*a*）显示了本例采用 BumpTransform 节点缺省域值（第 1 组域值）所产生的效应效果，图 5-53（*b*）则以局部放大的方式显示了凸凹贴图的细节。可见这个效果是与前面的例 5-5 是完全一样的（图 5-48*d*）。接下来我们分别使用其他组的 s、t 域值进行测试，并将测试结果与图 5-53（*b*）进行比较。

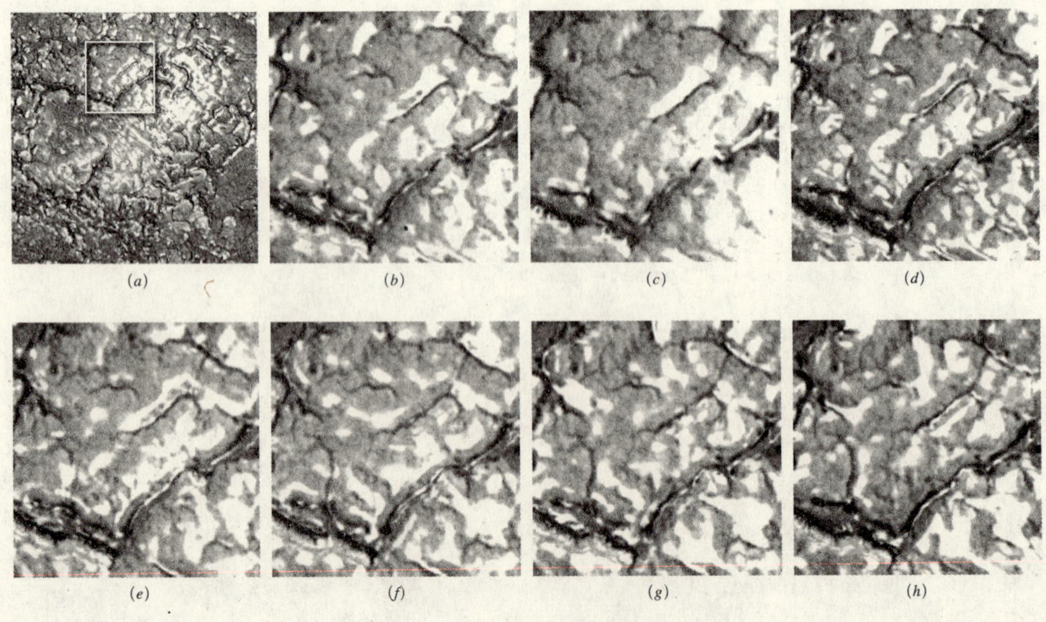

图 5-53 凸凹反射偏移效果测试

1）反射纹理复杂度控制

图 5-53（*b*）、（*c*）、（*d*）分别显示了采用第 1、2、3 组 s、t 域值时的效果，这 3 组域值所定义的环境反射纹理坐标系具有相同的方向，只是坐标轴矢量的长度不同而已（分别为 1，0.5 和 1.5）。比较上述 3 种效果可以发现：当坐标轴矢量较小时，可以使凸凹效果表现为大块化、整体化，如图 5-53（*c*）所示；当坐标轴矢量较大时，可以增强反射纹理的细节，如图 5-53（*d*）所示。由此可见，通过调整 s、t 矢量的长度，是可以起到控制反射纹理复杂度作用的。当然，应用这种控制方法时也需要把握一定的限度，如果矢量设置过小（如接近 0），则会造成凸凹效果的不明显甚至消失；如果矢量长度过大（如大于 2），则容易造成凸凹纹理效果的零乱、花哨；只有当矢量长度接近 1 时，凸凹反射纹理的效果才是比较适中的。

2）环境反射方向控制

如前所述，s、t 两个域的域值在通常情况下应当指定为长度相等且相互垂直的矢量，这样就会得到一种方向均衡、没有倾斜变形的环境反射。图 5-53（*b*）、（*e*）～（*h*）分别显示了采用第 1、第 4 ～ 7 组 s、t 域值时的效果，这 5 组域值中所指定的坐标轴矢量长度都为 1，且相互垂直，只是坐标轴的方向不同而已。相对于使用缺省值的第 1 组 s、t 坐标轴矢量，第 4 ～ 7 组中的 s、t 坐标轴矢量分别旋转了 45°、90°、135° 和 180°，而产生效果则是反射光线绕凸凹区域周围转动，其中最明显的为图 5-53（*b*）和（*h*），从图中可以发现两者在环境反射的方向上正好是相反的。

Animation and Interaction Design

VRML 动画与交互设计

SIX

第6章 VRML 动画与交互设计

SIX

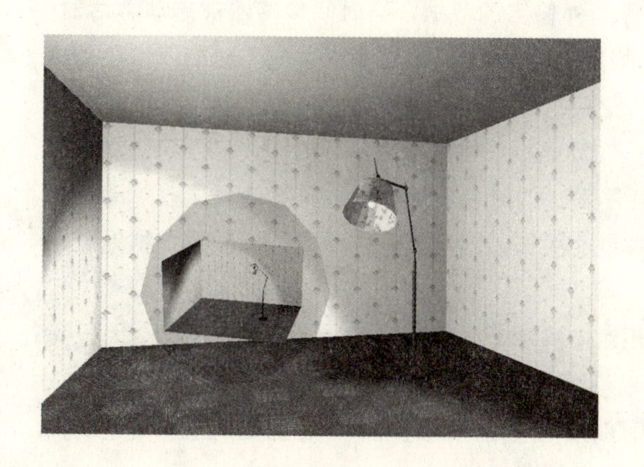

本章概要

动画和交互是提升 VRML 场景趣味性和功能性的重要手段，也是 VRML 虚拟空间中的重要特色。VRML 动画与交互效果涉及 VRML 动画插值器、传感器、脚本程序以及原型的应用，在本章里，将系统介绍这些 VRML 对象的功能特点，并通过实例或例程说明它们在虚拟建筑模型中的应用方法。

6.1 动画与交互设计基础

现实世界中的许多事物经常处在一种变化、运动的状态，如流动的水，行驶的车，闪烁的灯光等，在虚拟空间中一般将这类模拟效果称为动画。此外，在现实世界中你还能对许多物体进行一些操控处理，而这些物体也会对你的操控行为作出适当的响应。如推开一扇门、按开关打开一盏灯等。在虚拟空间中一般将这类模拟效果称为交互。因此，动画和交互是提升 VRML 场景趣味性的重要手段，缺乏动画和交互的 VRML 场景是不能吸引人的。在这一节，将主要讨论 VRML 动画与交互设计中一些基本的概念及原理。

6.1.1 理解 VRML 动画

在 VRML 空间中，若使某个视觉对象产生动画效果，必须附加另外 3 种 VRML 要件：时间传感器，动画插值器以及路由连接。

1）时间传感器

所有类型的动画都是基于时间轴来呈现的，VRML 动画也是一样，它是虚拟对象的各种状态（值）沿着时间轴而变化的结果。因此，要描述 VRML 中的动画，首先需要采用一种时间控制装置来描述虚拟对象发生变化的时间、周期以及进程，而 VRML97（2.0）提供的时间传感器（TimeSensor 节点）的作用即在于此，它包括以下几个重要概念：

（1）动画的开始 / 结束时间：这是以绝对时间（单位为秒）来描述的时间概念。绝对时间是指从格林威治时间 1970 年 1 月 1 日午夜 12 点开始算起到指定日期和时刻所经过的秒数。动画开始和结束时间由时间传感器 TimeSensor 节点的 startTime 和 stopTime 域来指定的。

（2）动画周期：一次动画循环所需要的时间长度，是以秒为单位来表示的量。动画周期通过 TimeSensor 节点中的 cycleInterval 域来指定。

（3）时刻：在 VRML 动画中，时刻是指在一次动画循环中已完成的进程时间与完成整个循环所需时间之比，是一种用 0 ～ 1 之间的浮点数（SFloat）来描述的相对值，无论你设置的动画周期时间有多少，0 总是表示一个动画循环的开始时刻，1 总是表示一个动画循环的结束时刻，而 0 到 1 之间的浮点数则表示一个动画循环中的不同阶段或进程时刻。

在时间传感器中，时刻（值）是作为一种向外输出的数据。当时间传感器被启动激活时，它总会在每次动画循环开始时，向外发送 0 时刻值；在动画循环结束时发送 1 时刻值；在动画循环的开始与结束期间，则连续发送从 0 ～ 1 之间的时刻值。如果时间传感器被设计成可循环的（将其 loop 域被指定为 TRUE 时），那么当一个动画循环的结束之后，时间传感器将重复地由 0 开始向外发送 0 ～ 1 的时刻值。由时间传感器发送的时刻值最终由动画插值器接收，动画插值器每收到一个时刻值，便会实时计算生成并向相关节点对象发送一个或一组改变虚拟对象状态的域值数据。

时刻值实际上是一种完全能与绝对时间相对应的量，假如时间传感器中指定了一个大于 0s 的周期时间，那么时刻值所对应的绝对时间都可以表示为“开始时间 + 动画周期 ×（时刻值 + 循环次数）”的形式。VRML 动画之所以运用时刻来描述动画的进程，是因为这种避开绝对时间和确切时间长度的描述方式，更方便于动画的设计。

关于时间传感器 TimeSensor 节点的详细说明，参见 6.1.3 节。

2）动画插值器

VRML 中的动画效果，实质上是因为虚拟对象上的各种状态值随着时间推移而改变的结果，这些状态值可以是坐标值、旋转值、颜色值等等。显然，一个看上去平滑连续的动画，需要大量的、能说明虚拟对象在不同时刻的各种状态值。

与大多数视频动画设计软件中使用的方法相类似，VRML 动画也是使用所谓“关键帧”的动画技术来解决动画过程所需要的大量状态数据的问题，这种技术的特点是，通过预置若干关键帧的方法确定整个动画过程的框架，而整个周期过程中其他时刻所对应帧则通过系统自动进行的插值计算来生成。

在 VRML 动画中，完成关键帧定义和插值计算功能的核心部件就是各种动画插值器，其主要功能就是在时间传感器的驱动管理之下，根据预先定义的关键帧数据（状态值 / 关键时刻），实时计算、并向外输出满足动态画面平滑过渡所需要的全部状态值；这些状态值（实际上都是某些节点的域值数据）通过插值器的输出接口 value_changed 不断传递给动画对象节点的相关域，从而使之随着时间的推进不被断刷新而产生动画效果（图 6–1）。

VRML 动画有以下几个重要概念：

（1）关键时刻：是指一次动画循环中各关键帧出现的时刻值集合。关键时刻通过动画插值器中的 key 域进行指定，如果一个动画中包括 N 个关键帧，则 key 域中就会相应地包括 N 个关键时刻值。当时间传感器通过路由连接与动画插值器绑定在一起时，动画插值器中的指定这些关键时刻，就会自动与时间传感器中输出的时刻值相匹配。

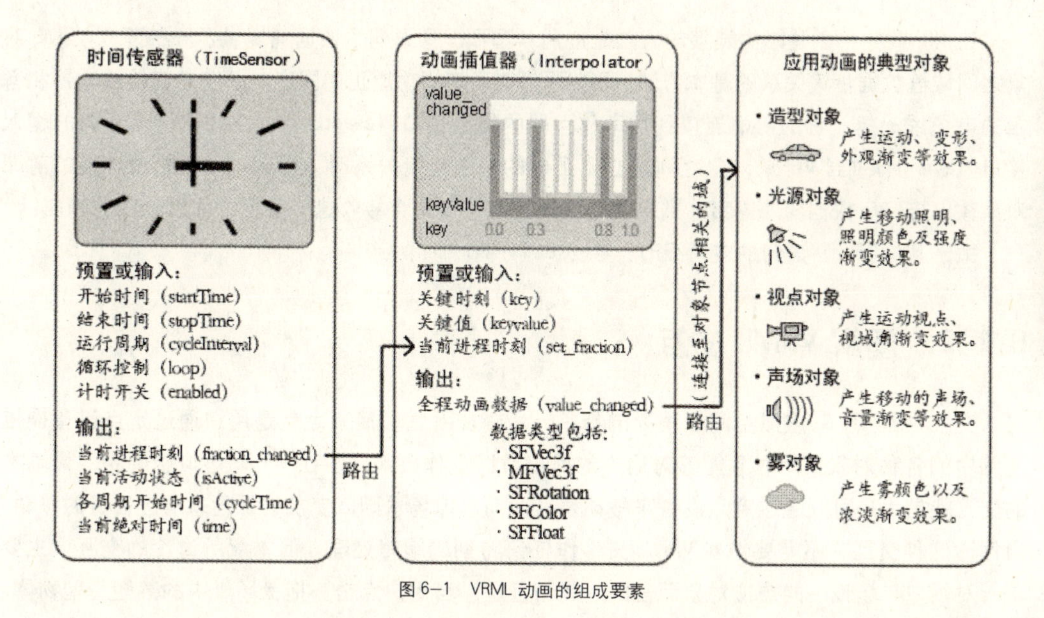

图 6–1　VRML 动画的组成要素

SIX

（2）关键值：是指在关键时刻应用于虚拟对象相关节点域的域值集合，也可理解为描述虚拟对象在各关键时刻中的状态值集合。关键值通过动画插值器中的 keyvalue 域进行指定，如果一个动画中包括 N 个关键帧，则 keyvalue 域中就会相应地包括 N 个（组）关键值。例如位置插值器 PositionInterpolator 节点 keyvalue 域中指定的关键值就是由若干 3D 坐标值（即描述空间位置的状态值）组成的点的集合，其数目与 key 域中指定的关键时刻相同。当你使用位置插值器来驱动一个 Transform 编组造型产生平移运动时，其 keyvalue 域中所指定关键坐标值，就会在关键时刻到来时应用到 Transform 节点的 translation 域中。

（3）线性插值：如果在动画插值器中定义了若干关键帧数据（关键值／关键时刻），那么就可以利用任意两个相邻的关键帧数据得到一个反映“状态值／时刻”变化的直线函数，这样，两个关键帧之间其他时刻的状态值都可以通过该直线函数计算获得，而所谓动画插值器的线性插值计算原理即在于此。当然，动画插值器在相邻的关键帧之间插入多少个帧数据，还取决于两个关键帧之间的相对时差，如果时差很短，则需要插入的帧数就会较少，反之，则插入的帧数就会较多。

由动画插值器实时生成状态值，最终都是要作用于特定 VRML 对象节点相关域的。为了满足各种可能的动画效果，VRML97（2.0）规范共提供了 6 种动画插值器，可以分别用于几种不同类型域值数据的插值处理。因此，这些不同的插值器也决定了 VRML 动画的不同类型，如，空间运动动画，变形动画，颜色动画，标量动画等。关于动画插值器的细节讨论，参见 6.2 节。

3）路由连接

要产生动画效果，除了需要有时间传感器、动画插值器之外，还必须通过路由将时间传感器、动画插值器以及虚拟对象绑定起来，使这些对象成为一个相互联系的整体。在 VRML 动画中，从时间传感器的输出接口 fraction_changed 中发送出来的时刻值，就是通过路由传递至动画插值器的输入接口 set_fraction 中，动画插值器接受到这些时刻值后，就会依照这种时间进度将计算生成的动画数据通过其输出接口 value_changed 发送出来，这些数据然后再通过路由传递至动画对象的节点域，从而产生动画效果（图 6–1）。

在 VRML 中，创建路由连接的方法是应用 ROUTE TO 语句，该语句提供了一种建立 VRML 对象之间域值数据传递关系的基本方法。ROUTE TO 语句的功能正如同音响系统中连接放大器和音箱的电缆线一样，它的前端连接到功率放大器的输出接口（eventOut），末端连接至音箱的输入接口（eventIn）。当 VRML 对象之间建立了正确的路由连接关系时，那么，一旦路由连接的前端对象输出接口有数据向外输出，则末端对象的输入接口即会接收这些数据并作出一定的响应。

关于 ROUTE TO 语句的应用细节，参见 6.1.4 节。

6.1.2 理解 VRML 交互

交互性是 VRML 虚拟空间最重要的特色，所谓交互性，简言之就是用户通过定点设备操控电脑中的各种对象，而对象能够对用户的操控及时地作出响应。在 VRML 虚拟空间中，最基本的交互就是用户可以通过定点设备来移动替身，而虚拟场景则以变换的视角来响应替身的移动。当然，这种交互并不需要你对 VRML 文件作任何特别的编辑处理，而本章所讨论的交互，主要是针对用户与场景中的虚拟对象而言的，其特征是：当用户点击、拖曳场景中的某些造型物体，或者当用户替身接近某个特定的空间区域时，可以触发某些虚拟对象行为或状态的改变。例如：触发一个动画或声音的播放；使虚拟物体随光标的移动而移动或旋转；改变某些物体的隐藏、显示状态；改变场景中的照明、背景、雾效果等等。

要在 VRML 场景中实现上述交互效果，必须要为虚拟对象附加一些特殊的 VRML 要件，主要包括：空间传感器，脚本程序和路由连接。

1）空间传感器

用户与虚拟空间的交互都是通过定点输入设备来进行的，空间传感器（节点）可以使虚拟空间中的某些特定的区域或对象，能够感知、监测到用户基于定点输入设备的操控行为，而检测到的结果可以用来触发虚拟对象对用户的操控作出响应。VRML97/2.0 共提供了 6 种空间传感器（节点），包括：接触传感器（TouchSensor 节点）、范围传感器（ProximitySensor 节点）、可见传感器（VisibilitySensor 节点）、平面传感器（PlaneSensor 节点）、柱面传感器（CylinderSensor 节点）和球面传感器（SphereSensor 节点）。除上述传感器以外，第 2 章中曾介绍过的碰撞检测器（Collision 节点）和锚点（Anchor 节点）在某些情况下也能起到与传感器相类似的作用。

关于传感器的深入讨论，参见 6.3 节。

2）脚本程序

脚本程序通常应用于较高级的交互场景，你可以将 VRML 脚本程序理解为 VRML 空间中的事件处理器，其作用在于从传感器那里得到检测数据，然后通过一定的程序计算，转换为针对特定对象状态值（域值）的输出。因此从这个角度而言，VRML 脚本程序也有些类似于 VRML 动画中的插值器，只不过脚本程序所能处理的数据类型以及所能达到的功能要比动画插值器更多和更强而已。VRML97/2.0 提供的 Script 节点允许用户采用 VrmlScript、JavaScript 或者 Java 语言来编写 VRML 脚本程序。当然，并非所有的交互必须使用脚本程序，某些简单的交互效果可以直接利用空间传感器中的输出数据来改变虚拟对象的状态（如利用传感器布尔值激活不同的背景），由于这种情况并不涉及数据的计算和转换，因此也就没有使用脚本程序的必要了。

关于 Script 语句以及脚本程序的应用，参见 6.4 节。

3）路由连接

与 VRML 动画一样，要产生交互效果同样需要使用路由连接。从空间传感器中发送出来的数据，首先需要通过路由传递至脚本程序，脚本程序进行一定的计算处理后将输入数据转化为另一种数据类型的输出，然后再通过路由连接至虚拟对象的相关输入接口。

6.1.3 时间传感器：TimeSensor 节点

时间传感器（TimeSensor 节点）是 VRML 动画中必须具有的构件，其功能就是控制动画产生的时间和进程，时间传感器一般需要与动画插值器配合起来使用。

TimeSensor 节点语法如下：

```
TimeSensor {
     cycleInterval    1     # exposedField SFTime
           enabled  TRUE    # exposedField SFBool
              loop  FALSE   # exposedField SFBool
         startTime    0     # exposedField SFTime
          stopTime    0     # exposedField SFTime
          isActive          # eventOut SFBool
         cycleTime          # eventOut SFTime
  fraction_changed          # eventOut SFloat
              time          # eventOut SFTime
}
```

其中：

（1）cycleInterval：说明一个动画周期所需的时间长度，以秒为单位，取值大于 0。

（2）enabled：以布尔值 TRUE/FALSE 控制时间传感器是否有效。若为 TRUE，则一旦时间条件成立，时间传感器即开始驱动产生场景中的动画事件；若为 FALSE，则在任何时间条件下都不产生作用。

（3）loop：以布尔值 TRUE/FALSE 控制动画事件在一个周期之后是否无限循环。TRUE 表示无限循环，FALSE 表示完成一个周期后终止。

（4）startTime：以绝对时间（秒）指定动画事件开始的时间。

（5）stopTime：以绝对时间（秒）指定动画事件结束的时间。

（6）isActive：此为事件输出接口（eventOut 域类型）。当时间传感器被激活且开始向外输出事件值时，将通过该接口向外输出 TRUE 值，否则输出 FALSE 值。

（7）cycleTime：此为事件输出接口。当时间传感器被激活，将通过该接口向外输出每个动画循环开始的绝对时间。

（8）fraction_changed：此为事件输出接口。当时间传感器被激活时，将通过该接口向外输出当前动画周期中已完成的时间比例。时间比例采用 0～1 之间的单浮点数（SFloat 域值类型）表示，周期开始时为 0，周期结束时为 1。

（9）time：此为事件输出接口，当时间传感器被激活时，将通过该接口不断向外部输出当前的绝对时间（从格林威治时间 1970 年 1 月 1 日午夜 12 点至今所经过的秒数）。

当时间传感器被置为有效（enabled 域值为 TRUE），且未到动画开始时间（startTime）

时，时间传感器将处于休眠状态；当动画开始时间到来时，时间传感器将被激活，此时将由 TimeSensor 节点中的 loop、startTime、stopTime 和 cycleInterval 域值共同控制时间传感器的事件值输出，具体有以下 5 种典型的控制效果：

（1）如果 loop 为 TRUE，stopTime ≤ startTime，则动画一直循环地运行。

（2）如果 loop 为 TRUE，stopTime ＞ startTime，则动画运行到 stopTime 时间停止。

（3）如果 loop 为 FALSE，stopTime ≤ startTime，则动画运行一次后，在 startTime+cycleInterval 时间停止。

（4）如果 loop 为 FALSE，stopTime ＞ startTime，且 stopTime−startTime ≥ cycleInterval（即结束、开始的时间差大于或等于播放一次的时间），则动画运行一次后，在 startTime+cycleInterval 时间停止。

（5）如果 loop 为 FALSE，stopTime ＞ startTime，且 stopTime − startTime ＜ cycleInterval（即结束、开始的时间差小于播放一次的时间），则播放到 stopTime 时间停止。

需要说明的是，由于 SFTime 域值类型是一种绝对时间值，其计算方法是按格林威治时间 1970 年 1 月 1 日午夜 12 点开始计时直到指定时刻的秒数，因此这是一个庞大复杂的数字。在上述 5 种情形中，除了第一种情形可以采用预置方法填写 startTime、stopTime 时间值之外，其他情形则只能采用程序方法来实现时间值的设置。

TimeSensor 节点必须与动画插值器和路由连接配合起来使用才能产生动画效果。关于该节点的应用，参见本章后续各节中的实例。

6.1.4 建立路由：ROUTE TO 语句

所谓路由就是连接一个节点的输出接口与另一个节点的输入接口的线路，其作用是使 VRML 对象之间能实现数据的传递。创建路由的方法就是通过 ROUTE TO 语句，该语句可以出现在 VRML 文件的根部或者任何节点中的域所出现的位置。一个完整的路由语句都包含一个源节点的输出接口和一个目标节点的输入接口的指定，一旦路由连接成功，从源节点输出接口中发送出来的域值数据就会立即传递到目标节点的输入接口中。

ROUTE TO 语句书写格式如下：

```
ROUTE nodeName01.eventOutName TO nodeName02.eventInName
```

其中：

（1）nodeName01：指明路由连接的源节点对象名称（名称根据 DEF 定义）。

（2）eventOutName：源节点对象的输出接口名称。节点名称与输出接口名称之间必须用西文点号分隔开。

（3）nodeName02：指明路由连接的目标节点对象名称。

（4）eventInName：目标节点对象的输入接口的名称。节点名称与输入接口名称之间必须用西文点号分隔开。

例如，在前面第 3 章讨论过的测试文件例 3−18 中，就有这样一行路由语句：

```
ROUTE V2 isBound TO Nav2. set_bind
```

其中，V2 表示一个 Viewpoint 节点，V2.isBound 即表示该节点的 isBound 输出接口；Nav2 表示一个 NavigationInfo 节点，Nav2.set_bind 即表示该节点的 set_bind 输入接口。

应用 ROUTE TO 语句时，需要注意以下事项：

(1) 路由中涉及的源节点和目标节点名称，必须在路由语句出现之前已经定义。

(2) 使用专用接口。在节点的语法注释说明中，如果某个域类型被注释为 eventOut 或 eventIn 类型，即说明这是一个专用的输出或输入接口。对于专用的输入、输出接口，在 ROUTE TO 语句中可直接使用其接口域名称。

(3) 使用开放域接口。在节点的语法注释说明中，如果一个域被标注为 exposedField 类型，即说明这是一个开放域，可以同时兼作输入和输出两种接口。当作为输入接口时，为以便区别，可以在原域名称中加上"_changed"后缀（也可以不加）；当作为输出接口时，可以在原域名称中加上"set_"前缀（也可以不加）。

(4) 使用相同的域值类型。所有 VRML 节点的域值类型皆在相应的语法注释中有说明，如 Material 节点 diffuseColor 域的注释为"# exposedField SFColor"，即说明这个域为开放域并使用 SFColor 类型域值数据。因此你就不能将路由前端一个使用 SFTime 类型数据的输出接口，连接到一个使用 SFColor 类型数据的 Material 节点 set_diffuseColor 输入接口上，正如录像机中的音频和视频通道不可混淆一样。

关于 ROUTE TO 语句的具体应用，参见本章后续各节中的实例。

6.2 插值器与动画建模

动画插值器是 VRML 动画中的核心部件，VRML97/2.0 规范共提供了 6 种动画插值器节点，从虚拟建筑应用方面看，主要是以其中的位置插值器（PositionInterpolator 节点）、方向插值器（OrientationInterpolator 节点）、顶点插值器（CoordinateInterpolator 节点）、标量插值器（ScalarInterpolator 节点）和颜色插值器（ColorInterpolator 节点）最具实用性。本节将主要讨论上述 5 种插值器原理及其应用方法。

6.2.1 位置插值器：PositionInterpolator 节点

PositionInterpolator 节点是 VRML 动画中专门用于空间位置坐标平移（SFVec3f 类型数据）插值计算处理的动画插值器。在时间传感器的驱动下，PositionInterpolator 节点可以根据预先定义的关键帧坐标值进行插值计算，并实时地向外输出 SFVec3f 类型数据。这些数据可以通过路由传递到类型为 exposedField SFVec3f 的节点域中（如 Transform 节点 translation 域），从而使对象域值被连续刷新而产生动画效果。

PositionInterpolator 节点语法如下：

```
PositionInterpolator {
            key     []     # exposedField MFFloat
       keyvalue     []     # exposedField MFVec3f
   set_fraction            # eventIn SFFloat
  value_changed            # eventOut SFVec3f
}
```

其中：

(1) key：关键时刻列表。时刻值为 0.0～1.0 之间的浮点数，列表按照从小到大的顺序排列。

(2) keyvalue：与 key 域中的关键时刻列表相对应，由各关键帧中的 3D 坐标值组成的列表

(MFVec3f 类型数据)。

(3) set_fraction：此为输入接口，用来接收由 TimeSensor 节点输出接口 fraction_changed 发送的进程时刻值（即一次动画周期中已完成的动画长度比率)。

(4) value_changed：此为输出接口，可实时向外输出描述造型或其他 VRML 对象空间位置的 SFVec3f 类型数据，这些数据可以通过路由连接到多种节点类型的输入接口中，根据具体的对象，可形成以下几种典型的动画效果：

① 当输出接口 value_changed 发送的 SFVec3f 数据传递至 Transform 节点 translation 域、Viewpoint 节点 position 域以及 Sound、PointLight、SpotLight 节点的 location 域时，将使这些对象产生典型的空间平移运动效果；

② 当输出接口 value_changed 发送的 SFVec3f 数据传递至 Transform 节点 scale 域时，可使编组造型产生等比例或不等比例缩放变形动画效果；

③ 当输出接口 value_changed 发送的 SFVec3f 数据传递至 SpotLight 或 DirectionalLight 节点 direction 域时，可使这些光源产生方向动画效果。

6.2.2 实例：创建物体平移运动

PositionInterpolator 节点最典型的应用情形就是使虚拟物体产生平移运动。如下面的例 6–1 说明了如何应用 PositionInterpolator 使一个楔体造型产生平移动画的效果。

[例 6–1]

```
#VRML V2.0 utf8

Viewpoint {
  position 8 30 0
  orientation  1 0 0 -1.570
  fieldOfView 0.6
}

DEF triangle Transform {                              # 楔体造型
  children [
   Shape {
    appearance Appearance { material Material {}  }
    geometry IndexedFaceSet {
     coord Coordinate { point [ -1 0 -.75, -1 0 .75,
        2.2 0 0, -1 1 -.75, -1 1 .75, 2.2 1 0 ] }
     coordIndex [ 0, 1, 4, 3, -1, 1, 2, 5, 4, -1,
        2, 0, 3, 5, -1, 1, 0, 2, -1, 4, 5, 3, -1 ]
    }
   }
  ]
}

DEF timer TimeSensor { loop TRUE cycleInterval 6 }, # 时间传感器

DEF Pos_Interp PositionInterpolator {                 # 位置插值器
  key [ 0, .17, .33, .5, .67, .83, 1, ]
  keyValue [ 0 0 0, 4 0 7, 12 0 7, 16 0 0, 12 0 -7, 4 0 -7, 0 0 0, ]
}
                           # 路由连接
ROUTE timer.fraction_changed TO Pos_Interp.set_fraction
ROUTE Pos_Interp.value_changed TO triangle.set_translation
```

本例中的 PositionInterpolator 节点共定义了 7 个关键帧：key 域中包括 7 个关键时刻的指定；keyValue 域中则包括 7 个用来描述对象空间位置的 3D 坐标值。由于 keyValue 域中指定的第一个关键帧和最后一个关键帧的 3D 坐标值是完全相同的，因此，这 7 个关键帧实际上描述了一个闭合的、正六边形的运动轨迹。当你浏览本例场景时，可以看到楔体造型会按照这个闭合的正六边形轨迹连续、均匀的移动，见图 6–2（*a*）。

本例包含以下设计要点：

（1）TimeSensor 节点设置。loop 域被指定为 TRUE，该设置是当你无法采用绝对时间人工指定 startTime 和 stopTime 域值、而又希望产生动画效果时必须使用的；cycleInterval 域被指定为 6，即表示楔形物体需要用 6 秒时间完成一个动画周期。

（2）路由连接。包括产生动画效果的两条最基本的路由连接：一条将 TimeSensor 节点（timer 对象）的输出接口 fraction_changed 连接到 PositionInterpolator 节点（Pos_Interp 对象）的输入接口 set_fraction；另一条将 PositionInterpolator 节点的输出接口 value_changed 连接到 Transform 节点（triangle 对象）的输入接口 set_translation。图 6–2（*b*）为 VrmlPad 中显示的例 6–1 文件动画路由图。

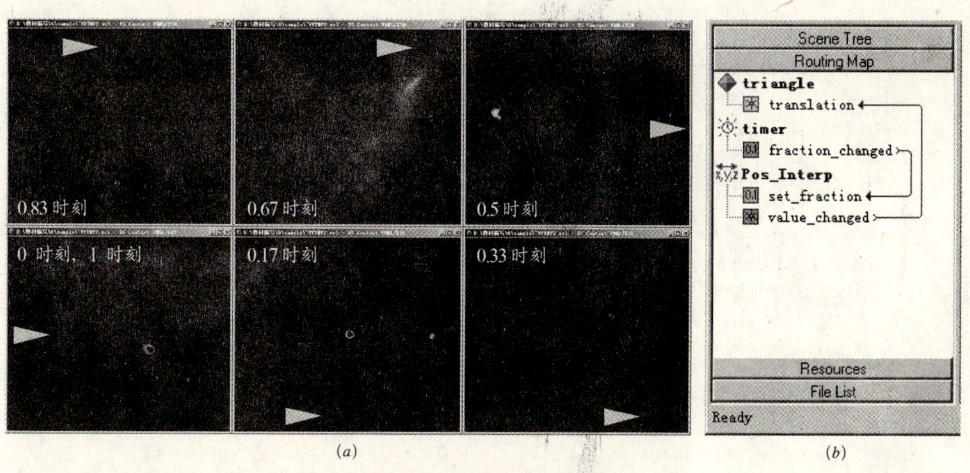

（*a*）　　（*b*）

图 6–2　位置插值器产生的造型平移运动动画

（*a*）关键时刻物体的状态；（*b*）路由图

（3）首、末两个关键帧的帧值。留意一下本例 PositionInterpolator 节点 keyValue 域中的关键帧帧值，可以发现第一帧和最后一帧的数据是完全相同的（0　0　0）。如果希望你设计的动画在循环播放中能产生回绕效果，则必须保证首、末两个关键帧帧值的一致。

本例是一个较简单的造型平移动画例子，主要用于说明 PositionInterpolator 节点的应用原理。在实际建模应用中，此类动画效果一般是借助于 3ds　Max 工具来完成。关于应用 3ds　Max 生成 VRML 动画的方法要点，参见 6.2.14 节。

6.2.3　实例：创建平移运动的视点

PositionInterpolator 节点也可以应用于 Viewpoint 对象，如例 6–2 所示。

[例 6-2]

```
#VRML V2.0 utf8

Viewpoint {                                              # 普通视点
  position 937 418 -182
  orientation 0.152 -0.969 -0.195 -1.84
  fieldOfView 0.4
  description "Camera01"
}

DEF Camera Viewpoint {                                   # 动态视点
  position 400 18 36
  orientation 0 -1 0 -1.57
  description "Camera02"
}

DEF timer TimeSensor { loop TRUE cycleInterval 6 }     # 时间传感器

DEF Pos_Interp PositionInterpolator {                   # 位置插值器
  key [ 0, 0.33, 0.66, 1]
  keyValue [400 18 36,250 18 -36,100 18 36,-50 18 -36,]
}
                                  # 路由连接
ROUTE timer.fraction_changed TO Pos_Interp.set_fraction
ROUTE Pos_Interp.value_changed TO Camera.set_position

                                  # 场景造型
Transform {
  translation -450 40 -70
  children [
    DEF shape01 Shape {
      appearance Appearance { material Material {}}
      geometry Box { size 30 80 30 }
    }
  ]
}
Transform {translation -300 40 70   children [USE shape01 ]}
Transform {translation -150 40 -70  children [USE shape01 ]}
Transform {translation    0 40 70   children [USE shape01 ]}
Transform {translation  150 40 -70  children [USE shape01 ]}
Transform {translation  300 40 70   children [USE shape01 ]}
```

本例的动画原理与前面的例 6-1 实际上是一样的，其主要差别在于本例中的 PositionInterpolator 节点路由连接的目标是一个 Viewpoint 节点（Camera 对象）的 position 域。本例中特意设计了两个视点（Viewpoint 节点），第一个为普通的静态视点，第二个为动态视点（注意，为了能在快捷菜单中显示第二个动态的视点名称，你必须在两个 Viewpoint 节点 description 域中指定各自的描述名称）。当你启动场景文件进行浏览时，你首先看到的是排在 VRML 文件中第一个 Viewpoint 节点形成的场景画面，见图 6-3（*a*）。你可以用 PgDn 键或浏览器菜单将之切换到第二个视点，此时你的替身将只能被动地按 PositionInterpolator 节点描述的 Z 字型线路移动，见图 6-3（*b*），在此期间，你就不能像前一个视点那样能够自由地控制替身的移动的方向、速度以及行走、飞行等移动方式。

本例是一个较简单的运动视点动画例子，实际建模应用中，你也可以借助于 3ds Max 动画建模工具生成更复杂运动路径的动态视点。有关这些内容，参见 6.2.14 节。

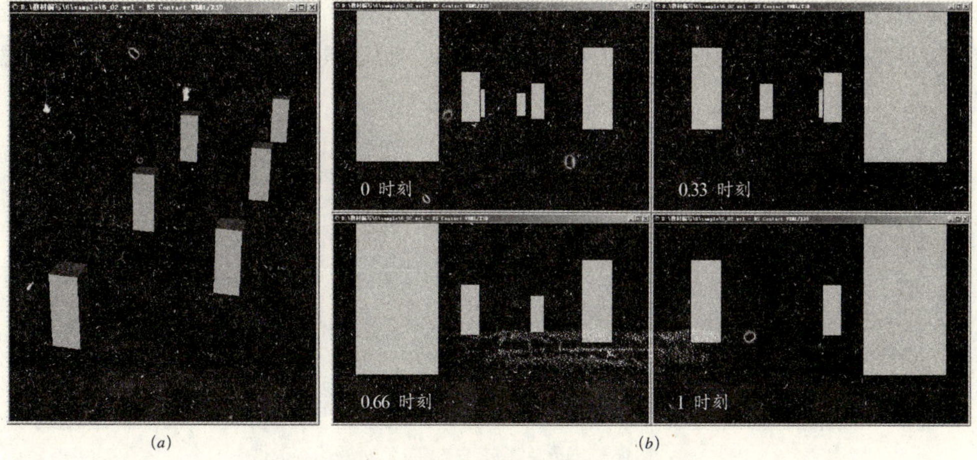

图 6-3　位置插值器产生的视点平移运动动画
(a) 第一个视点；(b) 第二个视点：关键时刻物体的状态

6.2.4　实例：创建物体的缩放变形

PositionInterpolator 节点 value_changed 输出接口中发送的 SFVec3f 数据，也可以传递至 Transform 节点 scale 域中（该域也使用 SFVec3f 数据），此时可使编组造型产生等比例、或不等比例缩放变形动画效果。如下面的例 6-3，其相应的效果如图 6-4 所示。

[例 6-3]

```
#VRML V2.0 utf8

Viewpoint { position 0 80 100  orientation 1 0 0 -0.7 }

Transform {
  translation -20 0 0
  children [
    DEF shape01 Shape {                                    # 原始物体
      appearance Appearance { material Material {}}
      geometry Cylinder { radius 10  height 10  }
    }
  ]
}

DEF Scale_shape Transform {                               # 变形物体
  translation 20 0 0
  children [ USE shape01]
}

DEF timer TimeSensor { loop TRUE cycleInterval 6 }         # 时间传感器

DEF Scale_Interp PositionInterpolator {                    # 位置插值器
  key [ 0, 0.25, 0.5, 0.75, 1 ]
  keyValue [1 1 1, 0.5 4 0.5, 1 4 3, 3 0.1 3, 1 1 1]
}
         # 路由连接
ROUTE timer.fraction_changed TO Scale_Interp.set_fraction
ROUTE Scale_Interp.value_changed TO Scale_shape.set_scale
```

本例是一个较简单的缩放变形动画例子，主要用于说明 PositionInterpolator 节点应用于缩放变形动画的原理，在实际应用中，你也可以借助 3ds Max 工具来完成此类动画建模。有关这些内容，参见 6.2.14 节。

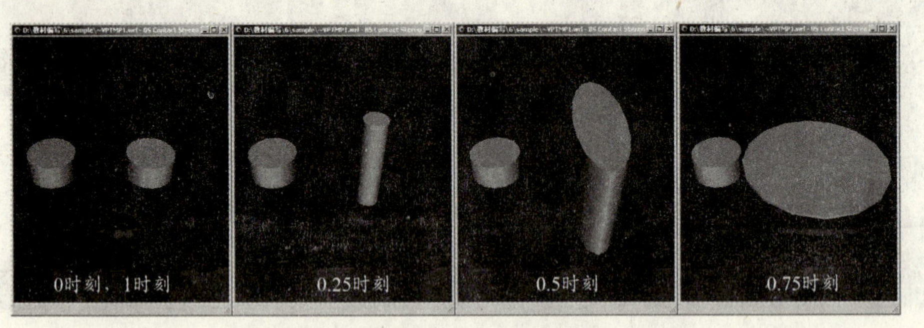

图 6–4 位置插值器产生的缩放变形动画

6.2.5 方向插值器：OrientationInterpolator 节点

OrientationInterpolator 节点是 VRML 动画中专门用来处理空间方向旋转（SFRotation 类型数据）插值计算的动画插值器。在时间传感器的驱动下，OrientationInterpolator 节点可以根据预先定义的关键帧旋转值进行插值计算，并实时地向外发送 SFRotation 类型数据，这些数据可以通过路由连接到具有 exposedField SFRotation 类型的节点域中（如 Transform 节点 rotation 域），从而使对象域值被连续刷新而产生动画效果。

OrientationInterpolator 节点语法如下：

```
OrientationInterpolator {
            key      [ ]    # exposedField MFFloat
        keyvalue     [ ]    # exposedField MFRotation
    set_fraction            # eventIn SFFloat
   value_changed            # eventOut SFRotation
}
```

其中：

(1) key：关键时刻列表。时刻值为 0.0 ~ 1.0 之间的浮点数，列表按照从小到大的顺序排列。

(2) keyvalue：与 key 域中的关键时刻列表相对应，由各关键帧中的旋转值组成的列表（MFRotation 类型数据）。

(3) set_fraction：此为输入接口，用来接收由 TimeSensor 节点输出接口 fraction_changed 发送的进程时刻值。

(4) value_changed：此为输出接口，可实时向外输出描述造型或其他 VRML 对象空间方向的 SFRotation 类型数据。

OrientationInterpolator 节点 value_changed 输出接口数据，可以通过路由连接到 Transform 节点 rotation 域、Viewpoint 节点 orientation 域中，从而使上述对象产生空间方向旋转效果。

6.2.6 实例：创建自动门动画

OrientationInterpolator 节点最典型的应用情形就是使虚拟物体产生旋转运动。如下面的例 6–4 说明了应用 OrientationInterpolator 节点使一个门造型产生旋转开启的效果。

[例 6-4]

```
#VRML V2.0 utf8

Group {                                              # 门框
  children [
    Transform {
      translation 0 2.125 0
      children [
        Shape {
          appearance DEF frame_app Appearance {
            material Material {diffuseColor .35 .56 .88 }
          }
          geometry Box { size .975 .05 .1 }
        }
      ]
    },
    Transform {
      translation -.513 1.075 0
      children [
        DEF side Shape {
          appearance USE  frame_app
          geometry Box { size .05 2.15 .1}
        }
      ]
    },
    Transform {translation .513 1.075 0 children [ USE side ] }
  ]
}

DEF Door Transform {                                   # 门扇
  center  -.485 0 -.025  translation 0 1.05 0
  children [
    Shape {
      appearance Appearance {
        material Material {diffuseColor .7 .9 .6}
      }
      geometry Box { size .975 2.1 .04993 }
    }
  ]
}

DEF timer TimeSensor { loop TRUE cycleInterval 6 }     # 时间传感器

DEF rot_Interp OrientationInterpolator {              # 方向插值器
    key [ 0.3, 0.7,  ]
    keyValue [ 1 0 0 0,  0 -1 0 -1.305, ]
}
           # 路由连接
ROUTE timer.fraction_changed TO rot_Interp.set_fraction
ROUTE rot_Interp.value_changed TO Door.set_rotation
```

本例中的 OrientationInterpolator 节点仅仅定义了两个关键帧即产生了相应的效果。本例所示动画原理与前面的实例非常相似，其主要差别在于本例中使用了不同的插值器。此外，本例插值器节点中的 key 域采用了与前面实例不太一样的设置方法，即没有指定 0 和 1 这两个关键时刻。这样产生的效果是：在每次动画循环开始后的 0 ~ 0.3 时刻，门将保持着关闭的状态，见图 6-5（*a*）；0.3 时刻之后，门开始转动、开启，并于 0.7 时刻时停止，见图 6-5（*b*）；0.7 时刻到下一次动画循环开始之前，门将保持着这种开启状态直到新的循环开始。

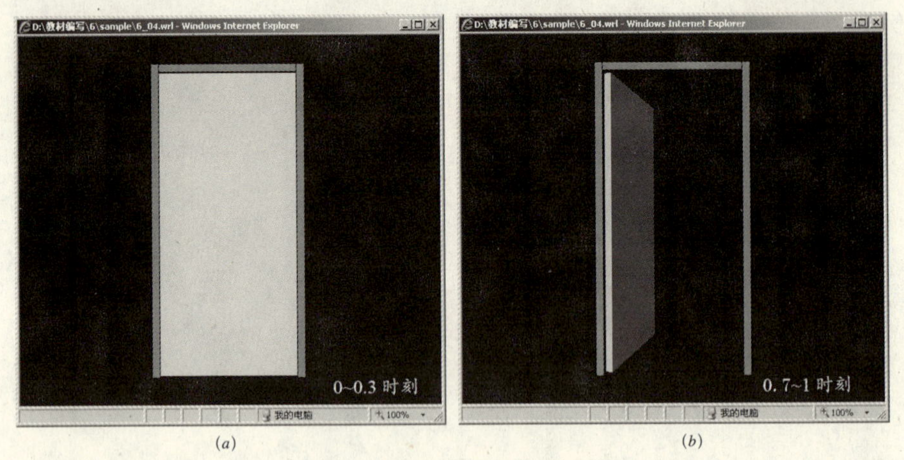

(a) (b)

图 6–5　方向插值器产生的旋转开启门动画

本例是一个较简单的方向旋转动画例子，旨在说明 OrientationInterpolator 节点的应用原理，在实际应用中，通常会借助于 3ds Max 工具来完成此类动画建模。有关这些内容，参见 6.2.14 节。

6.2.7　实例：创建物体的自由方向运动

现实世界物体运动状态的变化通常是包含多方面的，如行驶的汽车一般都会包括位置和方向的改变，而在虚拟环境中，我们则可以通过运用多种插值器来实现模拟。如例 6–5 说明了如何应用 PositionInterpolator 和 OrientationInterpolator 两个插值器节点使一个楔体造型同时产生平移和方向旋转两种变化的动画效果。

[例 6–5]

```
#VRML V2.0 utf8

Viewpoint {
  position 8 30 0
  orientation  1 0 0 -1.570
  fieldOfView 0.6
}

DEF triangle Transform {                                     # 楔体造型
  children [
    Shape {
      appearance Appearance { material Material {}  }
      geometry IndexedFaceSet {
        coord Coordinate { point [ -1 0 -.75, -1 0 .75,
           2.2 0 0, -1 1 -.75, -1 1 .75, 2.2 1 0 ] }
        coordIndex [ 0, 1, 4, 3, -1, 1, 2, 5, 4, -1,
           2, 0, 3, 5, -1, 1, 0, 2, -1, 4, 5, 3, -1 ]
      }
    }
  ]
}

DEF timer TimeSensor { loop TRUE cycleInterval 6 }, # 时间传感器
```

```
DEF Pos_Interp PositionInterpolator {                     # 位置插值器
  key [ 0, .17, .33, .5, .67, .83, 1, ]
  keyValue [ 0 0 0, 4 0 7, 12 0 7, 16 0 0, 12 0 -7, 4 0 -7, 0 0 0, ]
}

DEF Rot-Interp OrientationInterpolator {                  # 方向插值器
  key [0, 0.5, 1, ]
  keyValue [0 1 0 -1.57,  0 1 0 1.57,  0 1 0 4.71]
}
                  # 与位置插值器有关的路由连接
ROUTE timer.fraction_changed TO Pos_Interp.set_fraction
ROUTE Pos_Interp.value_changed TO triangle.set_translation
                  #与方向插值器有关的路由连接
ROUTE timer.fraction_changed TO Rot-Interp.set_fraction
ROUTE Rot-Interp.value changed TO triangle.set rotation
```

本例是在例 6–1 文件基础上的修改，其产生的效果是：楔体造型的尖角在移动过程中总是朝向着移动的方向。本例中包括以下要点：

（1）新增加一个 OrientationInterpolator 节点和另外两条路由连接，使楔体造型在平移运动的同时，也伴随着方向上的改变；新增的 OrientationInterpolator 节点中，通过 3 个关键帧描述了一个总计 360° 的旋转运动；

（2）PositionInterpolator 和 OrientationInterpolator 两个插值器的 set_fraction 输入接口，均接收来自同一个时间传感器 fraction_changed 输出接口输出的时刻值，见图 6–6（*b*），这样更容易使楔体造型在位置和方向上的变化保持协同配合。

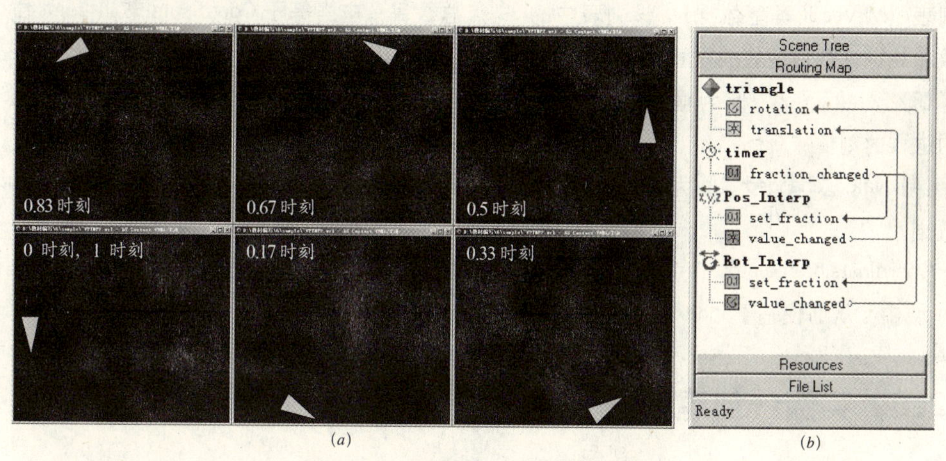

图 6–6　两个插值器产生的物体运动动画

（*a*）关键时刻物体的状态；（*b*）路由图

提示：

OrientationInterpolator 节点 keyValue 域中指定的相邻关键帧之间的最大的角度差，通常应当保持在小于、等于 180° 的范围以内较为合适，否则，插值器会将 180° 或它的整倍数从总角度差中减去，而将剩余的部分作为后一个帧实际采用的帧值。

例 6–5 所示效果也可以应用于动态视点的处理上。你可以参照本例中的方法修改例 6–2 文件，从而使原来设计的动态视点在进行位置移动的同时，也能伴随方向上的改变。

例 6–5 是一个较简单的造型自由运动动画例子，在实际应用中，此类动画建模通常会借助于 3ds Max 工具。有关这些内容，参见 6.2.14 节。

6.2.8 顶点插值器：CoordinateInterpolator 节点

CoordinateInterpolator 节点（顶点插值器）是 VRML 动画中专门用来处理 IndexedFaceSet 面造型中的顶点坐标插值计算的动画插值器。由 IndexedFaceSet 节点定义的造型，其顶点是通过该节点的 coord 域来指定的，而 coord 域只能使用 Coordinate 节点作为域值。因此，由 CoordinateInterpolator 节点生成的顶点插值数据，实际上并不会直接应用于 IndexedFaceSet 节点的某个接口域，而是应用于 Coordinate 节点 point 域中。在时间传感器的驱动下，CoordinateInterpolator 节点可以根据预先定义的关键帧坐标值进行插值计算，并实时地向外发送反映造型各顶点空间分布的 MFVec3f 类型数据，这些数据再通过路由连接到 Coordinate 节点的 point 域中，从而使造型的顶点坐标被连续刷新而产生自由变形动画效果。

CoordinateInterpolator 节点语法如下：

```
CoordinateInterpolator {
            key   [ ]  # exposedField MFFloat
        keyValue  [ ]  # exposedField MFVec3f
     set_fraction      # eventIn SFFloat
   value_changed       # eventOnt MFVec3f
}
```

其中：

(1) key：关键时刻列表。时刻值为 0.0 ~ 1.0 之间的浮点数，列表按照从小到大的顺序排列。

(2) keyvalue：与 key 域中的关键时刻列表相对应，由各关键帧中造型顶点 3D 坐标值组成的列表（MFVec3f 类型数据），该列表中的 3D 点总数目，应当等于 Coordinate 节点 point 域中的点数和关键帧数目两者的乘积。

(3) set_fraction：此为输入接口，用来接收由 TimeSensor 节点输出接口 fraction_changed 发送的进程时刻值。

(4) value_changed：此为输出接口，可实时向外输出描述造型顶点空间状态的 MFVec3f 类型数据。

CoordinateInterpolator 节点 value_changed 输出接口数据，只能被路由连接至 Coordinate 节点 point 域中，从而使基于 IndexedFaceSet 节点的造型对象产生自由变形的动画效果。

6.2.9 实例：创建自由变形物体

变形动画通常涉及较多的 3D 坐标值数据的运用，为减小实例文件的复杂度，下面的例 6–6 中采用了一个仅包括 6 个顶点和 4 个面形成的简单造型。

[例 6–6]

```
#VRML V2.0 utf8

Viewpoint { position 0 12 25  orientation 1 0 0 -0.5 }
PointLight { location 10 20 20 }
NavigationInfo { headlight FALSE }

Transform {
  children [
    Shape {
```

```
      appearance Appearance {material Material {}}
      geometry IndexedFaceSet {
        solid FALSE
        coord DEF Tri_coord Coordinate {
          point [5 0 5.8,5 0 0, 0 0 -2.9,-5 0 5.8,0 0 8.7,-5 0 0,]
        }
        coordIndex [ 3,4,5,-1,0,1,4,-1,1,2,5,-1,1,5,4,-1 ]
      }
    }
  ]
}

DEF timer TimeSensor { loop TRUE cycleInterval 6}      #时间传感器

DEF Tri_coord_Interp CoordinateInterpolator {          #顶点插值器
  key [ 0, .33, .66, 1, ]
  keyValue [
    5 0 5.8,5 0 0, 0 0 -2.9,-5 0 5.8,0 0 8.7,-5 0 0, # 0时刻
    10  0 8, 5 0 0, 0  0 -8, -10 0 8, 0 0 8, -5 0 0, # 0.33时刻
    0 6 2.8,5 0 0, 0 6 2.8, 0 6 2.8, 0 0 8, -5 0 0, # 0.66时刻
    5 0 5.8,5 0 0, 0 0 -2.9,-5 0 5.8,0 0 8.7,-5 0 0, # 1时刻
  ]
}

ROUTE timer.fraction_changed TO Tri_coord_Interp.set_fraction
ROUTE Tri_coord_Interp.value_changed TO Tri_coord.set_point
```

本例中的CoordinateInterpolator节点共定义了4个关键帧(4个关键时刻,4组造型顶点数据),描述了一个由6个顶点和4个面形成的面造型在空间中被拉伸、折叠,并形成体块的变形效果,见图6–7(*a*)。与前面的实例相类似,本例中的第一个关键帧和最后一个关键帧所对应的造型6个顶点的空间坐标,也是完全相同的,这样可以使造型的变化形成闭合式循环效果。本例中的时间传感器、动画插值器以及动画对象之间的路由关系,也是与前面的动画实例非常相似的,见图6–7(*b*)。

本例是一个较简单的变形动画例子,旨在说明CoordinateInterpolator节点的应用原理,在实际应用中,通常会借助于3ds Max工具来完成此类动画建模。有关这些内容,参见6.2.14节。

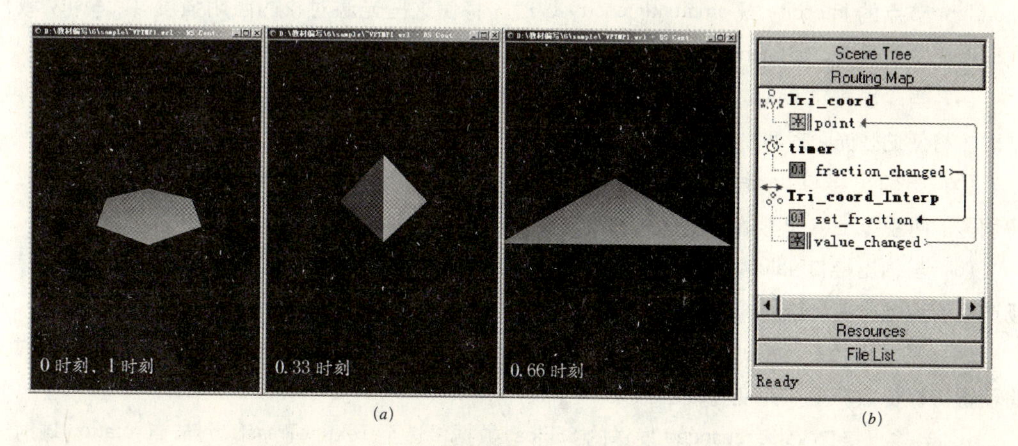

图6–7 顶点插值器产生的变形动画
(*a*)关键时刻物体的状态;(*b*)路由图

6.2.10 标量插值器：ScalarInterpolator 节点

ScalarInterpolator 节点是 VRML 动画中专门用来处理浮点值（SFFloat 类型数据）插值计算的动画插值器。在时间传感器的驱动下，ScalarInterpolator 节点可以根据预先定义的关键帧浮点值进行插值计算，并实时地向外发送 SFFloat 类型数据，这些数据可以通过路由连接到具有 exposedField SFFloat 类型的节点域中（如 Fog 节点 visibilityRange 域），从而使对象域值被连续刷新而产生动画效果。

ScalarInterpolator 节点语法如下：

```
ScalarInterpolator {
            key   [ ]   # exposedField MFFloat
       keyValue   [ ]   # exposedField MFFloat
   set_fraction         # eventIn SFFloat
  value_changed         # eventOut SFFloat
}
```

其中：

(1) key: 关键时刻列表。时刻值为 0.0 ~ 1.0 之间的浮点数，列表按照从小到大的顺序排列。

(2) keyvalue：与关键时刻顺序相对应的关键帧浮点值列表（MFFloat 类型数据）。

(3) set_fraction：此为输入接口，用来接收由 TimeSensor 节点输出接口 fraction_changed 发送的进程时刻值。

(4) value_changed：此为输出接口，该接口负责将经过插值计算处理后的 SFFloat 类型数据（浮点值）实时向外输出。

ScalarInterpolator 节点输出接口 value_changed 发送出来 SFFloat 类型数据，可以被多种类型的节点域所接收。根据路由连接的对象节点域，可形成以下几种典型的动画效果：

(1) 当输出接口 value_changed 发送的 SFFloat 数据传递至 Material 节点 ambientIntensity、transparency 和 shininess 时，将使造型材料的环境光发射强度、透明度和光泽度产生渐变效果；

(2) 当输出接口 value_changed 发送的 SFFloat 数据传递至 SpotLight 节点 beamWidth、cutOffAngle 域时，将使聚光光源的内、外光锥角产生大小变化效果；

(3) 当输出接口 value_changed 发送的 SFFloat 数据传递至 DirectionalLight、PointLight、SpotLight 节点的 intensity 或 ambientIntensity 域时，将使这些光源对象的照明强度（intensity 域）或环境光发射强度（ambientIntensity）产生强弱渐变效果；

(4) 当输出接口 value_changed 发送的 SFFloat 数据传递至 PointLight、SpotLight 节点的 radius 域时，将使这些光源对象的照明距离产生远近变化效果；

(5) 当输出接口 value_changed 发送的 SFFloat 数据传递至 Fog 节点的 visibilityRange 域时，将使雾的可视范围（即雾的浓度）产生渐变效果；

(6) 当输出接口 value_changed 发送的 SFFloat 数据传递至 Sound 节点 intensity 域时，将使声场产生音量强弱变化效果；

(7) 当输出接口 value_changed 发送的 SFFloat 数据传递至 Viewpoint 节点 fieldOfView 域时，将使摄影机视点产生焦距变化动画效果；

(8) 当输出接口 value_changed 发送的 SFFloat 数据传递至 TextureTransform 节点 rotation 域时，将使造型纹理产生旋转动画效果。

6.2.11 实例：创建雾、光、透明度渐变效果

SIX

前面曾简单列举了ScalarInterpolator节点在VRML动画中几种可能的应用，下面的例6-7可以测试其中的3种效果，读者完全可以在理解其动画原理的基础上举一反三（注意：进行本例中的测试时，需要将blaxxun或BS VRML浏览器的渲染模式设置为Direct3D）。

[例6-7]

```
#VRML V2.0 utf8

Viewpoint { position 52 62 96 orientation 0.71 -0.68 -0.18 -0.72}
NavigationInfo { headlight FALSE }
Background {skyColor 1 1 1}

DEF fog01 Fog {fogType "EXPONENTIAL" }    # fog01对象

DEF spot01 SpotLight {                      # spot01对象
  location -96 93.2 -68.8
  direction .617 -.664 .423
  ambientIntensity 3
  radius 300
  beamWidth 0
  cutOffAngle .3
}

Transform {      # 地面
  children [
    DEF plan Shape {
      appearance Appearance {material Material {} }
      geometry IndexedFaceSet {
        coord Coordinate { point [
          -45 0 -45, -30 0 -45, -15 0 -45, 0 0 -45
          -45 0 -30, -30 0 -30, -15 0 -30, 0 0 -30
          -45 0 -15 , -30 0 -15, -15 0 -15, 0 0 -15
          -45 0 0 , -30 0 0, -15 0 0, 0 0 0   ]
        }
        coordIndex [0, 4, 5, 1, -1, 1, 5, 6,2, -1, 2, 6, 7, 3, -1,
          4, 8, 9, 5, -1, 5, 9, 10, 6, -1, 6, 10, 11, 7,-1
          8, 12, 13, 9,-1, 9, 13, 14, 10, -1, 10, 14, 15, 11, -1,]
      }
    }
    Transform {translation 45 0 0 children [USE  plan]}
    Transform {translation 0 0 45 children [USE  plan]}
    Transform {translation 45 0 45 children [USE  plan]}
  ]
}
Transform {      # 长方体
  translation 17.9 5.01 14.4
  children [
    Shape {
      appearance Appearance {
        material Material { diffuseColor 1 .7 .7     }
      }
      geometry Box { size 15 10 15 }
    }
  ]
}
Transform {      # 圆锥
  translation -17.1 9.92 -19.2
```

```
  children [
    Shape {
      appearance Appearance {
        material DEF mat01 Material { # mat01对象
          diffuseColor .4 .4 .8
        }
      }
      geometry Cone { bottomRadius 10 height 20 }
    }
  ]
}

DEF timer TimeSensor { loop TRUE cycleInterval 6} #时间传感器
                                    # 测试 1:  雾动画效果
DEF Fog_Interp ScalarInterpolator {                       # 标量插值器
  key  [0, 0.4 0.9 1,]
  keyValue [140, 180, 300, 140]
}

ROUTE timer.fraction_changed TO Fog_Interp.set_fraction
ROUTE Fog_Interp.value_changed TO fog01.set_visibilityRange

                                    # 测试 2:  聚光灯效果
#DEF Spot_Interp ScalarInterpolator {                      # 标量插值器
#  key  [0, 0.6, 0.8, 1, ]
#  keyValue [.2, .25, .5, .2,]
#}
#ROUTE timer.fraction_changed TO Spot_Interp.set_fraction
#ROUTE Spot_Interp.value_changed TO spot01.set_cutOffAngle

                                    # 测试 3:  材料效果
#DEF mat_Interp ScalarInterpolator {                       # 标量插值器
#  key  [0, 0.33, 0.66, 1, ]
#  keyValue [0, .5, 1, 0,]
#}
#ROUTE timer.fraction_changed TO mat_Interp.set_fraction
#ROUTE mat_Interp.value_changed TO mat01.set_transparency
```

本例中包括 3 组测试，每组测试都包含一个 ScalarInterpolator 节点和两个路由连接，3 组测试共用同样一个时间传感器（参见例 6–7 中的测试 1、2 和 3）。

测试 1：这一组测试是将 ScalarInterpolator 节点 value_changed 输出接口发送的 SFFloat 数据，通过路由传递至 Fog 节点（fog01 对象）的 set_visibilityRange 输入接口，从而引起雾的浓淡变化效果。你可以直接启动例 6–7 文件进行本测试，其效果如图 6–8（*a*）所示。

测试 2：这一组测试是将 ScalarInterpolator 节点 value_changed 输出接口发送的 SFFloat 数据，通过路由传递至 SpotLight 节点（spot01 对象）的 set_cutOffAngle 输入接口，从而使聚光灯的外光锥角产生缩放动画效果，如图 6–8（*b*）所示。进行本项测试前，请注意去掉例 6–6 文件中本测试组代码前的注释符 # 号，同时将其他测试组代码用 # 号注释起来。

测试 3：这一组测试是将 ScalarInterpolator 节点 value_changed 输出接口发送的 SFFloat 数据，通过路由传递至 Material 节点（mat01 对象）的 set_transparency 输入接口，从而使圆锥体造型产生透明变化动画效果，如图 6–8（*c*）所示。进行本项测试前，请注意去掉例 6–7 文件中本测试组代码前的注释符 # 号，同时将其他测试组代码用 # 号注释起来。

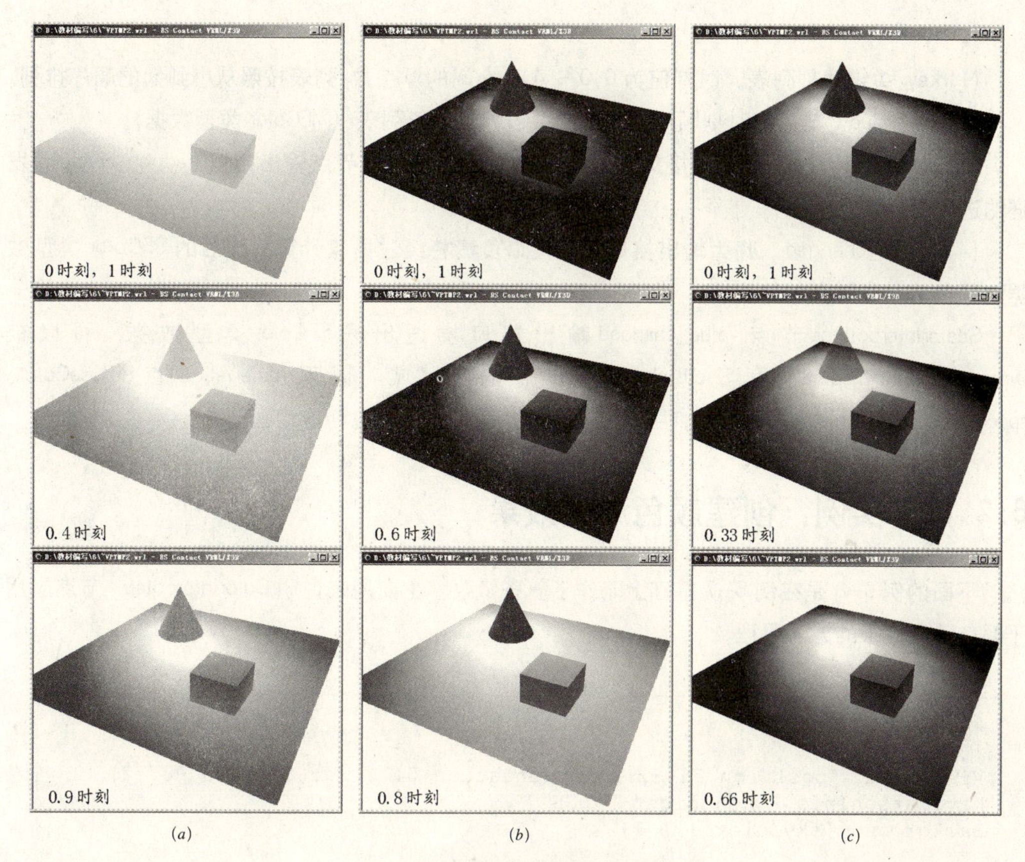

图 6–8　标量插值器产生的动画效果

(a) 雾效果动画；(b) 聚光灯动画；(c) 透明材质动画

需要说明的是，ScalarInterpolator 节点及标量动画目前还无法通过 3ds Max 建模方法来完成，好在 ScalarInterpolator 节点 key 和 keyValue 域所要求的域值数据并不太复杂，因此在运用 3ds Max 建模方法完成了 VRML 场景中基本对象的建模基础上，运用少量的人工编辑处理，也不是太困难的事情。

6.2.12　颜色插值器：ColorInterpolator 节点

ColorInterpolator 节点是 VRML 动画中专门用来处理 RGB 颜色值（SFColor 类型数据）插值计算的动画插值器。在时间传感器的驱动下，ColorInterpolator 节点可以根据预先定义的关键帧颜色值进行插值计算，并实时地向外发送 SFColor 类型数据，这些数据可以通过路由连接到具有 exposedField SFColor 类型的节点域中（如 Material 节点 diffuseColor 域），从而使对象域值被连续刷新而产生动画效果。

ColorInterpolator 节点语法如下：

```
Colorinterpolator {
             key  [ ]  # exposedField MFFloat
        keyValue  [ ]  # exposedField MFColor
    set_fraction       # eventIn SFFloat
   value_changed       # eventOut SFColor
}
```

其中：

(1) key：关键时刻列表。时刻值为 0.0～1.0 之间的浮点数，列表按照从小到大的顺序排列。

(2) keyvalue：与关键时刻顺序相对应的关键帧颜色值列表（MFColor 类型数据）。

(3) set_fraction：此为输入接口，用来接收由 TimeSensor 节点输出接口 fraction_changed 发送的进程时刻值。

(4) value_changed：此为输出接口，该接口负责将经过插值计算处理后的 SFColor 类型数据（颜色值）实时向外输出。

ScalarInterpolator 节点 value_changed 输出接口发送出来 SFColor 类型数据，可以被 DirectionalLight、PointLight、SpotLight、Fog 节点的 color 域，以及 Material 节点 diffuseColor、specularColor 和 emissiveColor 节点所接受，使这些对象产生颜色渐变动画。

6.2.13 实例：创建颜色渐变效果

下面的例 6–8 是在例 6–7 基础上略作了一些修改，主要用来说明 ColorInterpolator 节点应用于颜色动画效果的方法原理。

[例 6–8]

```
#VRML V2.0 utf8

Viewpoint { position 52 62 96 orientation 0.71 -0.68 -0.18 -0.72}
NavigationInfo { headlight FALSE }
Background {skyColor 1 1 1}

DEF fog01 Fog { visibilityRange 300 }                          #fog01 对象
DEF pt01 PointLight {location 66.4 53.4 76.1  radius 300 } #pt01 对象

Transform {       # 地面
  children [
    DEF plan Shape {
      appearance Appearance {material
        DEF mat01 Material {}                               # mat01 对象
      }
      geometry Box { size 90 0.1 90 }
    }
  ]
}
Transform {       # 长方体
  translation 17.9 5.01 14.4
  children [
    Shape {
      appearance Appearance {material Material {diffuseColor 1 .7 .7 }}
      geometry Box { size 15 10 15 }
    }
  ]
}
Transform {       # 圆锥
  translation -17.1 9.92 -19.2
  children [
    Shape {
      appearance Appearance {material Material {diffuseColor .4 .4 .8 }}
      geometry Cone { bottomRadius 10 height 20 }
    }
  ]
}
```

```
DEF timer TimeSensor { loop TRUE cycleInterval 6} #时间传感器

DEF Color_Interp ColorInterpolator {                      #颜色插值器
  key  [0, 0.33, 0.66, 1,]
  keyValue [ 0.2 0.2 1,  0.8 0.8 0.8, 1 0.2 0.5, 0.2 0.2 1,]
}

ROUTE timer.fraction_changed TO Color_Interp.set_fraction
ROUTE Color_Interp.value_changed TO mat01.set_diffuseColor
```

本例中，ColorInterpolator 节点 value_changed 输出接口发送出来的颜色值数据，通过路由传递至 Material 节点（mat01 对象）diffuseColor 域中，从而使地面造型产生颜色动画效果（图 6–9）。当然，你也可以采用类似的原理将 ColorInterpolator 节点生成的颜色值数据路由到本例中的 Fog01 或 pt01 对象上，从而使场景中的雾或光源的颜色产生渐变效果。

需要说明的是，ColorInterpolator 节点及颜色动画目前还无法通过 3ds Max 建模方法完成而只能依靠人工编辑。好在颜色动画通常并不需要太多的关键帧（一般 2 ～ 4 个就足够了），因此你也可以通过先在 3ds Max 创建若干具有颜色属性的对象作为参考，以获取你所需要的关键帧颜色。

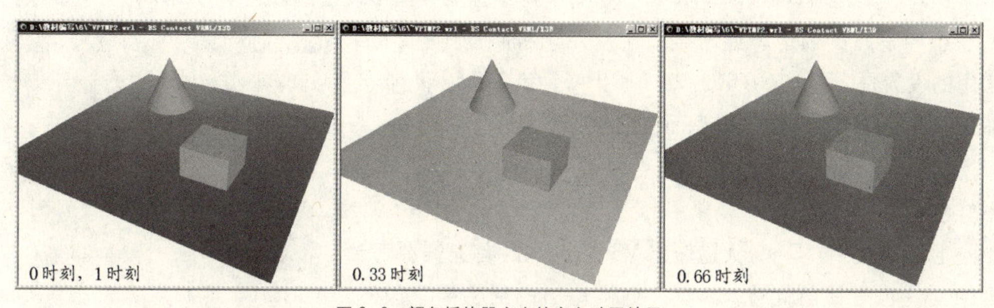

图 6–9　颜色插值器产生的变色动画效果

提示：

在实际建模中，也许你需要应用颜色动画效果的造型是由多个 Shape 造型组成的，在这种情况下，你可以将其中第一个 Shape 造型中的 Material 节点以 DEF 关键字方法来命名，而其他的 Shape 节点 material 域则使用 USE 关键字方法来引用，这样，你就只需创建一条连接颜色插值器与已命名的 Material 节点的路由就可以了。

6.2.14　从 3ds Max 中导出 VRML 动画

前面介绍了 5 种 VRML 动画插值器及其应用实例，可以看出虽然各种插值器功能各有不同，但其节点的应用方法都是十分相似甚至是相同的，因此掌握起来较为容易。不过，你也能注意到人工编辑 VRML 动画的主要的难点，在于指定插值器中的关键帧（即 key 和 keyValue 域值），特别是 PositionInterpolator、OrientationInterpolator 和 CoordinateInterpolator 这 3 种插值器。所幸的是，3ds Max VRML exporter 能够将在 3ds Max 中创建的基于物体空间位移、旋转、比例缩放、顶点变形等动画内容，直接输出为基于上述 3 种插值器节点的 VRML 动画模型，并且这种转换对于 3ds Max 动画建模的方法和过程并没有什么特别的要求，唯一值得注意的问题就是，在导出 VRML 文件时，需要考虑在满足动画精度要求的前提下尽可能地减小 VRML 动画模型文件的输出容量。

1）VRML 动画采样率的设置

熟悉 3ds Max 的用户一般都知道 3ds Max 动画模型本身就包含了关键帧的定义，不过需要注意的是，3ds Max 动画关键帧与从中导出来的 VRML 动画关键帧，在帧的数量以及关键帧数据（关键时刻与关键值）上并非是一一对应的，导出来的 VRML 关键帧实际上是 3ds Max VRML exporter 根据原始模型关键帧通过等时间距离采样（即插值计算）后得到的结果。因此，如果在导出 VRML 文件时没有设置合适的动画采样率，则导出到 VRML 模型中关键帧总数将比原始模型中的要多得惊人。

VRML 动画采样速率是 3ds Max 中控制 VRML 关键帧数目和动画精度的一个重要参数。你可以通过点击 3ds Max VRML exporter 对话框中的 Sample Rates 按钮，在打开的 Animation Sample Rates 对话框进行设置，见图 6–10。在 Animation Sample Rates 对话框中，与 VRML 插值器关键帧数目输出有关的只有 Transform Controllers 和 Coordinate Interpolators 这两个组中的选项，其中：

（1）Transform Controllers 选项组：用来设置基于位置、方向的动画采样计算。该选项组设置将影响 PositionInterpolator 和 OrientationInterpolator 节点中每秒将包含的关键帧数目。

（2）Coordinate Interpolators 选项组：用来设置基于顶点变形的动画采样计算，该选项组设置将影响 CoordinateInterpolator 节点中每秒将包含的关键帧数目。

（3）Once per animation frame：按 3ds Max 原始模型中设置的帧速率导出 VRML 关键帧。原始模型中设置的帧速率通常是为了应用于视频动画输出，常用的设置是 30 fps (NTSC)、24 fps (PAL) 和 25fps (Film)，然而这些设置对于 VRML 模型而言显然都偏高了。

（4）Custom：自定义一个符合精度和文件容量要求的采样速率。

上述选项中，Custom 是输出 VRML 文件时首先需要考虑的，这也是目前优化 VRML 关键帧输出的最主要手段。通常情况下，Coordinate Interpolators 栏中设置的 Custom 值应当比 Transform Controllers 栏中的要小（图 6–10 中显示了 Animation Sample Rates 对话框中的默认值），这是因为前者指定的是基于造型顶点自由变形的动画采样，采样速率太大容易造成 VRML 文件容量的过量增长。

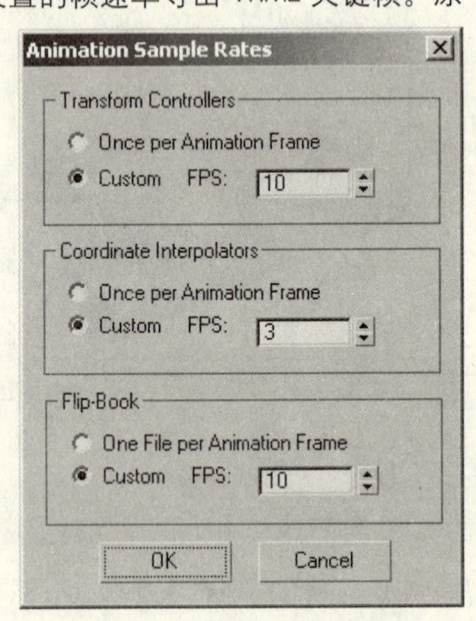

图 6–10 关键帧采样速率对话框

2）运用采样率方法优化 VRML 关键帧

由于 3ds Max VRML exporter 是通过对原始模型动画数据进行采样后输出 VRML 关键帧，所以若要快速地得到优化的 VRML 动画模型，就只能通过在 Animation Sample Rates 对话框中设置一个较为合适的动画采样率来达到目的。那么动画采样率究竟应该设置多大才算合适呢？这里有一个值得参考的数据，那就是 3ds Max 原始模型中相邻关键帧之间的、最短的时间间隔（秒）。如果最短间隔为 t，那么动画采样速率可设置为 1/t。这种方法可以使导出的 VRML 关键帧时刻值能尽可能地与原始模型关键帧接近甚至产生耦合。

实测表明，上述方法基本上能够满足绝大多数情况下的动画精度要求，其最大优点就是方便快捷，你可以很快地得到一个 VRML 动画模型并进行测试，此后还可以根据实测结果，分别采用大于或小于 1/t 的采样速率进行导出和测试，并从中选择较为理想的一种结果。

当然，上述方法的某些情况下也有一定的局限性。例如，如果你通过计算得到的采样率仍然非常高（如大于15fps）、或者原始模型中的关键帧平均间距远远大于最小间距，那么，上述方法也许就不能达到削减文件容量的目的；反过来，如果你过分减小采样率，则有可能造成VRML动画运行到相当于原始模型中最小帧间距时刻位置时，出现较严重的变形走样，这样也就不能满足你对VRML动画精度的要求了。

3）运用辅助编辑方法优化VRML关键帧

3ds Max关键帧与VRML关键帧本质上是完全相同的概念，因此如果能将原始模型中的关键帧通过某种方法转化为VRML关键帧，那将是最为理想的结果。而目前能够达到这种优化效果的方法，就是在利用VRMLexporter自动输出功能基础上，配合一定量的人工编辑处理。这种方法的原理及基本过程如下：

（1）在3ds Max中，按照原始模型中关键帧的顺序，依次计算和记录所有关键帧的时刻值。你可以采用Frames时间显示模式进行这项工作：当动画帧滑标落到某个关键帧位置时，滑标上将会显示“当前帧／结束桢”的比值，将这个比值换算成小数形式，即可得到VRML插值器中使用的关键时刻值。

（2）在时间线上，用鼠标拖动各关键帧位置，使之按等距离排布。为方便后面导出VRML文件时设置采样速率，最好按原始模型中设置的动画帧速率的因素或倍数来设置间距。例如，如果原始模型的动画帧速率为30fps，则可选择10、15、30、60等帧数作为间距，见图6–11。

（3）导出VRML文件时，动画采样速率设置要根据你在前一个步骤中所使用帧间距。如果间距是10帧，则动画采样速率设置为3fps；间距为30帧，则设置为1fps，依此类推。这样可以保证导出来的VRML关键帧数目和关键值与3ds Max原始模型中的完全一致。

（4）用VrmlPad打开导出来的VRML文件，删除插值器节点key域中的域值，然后将步骤（1）中得到的关键时刻数据填入进来；接着检查核对一下你填入到插值器节点key域中的关键时刻数目是否与对应的keyValue域中的关键值数目一致。如果一致，则该插值节点应该没什么问题；如果不一致，则需要继续下面的步骤。

（5）上一个步骤中，如果你发现关键时刻数目小于关键值，则说明你在步骤（1）中所作的记录可能存在遗漏，需要重新核对和计算；如果发现关键时刻数目大于关键值，则说明该插值器所描述空间状态（位置、方向或顶点）应该在原始模型的某些关键时刻中并没有发生变化。此时你需要回到3ds Max原始模型中进行检查，找出某些空间状态并没有发生变化的那些关键帧的序号（注意第一帧序号为0），然后回到VrmlPad中，将你此前填入到插值器节点key域中与该序号相对应那些关键时刻值删除掉。

与采样法相比，辅助编辑方法相对麻烦一些，因此一般只有在采样法难以取得优化效果的情况下才会使用。

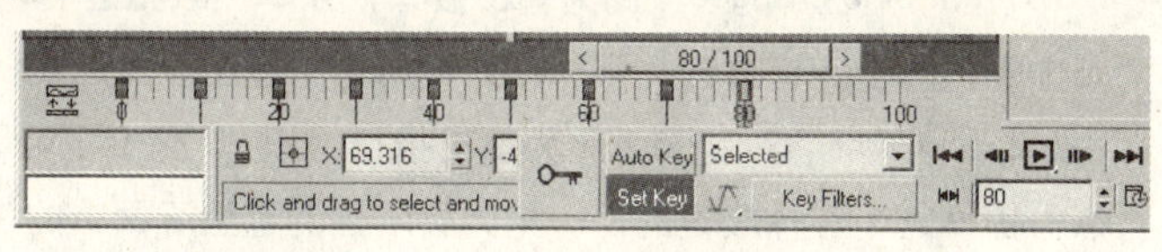

图6–11　将关键帧等距离排布在时间线上

6.3　传感器与交互控制

VRML空间传感器是实现虚拟场景中交互控制的关键元素。VRML97/2.0共提供了6种空间传感器（节点），按功能大致可以分为两种类型：一类可称为“检测型”传感器，如TouchSensor、ProximitySensor和VisibilitySensor节点，即属于此类型。此外，第2章中介绍的

Collision 节点也具有此类传感器类似的功能。另一类可称为"触动型"传感器，如 PlaneSensor、CylinderSensor 和 SphereSensor 节点即属于此类型。检测型传感器功能较为单纯，仅限于感知或监测到用户基于定点输入设备的操控行为，如点击、拖拽等。因此，要使被操控对象产生动作反应，检测型传感器还必须与动画或脚本程序配合起来使用。而触动型传感器则与检测型传感器不同，此类传感器不仅能感知或监测到用户基于定点输入设备操控行为，而且还能直接根据检测结果来驱动虚拟对象来产生动作响应。

6.3.1 接触传感器：TouchSensor 节点

TouchSensor 节点（接触传感器）是一种检测型传感器，能监视到所有与之并列于同一个编组或局部坐标系中的造型（包括子造型）是否接受到来自用户定点设备（如鼠标）的点击操作。TouchSensor 节点可检测到的信息包括：定点输入设备当前是否正在接触、或正在点选被监视造型对象；点选时的绝对时间；被点选物体表面点的 3D 坐标、法向量及纹理坐标。

TouchSensor 节点语法如下：

```
TouchSensor {
              enabled  TRUE  # exposedField SFBool
               isOver        # eventOut SFBool
             isActive        # eventOut SFBool
            touchTime        # eventOut SFTime
      hitPoint_changed       # eventOut SFVec3f
     hitNormal_changed       # eventOut SFVec3f
   hitTexCoord_changed       # eventOut SFVec2f
}
```

其中：

(1) enabled：以布尔值 TRUE/FALSE 说明是否启用该传感器。

(2) isOver：此为输出接口，以布尔值 TRUE/FALSE 说明定点光标当前是否正在指向、或者接触到被监视造型对象（无论定点输入设备上的键是否被按下）。

(3) isActive：此为输出接口，以布尔值 TRUE/FALSE 说明当光标指向被监视造型对象时，当前定点设备的键是否被按下。

(4) touchTime：此为输出接口，以时间值（SFTime）说明用户对被监视对象进行点击操作（包括按下键后再释放）时，在释放键的那一刻所在的绝对时间。

(5) hitPoint_changed：此为输出接口，以 3D 坐标值（SFVec3f）说明用户完成对被监视对象的点击操作时，在释放键的那一刻光标所指的造型表面上点的空间位置。

(6) hitNormal_changed：此为输出接口，以 3D 坐标值（SFVec3f）说明用户对被监视对象进行点击操作时，在释放键的那一刻光标所指的造型表面上的法向量。

(7) hitTexCoord_changed：此为输出接口，以 2D 坐标值（SFVec2f）说明用户完成对被监视对象的点击操作时，在释放键的那一刻光标所指的造型表面位置的纹理坐标。

6.3.2 实例：用接触传感器控制自动门

TouchSensor 节点典型的应用情形就是用来启动一个动画或脚本程序。例 6-9 显示了应用 TouchSensor 节点控制门的旋转开启动画的典型模式。

[例 6–9]

```
#VRML V2.0 utf8

Group {                          # …… 门框造型代码省略
}

DEF Door Transform {                                      # 门扇
  center  -.485 0 -.025  translation 0 1.05 0
  children [
    Shape {
      appearance Appearance {
        material Material {diffuseColor .7 .9 .6}
      }
      geometry Box { size .975 2.1 .04993 }
    }
    DEF start_Touch TouchSensor {}                        # 接触传感器
  ]
}
DEF timer TimeSensor { cycleInterval 8 stopTime 1}        # 时间传感器

DEF rot_Interp OrientationInterpolator {                  # 方向插值器
  key [ 0, 0.2, 0.8, 1, ]
  keyValue [ 1 0 0 0,  0 -1 0 -1.305, 0 -1 0 -1.305, 1 0 0 0,]
}
              # 路由连接
ROUTE timer.fraction_changed TO rot_Interp.set_fraction
ROUTE rot_Interp.value_changed TO Door.set_rotation

ROUTE start_Touch.touchTime TO timer.startTime
```

本例在例 6–4 文件基础上进行了一些修改，其产生的效果是：门扇的旋转动画在 VRML 场景启动之后并不会自动运行；当用户点击门扇之后门扇随即打开，并保持打开的状态数秒钟时间，然后再自动关闭。本例相应的效果可参见图 6–5。

本例中的动画控制包括如下要点：

（1）在门扇所处的局部坐标系（Transform 节点）中，添加一个 TouchSensor 节点，这样，门扇就成为一个可以被 TouchSensor 节点监视、可被用户鼠标点击的对象。

（2）在 TimeSensor 节点中，将 stopTime 域设置为 1，而 startTime、loop 域使用其缺省值，这样就可以使门扇旋转开启动画在场景启动之后先保持静止状态。

（3）在方向插值器中另外增加了两个关键帧以达到这样的目的：在动画运行的 0 ~ 0.2 时刻期间，门扇即完成从关闭到开启状态的改变；在 0.2 ~ 0.8 时刻期间，门扇将保持着开启的状态不变，这样以便使浏览者通过；至 0.8 时刻后，门扇再从开启状态顺原路返回到关闭状态（为适应上述修改，时间传感器中的周期时间的长度也适当地加长了）。

（4）新增加了一条连接 TouchSensor 节点 touchTime 输出接口和 TimeSensor 节点 startTime 输入接口的路由。这样，当你点击被 TouchSensor 节点监视的门扇对象时，时间传感器就会被激活并驱动方向插值器生成动画数据。

本例中，由于动画循环被关闭，所以，当你点击门扇之后，门扇将完成一个周期的动画后即停止，此后你还可以再次点击门扇来启动动画。

6.3.3 在 3ds Max 中创建接触传感器控制对象

例 6–9 所示 TouchSensor 节点控制动画运行的效果，也可以在 3ds Max 环境中直接创建，3ds Max VRML97 Helpers 工具集中就提供了相应 TouchSensor 和 TimeSensor 对象创建工具（图 4–26）。在默认情况下，VRML exporter 会自动地为原始模型中的 Group 对象以及其他具有动画属性的对象，分别配置一个 TimeSensor 节点，而 VRML97 Helpers 工具集中提供的 TimeSensor 对象工具，主要是为配合 TouchSensor 对象实现其控制功能。

如图 6–12（*a*）显示了 3ds Max 环境中创建的一组双扇门，门扇的大小和位置是参照前面章节中多次用到的 radiosity.max 模型中的展厅入口来设计的，双扇门的开启动画共使用了 4 个关键帧以产生开启、暂停、再关闭的动态效果。当你完成了动画建模之后，即可以调用 VRML97 Helpers 工具集，并向场景中添加 TimeSensor 和 TouchSensor 对象。

1）添加 TimeSensor 对象

添加 TimeSensor 对象的方法与第 4 章中介绍的其他 VRML97 辅助对象一样，首先在创建命令面板中选择 TimeSensor 工具，然后在 3ds Max 场景中运用鼠标拖曳完成对象图标的创建，接下来要做的就是修改 TimeSensor 对象的相关参数。如图 6–12（*b*）显示了 TimeSensor 对象修改命令展卷栏中的选项，其中，Loop、Start Time 和 Stop Time 的意义及作用与前面介绍的 TimeSensor 节点中的相关域是完全一样，下面只对其他几个选项予以说明：

（1）Start On World Load：载入场景后即开始循环播放动画。该选项只有在勾选了 Loop 选项后才会有用。如果勾选该选项，则导出的 TimeSensor 节点中将包含"loop TRUE"、"startTime 1"这样的域值设置，其效果是场景一旦载入动画即开始循环不断地运行；如果只勾选 Loop 而不勾选该选项，则导出的 TimeSensor 节点中将包含"loop TRUE"、"stopTime 1"这样的设置，其效果是在场景载入后的最初门扇旋转开启的动画是不运行的，直到 TimeSensor 节点被某种方法（如使用传感器）激活之后才开始循环不断地运行。在此，为了达到例 6–9 中那样的动画播放控制效果，则 Loop 和该选项都不应该选择。

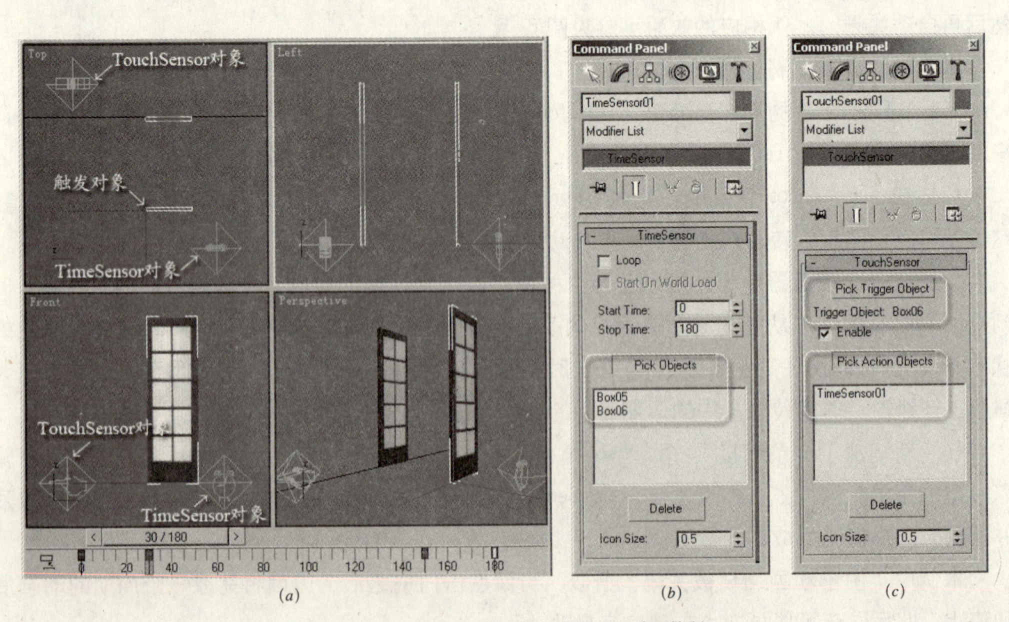

图 6–12 在 3ds Max 中创建 TouchSensor 动画控制

(2) Pick Objects：用于选择那些需要应用该时间传感器的运动对象。点击该按钮后，你可以在场景中拾取已经过动画设计处理的两个门扇对象，当对象被选中后，对象名称就会出现在Pick Objects按钮下方的列表栏中，如图6–12（*b*）中所示。

(3) Delete：将某些已选择对象从列表中删除。

2）添加 TouchSensor 对象

首先在创建命令面板中选择 TouchSensor 工具，然后在 3ds Max 场景中运用鼠标拖拽完成 TouchSensor 对象图标的创建。接下来要做的就是修改 TouchSensor 对象的相关参数，如图6–12(*c*)显示了 TouchSensor 对象修改命令展卷栏中的选项，其中：

(1) Pick Trigger Object：用于在场景中选择准备用来作为触发动画运行的造型对象。单击此按钮后，你可以拾取场景中某一个门扇作为触发对象，当对象被选中之后，该对象的名称就会出现在Pick Trigger Object按钮下方的提示信息中，如图6–12（*c*）所示。

(2) Enable：对应于 TouchSensor 节点中的 enabled 域功能。

(3) Pick Action Object：用于选择需要由 TouchSensor 控制的 TimeSensor 对象。当对象被选中后，对象的名称就会出现在Pick Action Object按钮下方的列表栏中，如图6–12（*c*）所示。

(4) Delete：将某些已选择对象从列表中删除。

3）导出及测试

现在你可以先将这个双扇门 3ds Max 动画模型保存起来（TouchSensor_Door.max 文件），然后再导出为 VRML 模型文件 TouchSensor_Door.wrl。由于这个双扇门的 3ds Max 原始模型是参照 radiosity.max 模型中的展厅入口来设计的，所以，你可以先将 TouchSensor_Door.wrl 文件行插入到第 5.4.4 节中完成的主场景文件 MultiTexture2.wrl 中，然后再进行测试。效果如图6–13所示。

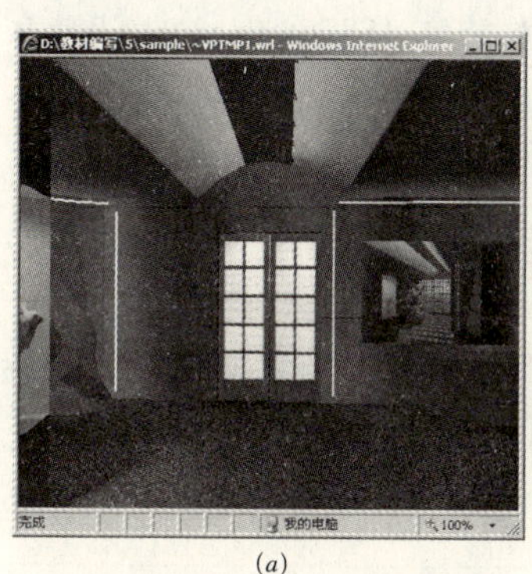

(*a*)

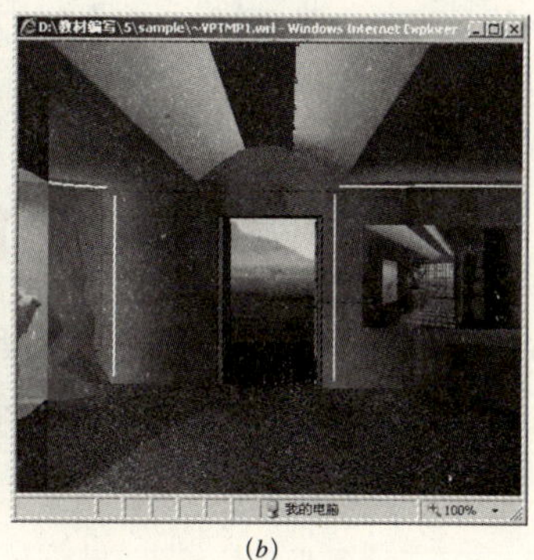

(*b*)

图6–13　行插入到主场景中的双扇门开启动画控制效果
(*a*) 点击之前；(*b*) 点击之后

6.3.4　范围传感器：ProximitySensor 节点

ProximitySensor 节点（范围传感器）是一种检测型传感器。ProximitySensor 节点可以在当前坐标系中建立一个长方体的检测区域，用于检测到用户替身在检测区域中的一些状态，如：视替身进入或退出检测区域的时间；替身是否位于该检测区域内；替身在监测区移动时所经历的空间位置和方向。

ProximitySensor 节点语法如下：

```
ProximitySensor {
          enabled   TRUE   # exposedField SFBool
           center  0 0 0   # exposedField SFVec3f
             size  0 0 0   # exposedField SFVec3f
         isActive          # eventOut SFBool
        enterTime          # eventOut SFTime
         exitTime          # eventOut SFTime
 position_changed          # eventOut SFVec3f
orientation_changed        # eventOut SFRotation
}
```

其中：

（1）enabled：以布尔值 TRUE/FALSE 说明是否启用该传感器。

（2）center：以 3D 坐标值（SFVec3f 类型数据）指定长方体检测区域的几何中心。

（3）size：同 Box 节点的 size 域一样，以 x、y、z 轴方向长度值（SFVec3f 类型数据）指定一个长方体空间区域的宽度、高度和深度。传感器将在以 center 为中心、以 size 为边界建立起来的长方体检测区域内检测浏览者替身的移动行为（注：一个 size 域值为“0 0 0”的传感器将检测不到替身的任何移动事件，此时相当于将 enabled 域的值设为 FALSE）。

（4）isActive：此为输出接口，以布尔值 TRUE/FALSE 说明替身是否已进入或已离开该检测区域。

（5）enterTime：此为输出接口，以时间值（SFTime）说明替身进入检测区域的绝对时间。

（6）exitTime ：此为输出接口，以时间值（SFTime）说明替身退出检测区域的绝对时间。

（7）position_changed：此为输出接口，以 3D 坐标值（SFVec3f）说明替身当前所处的空间位置。当用户在检测区域中移动时，该接口将随时向外输出最新的坐标值。

（8）orientation_changed：此为输出接口，以旋转值（SFRotation）说明替身当前面对的空间方向。当用户在检测区域中移动时，该接口将随时向外输出最新的坐标值。

6.3.5 实例：用范围传感器控制自动门

ProximitySensor 节点典型的应用情形也是用来启动 VRML 动画或脚本程序。例 6–10 显示了应用 ProximitySensor 节点启动门扇旋转开启动画的典型模式。

[例 6–10]

```
#VRML V2.0 utf8

Group {                          # …… 门框造型代码省略
}

DEF Door Transform {                                        # 门扇
  center  -.485 0 -.025  translation 0 1.05 0
  children [
    Shape {
      appearance Appearance {
        material Material {diffuseColor .7 .9 .6}
      }
      geometry Box { size .975 2.1 .04993 }
```

```
    }
  ]
}

Transform {
  translation 0 1.1 0
  children [
    DEF start_Prox ProximitySensor { size 3 2.2 6 }    #范围传感器

    Collision {
      collide FALSE
      children [ Shape {                                  #监视区标志
        appearance Appearance {material Material {
            transparency 0.5 }}
        geometry Box { size 3 2.2 6 }}
      ]
    }
  ]
}

DEF timer TimeSensor {                                    # 时间传感器
      loop TRUE cycleInterval 6 stopTime 1
}

DEF rot_Interp OrientationInterpolator {                  # 方向插值器
  key [0, 0.3,]
  keyValue [ 1 0 0 0,  0 -1 0 -1.305,]
}
                 # 路由连接
ROUTE timer.fraction_changed TO rot_Interp.set_fraction
ROUTE rot_Interp.value_changed TO Door.set_rotation

ROUTE start_Prox.enterTime TO timer.set_startTime
ROUTE start_Prox.exitTime TO timer.set_stopTime
```

本例是在例 6–4 文件基础上的修改，其产生的效果是：当你进入 ProximitySensor 节点的检测区域，如图 6–14（*a*）所示透明长方体区域之前，门扇将一直保持着静止的状态，见图 6–14（*b*）；当你进入 ProximitySensor 节点的检测区域之时，门扇的旋转动画就会自动启动，如果此后你一直处于该检测区域中，则门扇的旋转动画就会一直循环播放下去；当你从检测区域中退出时，门扇的动画将会被停止并保持着你退出检测区域时的那个角度，见图 6–14（*c*），直到你再次进入检测区域。

本例中的动画控制包括如下要点：

（1）应用 ProximitySensor 节点在门的附近建立了一个长高宽分别为 3、2.2 和 6 个单位长的长方体检测区域；为了让你了解到这个区域，本例同时在 ProximitySensor 节点所处的局部坐标系（Transform 节点）内创建了一个与该区域大小及位置完全相同的透明长方体标志物；标志物被包含在一个 Collision 碰撞检测编组节点中，Collision 节点 collide 域设置为 FALSE，这样当你进出 ProximitySensor 节点的检测区域时就不会受到长方体标志物的阻挡；

（2）在 TimeSensor 节点中，增加了“stopTime 1”的域值指定，使 VRML 场景被启动之后，门扇的旋转动画先保持静止状态，见图 6–14（*b*）；

（3）修改了插值器节点 key 域中的关键时刻值，使门扇的旋转动作在动画运行的一开始就立即产生响应；

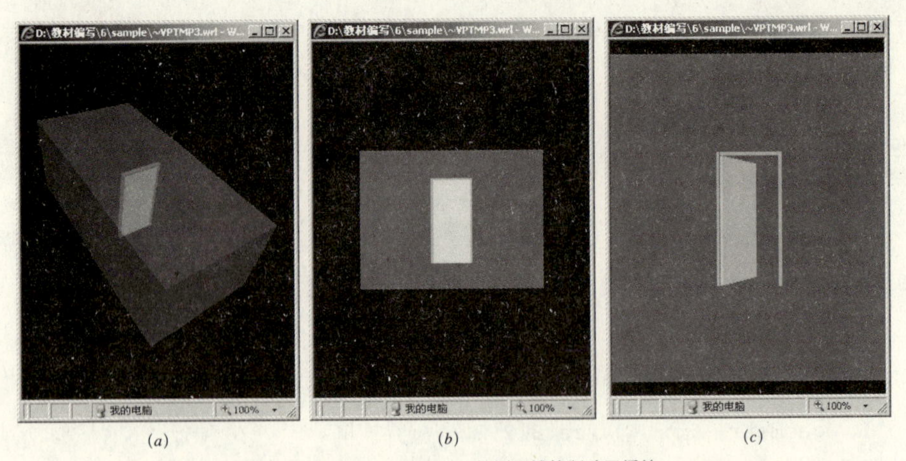

(a) (b) (c)

图 6–14 用 ProximitySensor 检测区域控制动画播放

(4) 新增加两条路由连接：一条连接 ProximitySensor 节点 enterTime 输出接口与 TimeSensor 节点 set_startTime 输入接口；另一条连接 ProximitySensor 节点 exitTime 输出接口与 TimeSensor 节点的 set_stopTime 输入接口。

6.3.6 在 3ds Max 中创建范围传感器控制对象

3ds Max VRML97 Helpers 工具集中也提供了创建 ProximitySensor 对象的工具（注：3ds Max 中将该对象类型名称简写为 ProxSensor），因此你也可以在 3ds Max 环境中直接创建同例 6–10 相类似的控制效果。如图 6–15 所示 3ds Max 模型是在图 6–12 模型基础上的简单修改，在该模型中使用了一个 ProxSensor 对象取代了原先 TouchSensor 对象的作用，而场景中的其他对象没有进行任何调整。

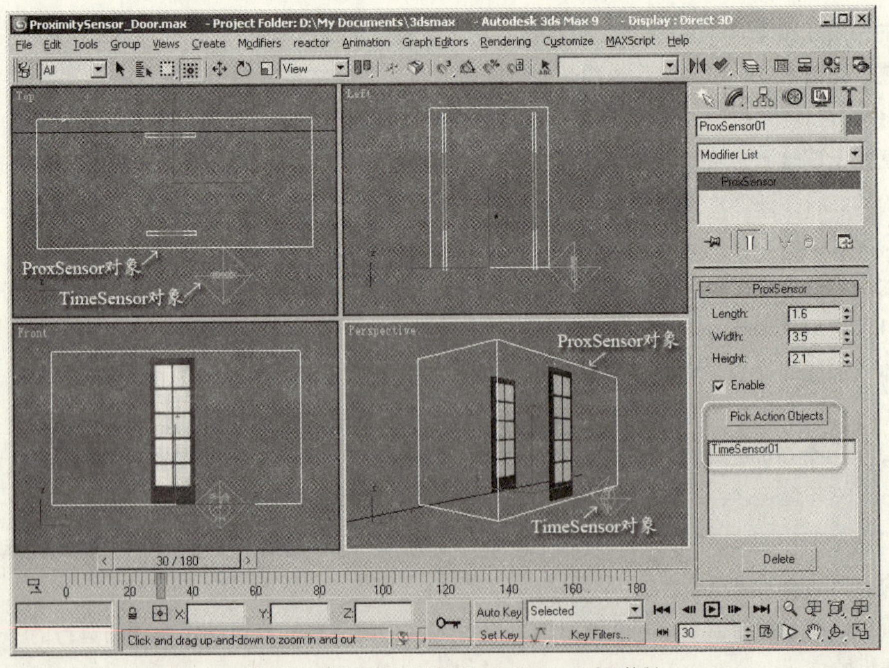

图 6–15 在 3ds Max 中创建 ProximitySensor 动画控制

向 3ds Max 场景中添加 ProxSensor 对象的方法与前面介绍的 TouchSensor 对象是很相似的，即先创建对象图标，然后在对象修改命令展卷栏中修改。图 6–15 所示 3ds Max 视口中显示出 ProxSensor 对象的图标，与其他 VRML97 Helpers 对象图标不同的是，ProxSensor 对象图标是直接以空间几何形态来表示它的检测空间范围的，因此非常直观；在图 6–15 左边则显示出 ProxSensor 对象修改命令展卷栏，其中：Length、Width、Height 分别对应于 ProximitySensor 节点 size 域中 X、Z、Y 轴方向的长度值；Enable 对应该节点的 enabled 域；Pick Action Object 和 Delete 按钮的作用则与图 6–12（*c*）所示 TouchSensor 对象的选项完全相同。

在 3ds Max 中创建 ProximitySensor 动画控制虽然较直观，但某些功能仍然只能通过在 VrmlPad 中编辑才能实现。例如，如果将图 6–15 所示 3ds Max 场景导出为 VRML 文件，则该文件中就不会包含类似例 6–10 中连接 ProximitySensor 节点 exitTime 输出接口到 TimeSensor 节点 stopTime 输入接口的路由语句，这样也就不能达到退出检测区域时的那种自动停止动画播放的交互效果。

6.3.7 可见传感器：VisibilitySensor 节点

VisibilitySensor 节点（可见传感器）是一种检测型传感器。VisibilitySensor 节点能够在当前坐标系中建立一个长方体可检测区域，能够检测、感知浏览者替身的视域范围与指定的检测空间区域之间的关系。当浏览者在虚拟空间中移动时，传感器可以检测到该区域（即使是其中的一部分）当前是否已进入浏览者的视野，以及浏览者在开始能够看见（即使是其中的一部分）和完全看不见这个区域时的绝对时间。

VisibilitySensor 节点语法如下：

```
VisibilitySensor {
    enabled   TRUE    # exposedField SFBool
     center   0 0 0   # exposedField SFVec3f
       size   0 0 0   # exposedField SFVec3f
   isActive           # eventOut SFBool
  enterTime           # eventOut SFTime
   exitTime           # eventOut SFTime
}
```

（1）enabled：以布尔值 TRUE/FALSE 说明是否启用该传感器。

（2）center：以 3D 坐标值（SFVec3f 类型数据）指定长方体检测区域的几何中心。

（3）size：以 X、Y、Z 轴方向长度值指定一个长方体检测区域的宽度、高度和深度。

（4）isActive：此为输出接口，以布尔值 TRUE/FALSE 说明检测区域是否已进入或完全离开替身的视域范围。

（5）enterTime：此为输出接口，以时间值（SFTime）说明检测区域开始进入替身视域范围时的绝对时间。

（6）exitTime：此为输出接口，以时间值（SFTime）说明检测区域完全退出替身视域范围时的绝对时间。

6.3.8 实例：用可见传感器控制动画

VisibilitySensor 节点典型的应用情形也是控制动画或脚本的运行。例 6–11 显示了应用 VisibilitySensor 节点控制动画运行的典型模式。

[例 6-11]

```
#VRML V2.0 utf8

Group {                        # …… 门框造型代码省略
}

DEF Door Transform {                                    # 门扇
  center  -.485 0 -.025  translation 0 1.05 0
  children [
    Shape {
      appearance Appearance {
        material Material {diffuseColor .7 .9 .6}
      }
      geometry Box { size .975 2.1 .04993 }
    }
  ]
}

Transform {
  translation 0 3 4
  children [
    DEF start_Visib VisibilitySensor { size 3 0.5 2 }   # 可见传感器

    Shape {                                             # 监视区标志
      appearance Appearance {
        material Material {emissiveColor .9 .1 .1}
      }
      geometry Box { size 3 0.5 2  }
    }
  ]
}

DEF timer TimeSensor { loop TRUE cycleInterval 6 }      # 时间传感器

DEF rot_Interp OrientationInterpolator {                # 方向插值器
    key [ 0, 0.5,  1]
    keyValue [ 1 0 0 0,  0 -1 0 -1.305, 1 0 0 0,]
}
                # 路由连接
ROUTE timer.fraction_changed TO rot_Interp.set_fraction
ROUTE rot_Interp.value_changed TO Door.set_rotation

ROUTE start_Visib.enterTime TO timer.set_startTime
ROUTE start_Visib.exitTime TO timer.set_stopTime
```

本例同样是在例 6-4 文件基础上的修改，其产生的效果是：当启动场景后，你会看到一个红色自发光长方体正位于你视线的上方（如图 6-16*a* 所示，此为检测区域的标志物），此时门扇的旋转开启动画已经开始运行；接着你朝着门的方向向前移动，当上方的红色长方体消失在你的视野以外时，门扇的旋转动画立即停止，并保持着停止时的那个旋转角度（图 6-16*b*）直到你再次看到红色长方体后又重新开始旋转。

本例中的动画控制包括如下要点：

（1）应用 VisibilitySensor 节点在虚拟空间中的某个特定位置，创建了一个长高宽分别为 3、

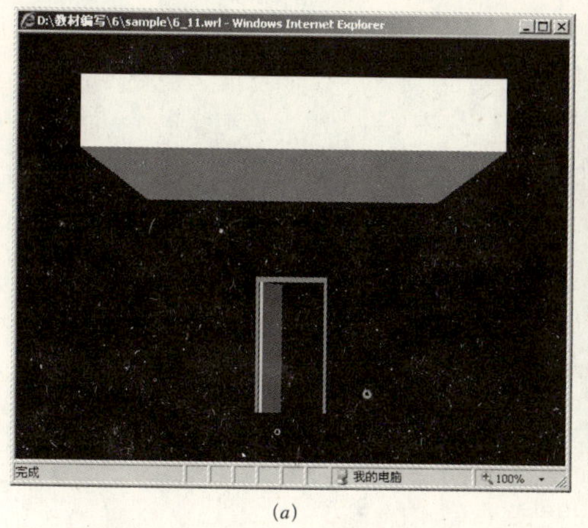

(a)

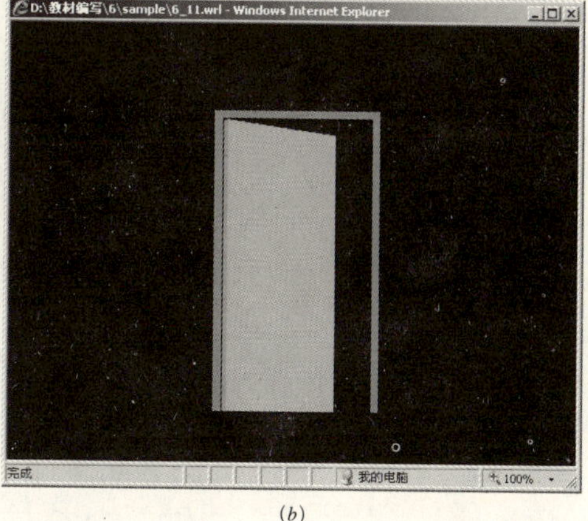

(b)

图 6–16　用 VisibilitySensor 检测区域控制动画播放

SIX

0.5 和 2 个单位长的长方体检测区域；为了让你感觉到该区域，本例同时在 VisibilitySensor 节点所处的局部坐标系（Transform 节点）内创建了一个与检测区域大小及位置完全相同的红色自发光长方体作为标志物。

（2）为方便测试，修改了插值器节点中的关键帧，使动画保持连贯而不出现停顿。

（3）新增加两条路由连接：一条连接 VisibilitySensor 节点 enterTime 输出接口与 TimeSensor 节点 set_startTime 输入接口；另一条连接 VisibilitySensor 节点 exitTime 输出接口与 TimeSensor 节点的 set_stopTime 输入接口。这样，一旦检测区域出现在浏览者视野中时就会激活时间传感器而触发动画，而一旦检测区域消失在浏览者视野之外时就会关闭时间传感器而使动画停止。

在实际建模中，VisibilitySensor 节点的应用通常是与优化动画场景的执行效率相联系的。例如，假设你的场景内容非常复杂，为了减少系统运算处理的压力，此时就可以利用 VisibilitySensor 节点的可见性控制属性，将某些角度看不到的动画先关闭起来。因此，从这个角度而言，例 6–11 中 VisibilitySensor 节点检测区域更合理的布置应该是将门扇造型及它的活动空间正好包含在内。

提示：

由于 3ds Max VRML97 Helpers 工具集中没有提供创建 VisibilitySensor 对象的工具，这样就使得如何准确地布置 VisibilitySensor 传感器的空间位置和大小成为一个问题。解决该问题的简便方法，就是先借助于 VRML97 Helpers 中的 ProxSensor 对象工具创建检测区域以及动画控制，在导出为 VRML 模型之后，再将 ProximitySensor 节点名更换成 VisibilitySensor 就行了。

6.3.9　实例：用碰撞检测器控制自动门

Collision 作为一种造型编组节点在第 2 章中已经讲解，在此主要测试其作为检测型传感器时的功能。当 Collision 作为传感器来使用时，主要是利用其输出接口 collideTime 发送的碰撞发生的绝对时间值，以此驱动一个动画或脚本的运行。例 6–12 显示了应用 Collision 节点启动 VRML 动画的典型模式。

[例 6-12]

```
#VRML V2.0 utf8

Group {                          # …… 门框造型代码省略
}

DEF Door Transform {                                        # 门扇
  center  -.485 0 -.025  translation 0 1.05 0
  children [
    DEF start_Coll Collision {
      children [
        Shape {
          appearance Appearance {
            material Material {diffuseColor .7 .9 .6}
          }
          geometry Box { size .975 2.1 .04993 }
        }
      ]
    }
  ]
}

DEF timer TimeSensor { cycleInterval 6 stopTime 1}     # 时间传感器

DEF rot_Interp OrientationInterpolator {               # 方向插值器
    key [ 0,  0.2, 0.8, 1,]
    keyValue [ 1 0 0 0,  0 -1 0 -1.305, 0 -1 0 -1.305,  1 0 0 0,]
}
              # 路由连接
ROUTE timer.fraction_changed TO rot_Interp.set_fraction
ROUTE rot_Interp.value_changed TO Door.set_rotation

ROUTE start_Coll.collideTime TO timer.set_startTime
```

本例同样是在例 6-4 文件基础上的修改，其产生的效果是：场景启动之后门扇动画并不运行；当用户朝向门移动并与门扇发生碰撞之后，门扇即完成一个周期的动画后停止。此后用户还可以再次碰撞门扇使动画运行。

本例中的动画控制要点包括：

(1) 在门扇 Shape 造型所在的局部坐标系中，新增一个 Collision 节点，并将原来的 Shape 造型搬迁到 Collision 节点 children 域中，这样就使门扇成为一个可被 Collision 节点检测碰撞时间的对象；

(2) 在 TimeSensor 节点中，增加了"stopTime 1"的域值指定，使场景启动之后动画暂不运行；删除"loop TRUE"以关闭动画播放循环；

(3) 修改了插值器中的关键帧，使每次动画循环中都包括开启、暂停、关闭三个动作；

(4) 新增一条连接 Collision 节点 collideTime 输出接口与 TimeSensor 节点 set_startTime 输入接口的路由。

6.3.10 平面传感器：PlaneSensor 节点

PlaneSensor 节点（平面传感器）是一种触动型传感器，能够监视到所有与之并列于同一个编组或局部坐标系中的造型（包括子造型）是否受到来自用户定点设备对于它们的点选、拖拽操作。通过路由连接，PlaneSensor 节点还可以将检测到的用户动作转化为造型物体沿一个 2D 轨迹平面上的移动。2D 轨迹平面的方向始终与 PlaneSensor 节点路由连接对象所在的局部坐标系 XY 平面平行，而用户进行点击、拖拽操作时，定点设备最先触及到的造型表面点，即为该 2D 轨迹平面坐标系原点。2D 轨迹平面的大小分别由 PlaneSensor 节点的 minPosition、maxPosition 这两个域（2D 坐标值）来确定，这两个域值分别指定了矩形轨迹平面的左下角和右上角。

PlaneSensor 节点语法如下：

```
PlaneSensor {
                enabled   TRUE    # exposedField SFBool
            minPosition    0 0    # exposedField SFVce2f
            maxPosition  -1 -1    # exposedField SFVce2f
                 offset  0 0 0    # exposedField SFVce3f
             autoOffset   TRUE    # exposedField SFBool
               isActive           # eventOut SFBool
    trackPoint_changed            # eventOut SFVec3f
   translation_changed            # eventOut SFVec3f
}
```

其中：

（1）enabled：以布尔值 TRUE/FALSE 说明是否启用该传感器。

（2）minPosition：以 2D 坐标值（SFVce2f）指定轨迹平面上最小允许的 X、Y 平移值（即矩形轨迹平面的左下角）。

（3）maxPosition：以 2D 坐标值（SFVce2f）指定轨迹平面上最大允许的 X、Y 平移值（即矩形轨迹平面的右上角）。

（4）offset：以 3D 坐标值（SFVce3f）为造型指定一个相对于造型当前坐标系的初始平移值，当用户在场景中首次点击可感知造型时，相关的造型即先被跳转平移到这个新位置。该域值将同时接受 minPosition、maxPosition 域设置的限制，如果偏移值设置超出了矩形轨迹面指定的范围，则造型物体的实际初始位置将被锁定到矩形轨迹面的边缘。

（5）autoOffset：以布尔值 TRUE/FALSE 说明是否在拖动结束时将造型当前的位置保存在 offset 域中。若设置为 TRUE，则在拖动结束时造型也将停留在该处，下回再次拖动造型时即从该位置开始；若设置为 FALSE，则每次拖动完毕造型都将自动复位到初始位置。

（6）isActive：此为输出接口，以布尔值 TRUE/FALSE 说明定点设备当前按钮是否按下。此事件值仅当按钮被按下或释放时才发出，在拖动期间不会连续生成。

（7）trackPoint_changed：此为输出接口，以 3D 坐标值（SFVce3f）说明拖动期间用户的定点设备所指的虚拟轨迹平面上的实际三维点，这些实际的三维点将忽略 minPosition 和 maxPosition 域的限制。

（8）translation_changed：此为输出接口，意义与 trackPoint_changed 相类似，但输出的点将被锁定在 minPosition 和 maxPosition 域指定的范围以内。该域值一般通过路由连接至 Transform 节点 set_translation 接口中。

应用 PlaneSensor 节点时，最关键的是指定 minPosition 和 maxPosition 域值，这两个域中 X、Y 分量值不同大小的组合，可以进一步确定平面传感器的功能细节：

（1）如果 minPosition 域中指定的 X、Y 分量均小于 maxPosition 域中的对应值，则被路由连接到的造型对象，其移动将被限定在由这域值所确定的矩形范围以内。

（2）如果 minPosition 域指定的 X、Y 分量中有一个大于 maxPosition 域中的对应值，则被路由连接到的造型对象，其移动将在该轴向上没有范围限制；如果 minPosition 域中指定的两个分量均大于 maxPosition 域中的对应值，则对象的移动将在 X、Y 两个轴向上均没有范围限制。

（3）如果 minPosition 域中指定的某个分量等于 maxPosition 域中的对应值，则被路由连接到的造型对象在该轴向上的移动将被禁止，此时的平面传感器则变成一种直线传感器。

6.3.11 实例：用平面传感器模拟手动推拉门

PlaneSensor 节点能用来模拟现实世界中任何一种可以沿某个固定平面或直线滑动的物体。如例 6–13 模拟的手动推拉门显示了应用 PlaneSensor 节点的典型模式。

［例 6–13］

```
#VRML V2.0 utf8

Background { skyColor  [1 1 1,] }

Transform {                                               # 固定门扇编组
  translation -0.5 0 0.26
  rotation 0 1 0 0.3
  children [
    DEF door_1 Shape{                                     # 门扇
      appearance Appearance {
        texture ImageTexture {url ["door.jpg",]}
      }
      geometry Box {size 1.2 2.2 0.06 }
    }
  ]
}

Transform {                                               # 推拉门扇编组
  translation 0.57 0 0
  rotation 0 1 0 0.3
  children [
    DEF door_2 Transform {children [USE door_1 ] }        # 推拉门扇

    DEF PSensor PlaneSensor {                             # 平面传感器
      maxPosition   0   0
      minPosition -1.1 0
    }
  ]
  ROUTE PSensor.translation_changed TO  door_2.translation
}
```

启动本例场景之后，你可以看到两扇门的初始状态是相互合拢的，见图 6–17（*a*）；此时你可以点选右边的这扇门并向左拖拽，则门扇就会按你的拖拽速度、沿着一条与门扇上、下槛平行的虚拟直线轨道而滑动，见图 6–17（*b*）；门扇向左滑动最多可以达到左边固定门扇平齐的位置，向右滑动则最多回到初始时的位置。

本例模拟的手动推拉门虽然代码简单，但讲点不少，其要点如下：

（1）PlaneSensor 节点放置的位置将决定哪些造型对象可成为被监视对象（注意，被监视对象不一定就是实际被移动的对象）。本例中，PlaneSensor 节点与图 6–17 中所示右边的这扇推拉门（door_2 对象）位于同一个 Transform 编组中，这样就只有这扇门可以成为被 PlaneSensor 节点监视的对象。

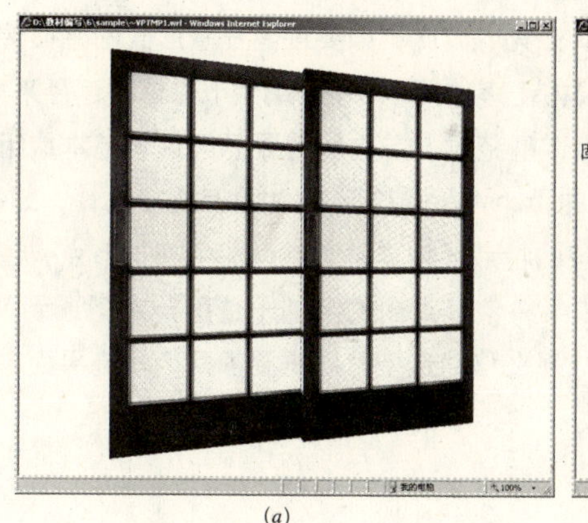

(a)

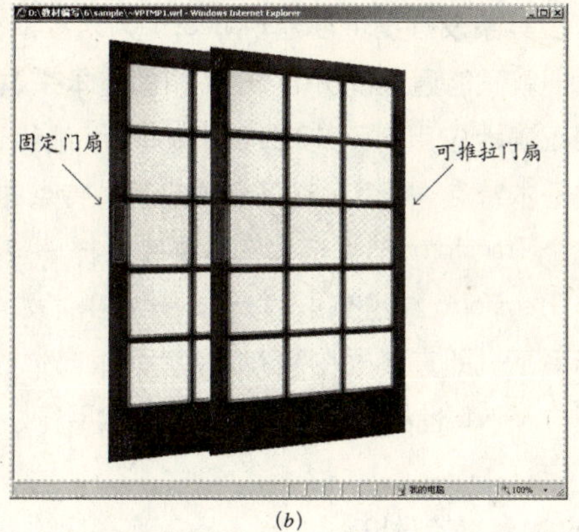

(b)

图 6-17 用 PlaneSensor 模拟手动推拉门

（2）PlaneSensor 节点路由连接的目标将决定哪些造型对象将会在用户的拖拽过程中被实际地移动。本例中路由连接的目标是右边这扇推拉门（door_2 对象）所在的局部坐标系 Transform 节点 translation 域，即：本例中设计的被 PlaneSensor 监视、以及可被控制移动的对象是一样的（注：本例中的 ROUTE TO 语句被放在 Transform 节点中域所出现的位置，将相关的对象聚集在同一个节点中带来的好处就是使代码结构变得清晰和更有利于编辑）。

提示：

在某些情况下，被监视对象也许需要与可移动对象分开来进行处理。例如，假设你想通过设计一个触摸板来遥控一个天窗推拉门的开启，那么这个触摸板将成为被监视的对象，而移动对象则是天窗上的推拉门。在这种情况下，PlaneSensor 节点应当与你设计的触摸板位于同一个编组中，而路由连接的对象则是 PlaneSensor 节点 translation_changed 接口与天窗推拉门所属的 Transform 节点 translation 域。

（3）确定轨迹平面的方向是应用 PlaneSensor 节点时最关键的一步。本例中，PlaneSensor 节点路由连接的 door_2 对象被包含在另一个 Transform 节点之中（即 door_2 对象的父坐标系），这就意味着 PlaneSensor 节点产生的轨迹平面将与该局部坐标系 XY 平面平行，由于这个局部坐标系相对于 VRML 空间世界坐标系 Y 轴旋转了 0.3rad，因此，推拉门移动的轨迹平面（线）也就相对于世界坐标系 XY 平面旋转了相同的弧度。

（4）本例中 PlaneSensor 节点路由连接的对象 door_2 本身就是一个 Transform 节点，而该节点中除了只包含一个 children 域的指定之外，其他皆使用缺省值，这样可以使你更容易地了解到 PlaneSensor 节点的控制效果。

（5）轨迹平面的大小范围是通过 PlaneSensor 节点 maxPosition、minPosition 域来确定的。本例中，两个域中设置的 Y 轴分量是相等的（皆为 0），这就意味着 Y 轴向上的移动将被禁止，从而使移动被限定在 X 轴向上；两个域中设置的 X 轴分量分别为 0 和 −1.1，这个设置与推拉门造型的初始位置、计划平移的方向和最大距离正好是吻合的。

6.3.12 创建任意形式的平面传感器控制对象

例 6-13 中的推拉门造型虽然很简单，代码量亦很少，但实际上你是可以将它当作创建任意形式的平面传感器控制对象的范本来使用的，如例 6-13 中的这个推拉门，实际上就是通过修改另一个与固定门扇编组具有相同结构的原始 Transform 节点而得到的。由于 3ds Max VRML97

Helpers 工具集没有提供创建 PlaneSensor 对象的工具，因此，如要创建任意形式的平面传感器控制对象，就只能通过模仿例 6–13 中的范本来改造已有的 Transform 编组节点这种途径来解决。

要正确地应用例 6–13 中的 Transform 编组造型范本，首先就需要了解这个范本编组造型所具有的基本特点，因为只有符合这些基本特点的 Transform 编组节点才具有可模仿性。如例 6–13 中的这个 Transform 节点范本，主要有这样一些的特点：构成整个造型的全部子节点，皆包含在同一个 Transform 编组节点的 children 域中；如果将该节点中的全部子造型节点搬迁到 VRML 世界坐标系下（即直接放在 VRML 文件的根部），那么移动造型时所需要的那个轨迹平面，其方向将正好与 VRML 世界坐标系的 XY 平面相平行。

1）3ds Max 模型处理

那么，怎样才能使一个 Transform 编组造型具有上述可模仿改造的特点呢？这就会涉及 3ds Max 建模阶段中的一些处理了。

图 6–18（*a*）显示了 3ds Max 的 Top、Front 和 Perspective 视口中拟处理的一对推拉门和一个书架造型，其中，推拉门将处理成与门扇相平行的轨迹平面上的水平直线移动；书架（包括其中的书造型）将处理成与地面相平行的轨迹平面上的矩形范围内的移动，那么这些对象在 3ds Max 中的相应处理如下：

（1）首先采用 Group 命令将拟处理的造型对象分别编组，组名称可使用 3ds Max 给予的默认值。拟处理的造型对象通常是由多个造型元素组成的，这样处理后可以大大减轻后续编辑处理的工作量。（如果拟处理造型本身就是由单个元素构成，则此步骤可省略）

（2）将造型进行旋转，使移动造型时所对应的那个轨迹平面正好与 3ds Max 世界坐标系 XZ 平面（此对应于 VRML 空间的 XY 平面）相平行。图 6–18（*b*）中显示了经过旋转后的门扇和书架在 Top、Front 和 Perspective 视口中的方向。

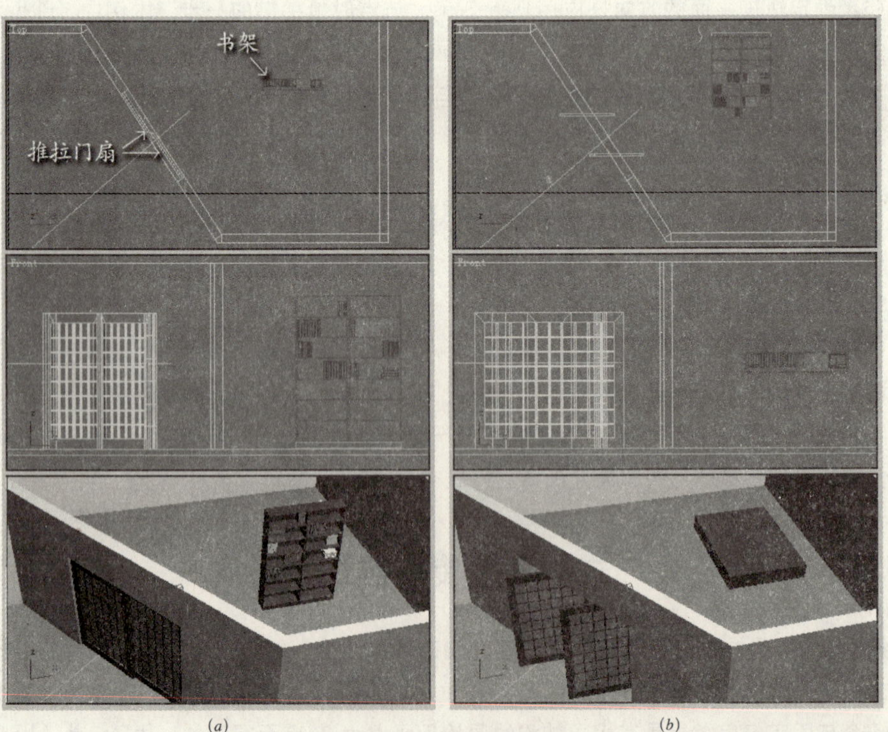

图 6–18　3ds Max 模型处理

（3）然后再次使用 Group 命令分别将拟处理的造型对象进行编组，并分别给予它们一个有意义的组名称。（如果此前造型所对应的轨迹平面正好是与 3ds Max 世界坐标系 XZ 平面平行的，则此步骤可省略，但应注意给这个组指定一个方便识别的名称）

（4）重新旋转、移动造型，使其定位到需要的地方，然后再导出 VRML 模型。

2）Transform 编组造型的改造

如图 6–19 中显示了经过上述 3ds Max 中的相应处理后得到 VRML 模型，可以看到两扇推拉门造型（VRML 文件根部的 sliding_door 和 sliding_door01 对象）和书架造型（VRML 文件根部的 bookshelf 对象）都具有类似的结构，这些对象皆具有例 6–13 中范本 Transform 编组造型的结构特点，这样，接下来编辑修改过程就变得非常简单了。

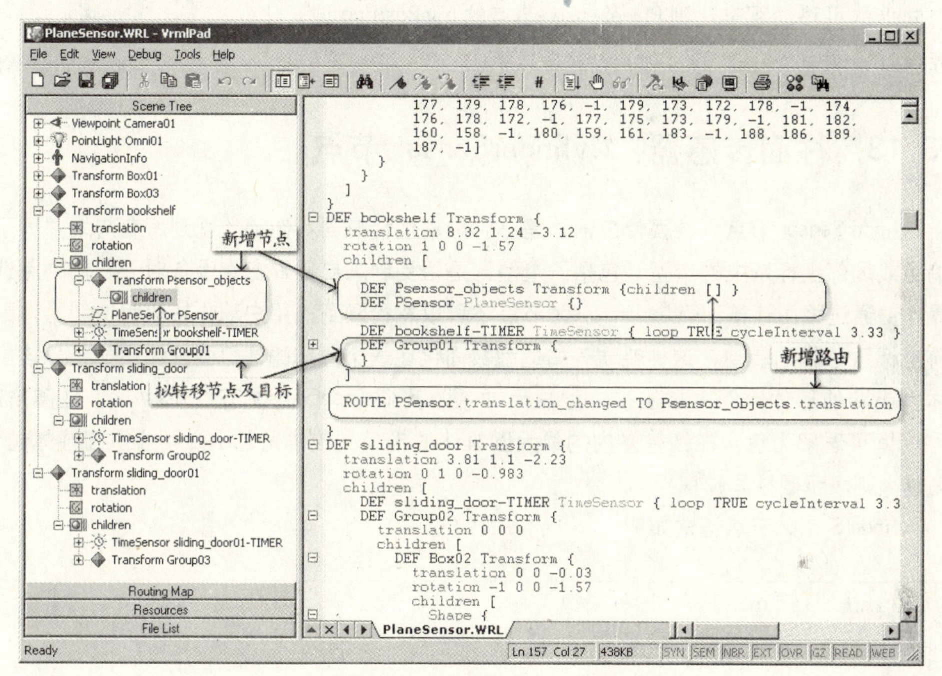

图 6–19　在 VrmlPad 中改造 Transform 编组造型

（1）首先用 VrmlPad 中打开导出的 VRML 模型文件，利用 VrmlPad 场景树，找到那个在 3ds Max 模型处理阶段中最后一次使用 Group 命令时所命名的编组对象（此时它已转换为一个 Transform 编组节点），然后双击之，使编辑栏光标迅速跳转到相应的节点位置。

（2）在 Transform 节点 children 域中，添加以下代码：

```
DEF Psensor_objects Transform {children [] }
DEF PSensor PlaneSensor {}
```

接着在同一个 Transform 节点的 children 域之后，添加一个路由语句：

```
ROUTE PSensor.translation_changed TO Psensor_objects.translation
```

如图 6–19 中显示在书架造型（bookshelf 对象）Transform 编组节点中所添加的上述代码。需要注意的是，上述代码中的 Psensor_objects、Psensor 对象名称是可以根据用户需要来命名的，如果你要改造的类似项目有多个，则应该分别使用不同的名称。

（3）在 VrmlPad 场景树中，将新添加的 Transform 展开，然后选择原 Transform 编组节点 children 域中的子造型图标（如图 6–19 中 bookshelf 编组造型的子节点 Group01），将它拖拽转移到新添加的 Transform 节点 children 域中。在此，前面在 3ds Max 处理环节中首次使用 Group 命令的作用就显现出来，假如缺乏那个步骤，那么你在这个步骤中所要进行的对象转移操作就会变得非常繁琐。

（4）最后一个步骤就是指定 PlaneSensor 节点中的 minPosition、maxPosition 域值。这两个域值的确定取决于造型的初始位置与你计划使它在轨迹平面 X、Y 轴方向上移动可达到的距离。设置时，你可以参照图 6–20 所示的方法描述一下拟处理造型上的任意一个参考点预计在轨迹平面的上下左右各方向上的可移动距离，则 PlaneSensor 节点的 minPosition 域值应该为"–m1 –n1"；maxPosition 域值应该为"m2 n2"。

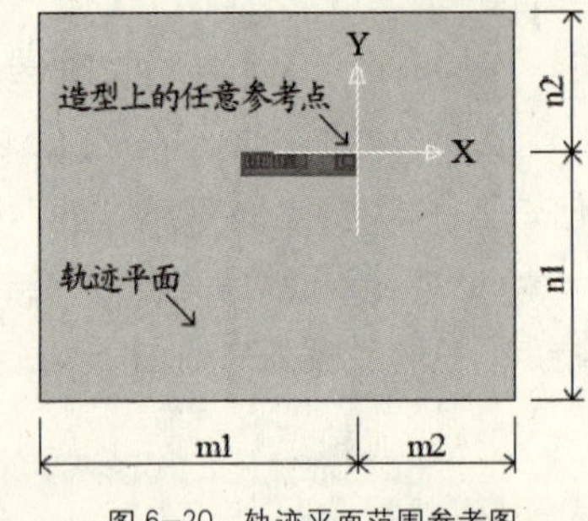

图 6–20 轨迹平面范围参考图

6.3.13 柱面传感器：CylinderSensor 节点

CylinderSensor 节点（柱面传感器）是一种触动型传感器，能够监视到所有与之并列于同一个编组或局部坐标系中的造型（包括子造型）是否受到来自用户定点设备对于它们的点选、拖拽操作。通过路由连接，CylinderSensor 节点还可以将检测到的用户动作转化为造型物体围绕其当前坐标系 Y 轴的转动。这种转动有如造型被固化在一个透明的虚拟圆柱体中一样，该虚拟圆柱体大小和的形体比例由被监视造型总尺寸，以及 CylinderSensor 节点 diskAngle 域值来决定，diskAngle 可理解为包含在圆柱体内的最大圆锥体的锥角，该锥角越小说明虚拟圆柱体越细长，锥角越大则表示圆柱体越扁平。

CylinderSensor 节点语法如下：

```
CylinderSensor{
             enable   TRUE   # exposedField SFBool
           minAngle    0     # exposedField SFFloat
           maxAngle    -1    # exposedField SFFloat
          diskAngle  0.262   # exposedField SFFloat
             offset    0     # exposedField SFFloat
         autoOffset   TRUE   # exposedField SFBool
           isActive          # eventOut SFBool
 trackPoint_changed          # evevtOut SFVec3f
   rotation_changed          # eventOut SFRotation
}
```

其中：

（1）enable：以布尔值 TRUE/FALSE 说明该传感器是否有效。

（2）minAngle：以单浮点弧度值（SFFloat）指定允许旋转的最小角度。

（3）maxAngle：以单浮点弧度值（SFFloat）指定允许旋转的最大角度。

（4）diskAngle：以单浮点弧度值（SFFloat）指定虚拟圆柱体内含的最大圆锥体的顶角，可在 0 ~ 3.14 之间取值。该域值的意义在于通过调整虚拟圆柱体的形体比例，以达到调整虚拟圆柱体侧面或顶（底）面上的操控性目的。如果你更多的是希望用户通过圆柱体的侧面来操控，则 diskAngle 域可以使用较小的值，使虚拟圆柱体侧面积增加，敏感性增强；如果你更多的是希望用户通过圆柱体的顶部或底部来操控，则 diskAngle 域可以使用较大的值，使虚拟圆柱体的顶（底）部面积增加以提高该部位的敏感性。diskAngle 默认值为 0.262（即 15°），说明这个虚拟圆柱体更适合于从侧面进行操控。

（5）offset：以单浮点弧度值（SFFloat）为造型指定一个相对于虚拟圆柱体中心轴的初始旋转角度（弧度），当用户在场景中首次点击可感知造型时，包含在虚拟圆柱体内的造型就会按照该域值使初始角度发生改变。该域值将受限于 minAngle、maxAngle 域，如果域值超出了这两个域所指定的范围，则造型物体的初始方向将与 minAngle 或 maxAngle 域所指定的方向相同。

（6）autoOffset：以布尔值 TRUE/FALSE 说明是否在拖动结束时将造型当前的角度保存在 offset 域中。若设置为 TRUE，则在拖动结束时造型也将停留在该方向，下回再次拖动即从该方向开始；若设置为 FALSE，则每次拖动完毕造型都将自动复位到初始角度。

（7）isActive：此为输出接口，以布尔值 TRUE/FALSE 说明定点设备当前按钮是否按下。此事件值仅当按钮被按下或释放时才发出，在拖动期间不会连续生成。

（8）trackPoint_changed：此为输出接口，以 3D 坐标值（SFVce3f）说明拖动期间用户的定点设备所指向的圆柱表面上的轨迹点。

（9）rotation_changed：此为输出接口，以旋转值（SFRotation）说明在拖动期间虚拟圆柱体因旋转而造成的方向变化。该域值将受限于 minAngle、maxAngle 域，输出的域值一般通过路由连接至造型的局部坐标系 Transform 节点的 set_rotation 输入接口中。

6.3.14 实例：用柱面传感器模拟转经轮

CylinderSensor 节点能用来模拟现实世界中任何一种可以围绕某个固定轴转动的物体。如例 6–14 中模拟的转经轮显示了应用 CylinderSensor 节点的典型模式。

[例 6–14]

```
#VRML V2.0 utf8

Background { skyColor  [1 1 1,] }

DEF sutra_wheel Transform {                                # 转经轮编组
  translation 0 0.8 0   rotation 0 1 0 0.4
  children [
    DEF Cylinder01 Transform {                             # 传感器控制对象
      children [
        Shape {                                            # 轮子
          appearance Appearance {
            material Material {}
            texture ImageTexture {url ["sutra_wheel.jpg",]}
          }
          geometry Cylinder { radius 0.25 height 1.1 }
        }
        Shape {                                            # 轮轴
          appearance Appearance {
            material Material {diffuseColor 0.6 0.3 0.1 }
          }
          geometry Box { size 0.06 1.5 0.06 }
        }
      ]
    }
```

```
    DEF CSensor CylinderSensor {}                              # 柱面传感器
  ]
  ROUTE CSensor.rotation_changed TO Cylinder01.rotation
}
                                      # 横梁架及 4 个转经轮的拷贝
Transform {
  translation 0 1.6 0 rotation 0 1 0 0.4
  children [
    Shape {
      appearance Appearance {
        material Material {diffuseColor 0.6 0.3 0.1}
      }
      geometry Box { size 3 0.15 0.15 }
    }
  ]
}
Transform {
  rotation 0 1 0 0.4
  children [
    Transform {translation  -1.2 0 0  children [USE sutra_wheel]}
    Transform {translation  -0.6 0 0  children [USE sutra_wheel]}
    Transform {translation  0.6 0 0  children [USE sutra_wheel]}
    Transform {translation  1.2 0 0  children [USE sutra_wheel]}
  ]
}
```

本例场景如图 6-21 所示。你可以拖拽场景中的任何一个转经轮使其转动，而另外 4 个转经轮也会自动地绕其各自的轴心转动。

比较一下本例中转经轮与例 6-13 文件中的推拉门这两个 Transform 编组节点，可以发现这两个对象的基本层次结构、传感器和路由出现的位置以及路由连接的对象等方面，都是非常相似的，仅仅只是使用了不同的传感器而已。

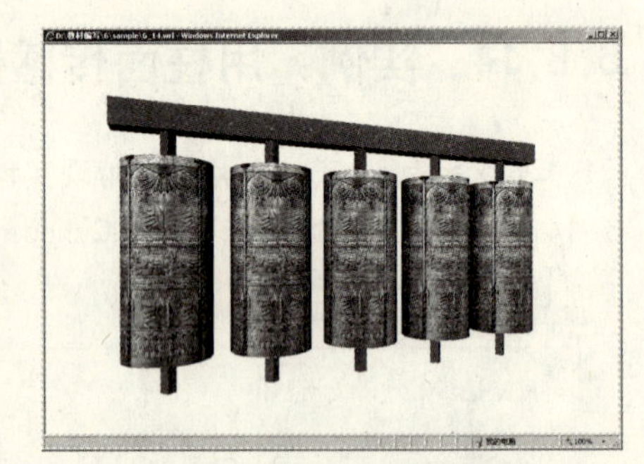

图 6-21　用 CylinderSensor 模拟转经轮

6.3.15　创建任意形式的柱面传感器控制对象

例 6-14 中的转经轮 Transform 编组节点，同样可以作为创建任意形式的柱面传感器控制对象的范本来使用，当然，要正确地应用这个范本，首先就需要了解这个范本编组造型所具有的基本特点，具体为：构成整个造型的全部子节点，皆包含在同一个 Transform 编组节点的 children 域中；如果将该 Transform 节点 children 域中的全部子造型搬迁到 VRML 世界坐标系下（即直接放在 VRML 文件的根部），那么旋转造型时所需要的那个旋转轴，将正好与 VRML 世界坐标系的 Y 轴重合。

1）3ds Max 模型处理

要使一个 Transform 编组节点具有上述特点，同样会涉及 3ds Max 中的一些处理。如图 6-22 中显示了 3ds Max 视口（Front、Top 和 Perspective）中拟处理的灯具造型，其中：灯具上各个杆件之间将被处理成可折叠的形式，其旋转轴位于各杆件间的结合部并与地平面平行；此外整个

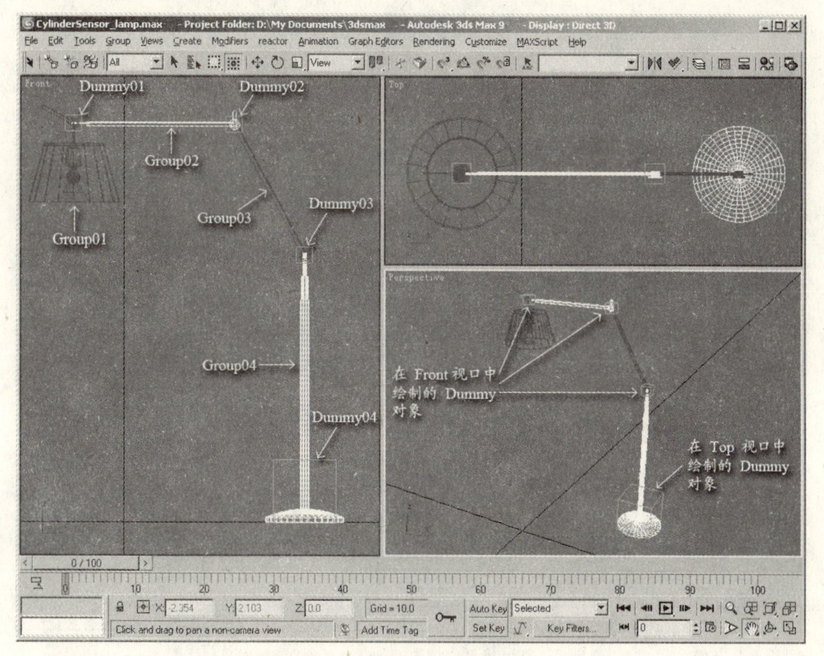

图 6–22　3ds Max 模型处理

灯具造型还要处理成可以绕底盘和竖直立杆中心轴而旋转的形式。那么，当你完成了对象基本建模之后，接下来就需要对其进行如下补充处理：

（1）首先以那些造型相对独立、且分别需要应用柱面传感器的部件为单位，采用 3ds Max 的 Group 命令将其编组。Front 视口中显示的 Group01 ～ 04 四个组对象如图 6–22 所示。

（2）旋转造型，使拟定旋转轴能与 3ds Max 坐标轴保持平行；然后调用标准辅助对象工具集中的 Dummy 工具，创建 4 个虚拟辅助对象 Dummy01 ～ 04。该步骤是确定旋转轴方向和位置的重要步骤，因此创建时首先应注意你所选择的视口方向此时正好与旋转轴的方向是一致的，其次就是注意将虚拟辅助对象的中心与旋转轴位置对齐。如图 6–22 中的 Dummy01 ～ 03 对象是用来定位沿 Y 轴方向的旋转轴的，故应当在 Front 视口中创建；而 Dummy04 对象用来定位沿 Z 轴方向的旋转轴，故应当在 Top 视口中创建。

（3）调用主工具栏中的 Select and Link 图标工具，分别进行如下选择和链接操作：选择 Group01 对象，将其链接到 Dummy01 对象上；分别选择 Group02、Dummy01 对象，将其链接到 Dummy02 对象上；分别选择 Group03、Dummy02 对象，将其链接到 Dummy03 对象上；分别选择 Group04、Dummy03 对象，将其链接到 Dummy04 对象上。

（4）重新旋转、移动整个造型，使其定位到需要的地方，然后再导出 VRML 模型。

2）Transform 编组造型的改造

经过上述 3ds Max 处理后得到的灯具 VRML 造型结构如图 6–23 所示，你可以在 VrmlPad 场景树中看出：此前在 3ds Max 中创建的 4 个虚拟辅助对象在此都转化为 Transform 编组对象；其中，由最后一个虚拟对象 Dummy04 转化而来的 Transform 对象，成为包括灯具全部子造型的最大编组节点，它与其他的子节点都严格遵循着 3ds Max 中使用 Select and Link 命令处理后所形成的父子关系。如：Dummy04 的子对象为 Group04、Dummy03；Dummy03 的子对象为 Group03、Dummy02；Dummy02 的子对象为 Group02、Dummy01；Dummy01 的子对象则只剩下 Group01。

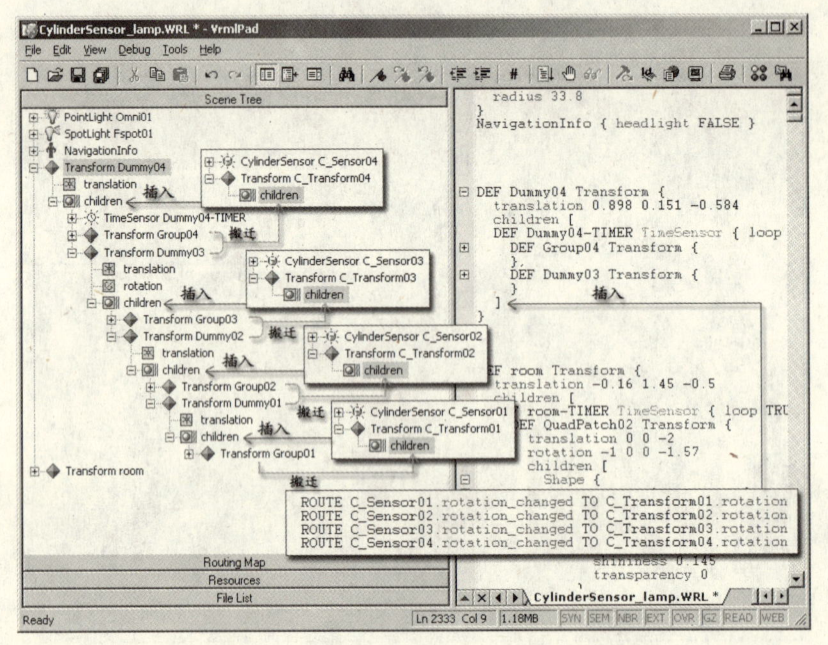

图 6-23 VrmlPad 中拟改造的 Transform 编组对象

接下来要做的，就是逐个修改以 Dummy01 ～ 04 命名的 4 个 Transform 编组节点，如图 6-23 中显示了拟处理的对象位置和内容，你可以发现，虽然这些节点呈嵌套形式分布，但针对任何一个拟处理 Transform 编组节点而言，其修改方式都是相同的。具体如下：

（1）在这些 Transform 编组节点的 children 域中，分别插入以不同名称命名的 Transform 节点和 CylinderSensor 节点。为方便编辑和避免出错，你可以在一个新文件中预先准备好下面这些代码，并将对象统一命名，正式插入时，则通过拷贝和粘贴操作来完成。

```
# Dummy01 对象 children 域:
DEF C_Sensor01 CylinderSensor { }
DEF C_Transform01 Transform { children [ ] }

# Dummy02 对象 children 域:
DEF C_Sensor02 CylinderSensor { }
DEF C_Transform02 Transform { children [ ] }

# Dummy03 对象 children 域:
DEF C_Sensor03 CylinderSensor { }
DEF C_Transform03 Transform { children [ ] }

# Dummy04 对象 children 域:
DEF C_Sensor04 CylinderSensor { }
DEF C_Transform04 Transform { children [ ] }

# 路由:
ROUTE C_Sensor01.rotation_changed TO C_Transform01.rotation
ROUTE C_Sensor02.rotation_changed TO C_Transform02.rotation
ROUTE C_Sensor03.rotation_changed TO C_Transform03.rotation
ROUTE C_Sensor04.rotation_changed TO C_Transform04.rotation
```

（2）在 VrmlPad 场景树中，应用拖拽方法将原 Transform 节点 children 域中的其他子节点搬迁到新增的 Transform 节点 children 域中。

（3）在 Dummy04 对象的 Transform 节点 children 域之后，添加 4 个连接新增 Transform 节点和 CylinderSensor 节点的路由语句。

(4) 最后一个步骤就是指定 CylinderSensor 节点中的相关域值，其中最主要的是指定 maxAngle（最大允许旋转角）和 minAngle（最小允许旋转角）这两个域值，在默认值下，对象的可旋转角是不受限制的。这两个域值的确定，取决于造型从初始位置分别可绕旋转轴向逆、顺时针方向旋转的最大弧度，设置时你可以参照图 6–24 所示的方法先进行描述，将顺时针方向弧度值作为负值并指定给 minAngle 域，将逆时针方向弧度值作为正值并指定给 maxAngle 域。

图 6–25 为经过编辑处理后的灯具造型效果，你可以在垂直方向上任意改变杆件的角度，或在平面方向上旋转整个灯具。此外，假如你在 VRML 文件中的灯泡 Shape 造型所在局部坐标系下添加了一个 SpotLight 对象的话（其 direction 域值应设置为“0 –1 0”），那么当你在场景中对灯具姿势进行任何改变时，聚光灯的照射方向也会跟随着发生改变。

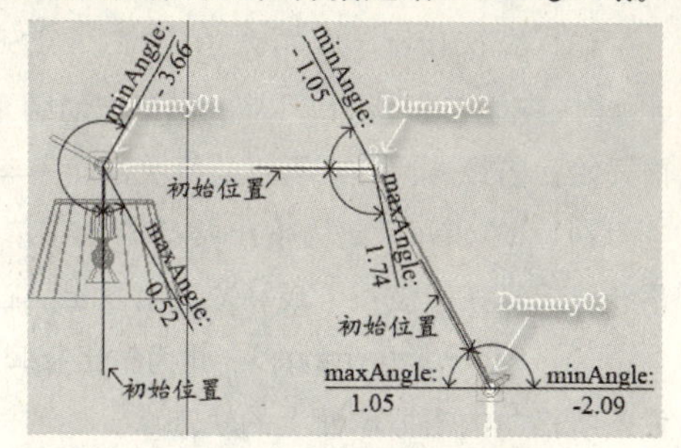

图 6–24 旋转角度范围参考图

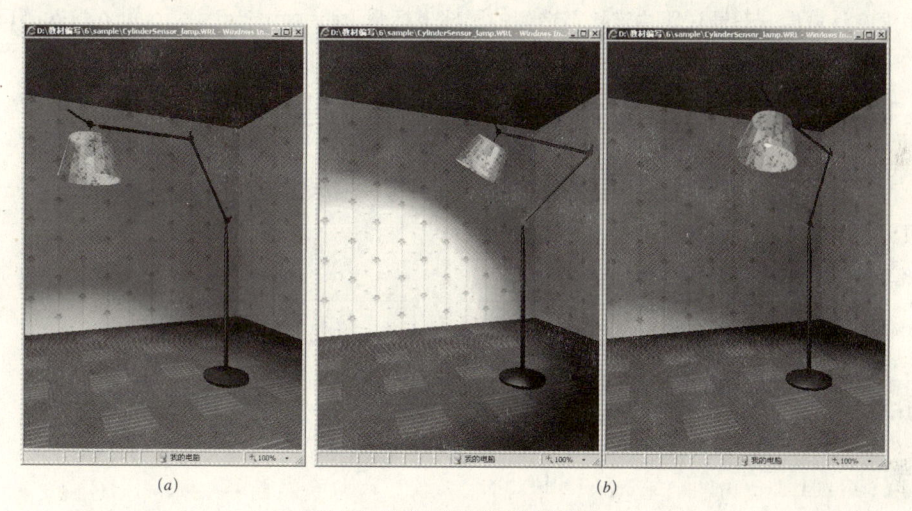

(a) (b)

图 6–25 用柱面传感器调节灯具杆件
(a) 初始状态；(b) 调整到任意角度

6.3.16 球面传感器：SphereSensor 节点

SphereSensor 节点（球面传感器）是一种触动型传感器，能够监视到所有与之并列于同一个编组或局部坐标系中的造型（包括子造型）是否受到来自用户定点设备对于它们的点选、拖拽操作。通过路由连接，SphereSensor 节点还可以将检测到的用户动作转化为造型物体围绕其当前坐标系原点的转动。

SphereSensor 节点语法如下：

```
SphereSensor {
            enabled   TRUE     # exposedField SFBool
             offset 0 1 0 0 # exposedField SFRotation
         autoOffset   TRUE     # exposedField SFBool
           inActive            # eventOut SFBool
 trackPoint_changed            # eventOut SFVec3f
   rotation_changed            # eventOut SFRotation
}
```

其中：

(1) enable：以布尔值 TRUE/FALSE 说明该传感器是否有效。

(2) offset：以旋转值（SFRotation）为造型指定一个相对于虚拟球体局部坐标系原点的初始旋转角度，当用户在场景中首次点击可感知造型时，虚拟球体所包含的造型就会按照该域值使初始方向发生改变。

(3) autoOffset：以布尔值 TRUE/FALSE 说明是否在拖动结束时将造型当前的方向保存在 offset 域中。若设置为 TRUE，则在拖动结束时造型也将停留在该方向，下回再次拖动即从该方向开始；若设置为 FALSE，则每次拖动完毕造型都将自动复位到初始角度。

(4) isActive：此为输出接口，以布尔值 TRUE/FALSE 说明定点设备当前按钮是否按下。此事件值仅当按钮被按下或释放时才发出，在拖动期间不会连续生成。

(5) trackPoint_changed：此为输出接口，以 3D 坐标值（SFVce3f）说明拖动期间用户的定点设备所指向的虚拟球面上的轨迹点。

(6) rotation_changed：此为输出接口，以旋转值（SFRotation）说明在拖动期间虚拟球体已旋转的角度。该域值一般通过路由连接至造型的局部坐标系 Transform 节点 set_rotation 输入接口中。

6.3.17　实例：用球面传感器控制缩微模型

SphereSensor 节点典型的应用情形就是展示某种物件或产品样本。例 6-15 模拟了在一个房间中展示的该房间的缩微模型。

[例 6-15]

```
#VRML V2.0 utf8
NavigationInfo { headlight FALSE }
Inline { url  ["CylinderSensor_lamp.WRL",] }            # 房间造型
Transform {                                             # 缩微展示模型编组
 translation -1 1 0 rotation 0 1 0 0.7 scale 0.2 0.2 0.2
 children [
  DEF S_Transform Transform {                           # 传感器控制对象
   children [
    Transform {                                         # 缩微房间
     translation  0 -1.5 0
     children [Inline { url "CylinderSensor_lamp.WRL",}]
    }
    Transform {                                         # 透明球体
     translation  -0.1  0 -.4
     children [
      Shape {
       appearance Appearance {
        material Material {transparency 0.8 }}
       geometry Sphere { radius 4  }
      }
     ]
    }
   ]
  }
  DEF S_Sensor SphereSensor { }                         # 球面传感器
 ]
 ROUTE S_Sensor.rotation_changed TO S_Transform.rotation
}
```

SIX

本例场景主要是通过两个 Inline 节点行插入图 6–25 所示模型得到的，其中，由第一个 Inline 节点行插入的模型提供一个室内空间环境；第二个 Inline 节点位于一个带有平移、旋转和缩放变换的局部坐标系中，由它提供用于展示的房间缩微模型。为了这个缩微模型有更好的可操控性，另外还采用了一个 80% 透明的球体将其包裹起来。（实际上采用完全透明的球体效果会更好，这样处理主要是为了保证用户的鼠标指针总是可以“触摸”到缩微模型的前面）

图 6–26（*a*）显示了启动例 6–15 文件后看到的初始效果，你可以任意转动这个球体以便从不同角度观察缩微模型。有趣的是，假如你关闭了 VRML 浏览器的碰撞检测功能并进入了球体空间，那么你同样可以操控缩微模型中灯具，而包含在灯具内部的聚光灯，同样也会将其变化的照明效果直接反映在缩微模型和它的外部环境中，如图 6–26（*b*）所示。

本例中的缩微房间展示模型 Transform 编组节点，在基本层次结构、传感器和路由出现的位置、以及路由连接的对象等方面，都是与例 6–13 文件中的推拉门、例 6–14 文件中的转经轮非常相似的，而仅仅是使用了不同的传感器而已。

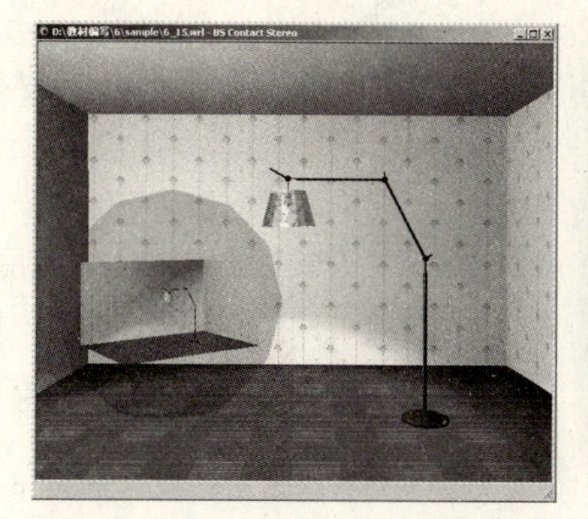

（*a*）

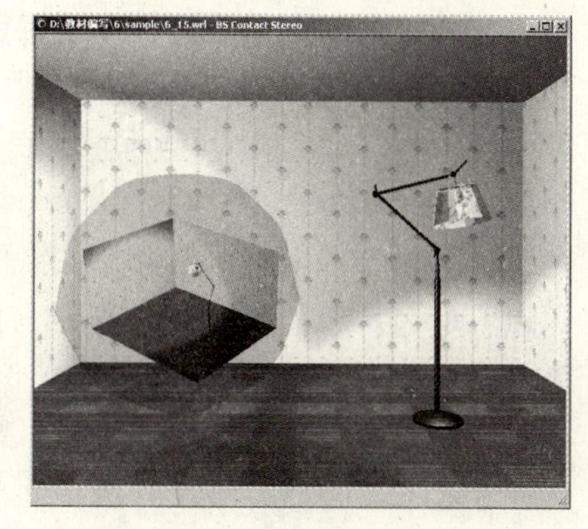

（*b*）

图 6–26　用球面传感器控制缩微模型

6.3.18　创建任意形式的球面传感器控制对象

例 6–15 中的缩微展示模型 Transform 节点，同样可以作为创建任意形式的球面传感器控制对象的范本来使用。这个 Transform 节点范本具有这样一些特点：构成整个造型的全部子节点，皆包含在同一个 Transform 编组节点的 children 域中；如果将该 Transform 节点 children 域中的全部子造型搬迁到 VRML 世界坐标系下（即直接放在 VRML 文件的根部），那么旋转造型时所需要的那个旋转中心，将正好与 VRML 世界坐标系的原点重合。

1）3ds Max 模型处理

要使一个 Transform 编组节点具有上述特点，同样需要在 3ds Max 中进行一些处理，有两种方法可以达到这样的目的：

（1）Group 命令编组方法。这种方法与前面介绍的平面传感器控制对象的处理方法有些类似，其要点是要对造型进行两次 Group 命令处理：第一次 Group 命令将产生后期编辑阶段中需要进行搬迁转移的子节点编组；第二次 Group 命令将产生后期编辑阶段中需要将之改造为球面传感器控制对象的 Transform 编组节点。用 Group 命令编组方法处理造型时，对造型当前的方向、位置以及使用的视口都没有特殊要求，而处理之后的 Transform 编组节点，将以子造型对象共同形成的几何中心作为局部坐标系的原点来定位子造型。

（2）运用 Dummy 对象方法。这种方法与前面介绍的柱面传感器控制对象的处理方法有些类似，其要点是：先对造型进行一次 Group 命令处理；然后再创建一个 Dummy 对象，并用 Select and Link 工具将 Group 组对象链接到这个 Dummy 对象上。运用 Dummy 对象方法处理造型时，对造型当前的方向、位置以及使用的视口同样没有特殊要求，但对于 Dummy 对象的空间布置需要精心设计，因为这样处理后的 Transform 编组节点，是以 Dummy 对象所在位置为局部坐标系原点来定位它的子造型的（这也就是运用 Dummy 对象方法的意义所在），所以这种方法可以使你能够更加精确地设计球面传感器控制对象的旋转中心。

2）Transform 编组造型的改造

当得到符合范本要求的 Transform 编组节点之后，针对它们的改造方法也是与前面介绍的平面传感器和柱面传感器控制对象处理方法基本相同的，即：首先在原始 Transform 节点 children 域中添加新的 Transform 和 SphereSensor 节点；在 children 域之后，添加一个连接新增的 SphereSensor 节点 rotation_changed 输出接口与新增的 Transform 节点 set_rotation 输入接口的路由语句；将原始 Transform 节点 children 域中原有的子节点搬迁到新增的 Transform 节点 children 域中。例如，在 6.3.15 节中讨论的那个灯具造型的改造，如果你分别将插入到 Dummy01 ～ 03 对象 children 域中的 3 个 CylinderSensor 节点都改换成 SphereSensor 节点类型的话，那么这个灯具上各杆件之间的连接方式，都将变成万向节的形式，如图 6–27 所示。

图 6–27　SphereSensor 节点模拟的万向节灯具

6.4　VRML 脚本的应用

前面讨论的 VRML 交互实例都没有应用 VRML 脚本程序，故其交互效果往往存在一定的局限。而 VRML97/2.0 提供的 Script 节点，允许用户运用 VrmlScript、JavaScript、Java 等语言来编写 VRML 脚本程序，从而可实现更复杂、特殊的交互效果。关于上述程序语言的深入讨论已超出本书论及的范围，本书附录 A 提供了一份 VrmlScript 语言的简单说明，读者可以之作为应用中的参考。在本节里，将重点介绍几个在虚拟建筑场景中具有较强实用性的脚本例程，读者可以通过研究这些例程，然后将其移植到自己的场景中。

6.4.1　创建脚本：Script 节点

Script 节点允许用户创建所需要的脚本程序。Script 节点中可以包括这样一些元素：用户自行定义的若干数目的 eventIn 输入接口，用于接收 Script 节点外部传入的事件数据（域值）并启动脚本程序；用户自行定义的若干数目的 eventOut 输出接口，用于将脚本程序运算结果向 Script 节点外部输出；用户自行定义的若干数目的 field 域，可以为脚本程序的运行预置某些参数；采用 VrmlScript、JavaScript 或 Java 等语言编写的脚本程序。

Script 节点语法如下：

```
Script {
          url          []          # exposedField MFString
  mustEvaluate       FALSE         # field SFBool
  directOutput       FLASE         # field SFBool
         # 以下为用户自定义的任意数目的接口、域
    # 指定域类型  # 指定域值类型  # 指定指定域名、默认值
      eventIn  eventInType  eventInName
     eventOut eventOutType  eventOutName
        field   fieldType   fieldName initialValue
}
```

其中：

(1) url：指定脚本所在的 URL 地址，或者直接在其中书写脚本。url 域中可使用多个脚本，但浏览器只会执行第一个它所理解的脚本。每个脚本都必须包含在一对西文双引号中，当 url 域中包括多个脚本时，则必须使用西文方括号将多个脚本组成的列表括起来。

(2) mustEvaluate：指出当浏览器不再需要脚本的输出时，是否还要给脚本发输入事件。若为 FALSE，可提高 VRML 浏览器的性能；若脚本中包含了处理 VRML 场景之外其他对象的某些操作（如访问网络中的某些对象），则可以设为 TRUE。

(3) directOutput：指出是否允许脚本直接将运算结果输出到场景中相关对象节点域中。如果不是十分必要的话，应设为 FALSE，可便于浏览器对场景进行优化。

上述 url、mustEvaluate、directOutput 域是 Script 节点本身固有的，此外，用户还可以在 Script 节点中自定义任意数目的输入、输出接口（eventIn、eventOut）和域（field）。其中：

(4) eventIn：用来定义一个输入接口。书写时，要依次指明域类型、域值类型和接口名称。例如，定义一个名称为 startTime、域值类型为 SFTime 的输入接口，则可书写为：

```
eventIn  SFTime  startTime
```

(5) eventOut：用来定义一个输出接口。书写时，要依次指明域类型、域值类型和接口名称。例如，定义一个名称为 newchoice、域值类型为 SFInt32 的输出接口，则可书写为：

```
eventOut SFInt32 newchoice
```

(6) field：用来定义一个域。书写时，要依次指明域类型、域值类型、域名称及缺省值。例如，定义一个名称为 fracs、域值类型为 SFFloat、缺省值为 0.0 的域，则可书写为：

```
field SFFloat fracs 0.0
```

此外，如果指定 field 域，其域值类型为 SFNode（即单值节点类型），则缺省值可以为一个 VRML 节点，或一个空值 NULL，或一个由 USE 关键字引用的另一个已命名节点。如下面的几个 field 域定义都是合法的：

```
field SFNode material    Material {}
field SFNode appearance  NULL
field SFNode timer       USE  yourtime
```

6.4.2 例程：开始曲效果

在某些情况下，你的 VRML 场景可能需要使用一段音乐作为开始曲，毫无疑问，这将首先涉及 Sound 和 AudioClip 节点的使用。然而问题在于，若要产生可听的声音效果，你的 AudioClip 节

点 loop 域必须设置为 TRUE，startTime 域值必须设置为大于或等于 stopTime 域值才行，当然，这样产生出的声效将会循环不止，且当你每次启动场景时，乐曲的开始位置也是变化不定的。

下面例 6–16 中的 Script 节点所解决的问题是：当场景启动之后，音乐即从乐曲的开始处播放；当播放完成了一个周期之后便自动停止。

[例 6–16]

```
#VRML V2.0 utf8

DEF StartMusic Script{                          # 命名的 Script 节点
  eventIn SFTime durationchanged
  eventOut SFTime startsound
  url "vrmlscript:                              // VrmlScript 程序的开始处
  function durationchanged(val,time){  // 定义一个 durationchanged 函数
    if(val) startsound=time;
  }                                              // durationchanged 函数结尾处
  "                                             # url 域的结尾处
}

Sound {
  source DEF YourAudio AudioClip {    # 目标处理对象为 AudioClip 节点
    url "StartMusic.wav"
    startTime 1
  }
}
    # 添加必要的路由
ROUTE YourAudio.duration_changed TO StartMusic.durationchanged
ROUTE StartMusic.startsound TO YourAudio.set_startTime
```

本例是一个较为简单的脚本应用，为了使你对 Script 节点和 JavaScript 语言应用有一个初步了解，这里不妨对其稍作一番解释说明：

本例中的 Script 节点分别指定了一个输入接口 durationchanged 和一个输出接口 startsound，两个接口都使用 SFTime 数据类型。本例所使用的编程语言为 VrmlScript，故 url 域中的脚本是以“vrmlscript：”为标识，并放在脚本代码的最前面（使用 JavaScript 时，则相应的标识应为“javascript：”）。紧跟在“vrmlscript：”之后的代码“function durationchanged (val,time){…}”定义了一个与输入接口 durationchanged 具有相同名称的函数，其作用是一旦输入接口 durationchanged 接收到了数据，就会自动地激活与之同名的 durationchanged 函数去执行相应的程序运算。函数名 durationchanged 的后面紧跟了一对圆括号，其内最多可以包括两个变量：第一个变量总是表示 durationchanged 输入接口接收到的 eventIn 事件值，第二个变量总是表示 eventIn 事件产生的时间（称为时间戳）。圆括号内的变量名称在符合脚本语言规范要求的前提下是可以随意取的，如果函数的所有语句块都不需要使用这两个变量，则圆括号内的变量也可以省略。紧跟在圆括号之后的是一对花括号，其内包含了一条或者多条函数语句，每条语句之后都用西文分号结束。此外，在运用 JavaScript 或 VrmlScript 语言编写的 VRML 脚本中也可以使用注释，注释符号为两个连续的顺斜杠。

例 6–16 中的例程可以移植到任何需要开始曲的 VRML 场景中，应用要点如下：

(1) 将例 6–16 中 StartMusic 对象（Script 节点）的完整代码拷贝到你的 VRML 文件中。如果你的 VRML 场景中已经存在一个与 Script 节点同名的对象（如 StartMusic），则 Script 节点需要使用另外一个对象名称；

(2) 给目标处理对象 AudioClip 节点命名，并将 AudioClip 节点 startTime 域值指定为 1（使

之大于 stopTime 域的默认值 0)，loop、stopTime 域可使用默认值；

(3) 添加两条路由：一条是将 AudioClip 节点 duration_changed 输出接口连接至 Script 节点 durationchanged 输入接口；另一条是将 Script 节点 startsound 输出接口连接到 AudioClip 节点 set_startTime 输入接口。

6.4.3 例程：纹理的循环切换

下面的例 6-17 中包含了一个可循环切换造型纹理的实用脚本。场景启动后，每当你点击一次门造型，其纹理就会发生一次改变。你可以循环地切换门造型上的纹理。

[例 6-17]

```
#VRML V2.0 utf8

Transform {                                    # 门（兼作开关）的编组造型
  children [
    DEF YourTouchSensor TouchSensor {}        # 添加命名的 TouchSensor 节点
    Shape {
      appearance Appearance {
        texture DEF YourTexture ImageTexture { url "door.jpg" }
                                         # 目标处理对象为 ImageTexture 节点
      }
      geometry  Box {size 1 2.2 0.06}
    }
  ]
}

DEF changeTexture Script {                     # 命名的 Script 节点
  eventIn SFBool touchTime
  eventOut MFString textureUrl
  field  SFInt32  index 1
  field MFString textureList  [   "door.jpg", "door01.jpg",
                                "door02.jpg", "door03.jpg",]
  url "vrmlscript:
  function touchTime (value, timestamp){
    if (value == TRUE){
      if (index <= textureList.length - 1) {
        textureUrl = textureList[index]; index = index + 1; }
      else {textureUrl = textureList[0]; index = 1;}
    }
  }"
}
                    # 添加必要的路由
ROUTE YourTouchSensor.isActive TO changeTexture.touchTime
ROUTE changeTexture.textureUrl TO YourTexture.set_url
```

本例程可以应用于任何需要进行纹理图切换的 VRML 造型上，应用要点如下：

(1) 将例 6-17 中 changeTexture 对象（Script 节点）的完整代码拷贝到你的 VRML 文件中。必要的话，Script 节点也可以采用其他名称来命名。

(2) 根据你的图像文件名和保存的地址，修改 Script 节点中自定义的 textureList 域缺省值（即纹理图的 URL 地址）。你可以预置任意数目的图像文件用于纹理的切换。

(3) 在开关造型（可直接利用原造型）所在的 Transform 或 Group 编组节点 children 中，插入一个命名的 TouchSensor 节点。

(4) 给目标处理对象 ImageTexture 节点命名。

(5) 添加两条路由：一条是将 TouchSensor 节点的 isActive 输出接口连接至 Script 节点 touchTime 输入接口；另一条是将 Script 节点 textureUrl 输出接口连接到需要进行纹理图切换的 ImageTexture 节点 set_url 输入接口。

6.4.4 例程：造型的循环切换

下面的例 6–18 中包含了一个可循环切换造型的实用脚本。场景启动后，你将首先看到正前方有一个如图 6–5 中所示的平开门造型，右侧有一个球体造型作为切换开关。当你依次点击右侧这个球体造型时，正前方的造型将循环切换为平开门、推拉门和转经轮。

[例 6–18]

```
#VRML V2.0 utf8

Viewpoint { position 0.5 1 8 }

DEF YourSwitchName Switch{                        # 目标处理对象为 Switch 节点
  whichChoice 0
  choice[                                         # 任意数目的可选造型
    Transform {children [Inline {url "6_04.wrl"} ] }
    Transform {translation 0 1.2 0 children [Inline {url "6_13.wrl"} ] }
    Transform {children [Inline {url "6_14.wrl"} ] }
    # ……
  ]
}

Transform {                                       # 开关编组造型
  translation 0.8 1 7
  children [
    DEF YourTouchSensor TouchSensor  {}           # 添加命名的 TouchSensor 节点
    Shape {
      appearance Appearance {  material Material { } }
      geometry  Sphere { radius 0.1}
    }
  ]
}

DEF changeSwitch Script{                          # 命名的 Script 节点
  eventIn SFTime clicked
  eventOut SFInt32 newchoice
  url "vrmlscript:
  function clicked(){
    newchoice += 1;
    if(newchoice > 2 )          // 大于号后面的数字应比可选的造型总数少 1
      newchoice=0;
  }"
}
                    # 添加必要的路由
ROUTE YourTouchSensor.touchTime TO changeSwitch.clicked
ROUTE changeSwitch.newchoice TO YourSwitchName.set_whichChoice
```

本例程是与 Switch 节点配合使用的，当你需要在 VRML 场景中对不同的细部设计方案进行比较时，这个例程就会变得特别有用。应用如下要点：

(1) 将例 6–18 中 changeSwitch 对象（Script 节点）的完整代码拷贝到你的 VRML 文件中。必要的话，Script 节点也可以采用其他名称来命名。

(2) 根据你在 Switch 节点中设置的造型选项数目，修改 Script 节点中脚本的判断语句，将大于符号“>”后面的数字，修改为比 Switch 节点 choice 域中的可选项总数目少 1。

（3）在开关编组造型的 children 中，添加一个命名的 TouchSensor 节点。

（4）添加两条路由：一条是将 TouchSensor 节点的 touchTime 输出接口连接至 Script 节点 clicked 输入接口；另一条是将 Script 节点 newchoice 输出接口连接到 Switch 节点 set_whichChoice 输入接口。

6.4.5 例程：TRUR/FALSE 值的循环切换

下面的例 6–19 中包含了一个可循环切换输出 TRUR、FALSE 值的实用脚本，利用该脚本你可以实现在 VRML 场景中随时打开或者关闭一个光源。场景启动后，你将看到一个被 VRML 光源照亮的长方体，点击该长方体时，光源将会在开、关两种状态之间循环切换。

[例 6–19]

```
#VRML V2.0 utf8

Viewpoint { position 0 3 10   orientation 1 0 0 -0.2 }

Transform {
  translation 0 8 -8
  children [
    DEF YourLightName PointLight {}         # 目标处理对象
  ]
}

Transform {                                 # 开关编组造型
  children [
    DEF YourTouchSensor TouchSensor  {}     # 添加命名的 TouchSensor 节点
    Shape {
      appearance Appearance {material Material { } }
      geometry Box { size 6 0.2 6 }
    }
  ]
}

DEF T&F Script {                            # 命名的 Script 节点
  eventIn  SFTime touched
  eventOut SFBool state_changed
  field SFBool state TRUE                   # 设置光源节点 on 域的初始值
  url "vrmlscript:
  function initialize(){state_changed = state;}
  function touched (val) {
    if (state_changed) state_changed = false;
    else state_changed = true;
  }"
}
                # 添加必要的路由
ROUTE YourTouchSensor.touchTime TO T&F.touched
ROUTE T&F.state_changed TO YourLightName.on
```

本例程可用于控制 VRML 节点中所有使用 SFBool 类型数据的开放域（exposedField）或输入接口（eventIn），如 Collision 节点的 collide 域；传感器节点的 enabled 域；光源节点的 on 域，Background、NavigationInfo 节点的 set_bind 输入接口等。应用要点如下：

（1）将例 6–19 中 T&F 对象（Script 节点）的完整代码拷贝到你的 VRML 文件中。必要的话，Script 节点也可以采用其他名称来命名。

（2）给目标处理节点对象命名，如例 6–19 中的 YourLightName 对象（PointLight 节点）。

（3）在开关编组造型的 children 中，添加一个命名的 TouchSensor 节点。

（4）添加两条路由：一条是将 TouchSensor 节点的 touchTime 输出接口连接至 Script 节点 touched 输入接口；另一条是将 Script 节点 state_changed 输出接口连接到目标处理节点对象的相关输入接口。

6.4.6 例程：动画的暂停／播放控制

下面的例 6–20 中包括了一个能控制动画播放、暂停的实用脚本。启动例 6–20 场景后，你可以看到一个处于静止状态的圆柱体；点击圆柱体后，圆柱体即开始进行缩放变形动画；当你再次点击圆柱体时，圆柱体变形动画即被停止并保持着停止时的姿态；此后如果再次点击圆柱体，则圆柱体将从此前停止时的姿态开始，接着完成后续的缩放变形过程。

[例 6–20]

```
#VRML V2.0 utf8

Viewpoint { position 0 80 100  orientation 1 0 0 -0.7 }

DEF Scale_shape Transform {                    # 动画编组造型（兼作开关）
  children [
    DEF yourtouchsensor TouchSensor { }   # 添加命名的 TouchSensor 节点
    Shape {
      appearance Appearance { material Material {}}
      geometry Cylinder { radius 10  height 10  }
      }
    DEF yourtimer TimeSensor {              # 目标处理对象为动画的时间传感器
      loop TRUE cycleInterval 6 stopTime 1
    }
    DEF Scale_Interp PositionInterpolator {
      key [ 0, 0.25, 0.5, 0.75, 1 ]
      keyValue [1 1 1, 0.5 4 0.5, 1 4 3, 3 0.1 3, 1 1 1]
    }
  ]
  ROUTE yourtimer.fraction_changed TO Scale_Interp.set_fraction
  ROUTE Scale_Interp.value_changed TO Scale_shape.set_scale
}

DEF Pause Script {                              # 命名的 Script 节点
  field SFNode timer  USE  yourtimer           # 缺省值引用目标处理对象
  field SFFloat fracs 0.0
  field SFBool active FALSE
  field SFTime  cycleInterval -1
  eventIn  SFTime clickTime
  directOutput TRUE
  url "vrmlscript:
  function clickTime (val, time) {
    active=timer.isActive ;
    fracs=timer.fraction_changed;
    cycleInterval=timer.cycleInterval;
    if(active) {
      timer.enabled = false;
      timer.stopTime = time;
      timer.startTime = -1;
    }
    else {
```

```
      timer.enabled = true;
      timer.startTime = time - (fracs*cycleInterval);
      timer.stopTime = -1;
    }
  }"
}
                    # 必要的路由连接
ROUTE yourtouchsensor.touchTime TO Pause.clickTime
```

例 6-16 中的 VRML 脚本可用于控制各种类型 VRML 动画的暂停和播放，而且无论在场景启动时动画是否已开始运行。应用这个脚本时，须注意以下要点：

（1）将例 6-20 中 Pause 对象（Script 节点）的完整代码拷贝到你的 VRML 文件中。必要的话，Script 节点也可以采用其他名称来命名；

（2）修改 Script 节点中的第一个 field 域定义，将 USE 关键字之后的对象名 yourtimer，修改为动画所使用的时间传感器（TimeSensor 节点）对象名；

（3）在开关编组造型（可直接利用已有的动画编组造型）的 children 中，插入一个命名的 TouchSensor 节点；

（4）添加一条路由，将 TouchSensor 节点 touchTime 输出接口连接到 Script 节点的 clickTime 输入接口。

6.4.7 例程：纹理坐标平移动画插值器

下面的例 6-21 中，包括了一个可以使造型纹理朝一定方向作匀速运动的插值器脚本。启动例 6-21 场景后，你可以看到造型表面上的水波纹理从右上角向左下角不停地流动。

[例 6-21]

```
#VRML V2.0 utf8

Transform {                           # 水幕编组造型
  rotation 1 0 0 1.57
  children [
    Shape {
      appearance Appearance {
        texture ImageTexture { url "water.jpg"  }
        textureTransform DEF transform2D TextureTransform {}
                        # 目标处理对象为 TextureTransform 节点
      }
      geometry Box { size 50 0.1 25  }
    }
    DEF yourtimer TimeSensor {        # 添加命名的 TimeSensor 节点
      cycleInterval 3 loop TRUE
    }
  ]
}

DEF transform2D_Interp Script {       # 命名的 Script 节点
  eventIn SFFloat fraction
  eventOut SFVec2f translation
  field SFInt32 x 1                   # x 轴向平移总量（整数）
  field SFInt32 y 1                   # y 轴向平移总量（整数）
```

```
  url "vrmlscript:
  function fraction () {
    translation = new SFVec2f(x*fraction, y*fraction);
  }"
}
                              # 必要的路由连接
ROUTE yourtimer.fraction_changed TO transform2D_Interp.fraction
ROUTE transform2D_Interp.translation TO transform2D.set_translation
```

例 6-21 中的 VRML 脚本可用来模拟流动的水或漂浮的云等效果。应用要点如下：

(1) 将例 6-21 中 transform2D_Interp 对象（Script 节点）的完整代码拷贝到你的 VRML 文件中。必要的话，Script 节点也可以采用其他名称来命名。

(2) 给目标处理对象 TextureTransform 节点命名。如果原造型的 Appearance 节点中没有指定 textureTransform 域，则需要添加这个域，并用一个命名的 TextureTransform 节点作为 textureTransform 域的域值。

(3) 为应用动画纹理的造型添加一个命名的 TimeSensor 节点。为了使代码结构清晰，你可以将 TimeSensor 节点放在应用动画纹理的编组造型的 children 中。将 TimeSensor 节点 loop 域设为 TRUE，cycleInterval 域可以先预设一个稍大一些的值以便于后续的调试。

(4) 添加两条路由：一条是将 TimeSensor 节点的 fraction_changed 输出接口连接至 Script 节点 fraction 输入接口；另一条是将 Script 节点 translation 输出接口连接到目标处理节点对象 TextureTransform 节点的 set_translation 输入接口。

(5) 调整动画纹理的平移方向和速度。这涉及 Script 节点中定义的 x、y 两个 field 域缺省值的修改，以及 TimeSensor 节点 cycleInterval 域值的调整。在此有必要先对例 6-21 中 Script 节点的某些细节进行一些解释说明，具体如下：

Script 节点中定义的 x、y 两个 field 域，其意义可理解为一次动画循环中纹理分别在 x、y 轴向上的平移总量，其域值使用 SFInt32（整数型数据）是为了保证纹理在平移运动中保持连续和回绕而不出现跳跃现象。x、y 值的正负方向以及两者之比，将决定纹理平移运动的方向：若 x、y 为正，则纹理将朝向 x、y 轴的负方向移动（向左和向下），反之则朝向 x、y 轴的正方向移动（向右和向上）；若 x、y 中有一个为 0，则纹理将只会在 x（y 为 0 时）或 y（x 为 0 时）轴某一个方向上移动；若 x、y 绝对值相等，则纹理将正好沿纹理图对角线移动；若 x 绝对值大于 y，则纹理更倾向于水平方向的移动，反之则倾向于垂直方向的移动。

修改 Script 节点中定义的 x、y 两个 field 域的缺省值，主要是为了控制纹理平移运动的方向，你可以通过调整 x、y 值的正、负号，以及绝对值的相对大小比例来达到这个目的。不过，x、y 绝对值大小同时也会直接影响到纹理平移运动的速度，绝对值越大则纹理平移的速度越快。对于该问题，你可以通过调整 TimeSensor 节点 cycleInterval 域值的方法来解决。

6.4.8 例程：凸凹反射偏移动画插值器

在第 5 章 5.5.5 节和 5.5.6 节中，我们曾讨论过 blaxxun/BS 开发的凸凹反射偏移控制节点 BumpTransform，该节点可用于凸凹贴图中环境反射图像的生成方向以及反射图像的复杂度控制。在下面的例 6-22 中，包括了一个可以使 BumpTransform 节点生成的环境反射方向不断产生旋转变化的插值器脚本。启动例 6–22 场景后，你可以看到这个应用了凸凹贴图的水面造型，因环境反射方向不断循环变化而呈现出波光粼粼的水面效果，如图 6–28（*a*）所示。

SIX

[例 6–22]

```
#VRML V2.0 utf8

Viewpoint { position 0 20 60   orientation 1 0 0 -0.4 }

Transform {                                   #  水面编组造型
  children [
    Shape {
      appearance Appearance {
        material Material {  transparency 0.2 }
        texture MultiTexture {                # 多纹理节点
          texture [
            ImageTexture{ url ["water01.jpg"] }
            ImageTexture{
              url "water01.jpg"
              parameter  ["format=V8U8" ]
            }
            ImageTexture { url "envmap01.jpg" }
          ]
          mode [ "MODULATE" "BUMPENVMAP" "ADD" ]
          bumpTransform [
            NULL
            DEF yourBumpTransform BumpTransform {}
                                  # 目标处理对象为 BumpTransform 节点
          ]
        }
      }
      geometry Box { size   60 0.1 60 }
    }
    DEF yourtimer TimeSensor {                # 添加命名的 TimeSensor 节点
      loop TRUE cycleInterval 2
    }
  ]
}

Transform {          #  池底造型，此处省略
}

DEF BumpTransform_Interp Script {             # 命名的 Script 节点
  field SFNode tx USE yourBumpTransform  # 缺省值引用目标处理对象
  eventIn SFFloat fraction
  directOutput TRUE
  url "vrmlscript:
  function fraction(val) {
    var r = 5;                                # 变量 r: 控制波光的细腻程度
    val *= 2*Math.PI;
    var s = r * Math.sin(val);
    var c = r * Math.cos(val);
    tx.s.x = c; tx.s.y = -s;    tx.t.x = s;  tx.t.y = c;
     }"
}
                          #  必要的路由连接
ROUTE yourtimer.fraction_changed TO BumpTransform_Interp.fraction
```

例 6-22 中的 VRML 脚本只能作用于 BumpTransform 节点，可用来模拟一些具有凸凹和液态特征的表面，如水面、熔化的岩石、黏稠状的液体等（具体特性取决于你所使用的基本纹理图、凸凹图以及环境光照图）。应用要点如下：

（1）将例 6-22 中 BumpTransform_Interp 对象（Script 节点）的完整代码拷贝到你的 VRML 文件中。必要的话，Script 节点也可以采用其他名称来命名。

（2）给目标处理对象 BumpTransform 节点命名，然后修改 Script 节点中的第一个 field 域定义，将 USE 关键字之后的对象名修改为目标处理对象的节点名。

（3）为应用凸凹环境发射动画纹理的造型添加一个命名的 TimeSensor 节点，将其 loop 域设为 TRUE，可根据波光涌动的速度来设置 cycleInterval 域。（为了使代码结构清晰，你可以将 TimeSensor 节点放在应用动画纹理的编组造型的 children 中）

（4）添加一条路由，将 TimeSensor 节点的 fraction_changed 输出接口连接至 Script 节点 fraction 输入接口。

（5）调整波光反射的细腻程度，此可通过修改 Script 节点函数语句“var r=5”来完成。变量 r 实际上控制的是 BumpTransform 节点环境反射纹理坐标轴矢量的长度（例程中设置的矢量长度为 5），变量 r 的值设置越大，则反射纹理越密集、越细腻。

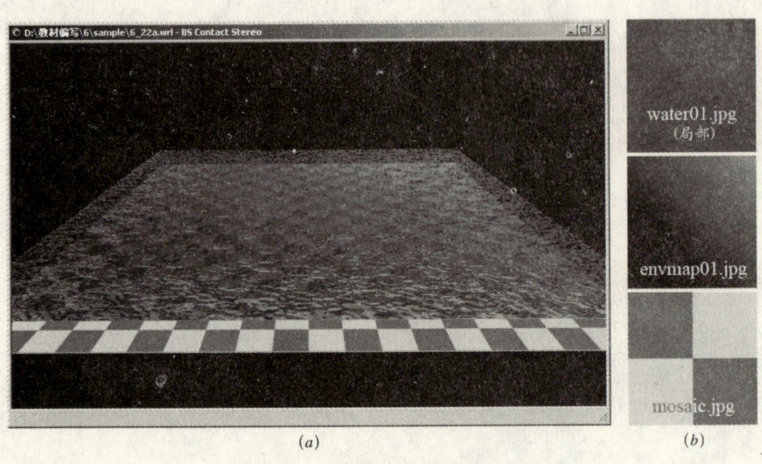

(*a*)　　(*b*)

图 6-28　利用脚本生成水波纹理动画
(*a*) 水波效果；(*b*) 纹理图

6.5　VRML 原型的应用

VRML97/2.0 虽然只提供了 50 多种不同的节点类型，但它同时提供了一个 PROTO 原型定义语法允许你定义自己的节点类型（即 VRML 原型），此外还提供了一个 EXTERNPROTO 原型声明语法允许你在一个 VRML 文件中引用另一个外部 VRML 文件中已经定义好的原型。本节将简要地介绍一下 VRML 原型的相关知识以及几个较为实用的原型例程。

6.5.1　定义原型：PROTO 语句

PROTO 语句提供一种创建新的 VRML 节点类型的方法，PROTO 不同于一般的 VRML 节点，它本身并不会直接创建出 VRML 对象，但是，一旦你在 VRML 文件中使用 PROTO 语法定义了一个新的节点类型，那么此后你就可以像使用一般的 VRML 节点那样使用它。如同任何一个 VRML

节点类型一样，你所创建的新的节点类型，都会包括一个节点类型名的定义，若干个域（field）、开放域（exposedField）、缺省值、事件输入接口（eventIn）和输出接口（eventOut）的指定，以及这个新节点可以做什么以及如何作的描述。

PROTO 语法如下：

```
PROTO YouNewNode[
                    # 定义任意数目的域、接口
      # 域类型     域值类型        域名、接口名   缺省值
        field   fieldType       fieldName   defaultValue
  exposedField   fieldType       fieldName   defaultValue
      eventIn  eventInType    eventInName
     eventOut eventOutType   eventOutName
]{
                         # nodebody
}
```

其中：

(1) YouNewNode：即你所创建的新节点类型名称，其命名规则与应用 DEL 定义对象名时一样。此外，你也可以参照 VRML 节点名的格式惯例，使用一个大写字母作为开头。

(2) field：用来定义一个域，规则同 Script 节点语法（参见 6.4.1 节）。

(3) exposedField：用来定义一个开放域，规则同 field 域。

(4) eventIn：用来定义一个输入接口。规则同 Script 节点语法（参见 6.4.1 节）。

(5) eventOut：用来定义一个输出接口。规则同 Script 节点语法（参见 6.4.1 节）。

(6) nodebody：即节点体，它定义了新节点类型可以产生的内容和行为。

节点体内可以包含任意数目的 VRML97/2.0 标准节点、脚本和路由，而这些内容也就决定了新节点类型的实用范围。例如，如果节点体内只包含一个 Box 节点，那么你所创建的新节点类型就只适用于 Shape 节点 geometry 域；如果节点体内并列放置了各种类型的编组节点、光源、视点等复杂元素，则新节点类型就只能适用于 VRML 文件的根部，或者各种编组节点的 children 域。节点体内的各种元素的组合本身应当是合理且有意义的。例如，如果你的节点体中并列放置了一个 Box 节点与一个 Material 节点，那么这种组合就显然不能适用于 VRML 文件中的任何地方。

此外，节点体内采用 DEF 语法定义的对象名称只能在节点体内得到认可，USE、ROUTE 语法中所引用的对象，也只能限于在节点体中被定义的对象。

6.5.2 例程：创建按键式开关

下面的例 6–23 中包括了一个可以用来创建按键式开关的 PressKey 原型定义。在该原型的节点体中，包括一个开关面板和一个按键的造型，一个 VRML 脚本和两条路由连接。

[例 6–23]

```
#VRML V2.0 utf8

PROTO PressKey [                              # 电灯开关原型 PressKey 的定义
]{
  Transform {                                 # 节点体中的造型：开关面板
  translation 0 0 0.002
```

```
    children [
      Shape {
        appearance Appearance {
          material Material { diffuseColor 1 1 1 }
        }
        geometry Box  {size 0.07 0.07 0.004 }
      }
    ]
  }

  DEF Key Transform {                        # 节点体中的造型: 开关按键
    translation 0 0 0.004
    children [
      DEF ButtonSensor TouchSensor {}
      Shape {
        appearance Appearance {
          material Material { diffuseColor 0.8 0.8 1 }
        }
        geometry Box  {size 0.015 0.04 0.004 }
      }
    ]
  }

  DEF turn Script {                          # 节点体中的脚本: 旋转值切换
    eventIn  SFTime active
    field  SFBool  state  TRUE
    field  SFRotation a  1 0 0 -0.08
    field  SFRotation b  1 0 0 0.08
    eventOut SFRotation rotation_changed
    url "vrmlscript:
    function initialize() {state = true;rotation_changed = b;}
    function active(val) {
      if (val) {
        if (state) {rotation_changed = a; state = false; }
        else {rotation_changed = b;   state = true;  }
      }
    }"
  }
                                             # 节点体中的路由
  ROUTE ButtonSensor.touchTime TO turn.active
  ROUTE turn.rotation_changed TO Key.rotation
}                                            # 原型定义的结尾

NavigationInfo { headlight  FALSE }
PointLight {location 3 3 5 }

Transform {
  translation 0 1.5 0
  children [
    PressKey {}                              # 原型的应用
  ]
}
Transform {
  translation 0.08 1.5 0
  children [
    PressKey {}                              # 原型的应用
  ]
}
```

位于 PressKey 原型节点体中的元素是不会直接产生造型及交互效果的，而只有当你定义了 PressKey 原型之后，再将 PressKey 当作一个普通的 VRML 节点来使用时才能得到相应的造型。如例 6–23 文件后面的两个 Transform 节点 children 域中都使用了 PressKey 节点，相应地得到图 6–29 中所示的两个开关造型。有趣的是，你还可以对两个开关的按键单独进行控制。

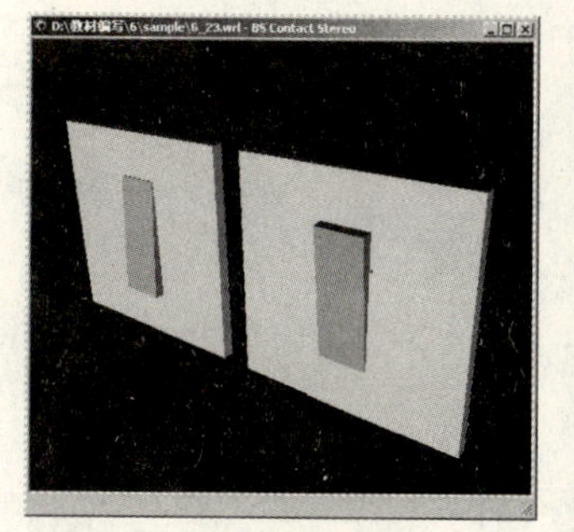

图 6–29　利用原型创建开关造型

SIX

6.5.3　原型接口、域与节点体的连接：IS 语句

也许你能注意到，在前面讨论的 PressKey 原型中并没有包括任何域及接口的定义，因此，当你应用该原型来创建开关造型时，你只能被动地原样复制节点体中的内容，而不能像普通 VRML 节点那样可以为之指定某些域值或者控制参数并使之接受外部事件的输入。要使你的原型在应用中具有更大的灵活性，这就需要在原型中定义一些与原型的应用有关的 field、exposedField、eventIn 和 eventOut，但问题是，如何使这些域、接口与节点体中的对象联系起来，而这就涉及 IS 语句的应用了。IS 语句建立了一种从新节点类型的域、接口，到节点体内部对象的相关域、接口的连接，一旦连接成功，节点体内部对象的相关域、接口，就能自动地使用你为新节点类型所指定的域和接口中的域值数据。

IS 语句主要在节点体内的对象中使用，你可以将它理解为给节点体内的节点域、接口指定域值的一种方法，其语法如下：

```
fieldname_nodebody IS fieldname_proto
```

由 IS 语句连接的两个域或接口，其数据类型必须是相同的。其中：

（1）fieldname_nodebody：可以是 PROTO 定义的节点体内任何一个节点的 field（域）、exposedField（开放域）、eventIn（输入接口）和 eventOut（输出接口）。

（2）fieldname_proto：可以是 PROTO 中为新节点类型而定义的任何一个 field、exposedField、eventIn 和 eventOut。

6.5.4　例程：TRUR/FALSE 值的循环切换

利用 PROTO 和 IS 语句，你可以将某些经常用的固定搭配对象集成为一个原型，这样就可以在以后的应用中得到许多便利。如下面的例 6–24 中，包含一个可以使一个造型成为循环切换输出 TRUR、FALSE 值开关的 T&F 原型。

[例 6–24]

```
#VRML V2.0 utf8

PROTO T&F  [                                      # T&F 原型定义
  exposedField MFNode children  []                # 开关造型
  field  SFBool  state TRUE                       # 开关默认状态
```

```
  eventOut SFBool state_changed              # 开关状态输出接口
]{
  Transform {
    children [
      Transform {children IS children }      # 预设一个空的开关造型
      DEF YourTouchSensor TouchSensor {}     # 接触传感器
      DEF T&F Script {                       # 转换TRUR/FALSE值的脚本
        eventIn  SFTime active
        eventOut SFBool state_changed IS  state_changed
        field  SFBool  state  IS  state
        url "vrmlscript:
        function initialize() {state_changed = state;}
        function active(val) {
          if (state_changed) state_changed = false;
          else state_changed = true;
          state=state_changed;
        }"
      }
    ]
    ROUTE YourTouchSensor.touchTime TO T&F.active   # 路由
  }
}                                            # T&F原型的结尾

NavigationInfo { headlight  FALSE }

DEF Light00 PointLight {intensity 0.4 location 0 6 12 } # 白色灯
DEF Light01 PointLight {color 1 0 0 location -9 6 12 }  # 红色灯
DEF Light02 PointLight {color 0 1 0 location 0 6 12}    # 绿色灯
DEF Light03 PointLight {color 0 0 1 location 9 6 12}    # 蓝色灯

       # 用TrueFalse原型创建三个开关
DEF switch01  T&F {     # 原型的应用：使一个造型成为红色灯开关
  state FALSE
  children [
    Transform {
      translation -9 0 0
      children [
        DEF switchBox Shape {
          appearance Appearance {material Material {}}
          geometry Box { size 5 5 10}
        }
      ]
    }
  ]
  ROUTE switch01.state_changed TO Light01.on
}

DEF switch02  T&F {    # 原型的应用：使一个造型成为绿色灯开关
  children [USE switchBox]
  ROUTE switch02.state_changed TO Light02.on
}

DEF switch03  T&F {     # 原型的应用：使一个造型成为蓝色灯开关
  state FALSE
  children [Transform {translation 9 0 0 children [USE switchBox]}]
  ROUTE switch03.state_changed TO Light03.on
}
```

SIX

就功能而言，本例中的 T&F 原型与前面 6.4.5 节中讨论的例程作用是完全一样的，但是，由于该原型将切换功能所需要的开关造型、脚本程序以及接触传感器、路由等附加元素集成在一起，这样应用起来就变得方便多了。

请注意观察 T&F 原型的节点体中各种元素的构成，它有以下三个特点：

首先是 IS 语句的使用。节点体中被预设作为开关造型的 Transform 编组节点内最初是没有任何具体内容的，代码 "children IS children" 即表示开关的造型的具体内容将在 T&F 节点的应用中通过用户指定 T&F 节点 children 域时才最终确定。类似的处理也体现在 T&F 脚本中 state_changed 输出接口和 state 域的定义上。IS 语句的应用使节点体内相关对象的接口、域与原型中定义的联系起来，从而使你在原型的应用中可以通过原型（节点）的接口、域来控制节点体的行为。

其次，预设的开关造型 Transform 编组节点与一个接触传感器节点，被并列放置在一个父级的 Transform 编组节点 children 域中，这样，当用户通过 T&F 节点 children 域指定了一种开关造型时，该开关造型就会自动地携带一个接触传感器，并且，也只有这个开关造型才能接受到接触传感器的监视。

第三，转换 TRUR/FALSE 值的脚本程序，以及连接接触传感器与脚本程序的路由，已经在节点体内解决了，这样当你应用这个 T&F 原型时，只会涉及一个开关造型、一个初始状态（TRUR/FALSE）和一个路由目标的指定。

例 6–24 中的 PROTO 语句实际上创建了一个新的 T&F 节点类型，该节点具有如下语法：

```
T&F {
       children      []      # exposedField MFNode
          state     TRUE     # field SFBool
  state_changed              # eventOut SFBool
}
```

其中：

（1）children：指定作为开关的造型，可以是任意数量的 Shape、或者各种编组节点。（请注意这个域的类型为 exposedField，此意味着还存在一个隐含的输入接口 set_children 和一个隐含的输出接口 children_changed）

（2）state：用布尔值指定开关所控制的对象域的初始状态，这个值将忽略目标节点对象中相关域的设置。例如，假设开关控制的目标对象为一个 PointLight 节点 on 域，那么当你将 T&F 节点 state 域指定为 FALSE 时，这个点光源在场景启动后先是被关闭着的。

（3）state_changed：这是一个输出接口，你可以利用 ROUTE 语句将该接口路由连接到目标对象的相关输入接口上。

如例 6–24 文件的后面，先后 3 次应用 T&F 原型创建了分别控制红、绿、蓝光源的 3 个开关，每个 T&F 节点的 children 域中均包括一个长方体开关的造型，而光源缺省的开闭状态则由 T&F 节点 state 域控制。当你在场景中分别点击 3 个开关造型时，可以相应地打开或者关闭这些开关所控制的光源，相应的效果如图 6–30 所示。

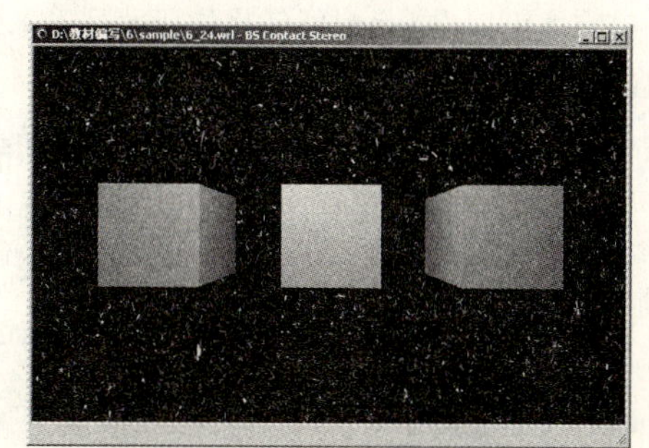

图 6–30　利用原型使造型具有开关功能

在实际建模应用中，你可以应用 T&F 原型来改造你所创建的任意形式开关造型并使之真正起到开关的功能作用，其基本步骤如下：

（1）将例 6-24 文件中的 T&F 原型定义拷贝到你的 VRML 文件中的开始部分；

（2）查找你所创建的开关造型编组节点，在该节点的前面插入一个 T&F 节点；

（3）利用 VrmlPad 场景树，将开关造型编组节点拖入到 T&F 节点的 children 域中；

（4）在 T&F 节点域位置上，增加一条连接 T&F 节点 state_changed 输出接口与目标对象相关输入接口的路由。

6.5.5 原型声明：EXTERNPROTO 语句

你创建的原型在某些情况下可能需要应用在不同的 VRML 文件中，当然你可以通过拷贝原型代码的的方法做到这些，不过，更好的方式是利用 EXTERNPROTO 声明语句来引用你在其他 VRML 文件中已经定义好的原型。EXTERNPROTO 声明是一个关于原始 PROTO 定义的减缩版本，其内容与 PROTO 定义存在一定程度的相似。

EXTERNPROTO 声明的语法如下：

```
EXTERNPROTO YouNewNode[
                          # 定义任意数目的域、接口
        # 域类型          域值类型          域名、接口名
          field          fieldType         fieldName
  exposedField          fieldType         fieldName
        eventIn        eventInType       eventInName
       eventOut       eventOutType      eventOutName
][         # 一个 URL 地址，或者多个 URL 地址的列表
]
```

EXTERNPROTO 声明的内容主要包括 3 个部分：

（1）新节点类型的名称。如上面 EXTERNPROTO 语法中的 YouNewNode。这个名称既可以与原始 PROTO 所定义的名称相同，也可以不同。如果原始的 PROTO 定义创建了一个叫 A 的新节点类型，那么你可以用 EXTERNPROTO 声明建立另外一个名称为 B 的节点类型，当然，此后你在 VRML 文件中也就只能通过使用 B 这个名称来调用原型。

（2）新节点类型所包含的域、接口的列表。这些内容被放置在紧跟着节点类型名称之后的第一对方括号内。你所罗列的 field、exposedField、eventIn 和 eventOut 必须是原始 PROTO 语句中已经被定义过的，你指定的域类型、域值类型、域或接口名，都必须与原始 PROTO 定义保持一致。你可以根据 VRML 文件中的需要有选择地罗列这些域或接口，而不必将原始 PROTO 中所定义的全部接口、域都罗列出来。当然，当你在 VRML 文件中使用经过 EXTERNPROTO 语法声明过的新节点类型时，就也只能使用你所罗列出来的这些域或接口。另外，EXTERNPROTO 声明是不必（也不能）指出接口或者域的默认值的。

（3）一个说明原始 PROTO 定义所在路径的 URL，或者多个 URL 组成的列表。这些内容包含在紧跟前一个方括号之后，每个 URL 都用一对西文引号括起来。你可以指定多个 URL，此时则需要采用西文方括号将所有 URL 括起来。URL 的书写具有一定的格式，如下面的 URL 列表分别指定了存在于 Web 上、和存在于本地磁盘上的一个 nodes.wrl 文件中名称为 MenuSensor 的原型：

```
[ "http://www.blaxxun.com/vrml/protos/nodes.wrl#MenuSensor"
  "../nodes.wrl#MenuSensor" ]
```

EXTERNPROTO 声明语法使你创建的原型能得到更为充分和有效的应用。当你通过自行创建或者通过收集得到的原型变得越来越多时，为了方便地管理和应用这些资源，你可以将这些原型放在一个独立的 VRML 文件中（可称之为原型库）；而当你使用这些原型时，则可以在你的 VRML 文件的开始部分先用 EXTERNPROTO 语句声明这些原型，然后就可以像普通的 VRML 节点那样使用它们了。

6.5.6 例程：水波外观原型及应用

下面的例 6-25 中包含了一个可模拟动态水波外观的实用原型 BumpWaveAppearance。这个原型是根据例 6-22 文件修改得来的，其要点是将动态水波外观所需要的相关元素集成在一起，从而使该原型成为可应用于 Shape 节点 appearance 域的新节点类型。

[例 6-25]

```
#VRML V2.0 utf8

PROTO BumpWaveAppearance [
 exposedField  SFFloat transparency   0    # 透明度
 exposedField  MFString  textureURL   []   # 基本纹理
 exposedField  MFString  bumpURL     []   # 凸凹纹理
 exposedField  MFString  envmapURL    []   # 环境光照纹理
 exposedField  SFVec2f scale        1 1   # 纹理缩放
 exposedField SFTime cycleInterval    1    # 波动周期
 field SFFloat waveDetail             1    # 波纹细节
]{                    # 节点体
 Appearance {
  material Material { transparency IS transparency }
  texture MultiTexture {
   texture [
    ImageTexture{ url IS  textureURL}
    ImageTexture{ url IS bumpURL parameter ["format=V8U8"]}
    ImageTexture { url IS  envmapURL }
   ]
   mode [ "MODULATE" "BUMPENVMAP" "ADD" ]
   textureTransform  [
    TextureTransform { scale IS  scale }
    TextureTransform { scale IS  scale }
   ]
   bumpTransform [NULL DEF yourBumpTransform BumpTransform {}]
  }
 }
 DEF BumpTransform_Interp Script {
  field SFNode tx USE yourBumpTransform
  field SFFloat waveDetail IS waveDetail
  eventIn  SFFloat fraction
  directOutput TRUE
  url "vrmlscript:
  function fraction(val) {
   val *= 2*Math.PI;
   var s = waveDetail * Math.sin(val);
   var c = waveDetail * Math.cos(val);
   tx.s.x = c; tx.s.y = -s;  tx.t.x = s;  tx.t.y = c;
  }"
 }
 DEF timer TimeSensor { loop TRUE cycleInterval IS cycleInterval}
 ROUTE timer.fraction_changed TO BumpTransform_Interp.fraction
}
```

例 6–25 文件中的 PROTO 定义实际上创建了一种类型为 BumpWaveAppearance 的节点，该节点的语法如下：

```
BumpWaveAppearance{
    transparency     0    # exposedField SFFloat
      textureURL    []    # exposedField MFString
         bumpURL    []    # exposedField MFString
       envmapURL    []    # exposedField MFString
           scale   1 1    # exposedField SFVec2f
   cycleInterval     1    # exposedField SFTime
      waveDetail     1    # field SFFloat
}
```

其中：

（1）transparency：指定水面材料的透明度，意义同 Material 同 transparency 域。

（2）textureURL：指定水波凸凹贴图的基本纹理。该纹理将自动地应用到节点体内 MultiTexture 节点描述的第一层纹理中。

（3）bumpURL：指定水波凸凹贴图的凸凹纹理。该纹理将自动地应用到节点体内 MultiTexture 节点描述的第二层纹理中。

（4）envmapURL：指定水波凸凹贴图的环境光照纹理。该纹理将自动地应用到节点体内 MultiTexture 节点描述的第三层纹理中。

（5）scale：指定水波纹理 S、T 方向缩放值，意义同 TextureTransform 节点 scale 域。

（6）cycleInterval：指定动态水波纹理的波动周期，单位为秒。

（7）waveDetail：指定波光反射的细腻程度。该域值实际上控制的是节点体内 BumpTransform 节点环境反射纹理坐标轴矢量的长度，该值设置越大，则反射越密集、细腻。

下面的例 6–26 显示了调用保存在外部文件中的 BumpWaveAppearance 原型的方式。

[例 6–26]

```
#VRML V2.0 utf8

EXTERNPROTO WaterWave [                          # WaterWave 原型声明
  exposedField  SFFloat transparency             # 注意各接口域声明不允许出现缺省值
  exposedField  MFString  textureURL
  exposedField  MFString  bumpURL
  exposedField  MFString  envmapURL
  exposedField  SFVec2f scale
  exposedField SFTime cycleInterval
  field SFFloat waveDetail
] "6_25.wrl#BumpWaveAppearance"                  # 指定原型所在的 URL

Viewpoint { position 0 20 60  orientation 1 0 0 -0.4 }

Transform {                                      # 水面造型
  children [
    Shape {
      appearance WaterWave {                     # 水波外观：WaterWave 节点应用
        transparency 0.3
        textureURL   "water01.jpg"
        bumpURL      "water01.jpg"
        envmapURL    "envmap01.jpg"
        cycleInterval 2
```

```
      waveDetail    5
    }
    geometry Box { size    60 0.1 60 }
   }
  ]
}

Transform {
  translation 0 -3 0
  children [
   Shape {
    appearance Appearance {
      texture ImageTexture{ url "mosaic.jpg" }
      textureTransform TextureTransform {scale  10 10 }
    }
    geometry Box { size    60 0.1 60 }
   }
  ]
}
```

例 6-26 中首先通过 EXTERNPROTO 语句声明了一个 WaterWave 原型，而它实际上引用的是一个保存在外部文件 6_25.wrl 中的 BumpWaveAppearance 原型。WaterWave 原型声明的所有接口、域都是 BumpWaveAppearance 原型中已经定义的，区别在于 WaterWave 原型声明中的所有接口、域都没有（也不允许）指定 BumpWaveAppearance 原型定义中的缺省值。在 WaterWave 原型声明之后，水面造型的 Shape 节点 appearanc 域就可以使用 WaterWave 节点来作为它的域值。

例 6-26 文件所产生的效果与例 6-22 是完全相同的（图 6-28），由此可见，例 6-26 中这种应用原型来产生动态水波反射效果，显然要比例 6-22 中的方法要简单许多。

VRMLScript Reference
VRMLScript 参考

附录 VRMLScript 参考

APPENDIX

1. 概述

VRMLScript 是 Javascript 的一个子集，专用于 VRML 文件中的脚本程序的编写。VRMLScript 继承了 JavaScript 的大多数特性，而且使用 JavaScript 的基本语法，不同之处在于 VRMLScript 内建了针对 VRML 而设计的 JavaScript 对象，支持 VRML 数据类型。例如在 JavaScript 中若要访问 VRML 节点中的一个 Y 轴坐标值，则必须要用数组才能实现，而在 VRMLScript 中要实现这个功能就可以无需数组，而可以将它当作一个对象的属性（如 position.y）来调用。

VRMLScript 有其他脚本语言所不及的特性：

（1）直接支持 VRML 2.0 的所有数据类型。

（2）使用单独的函数接收外部事件，可以简化开发过程，提高处理速度。

（3）使用简单的赋值向外部发送事件。

（4）在表达式中可直接使用标量数据（SFTime、SFInt32、SFFloat、SFBool）。Javascript 数据对象可直接转换为此四种数据类型的任意一种。例如，你可用 a=time+3 使 SFTime 变量增加 3s。

（5）可使用构造器轻松创建与转换大多数的数据类型。

（6）数据与字符串对象与全部 Javascript 函数兼容。

（7）全部 Javascript string 方法与属性可用。标量可自动转化为字符串。

2. VRMLScript 基本语法

2.1 脚本格式

VRMLScript 脚本格式可表示为：

```
VRMLScript :
function functionName (){}
// ... any number of functions
```

一个 VRMLScript 脚本，都由字符串“VRMLScript：”开始，随后就是若干个由用户应用 function 语句自行定义的函数（参见附录“2.2 自定义函数：function 语句”）。

字符串“VRMLScript：”是程序所用脚本语言的标识，假如你使用 JavaScript，则相应的标识即为“javascript：”。

VRMLScript 脚本中可以使用注释，单行注释可以用双斜杠 // 开头，浏览器将忽略每行双斜杠之后的注释代码；多行注释以单斜杠加一个星号 /* 开头，以星号加一个斜杠 */ 结尾，浏览器将忽略位于 /* 和 */ 之间的各行代码。

VRMLScript 脚本语言代码主要用于指定 VRML 文件中的 Script 节点 url 域，其嵌入方式参见附录"2.3 Script 节点嵌入 VRMLScript 脚本的方式"。

2.2 自定义函数：function 语句

所谓"函数"，就是有返回值的对象或对象的方法。用户要自定义一个函数，则需要使用 function 语句来完成，其格式如下：

```
function 函数名( 参数集 ){ 函数执行的语句 }
```

其中：

(1) function：是定义一个函数的语句标识，所有的自定义函数都要以此开头。

(2) 函数名：紧跟在 function 之后，它可以由用户自行定义。函数名称必须以字母"a-z"或"A-Z"(区分大小写)、或下划线"_"开头，随后的字符可以是任何字母或数字；函数名应该在整个程序中是唯一的，且不应该和 VRMLScript 中的关键字相冲突；脚本中至少应该有一个函数名必须与 Script 节点中定义的某一个 eventIn 接口名称相同，否则脚本中的函数就无法被 eventIn 事件激活而执行；此外，函数名也可以使用 VRMLScript 提供某些具有特殊功能的字符串，如 initialize、shutdown 等来定义（参见附录"6 事件处理"）。

(3) ( )：一对圆括号，它紧跟函数名之后，用于指定参数集。参数集可有可无，但一对圆括号不能省去。

(4) 参数集：参数集是一个或多个用逗号分隔开来的参数的集合，如：a，b，c。参数集包括在一对圆括号中。参数也叫变量，它是函数外部向函数内部传递信息的桥梁，例如，想叫一个函数返回 3 的立方，你就要让函数知道有一个可表示 3 这个数值的变量，通过这个变量来接收具体的 3 这个数值。变量名的命名规则是同函数名的规则相同的。关于变量，参见附录"3. 对象与变量"。

(5) { }：一对花括号，用来指定该函数所包含的语句块。语句块是用花括号括起来的一个或多个语句组成的。

(6) 语句：是所有程序语言的基本编程命令。参见附录"4. 语句"。

2.3 Script 节点嵌入 VRMLScript 脚本的方式

VRMLScript 脚本语言代码主要用于指定 VRML 源文件中的 Script 节点 url 域，其嵌入方式有如下三种：

方法一：将脚本保存为以"*.vs"为扩展名为一个独立的外部文件，然后再通过 Script 节点 url 域中指定该文件的 URL 方式将其引入，如下面的例子：

```
Script {url "http://foo.com/myScript.vs" }
```

方法二：直接用 VRMLScript 脚本代码指定 Script 节点 url 域（注意用一对引号括起来），如下面的例子：

```
Script {url "VRMLScript : function foo(){…}"}
```

方法三：由于 Script 节点 url 域是多值域，因此还可以按如下方式嵌入：

```
Script {
  url ["http://foo.com/myScript.vs",
       "VRMLScript : function foo(){…}" ]
}
```

3. 对象与变量

数据在 VRMLScript 中被描述为对象，对象类型对应于 VRML 节点中的域，变量保存对象的一个状态，变量可以预先在 Script 节点中定义（通过指定 eventIn，eventOut 和 field），也可以在 VRMLScript 脚本代码中局部定义。变量在它被初次引入的程序块范围内有效，Script 节点中的 field 或 eventOut 变量在整个节点范围内有效。

3.1 命名，取值

变量名必须以一个字母"a–z"或"A–Z"（区分大小写），或下划线"_"开头，随后的字符可以是任何字母或数字。

变量可通过给新的变量名赋值来创建，变量的类型总是最后被赋值的类型，这个变量的类型与 field 或 eventOut 的类型一致。(参见附录"3.4 数据变换")。

数字、布尔值、字符串类型的文字可在 VRMLScript 中使用。数字类型（Number）可以是十进制（如 417）、十六进制（如 0x5C）或八进制（如 0177）形式，也可为浮点（如 1.76）或指数（如 2.7e–12）形式；布尔类型（Boolean）为 true 或 false（注意采用小写，此与 VRML 节点中布尔类型域值写法不同）；字符串类型（String）可以是在一对单引号中的任何顺序的UTF8 字符。

其他特殊字符可按附表 1 中方式使用：

特殊字符的使用　　附表 1

字符	含义	字符	含义
\b	退格	\t	tab 键的功能
\f	换页	\′	单引号
\n	换行	\″	双引号
\r	回车	\\	反斜杠

3.2 对象与域

field 变量保存的值为函数最后一次调用它的值。eventOut 变量与域变量很类似。不同的是当一项任务分配了 eventOut 变量时，一个事件产生。

每个对象有一套属性和方法（见附录 8——对象属性及方法），属性（使用点号操作符）用于表达式或表达式的对象，方法（使用函数调用操作符）用于在对象上执行某些操作。

例句：

```
function someFunction(){
  a = new SFColor(0.5, 0.5, 0.5);
  b = a.r;
  a.setHSV(0.1,  0.1,  0.1);
}
```

其中，值"a.r"表示a对象（一个SFColor类型数据）中的红色颜色属性，方法"a.setHSV(...)"将a对象设置为HSV色彩模式。

3.3 创建对象

每种类型对象有一个相应的创建函数，创建函数允许使用灵活的参数对要构造的对象进行初始化。多值对象（MF）实质上是0个以上相应的单质对象（SF）组成的数组。使用关键词new与给定的数据类型可创造相应的对象。

例句：

```
a = new SFVec3f(0 1 0);
b = new MFFloat(1, 2, 3, 4)
```

上面例中的第一行创建了一个名称为a的SFVec3f数据类型对象（一个3D坐标值）；第二行创建了一个名称为b的MFFloat数据类型（包括4个浮点数）的对象。

3.4 数据变换

数据变换规则如附表2所示：

数据变换规则 **附表2**

数据类型	规则
String	• 数字或布尔转换为String • 使用 parseInt() 或 parseFloat() 可把 String 转换为 number
Number 与 Boolean 类型	• 将一个标量表达式赋给一个标量类型的固定变量（field 或 eventOut）时，转换为固定变量的类型
矢量类型 SFVec2f SFVec3f SFRotation SFColor	• 只能与相同的类型组合 • 引用（foo[1]）产生标量类型的值
SFImage	• 只容许赋值（'='）和 选择（'.'）操作 • 只能赋值 SFImage 类型
SFNode	• 只容许赋值（'='）和 选择（'.'）操作 • 只能赋值 SFNode 类型
MF types 类型 MFString MFInt32 MFFloat MFVec2f MFVec3f MFRotation MFColor MFNode	• 只能与相同的类型组合 • 引用（myArray[3]）产生相应的 SF 类型 • 引用后的 SF 类型遵守的规则与普通的 SF 类型相同

3.5 MF 对象

大多数 SF 对象在 VRMLScript 中有一相应的 MF 对象。一个 MF 对象实质是上一个对象数组，数组的每个单元是相应的 SF 类型对象。所有的 MF 对象有一个 length 属性用于返回或设置 MF 对象中单元的个数。数组索引以 0 开头。如果 VecArray 是一个 MFVec3f 对象则 VecArray [0] 是数组中的第一个 SFVec3f 对象。

4. 语句

VRMLScript 语句与 C 语言语句相似，一个语句可以出现在一个 if 或 for 声明之后; 多重语句，或复合语句，必须被放在一对花括号中，所有的语句必须以逗号结束。

例句：

```
if (a < b) c = d;
else {e = f; c = h + 1;}
```

4.1 条件语句

if...else 语句完成了程序流程中的分支功能：如果其中的条件成立，则程序执行紧接着条件的语句或者语句块：否则程序执行 else 语句中的语句或者语句块。

if...else 语句的语法如下：

```
if (条件){ 语句 1}
else { 语句 2}
```

其中：条件是通过一个表达式来指定，如果条件成立（为真），则程序执行语句 1，否则，如果有 else 语句的话，则执行 else 中的语句 2。

注意：如果语句 1 或者语句 2 中只有一条语句，则可以去掉花括号，如果是语句块（即包括对条语句），则不能省略花括号。

if...else 语句中可以嵌套使用 if...else 语句，此时，else 语句将与之与最近的 if 匹配，用户可以利用花括号可以改变 else 与 if 匹配的关系。

例句：

```
if(a < 0) c = 3;
(这是一个最简单的 if 语句)

if (a == 0)
  if(b > 5) c = 3;
  else c = 0;
(嵌套在 if 语句中的 if…else 语句，else 与条件句为 (b > 5)的这个 if 相匹配)


if (a == 0){ if(b > 5) c = 3;}
else  c = 0;
 (嵌套在 if…else 语句中的 if 语句，由于条件句为 b > 5 的 if 语句位于花括号之中，所
 以 else 与条件句为(a == 0)的 if 语句相匹配)
```

(注意：表示 if 判断的逻辑等于，必须用双等号“==”)

4.2 循环语句

循环语句包括 for、for...in 和 while。

(1) for

for 语句的作用是重复执行＜语句＞，直到＜循环条件＞为 false 为止。

for 语句的语法如下：

```
for ([初始化部分]; [条件部分]; [更新部分]){
  <语句>
}
```

一个 for 语句由三个部分组成，彼此之间由分号相隔：

①初始化部分：通常用于初始化一个循环变量。

②条件部分：条件部分在每一次循环完成后被重新测试一次。如果条件成立，循环体部分被执行。循环将一直执行到条件不成立为止。

③更新部分：用于更新循环变量。

只要循环的条件成立，循环体部分就被反复地执行。

for 语句的初始化部分、条件部分以及更新部分都是可选项，可以什么都不写。如：

```
for (;founds==0;)
```

在上面的语句中，初始化部分和更新部分均为空。

(2) for...in

for...in 与 for 有一点不同，它循环的范围是一个对象所有的属性或者是一个数组的所有元素。值得注意的是，在这样的循环中，每一个循环给予循环变量的值是由 VRMLScript 解释器内部决定的，没有办法指定循环的顺序。

for...in 语句的语法如下：

```
for (变量 in 对象或数组){
  <语句>
}
```

(3) while

while 语句所控制的循环不断测试一个条件，如果条件始终成立，则这个循环会一直持续下去，直到条件不再成立为止；如果 while 中的条件开始就不成立，那 while 就跳过循环部分，转到循环部分的下一条有效的 VRMLScript 语句执行。

while 的语法如下：

```
while (条件){
  <语句>
}
```

4.3 表达式语句

在 VRMLScript 中任何有效的表达式都是一个语句，参见附录"5. 表达式与操作符"。

4.4　Return 语句

Return 语句可不考虑嵌套结构而从函数中直接返回。如果指定，它的表达式可将计算结果返回被调用的函数。

例句：

```
if (a == 0) {
  d = 1;
  return 5 + d;
}
```

4.5　Break 语句

break 语句结束当前的 while、for 循环，并把程序的控制权交给循环的下一条语句。

例如：

```
while (i < 0) {
  if (q == 5)
    break;
  <其他语句>
}
// （break 之后，从这里开始执行语句）
```

4.6　Continue 语句

Continue 语句跳到循环语句的最后，执行在循环后的语句。在 for 语句中，第二表达式测试第三个表达式的值，看循环是否应该继续。在 for...in 语句中 next 单元被赋值且循环继续。在 while 语句中表达式被测试是否循环应该继续。

例句：

```
for a in colorArray {
  if (a[0] > 0.5)
    continue;
  <其他语句>
// （continue 之后，从这里接着执行的语句）
}
```

5. 表达式与操作符

表达式是指具有一定的值的、用操作符把常数和变量连接起来的代数式（如：x=y+5），表达式中可以包含一些常数（如 5）或变量（如 x、y）。操作符则反映出这些常数、变量之间的逻辑运算关系，可以是赋值操作符，算术操作符，位操作符，逻辑、比较操作符、字符串操作符。

5.1　赋值操作符

一个赋值操作符把它右边的表达式的值送给左边的变量。最基本的赋值操作符是等号"="。例如：

```
x = y + 1;
```

这意味着把等号右边 y+1 的值赋给左边的变量 x。

VRMLScript 还有附表 3 中一些特殊的赋值操作符：

特殊赋值操作符 **附表 3**

<table>
<tr><th>操作符</th><th>表达式形式</th><th>等效形式</th><th>功能描述</th></tr>
<tr><td>+=</td><td>x+=y</td><td>x=x+y</td><td>变量 x 与 y 相加，所得结果赋给 x</td></tr>
<tr><td>-=</td><td>x-=y</td><td>x=x-y</td><td>变量 x 与 y 相减，所得结果赋给 x</td></tr>
<tr><td>*=</td><td>x*=y</td><td>x=x*y</td><td>变量 x 与 y 相乘，所得结果赋给 x</td></tr>
<tr><td>/=</td><td>x/=y</td><td>x=x/y</td><td>变量 x 与 y 相除，所得结果赋给 x</td></tr>
<tr><td>%=</td><td>x%=y</td><td>x=x%y</td><td>整数变量 x 除以 y 得到的余数，将余数赋给 x</td></tr>
<tr><td>&=</td><td>x&=y</td><td>x=x&y</td><td>变量 x 与 y 作与运算，所得结果赋给 x</td></tr>
<tr><td>|=</td><td>x|=y</td><td>x=x|y</td><td>变量 x 与 y 作或运算，所得结果赋给 x</td></tr>
<tr><td>^=</td><td>x^=y</td><td>x=x^y</td><td>变量 x 与 y 作异或运算，所得结果赋给 x</td></tr>
<tr><td><<=</td><td>x<<=y</td><td>x=x<<y</td><td>变量 x 左移 y 个二进制单位，所得结果赋给 x</td></tr>
<tr><td>>>=</td><td>x>>=y</td><td>x=x>>y</td><td>变量 x 右移 y 个二进制单位，所得结果赋给 x</td></tr>
<tr><td>>>>=</td><td>x>>>=y</td><td>x=x>>>y</td><td>变量 x 右移 y 个二进制单位，左边移出的空位由 0 填入，所得结果赋给 x</td></tr>
</table>

5.2 算术操作符

算术操作符见附表 4 的描述：

算术操作符 **附表 4**

操作符	含义	示例	功能描述
-	负号	-x	返回变量 x 的相反数
++	递加	x++	变量 x 值加 1，但仍返回原来的 x 值
		++x	变量 x 值加 1，返回相加后的 x 值
--	递减	x--	变量 x 值减 1，但仍返回原来的 x 值
		--x	变量 x 值减 1，返回相减后的 x 值
+	加法运算	x+y	返回变量 x 加 y 的值
-	减法运算	x-y	返回变量 x 减 y 的值
*	乘法运算	x*y	返回变量 x 乘以 y 的值
/	除法运算	x/y	返回变量 x 除以 y 的值
%	取模运算	x%y	返回变量整数变量 x 除以 y 得到的余数

5.3 位操作符

位操作符见附表 5 的描述：

位操作符 附表 5

操作符	含义	示例	功能描述
&	位与	a&b	返回 a 与 b 对应位按位与的结果，即只有 a 和 b 两者对应的位均为 1，结果的对应位才为 1；否则为 0
|	位或	a|b	返回 a 与 b 对应位按位或的结果，即只要 a 和 b 两者对应的位有一个为 1，结果的对应位才为 1；否则为 0
^	位异或	a^b	返回 a 与 b 对应位按位异或的结果，即只要 a 和 b 两者对应的位不同，结果的对应位才为 1；否则为 0
~	位取反	~ a	返回操作数按位取反的结果，即如果 a 的对应位是 1，则结果的对应位就是 0；否则为 1
<<	位左移	a<<b	返回操作数 a 向左移动了 b 个二进制位后的结果
>>	位右移	a>>b	返回操作数 a 向右移动了 b 个二进制位后的结果，原来的符号位填入左边移出的空位
>>>	位填零、右移	a>>>b	返回操作数 a 向右移动 b 个二进制位后的结果，左边移出的空位由 0 填入

上述都是二元操作符，并且对任何标量类型有效。当它们被使用时，标量值在操作前被转换为 SFInt32 类型，运算后返回原来的表达式类型。当把它们用于 SFFloat 或 SFTime 时，可能发生 roundoff 错误。移动操作符的左边指定操作数，右边指定移动位数。

5.4 逻辑、比较操作符

逻辑、比较操作符常用于 if 语句中的条件表达式，每个表达式取值 0(false) 或 1(true)，可使用常数 true、false、TRUE 和 FALSE。

逻辑、比较操作符见附表 6 的描述：

逻辑、比较操作符 附表 6

操作符	含义	操作符	含义
&&	逻辑与	==	逻辑等于
||	逻辑或	!=	逻辑不等于
!	逻辑非	>=	逻辑大于、等于
<	逻辑小于	>	逻辑大于
<=	逻辑小于、等于		

逻辑操作符运算规则如附表 7 真值表所示：

真值表 附表 7

操作符	逻辑运算			结果
&&	true	&&	true	true
	true	&&	false	false
	false	&&	true	false
	false	&&	false	false
||	true	||	true	true
	true	||	false	true
	false	||	true	true
	false	||	false	false
!		!	true	false
		!	false	true

5.5 字符串操作符

所有的比较操作符可用来为词典排序的字符串作比较。另外操作符 + 和“+=”能被用来连接两个字符串。任何标量与的一个字符串连接，则标量首先转换为一个字符串，然后连接。一个字符串要转换为标量类型可使用 parseInt（）与 parseFloat（）函数。

例如：

```
'A one and' + 'a two'          （结果为“A one and a two”）
'The magic number is' + 7      （结果为“The magic number is 7”）
a = 5;                         （a 为一个 SFTime 数据）
a += 'is correct';             （a 现在作为字符串“5 is correct”中的一部分）
```

5.6 操作符优先级

相等优先级的操作顺序列在下面的表格中列出。使用圆括号（）括起的操作将首先被执行。如下面的例子：

```
a = b + c * d;        （首先计算 c*d）
a = (b + c) * d;      （首先计算 b+c）
a = b * c / d;        （首先计算 b*c。*和/具有相同的优先权，此时遵循从左至右顺序）
```

优先操作规则如附表 8 所示：

优先操作规则　　附表 8

<table>
<tr><th>操作符类型</th><th>操作符</th><th>备注</th></tr>
<tr><td>逗号</td><td>,</td><td></td></tr>
<tr><td>赋值</td><td>= += -= *= /= %=
<<= >>= >>>= &= ^= |=</td><td>从右向左</td></tr>
<tr><td>条件</td><td>?:</td><td>三元操作</td></tr>
<tr><td>逻辑或</td><td>||</td><td></td></tr>
<tr><td>逻辑与</td><td>&&</td><td></td></tr>
<tr><td>位或</td><td>|</td><td></td></tr>
<tr><td>位异或</td><td>^</td><td></td></tr>
<tr><td>位与</td><td>&</td><td></td></tr>
<tr><td>相等</td><td>== !=</td><td></td></tr>
<tr><td>比较</td><td>< <= > >=</td><td></td></tr>
<tr><td>位移动</td><td><< >> >>></td><td></td></tr>
<tr><td>加／减</td><td>+-</td><td></td></tr>
<tr><td>乘／除</td><td>* / %</td><td></td></tr>
<tr><td>取反／累加</td><td>! ~ -++--</td><td>一元操作</td></tr>
<tr><td>引用，成员</td><td>() [] .</td><td></td></tr>
</table>

6. 事件处理

VRMLScript 脚本是用来处理 VRML 场景中的事件的，当 Script 节点中定义的某个 eventIn 接口接收到 eventIn 事件时，它会激活 VRMLScript 脚本中的一个与该 eventIn 接口同名的 VRMLScript 函数的执行。eventIn 事件的值 value 和事件的发生时间 timestamp 作为该函数的参数同时传递（参见"6.1 参数传递和 eventIn 函数"），如果在 VRMLScript 中没有定义相应的 VRMLScript 函数，则浏览器无法执行相应操作。

例如：

```
Script {
  eventIn SFBool start
  url "VRMLScript : function start (value, timestamp) { ... }"
}
```

上面的 Script 节点中有一个名称为 start 输入接口（eventIn），而在脚本中同时也有一个名称为 start 的函数。当 start 输入接口接收到一个 eventIn 事件时，即可激活 start 函数执行。

6.1 参数传递与 eventIn 函数

当 Script 节点收到一个 eventIn 事件时，在 url 域中被指定的一个相应的函数被调用，该函数有两个参数：第一个参数（通常记作 value）总是作为 eventIn 事件的值被传递，第二参数（通常记作 timestamp）总是作为该事件产生的时间（即时间戳）被传递。第一个参数（value）的数据类型与 eventIn 的类型一样，第二个参数（timestamp）的类型为 SFTime。

6.2 eventsProcessed() 方法

创作者可以定义一个名为 eventsProcessed 的函数，该函数没有参数，在收到一系列事件以后，eventsProcessed 函数才会被调用。在实际编程中，有一些运算过程需要在某一个 eventIn 函数返回后就执行，而另外一些需要当几个 eventIn 函数都返回后才执行。对于后者的情况，创作者可把不必每次运行的执行过程放入 eventsProcessed 函数。

例如，创作者需要在动画运行的每步完成一个复杂的运动学运算。利用一个按钮造型与 TouchSensor 实现动画的单步播放，通常只要按钮被按下则执行一个 eventIn 函数，此函数增加运算次数，而后运动学运算进行。每次按钮被按下时都要运行复杂的运算，而用户按按钮的速度往往超过复杂运算的速度。为解决此问题，可让 eventIn 函数只处理累加运算次数，而把运动学运算放入 eventsProcessed 函数。有效的用户点击操作组成队列，当用户快速点击按钮时，时间步随点击次数增加，而复杂的运算只执行一次。此方法可使动画运行与用户操作同步。

6.3 initialize() 方法

创作者可以定义一个名为 initialize() 的函数，该函数没有参数，在 Script 节点被加载且无任何事件处理之前即被调用，常用于初始化数据，为接收事件作准备。

6.4 shutdown() 方法

创作者可以定义一个名为 shutdown() 的函数,该函数没有参数,当相应的 Script 节点被删除、卸载或替代时被调用，能通知浏览器 Script 节点正被删除。因此该函数能用来清理事件。

7. 访问域

Script 节点中定义的 field、eventIn 和 eventOut 都可以由 VRMLScript 函数访问，所有节点的域仅能在脚本内被访问到。Script 节点的 eventIn 可以被传入，eventOut 可以被发出。

7.1 访问 Script 节点的域和 eventOut

脚本可通过 Scrip 节点中已被定义的域名来使用其域值，域值被函数调用前是不变的，域值可以被函数读取或写入。Script 节点中的 eventOut 也能被读取和重写，其值是最后发送的值。

7.2 访问其他节点的域和 eventOut

通过一个指针，脚本可以访问任何其他节点的 exposedField，eventIn 或 eventOut，如下面的例子：

```
DEF SomeNode Transform { }
Script {
  field SFNode node USE SomeNode
  eventIn SFVec3f pos
  directOutput TRUE
  url "VRMLScript :
    function pos(value) {
      node.set_translation = value;
    }
  "
}
```

以上例子中的 Script 节点定义了一个 node 域，这个域使用 VRML 中的 USE 语句将它与外部的 SomeNode 节点（Transform）联系起来；pos 函数发送的 set_translation 事件值可通过 node 域传递到 Transform 节点，亦可以通过“...._changed”方式读取 Transform 节点 exposedField 域中的当前值。

7.3 发送 eventOut

当执行的函数运行完毕后发送这个事件。这意味在函数执行一次的过程中 eventOut 被多次赋值，只有最后赋值的 eventOut 被送出。

8. 对象属性及方法

在 VRMLScript 中，对象有其固定的设置，有其各自的属性（即值）和方法（即函数）。

8.1 parseInt 和 parseFloat 函数

这两个函数可以把 String 值分别转换为 SFInt32 或 SFFloat 值。

(1) parseInt(s, [radix])

可使用“基数”选项将字符串 s 转换为整型数值。如果基数被省略，10 为默认的基数。number 可以是十进制（如 123），十六进制（如 0x5C）或八进制（如 0177）。遇到无法识别的字符转换会终止于此字符。如果字符串开头是无法识别的字符，函数返回值为 0。

(2) parseFloat(s)

函数将字符串 s 转换为浮点型数值。数值可以为常用形式（如 1.23）或指数（如 12E3）形式。遇到无法识别的字符转换会终止于此字符。如果字符串开头是无法识别的字符，函数返回值为 0。

8.2 Browser 对象

下面列出了浏览器对象的可用的方法，它允许脚本获得并且设置浏览器信息。关于方法的详细说明，参见 VRML 2.0 规范中题为 Scripting/Browser Interface 的部分（参见网址：http://vrml.sgi.com/moving-worlds/spec/part1/concepts.html#BrowserInterface）。

(1) String **getName**()：获取 VRML 浏览器名称。

(2) String **getVersion**()：获取 VRML 浏览器的版本。

(3) SFFloat **getCurrentSpeed**()：获取漫游者当前的移动速度。

(4) SFFloat **getCurrentFrameRate**()：获取当前场景渲染的帧速率。

(5) String **getWorldURL**()：获取当前被加载的场景的 URL。

(6) void **replaceWorld**(MFNode nodes)：以参数列表中的节点替代当前的场景。

(7) MFNode **createVrmlFromString**(String vrmlSyntax)：由参数中的 VRML 语法字符串产生场景。

(8) void **createVrmlFromURL**(MFString url, Node node, String event)：当 String 指定的事件发出时，由 URL 导入 VRML 场景。事件是被传递 MFNode 节点的 eventIn 域。

(9) void **addRoute**(SFNode fromNode, String fromEventOut, SFNode toNode, String toEventIn)：从 eventOut 增加一路由到 eventIn。

(10) void **deleteRoute**(SFNode fromNode, String fromEventOut, SFNode toNode, String toEventIn)：删除 eventOut 与 eventIn 之间的路由。

(11) void **loadURL**(MFString url, MFString parameter)：加载 URL，使用参数可以重定向该 URL 到其他框架。如果目的地是当前场景所在的框架，该方法可能无法返回。

(12) void **setDescription**(String description)：设置由浏览器显示的描述性文字。这与 Anchor 节点的 description 域功能一样。

8.3 Math 对象

Math 对象在 VRMLScript 中是唯一有确切对象的例子。Math 对象的属性可以用 Math.＜属性名＞访问，方法可用 Math.＜方法名＞（参数）来调用。

Math 对象的属性：

(1) E：常数 e，近似 2.718。

(2) LN10：10 的自然的对数，近似 2.302。

(3) LN2：2 的自然的对数，近似 0.693。

(4) PI：圆周率，近似 3.1415。

(5) SQRT1_2：1/2 的平方根，近似 0.707。

(6) SQRT2：2 的平方根，近似 1.414。

Math 对象的方法：

(1) abs(*number*)：返回 number 的绝对值。

(2) acos(*number*)：返回反余弦（弧度制）number。

(3) asin(*number*)：返回反正弦（弧度制）number。

(4) atan(*number*)：返回反正切（弧度制）。

(5) ceil(*number*)：取整。

(6) cos(*number*)：返回 number 的余弦。

(7) exp(*number*)：e 的 number 次乘方。

(8) floor(*number*)：返回小于等于 number 的整数。

(9) log(*number*)：自然对数（以 e 为底）。

(10) max(*number1*，*number2*)：返回 number1 和 number2 中较大的数。

(11) min(*number1*，*number2*)：返回 number1 和 number2 中较小的数。

(12) pow(*base*，*exponent*)：返回底数的指数次方。

(13) random()：在 0 和 1 之间返回一个伪随机数。

(14) round(*number*)：返回 number 四舍五入后的整数。

(15) sin(*number*)：返回 number 的正弦。

(16) sqrt(*number*)：返回 number 的平方根。

(17) tan(*number*)：返回 number 的正切。

（注：上面的 *number*，*number1*，*number2*，*base* 和 *exponent* 为标量表达式）

8.4 SFColor 对象

SFColor 对象对应于 VRML 2.0 中的 SFColor 域值类型，其所有属性可使用句法 *sfColorObjectName*.＜属性＞访问。这里的 *sfColorObjectName* 表示一个 SFColor 对象的名称。

SFColor 对象的创建：

sfColorObjectName=new SFColor(*r*，*g*，*b*)，其中的 r、g、b 是红、绿、蓝颜色值。

SFColor 对象的属性：

(1) r：红色分量。

(2) g：绿色分量。

(3) b：蓝色分量。

8.5 SFImage 对象

SFImage 对象对应于 VRML 2.0 中的 SFImage 域值类型。

SFImage 对象的创建：

sfImageObjectName=new SFImage(x，y，comp，array)，其中：x 是图像 x 方向像素尺寸；y 是图像 y 方向像素尺寸；comp 是图像模式类型；Array 是一个 MFInt32 类型，描述了 x×y 个像素，每个像素的格式与 PixelTexture 节点 image 域中指定的指定方法一样。

SFImage 对象的属性：

(1) x：图像 x 方向像素尺寸。

(2) y：图像 y 方向像素尺寸。

(3) comp：图像模式（1 为灰度，2 为灰度 +alpha，3 为 rgb，4 为 rgb+alpha）。

(4) array：各像素颜色数据。

8.6 SFNode 对象

SFNode 对象对应于 VRML 2.0 中的 SFNode 域值类型。

SFNode 对象的创建：

sfNodeObjectName=new SFNode(*vrmlstring*)，其中的 vrmlstring 为 VRML 2.0 节点类型名称。

SFNode 对象的属性：

也就是 VRML 节点对象的各种接口，每个节点可以用 *sfNodeObjectName.eventName* 句法将值指派到 SFNode 对象的 eventIn 接口，也可以用该句法获得 eventOut 接口最后发出的值。

8.7 SFRotation 对象

SFRotation 对象对应于 VRML 2.0 中的 SFRotation 域值类型。

SFRotation 对象的创建：

(1) *sfRotationObjectName*=new SFRotation(*x*，*y*，*z*，*angle*)，其中：x、y、z 分别为旋转轴 3D 矢量的 3 个坐标；angle 是旋转的角度（弧度制）。

(2) *sfRotationObjectName*=new SFRotation(*axis*，*angle*)，其中：axis 为旋转轴的一个 SFVec3f 对象；angle 是旋转的角度（弧度制）。

(3) *sfRotationObjectName*=new SFRotation(*fromVector*，*toVector*)，其中：fromVector 和 toVector 都是 SFVec3f 对象，对象存储从 fromVector 旋转到 toVector 的旋转值。

SFRotation 对象属性：

(1) x：返回轴的第一个矢量。

(2) y：返回轴的第二个矢量。

(3) z：返回轴的第三个矢量。

(4) angle：旋转角度相应的浮点值（弧度制）。

SFRotation 对象的方法：

(1) getAxis()：返回旋转轴的 SFVec3f 值。

(2) inverse()：返回这个对象的逆旋转的 SFRotation 值。

(3) multiply(*rotation*)：返回的 SFRotation 值为对象的旋转值与 rotation 的乘积。

(4) multVec(*vec*)：返回值是这个对象的旋转矩阵乘积的 SFVec3f。

(5) setAxis(*vec*)：设置旋转轴矢量。

(6) slerp(*destRotation*, *t*)：返回一个 SFRotation 值。当 0<=t<=1 时，值为该对象的 rotation 和 destRotation 之间的球形线性插值的 SFRotation；当 t=0 时，值为该对象的 rotation；当 t=1 时，值为 destRotation。

8.8 String 对象

String 对象对应于 VRML 2.0 中的 SFString 域值类型。

String 对象的创建：

stringObjectName=new String(*string*)：其中的 string 可以是任何 UTF-8 字符串（包括数字）。

String 对象的属性：

length：字符串中字符的个数。

String 对象的方法：

(1) charAt(*index*)：返回字符串中 index 指定的字符。index 为 0 与 length-1 之间的一个整数值，length 为字符串中字符的个数。

(2) indexOf(*string*, [*fromIndex*])：返回 string 在对象中首次出现的索引，从 fromIndex 开始查找。fromIndex 必须在 0 与 length-1 之间。若 fromIndex 不指定，查找从第 0 个字符开始。

(3) lastIndexOf(*string*, [*fromIndex*])：返回 string 在对象中首次出现的索引，从 fromIndex 反向查找。fromIndex 必须在 0 与 length-1 之间。若 fromIndex 不指定，查找从第 length-1 个字符开始。

(4) substring(*index1*, *index2*)：返回字符串中指定的部分字符串。若 index1 小于 index2，返回从 index1 到 index2 之间的字符；若 index1 大于 index2，返回从 index2 到 index1 之间的字符；若 index1 等于 index2，返回空字符。index1 与 index2 为 0<=index1，index2<length 之间的整数。

(5) toLowerCase()：把字符串中字符转换为小写。

(6) toUpperCase()：把字符串中字符转换为大写。

特别操作符：

+(addition)：串联两个字符串与／或标量值成为一个新的字符串。

8.9 SFVec2f 对象

SFVec2f 对象对应于 VRML 2.0 中的 SFVec2f 域值类型，每个矢量值可使用 x 和 y 属性或使用 C 数组语法访问，如：sfVec2fObjectName [0] 或 sfVec2fObjectName [1]。

SFVec2f 对象的创建：

sfVec2fObjectName=new SFVec2f(*number1*, *number2*)，其中的 number1 和 number2 是标量表达式。

SFVec2f 对象的属性：

(1) x：返回第一个矢量值。

(2) y：返回第二个矢量值。

SFVec2f 对象的方法：

(1) add(*vec*)：返回为对象 SFVec2f 分量值与 Vec 相加得到的值。

(2) divide(*number*)：返回由 number 值划分了的 SFVec2f 值。

(3) dot(*vec*)：返回矢量与 Vec 的点积。

(4) length()：返回矢量的几何长度。

(5) multiply(*number*)：返回值是对象与 number 相乘后的 SFVec2f。

(6) negate()：返回值是对象负向量的 SFVec2f。

(7) normalize()：返回单位长度对象的 SFVec2f。

(8) subtract(*vec*)：返回对象分量减去 Vec 后的 SFVec2f。

8.10 SFVec3f 对象

SFVec3f 对象对应于 VRML2.0 中的 SFVec3f 域值类型。矢量的每个分量可使用 x、y、z 属性或使用 C 数组语法访问，如：sfVec3fObjectName [0]，sfVec3fObjectName [1] 或 sfVec3fObjectName [2]。

SFVec3f 对象的创建：

sfVec3fObjectName=new SFVec3f(*number1*，*number2*，*number3*)，其中的 number1、number2、number3 是标量表达式。

SFVec3f 对象的属性：

(1) x：返回向量第一个值。

(2) y：返回向量第二个值。

(3) z：返回向量第三个值。

SFVec3f 对象的方法：

(1) add(*vec*)：返回值为对象分量与 Vec 相加后的 SFVec3f。

(2) cross(*vec*)：返回对象十字相乘的 SFVec3f 值。

(3) divide(*number*)：返回由 number 值划分了的 SFVec3f 值。

(4) dot(vec)：返回矢量与 Vec 的点积。

(5) length()：返回矢量的几何长度。

(6) multiply(*number*)：返回值是对象与 number 相乘后的 SFVec3f。

(7) negate()：返回值是对象负向量的 SFVec3f。

(8) normalize()：返回单位长度对象的 SFVec3f。

(9) subtract(*vec*)：返回对象分量减去 Vec 后的 SFVec3f。

8.11 MFColor 对象

MFColor 对象对应于 VRML 2.0 中的 MFColor 域值类型。MFColor 对象被用来存储 SFColor 对象的一个一维数组，数组的单个 SFColor 单元可使用标准的 C 语法引用，如：mfColorObjectName [索引]。索引值是大于等于 0，小于数组长度的整数。所有 SFColor 单元的初始默认值为 SFColor (0，0，0)。

MFColor 对象的创建：

mfColorObjectName=new MFColor([*SFColor*，*SFColor*，...])：该创建方法能以 0 个或 0 以上的 SFColor 数值初始化数组单元。

MFColor 对象的属性：

length：在数组中包含的 SFColor 颜色值个数。

8.12 MFFloat 对象

MFFloat 对象对应于 VRML 2.0 中的 MFFloat 域值类型。MFFloat 对象被用来存储 SFFloat 对象的一个一维数组。数组中的单个 SFFloat 单元能使用标准的 C 语法对其操作。例如：mfFloatObjectName［索引］。索引值是大于等于 0，小于数组长度的整数。所有 SFFloat 单元的初始默认值为 0.0。

MFFloat 对象的创建：

mfInt32ObjectName=new MFInt32([*number*，*number*，...])：该方法能以 0 个或 0 以上的 SFFloat 数值初始化数组单元。

MFFloat 对象的属性：

length：在数组中包含的 SFColor 值个数。

8.13 MFInt32 对象

MFInt32 对象对应于 VRML 2.0 中的 MFInt32 域值类型。MFInt32 对象被用来存储 SFInt32 对象的一个一维数组。数组中的单个 SFInt32 单元能使用标准的 C 语法对其操作。例如：mfInt32ObjectName［索引］。索引值是大于等于 0，小于数组长度的整数，所有的 SFInt32 单元的初始默认值为 0。

MFInt32 对象的创建：

mfInt32ObjectName=new MFInt32([*number*，*number*，...])：该方法能以 0 个或 0 以上的 SFInt32 数值初始化数组单元。

MFInt32 对象的属性：

length：在数组中包含的 SFInt32 值个数。

8.14 MFNode 对象

MFNode 对象对应于 VRML 2.0 中的 MFNode 域值类型。MFNode 对象被用来存储 SFNode 对象的一个一维数组，数组中的单个 SFNode 单元能使用标准的 C 语法对其操作。例如：mfInt32ObjectName［索引］。索引值是大于等于 0，小于数组长度的整数，所有的 SFNode 单元初始默认值为 NULL。

MFNode 对象的创建：

mfNodeObjectName=new MFNode([*SFNode*，*SFNode*，...])：该方法能以 0 个或 0 以上的 SFNode 值初始化数组单元。

MFNode 对象的属性：

length：在数组中包含的 SFNode 值个数。

8.15 MFRotation 对象

MFRotation 对象对应于 VRML 2.0 中的 MFRotation 域值类型。MFRotation 对象用来存储 SFRotation 对象的一个一维数组。数组的单个 SFRotation 单元能使用标准的 C 风格操作符来引用。例如：mfRotationObjectName［索引］。索引值是大于等于0，小于数组长度的整数，所有的SFRotation单元初始默认值为（0，0，1，0）。

MFRotation对象的创建：

mfRotationObjectName=new MFRotation([*SFRotation*，*SFRotation*，...]）：此创建方法可用0个或多个SFRotation值对数组进行初始化。

MFRotation对象的属性：

length：在数组中包含的SFRotation值个数。

8.16 MFString对象

MFString对象对应于VRML 2.0中的MFString域值类型。MFString对象用来存储SFString对象的一个一维数组，数组的单个SFString单元能使用标准的C风格操作符来引用。例如：mfStringObjectName［索引］。索引值是大于等于0，小于数组长度的整数，所有的SFString单元的初始默认值为空字符串。

MFString对象的创建：

mfStringObjectName=new MFString([*string*，*string*，...]）：此创建方法可用0个或多个SFString值对数组进行初始化。

MFString对象的属性：

Length：在数组中包含的SFString值个数。

8.17 MFVec2f对象

MFVec2f对象对应于VRML 2.0中的MFVec2f域值类型。MFVec2f对象用来存储SFVec2f对象的一个一维数组，数组的单个SFVec2f单元能使用标准的C风格操作符来引用。例如：mfVec2fObjectName［索引］。索引值是大于等于0，小于数组长度的整数，所有SFVec2f单元的初始默认值为（0，0）。

MFVec2f对象的创建：

mfVec2fObjectName=new MFVec2f([*SFVec2f*，*SFVec2f*，...]）：此创建方法可用0个或多个SFVec2f值对数组进行初始化。

MFVec2f对象的属性：

Length：在数组中包含的SFVec2f值个数。

8.18 MFVec3f对象

MFVec3f对象对应于VRML 2.0中的MFVec3f域值类型。MFVec3f对象被用来存储SFVec3f对象的一个一维数组，数组的单个SFVec3f单元能使用标准的C风格操作符来引用。例如：mfVec3fObjectName［索引］。索引值是大于等于0，小于数组长度的整数，所有的SFVec3f单元初始默认值为（0,0，0）。

MFVec3f对象的创建：

mfVec3fObjectName=new MFVec3f([*SFVec3f*，*SFVec3f*，...]）：此创建方法可用0个或多

个 SFVec3f 值对数组进行初始化。

MFVec3f 对象的属性：

Length：在数组中包含的 SFVec3f 值个数。

8.19 VrmlMatrix 对象

VrmlMatrix 对象在 4×4 矩阵上施行操作提供了许多有效的方法。矩阵的每个元素可使用 C 风格的数组形式访问，如：vrmlMatrixObjectName [0] [1] 表示位于 0 行 1 列上的元素。

VrmlMatrix 对象的创建：

（1）*vrmlMatrixObjectName*=new VrmlMatrix(*f11*, *f12*, *f13*, *f14*, *f21*, *f22*, *f23*, *f24*, *f31*, *f32*, *f33*, *f34*, *f41*, *f42*, *f43*, *f44*)：产生一个新的矩阵，通过 f11 到 f44 对矩阵初始化。

（2）*vrmlMatrixObjectName*=new VrmlMatrix()：产生一个新的同一矩阵。

VrmlMatrix 对象的方法：

（1）*setTransform*(*translation*, *rotation*, *scaleFactor*, *scaleOrientation*, *center*)：设置 VrmlMatrix 值。translation 是一个 SFVec3f 对象，rotation 是一个 SFRotation 对象，scaleFactor 是一个 SFVec3f 对象，scaleOrientation 是一个 SFRotation 对象，center 是一 SFVec3f 对象。任何最右边的参数可以被省略。换句话说，方法可以取 0～5 个参数。例如，你能指定 0 个参数（一个单位矩阵），1 个参数（一个 translation），2 个参数（一个 translation 和 rotation），3 个参数（1 个 translation、rotation 和 1 个 scaleFactor）。

（2）getTransform(*translation*、*rotation*、*scaleFactor*)：分解 VrmlMatrix 并且返回对象的 translation、rotation 和 scaleFactor 部件。参数的类型与在 setTransform 一样。矩阵的其他信息被忽略。

（3）inverse()：返回值是对象逆矩阵的 VrmlMatrix。

（4）transpose()：返回值是对象转制矩阵的 VrmlMatrix。

（5）multLeft()：返回值是对象矩阵左乘积的 VrmlMatrix。

（6）multRight(*matrix*)：返回值是对象矩阵右乘积的 VrmlMatrix。

（7）multVecMatrix(*vec*)：返回值是行矢量乘积的 SFVec3f。

（8）multMatrixVec(*vec*)：返回值是列矢量乘积的 SFVec3f。

BIBLIOGRAPHY 参考文献

[1] (美)Andrea L.Ames, David R. Nadeau, John L. Moreland著. VRML资源手册. 宗志方, 季晖, 谭江天等译. 北京: 电子工业出版社, 1998.

[2] 阳化冰, 刘忠丽, 刘忠轩, 王庆华编著. 虚拟现实构造语言VRML. 北京: 北京航空航天大学出版社, 2000.

[3] (美)Chris Marrin, Jim Kent著. Proposal for a VRML Script Node Authoring Interface VRMLScript Reference. http://w3.uqo.ca/inf4503/vrmlscript.html

[4] Web3D协会. The Virtual Reality Modeling Language Node reference. http://www.web3d.org/x3d/specifications/vrml/ISO-IEC-14772-VRML97/part1/nodesRef.html

[5] blaxxun公司.3D创作指南.http://developer.blaxxun.com/download/doc/3dauthoring.pdf